Technische Optik in der Praxis

Gerd Litfin (Hrsg.)

Technische Optik in der Praxis

Dritte, aktualisierte und erweiterte Auflage
Mit 256 Abbildungen und 20 Tabellen

Springer

Professor Dr. Gerd Litfin
LINOS AG
Königsallee 23
37081 Göttingen
Deutschland

ISBN 3-540-21884-X 3. Auflage Springer Berlin Heidelberg New York

ISBN 3-540-67796-8 2. Auflage Springer Berlin Heidelberg New York

Bibliografische Information der Deutschen Bibliothek
Die Deutsche Bibliothek verzeichnet diese Publikation in der Deutschen Nationalbibliografie; detaillierte bibliografische Daten sind im Internet über <http://dnb.ddb.de> abrufbar.

Springer ist ein Unternehmen von Springer Science+Business Media

springer.de

Printed in Germany

Datenkonvertierung: Frank Herweg, Leutershausen
Einbandgestaltung: MEDIO GmbH, Berlin

SPIN: 10959220 07/3141/ba - 5 4 3 2 1 0 – Gedruckt auf säurefreiem Papier

Vorwort zur dritten Auflage

Wegweisende Produkte und technologische Neuerungen sind die Antriebsmotoren für wirtschaftliches Wachstum. Innovationen entstehen immer häufiger aus der intelligenten Verknüpfung unterschiedlicher Technologien. Eine entscheidende Rolle spielen dabei die Schlüsseltechnologien, die im englischsprachigen Raum als „Enabling Technologies“ bezeichnet werden. Schlüsseltechnologien ermöglichen Fortschritt, eröffnen neue Produktfelder und Märkte und haben im Allgemeinen eine große Hebelwirkung.

Die optischen Technologien sind solche Schlüsseltechnologien. Ihr Einsatzbereich reicht in alle gesellschaftlich relevanten Gebiete wie Medizintechnik, Biotechnologie, Informationstechnologie und Kommunikation, industrielle Fertigung, Umwelt und Mobilität hinein. Ziel der Photonics Industrie ist es, Licht als Werkzeug wirtschaftlich nutzbar zu machen. Zahlreiche aktuelle Entwicklungen in Bereichen wie Biophotonik, Halbleitertechnik, Verkehrstechnik und Telekommunikation haben neue Anwendungen ermöglicht und verbesserte Verfahren hervorgebracht.

Für die nähere Zukunft wird davon ausgegangen, dass 30 Prozent der Elektronik durch Optik ersetzt werden wird. Diesem Siegeszug der Photonics steht nur ein reglementierendes Moment entgegen: die Aus- und Weiterbildung von Ingenieuren und Naturwissenschaftlern in den optischen Technologien. In den kommenden Jahren wird eine Vielzahl von neu ausgebildeten Ingenieuren zur Umsetzung innovativer Ideen in Produkte benötigt werden. Darüber hinaus wird es erforderlich sein, viele der schon im Berufsleben stehenden Ingenieure weiterzubilden, damit sie den neuen Anforderungen genügen können.

Mit dieser Zielsetzung erscheint die dritte Auflage des Buches „Technische Optik in der Praxis“. Der Inhalt dieses Buches ist auf die Weiterbildung von Ingenieuren in Forschung und Praxis sowie die Ausbildung von Studenten höherer Semester ausgerichtet. In die dritte Auflage ist eine Vielzahl von Ergänzungen eingeflossen. Der hohen Bedeutung kompakter Lichtquellen für die optischen Technologien wurde durch ein hinzu gefügtes Kapitel „Neue Laser“ Rechnung getragen.

Die Autoren gehen davon aus, dass diese Neuauflage für die Lehre an Fachhochschulen und Universitäten und auch für die persönliche Weiterbildung von Ingenieuren im Berufsleben hervorragend geeignet ist – insbesondere dadurch, dass die unterschiedlichen Aspekte der Optik und Lasertechnik hier in kompakter Form zusammengefasst sind. Darüber hinaus wird durch anwendungs- und umsetzungsbezogene Kapitel ein hohes Maß an praktischem Nutzen geboten.

Ich danke dem Verlag und seinen Mitarbeitern herzlich, ebenso wie allen Autoren, die zur Weiterentwicklung dieses Buches beigetragen haben.

Göttingen, März 2004 *Gerd Litfin*

Vorwort zur ersten Auflage

Die technische Optik ist eines der klassischen Gebiete der technischen Wissenschaften. In Verbindung mit der Lasertechnik und der Optoelektronik hat sich dieses Gebiet wie kaum ein anderes Feld als Schlüsseltechnologie erwiesen. Mit ihren Anwendungen im Maschinenbau, in der Halbleitertechnologie, in der Medizin, in der Umweltanalytik, in der Präzisionsmeßtechnik, in der Kommunikationstechnik und in der Grundlagenforschung der Naturwissenschaften hat sich die technische Optik in zahlreichen Bereichen aktuellen gesellschaftlichen Interesses eine feste Position erworben. Als ein wesentlicher Motor dieses Fortschritts ist die Entwicklung der Lasertechnik zu sehen. Das Jahr 1960 brachte mit der ersten Realisierung eines Lasers die Initialzündung für eine beispielhafte Erfolgsgeschichte einer neuen Technologie. Als Lichtquelle mit einer außergewöhnlichen Strahlqualität führte der Laser zu einer Renaissance des gesamten Gebietes der Optik. Durch die schnelle Entwicklung neuer, besser industriell nutzbarer Lasersysteme wurden in den letzten Jahrzehnten und werden heute noch immer weitergehende Anwendungen dieser Technologie ermöglicht. Gleichzeitig gewinnt die Optoelektronik zunehmend an Bedeutung. Technische Optik, Lasertechnik und Optoelektronik sind heute technisch und wirtschaftlich untrennbar miteinander verknüpft. Aus der gegenseitigen Befruchtung ist ein gemeinsamer Siegeszug geworden.

Die technische Optik behandelt optische Grundlagen und die Anwendung optischer Komponenten, Systeme und Instrumente. Aufgrund der zunehmenden Verbreitung optischer Problemlösungen benötigt der in der Entwicklung tätige Ingenieur, dessen Grundausbildung in Elektrotechnik, Feinwerktechnik oder Maschinenbau liegt, detaillierte technische Kenntnisse über optische Systeme und ihre Konstruktion.

Das vorliegende Buch, das auf der Grundlage eines Seminars „Technische Optik in der Praxis“ im Fachhochschul-Fachbereich Physik-, Mass- und Feinwerktechnik in Göttingen entstanden ist, soll einen Beitrag zur Weiterbildung von Ingenieuren in Forschung und Praxis sowie zur Ausbildung von Studenten höherer Semester leisten. Das Buch wird damit sowohl dem anwachsenden Bedarf an Auffrischung und Erneuerung der Kenntnisse von im Berufsleben stehenden Praktikern gerecht als auch der Notwendigkeit einer Praxisorientierten Ausbildung für Naturwissenschaftler und Techniker. Als Autoren konnten für die einzelnen Kapitel sowohl Praktiker aus den einschlägig orientierten Industriebetrieben als auch Dozenten des jungen Fachbereichs Physik-, Meß- und Feinwerktechnik an der Fachhochschule Hildesheim/Holzminden in Göttigen gefunden werden. Dadurch ist die notwendige Anwendungsnähe gesichert.

Die ersten Kapitel dienen dem Zweck, nochmals in knapper Form die Grundlagen der Wellenoptik und der geometrischen Optik zusammenzufassen. Auf dieser Basis werden in den folgenden Kapiteln Themen wie Abbildungsfehler optischer Systeme und Fragen der Optikberechnung wie auch ergänzende Aspekte zur Auswahl von optischen Gläsern besprochen. Als Ausblick in die Anwendungsfehlder sind Kapitel zu den Themen Laser, Optoelektronik und Fasern und Sensorik gedacht.

Ich möchte all denen danken, die Zeit und Mühe geopfert haben, um dieses Buch zu ermöglichen. Mein Dank gilt hier besonders Herrn Dr. Rainer Schuhmann und Herrn Dr. Dieter Frölich, die durch Ratschläge und Hinweise die Arbeit an diesem Buch bedeutend förderten. Meiner Assistentin, Marina Schaefer-Botte, danke ich für die erhebliche Unterstützung bei der Anfertigung des druckreifen Manuskripts.

Göttingen, 1997 *Gerd Litfin*

Inhaltsverzeichnis

Autorenverzeichnis

Kap. 1: Geometrische Optik
Carsten Fischer
Metrolux Optische Messtechnik GmbH
Bertha-von-Suttner-Str. 5
37085 Göttingen, Deutschland
c.fischer@metrolux.de

Kap. 2: Wellenoptik
Dieter Frölich
Newport GmbH
Holzhofallee 19-21
64295 Darmstadt, Deutschland
dfroelich@newport-de.com

Kap. 3: Abbildungsfehler und optische Systeme
Bernd Dörband
Carl Zeiss
73446 Oberkochen, Deutschland
doerband@zeiss.de

Kap. 4: Entwicklung optischer Systeme
Rainer Schuhmann
LINOS Photonics GmbH & Co. KG
Königsallee 23
37081 Göttingen, Deutschland
rainer.schuhmann@linos.de

Kap. 5: Optische Werkstoffe
Hans-Jürgen Hoffmann
Technische Universität Berlin
Institut für Werkstoffwissenschaften und -technologien
Englische Str. 20
10487 Berlin, Deutschland
hoffmann.glas@tu-berlin.de

Kap. 6: Spezifikation und Fertigung optischer Bauelemente
Jürgen Neubauer
Carl Zeiss Jena GmbH
07740 Jena, Deutschland
neubauer@zeiss.de

Kap. 7: Optoelektronik-Komponenten
Klaus Bobey
HAWK Hochschule für angewandte Wissenschaft und Kunst
Fakultät für Naturwissenschaften und Technik
Von-Ossietzky-Str. 99
37085 Göttingen, Deutschland
klaus.bobey@pmf.fh-goettingen.de

Kap. 8: Fasern und Sensorik
Friedemann Mohr
Fachhochschule Pforzheim
FB Elektrotechnik
Tiefenbronner Str. 65
75175 Pforzheim, Deutschland
mohr@fh-pforzheim.de

Kap. 9: Laser
Wolfgang Viöl
HAWK Hochschule für angewandte Wissenschaft und Kunst
Fakultät für Naturwissenschaften und Technik
Von-Ossietzky-Str. 99
37085 Göttingen, Deutschland
wolfgang.vioel@pmf.fh-goettingen.de

Kap. 10: Neue Laser
Holger Zellmer
Friedrich-Schiller-Universität Jena
Institut für Angewandte Physik
Max-Wien-Platz 1
07743 Jena, Deutschland
zellmer@iap.uni-jena.de

1 Geometrische Optik

1.1 Strahlenmodell

Das Strahlenmodell ist die Grundlage der geometrischen Optik, anhand dieses Modells läßt sich die Ausbreitung des Lichts und deren Änderung durch abbildende Elemente (lichtbrechende und lichtreflektierende Elemente) auf einfache geometrische Weise beschreiben. Die Welleneigenschaften des Lichts wie Beugung, Interferenz und Polarisation werden in diesem Modell vollständig vernachlässigt. Dies setzt jedoch voraus, daß die Dimensionen der „optischen Hindernisse“ (Linsen, Spiegel usw.) im Vergleich zur Wellenlänge des Lichts um ein Vielfaches größer sind. Insofern ist dieses Modell eine grobe Näherung zum maxwellschen Wellenbild des Lichtes. Das Strahlenmodell beschreibt die Lichtausbreitung durch mathematische Linien von eindimensionaler Ausdehnung, den sog. Lichtstrahlen. Eine Vielzahl von Lichtstrahlen, die sich in einem gemeinsamen Punkt schneiden, werden als Lichtbündel bezeichnet. Ein Zusammenhang zwischen dem Wellenmodell und dem Strahlenmodell des Lichts bezüglich der Ausbreitung läßt sich in folgender Weise herstellen. Aus der Kugelwelle, die von einer punktförmigen Lichtquelle ausgeht, wird durch eine Blende ein begrenztes Lichtbündel ausgeblendet. Ein ständiges Verkleinern des Blendendurchmessers führt schließlich dazu, daß durch die Blende nur noch ein ideales dünnes Lichtbündel hindurchtritt, der Lichtstrahl (Beugung bleibt unberücksichtigt). Die Fortpflanzung der Kugelwelle läßt sich durch Phasenflächen beschreiben, die sich mit Lichtgeschwindigkeit ausbreiten; eine Phasenfläche ist der geometrische Ort aller Punkte gleicher Schwingungsphase. Die senkrecht auf den Phasenflächen gedachten Normalen sind die Strahlen der geometrischen Optik. Damit stimmt der Strahlenverlauf in isotropen Medien mit der Ausbreitungsrichtung der zugeordneten elektromagnetischen Welle überein.

Die Grundaxiome für die Ausbreitung von Lichtstrahlen und damit der geometrischen Optik lauten:

- In optisch homogenen Medien breiten sich Lichtstrahlen geradlinig aus.
- Der Verlauf verschiedener Lichtstrahlen ist voneinander unabhängig.
- Die Brechung und Reflexion von Lichtstrahlen an Grenzflächen zwischen zwei Medien werden durch das Brechungs- bzw. Reflexionsgesetz beschrieben.

1.2 Reflexion von Lichtstrahlen

1.2.1 Diffuse und gerichtete Reflexion (Reflexionsgesetz)

Die Reflexion von Licht an optischen Hindernissen ist ein sehr häufig vorkommender Prozeß in der Natur. Ein von uns tagtäglich wahrgenommener Vorgang ist die selektive Reflexion von Gegenständen; jeder Körper erscheint uns in den Farben, die er vorzugsweise reflektiert. Trifft Licht auf die Grenzfläche (Oberfläche) zweier Medien, so wird es je nach Beschaffenheit der Grenzflächen teilweise oder auch vollständig reflektiert. Die Art der Reflexion hängt von der Oberflächenbeschaffenheit der Grenzfläche ab; ist die Rauhigkeit klein gegenüber der Wellenlänge des Lichts, so kommt es zur gerichteten Reflexion; im Falle der diffusen Reflexion ist die Rauhigkeit der Oberfläche für eine scheinbar regellose Reflexion verantwortlich. Im Rahmen der geometrischen Optik wird außschließlich die gerichtete Reflexion von Lichtstrahlen betrachtet.

Abbildung 1.1 zeigt die Reflexion eines schräg auf ein optisches Hindernis (Spiegel) treffenden Lichtstrahls. Durch Beobachtung der Lichtreflexion kann direkt auf das Reflexionsgesetz geschlossen werden.

Einfallender und reflektierender Strahl bilden mit dem Lot gleiche Winkel und liegen in einer Ebene, es gilt

$$\varepsilon_1 = \varepsilon_1' \,. \tag{1.1}$$

Der Ablenkwinkel δ ist

$$\delta = 180° - 2\varepsilon_1 \,. \tag{1.2}$$

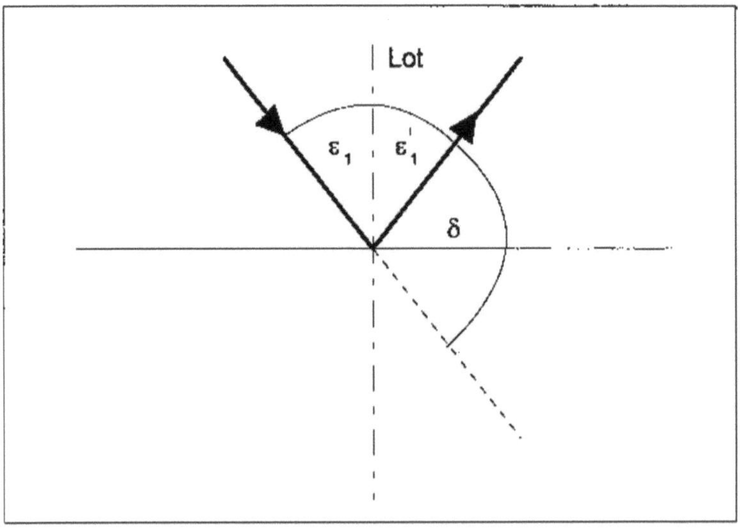

Abb. 1.1. Reflexion eines Lichtstrahls an der Grenzfläche

Das Gesetz gilt für alle Farben des Lichts, es läßt sich im Rahmen der Wellentheorie herleiten.

Planspiegel. Das optische Hindernis für einen Lichtstrahl in Abb. 1.1 kann beispielsweise ein Planspiegel sein. Ein Planspiegel ist eine gerichtete reflektierende plane Fläche mit einem hohen Reflexionsgrad. Abbildung 1.2 zeigt die Reflexion von Lichtstrahlen an einem planen Spiegel, die von einem Gegenstandspunkt G auf der optischen Achse im Gegenstands- oder Objektraum ausgehen. Alle auf den Spiegel treffenden Strahlen werden nach dem Reflexionsgesetz divergent in den Gegenstandsraum zurückreflektiert. Der Spiegelbildpunkt B des Gegenstandspunktes G liegt im gemeinsamen Schnittpunkt aller rückwärtig verlängerten reflektierten Strahlen mit der optischen Achse, im sog. Bildraum. Der Bildpunkt B ist ein virtuelles oder scheinbares Bild. Man kann dieses Bild nicht mit einer Mattscheibe in seiner Position hinter dem Spiegel erfassen. Die reflektierten Strahlen hingegen sind reell, sie lassen sich auf einem Schirm auffangen.

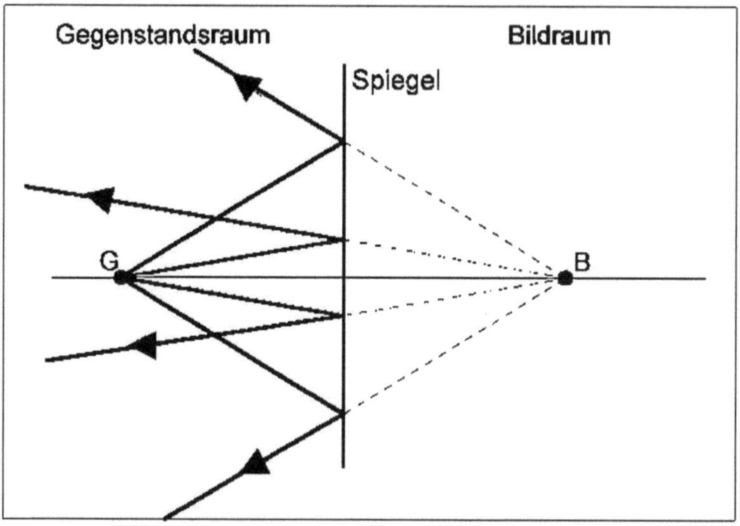

Abb. 1.2. Reflexion am ebenen Spiegel

Zweckmäßigerweise bezeichnet man allgemein in der geometrischen Optik Lichtstrahlen, die von dem Objekt oder Gegenstand ausgehen, als Objektstrahlen. Nach dem optischen Prozeß (Spiegelung, Brechung) werden die Objektstrahlen zu Bildstrahlen. Ein Bild entsteht immer im Schnittpunkt von mindestens zwei Bildstrahlen. Sind die Bildstrahlen reell und konvergent, so ist ein erzeugtes Bild ebenfalls reell. Sind dagegen die Bildstrahlen wie beim Planspiegel reell und divergent, so ist das Bild virtuell.

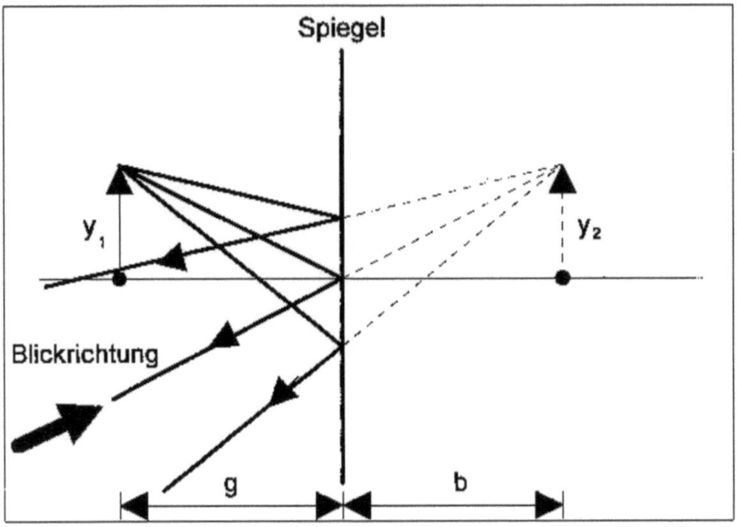

Abb. 1.3. Abbildung durch einen ebenen Spiegel

Die Konstruktion der Abbildung eines ausgedehnten Objekts am Planspiegel (vgl. Abb. 1.3) ist ungleich schwerer als die Konstruktion für einen Gegenstandspunkt in Abb. 1.2. Ein Betrachter sieht das Bild hinter dem Spiegel, es erscheint genauso groß wie der Gegenstand und liegt in derselben Entfernung hinter dem Spiegel, wie der Gegenstand vor dem Spiegel, es ist

$$g = b \tag{1.3}$$

b: Bildweite, g: Gegenstandsweite.

Durch die Umkehr der Lichtrichtung entsteht ein virtuelles Bild (Spiegelbild).

Ein Planspiegel erzeugt außchließlich gleichgroße, gleichgerichtete, seitenverkehrte virtuelle Bilder von einem Gegenstand. Er gilt als das einzige optische Element, das eine verzerrungsfreie 1:1-Abbildung erzeugt, vorausgesetzt, er ist völlig plan!

Sphärische Spiegel. Im Vergleich zum Planspiegel mit nur einem 1:1-Abbildungsmaßstab und seinem virtuellen Bild ermöglicht ein Spiegelkörper, dessen Radius nicht unendlich ist, sowohl die Erzeugung eines reellen Bildes als auch eine gewisse Variation im Abbildungsmaßstab.

Der sphärische (gr. sphära=Kugel) Spiegel ist ein Spiegelkörper mit endlichem Radius. Er läßt sich als Teil einer Kugelfläche (Kalotte) konstruieren. Ist die Innenseite der Kalotte verspiegelt, bezeichnet man den Spiegel als Hohlspiegel oder Konkavspiegel (Sammelspiegel). Bei einem Wölb- oder Konvexspiegel (Zerstreuungsspiegel) hingegen ist die Außenseite der Kalotte verspiegelt.

Konkavspiegel. Zunächst soll die optische Wirkungsweise eines Konkavspiegels erläutert werden. Abbildung 1.4 zeigt einen Schnitt durch den Kugelspiegel.

Der parallel einfallende Strahl wird gemäß des Relexionsgesetzes am Spiegelpunkt A reflektiert und durchläuft den Brennpunkt F. In dem gleichschenkligen Dreieck MFA ist die Strecke $\overline{\mathrm{FM}}$

$$\overline{\mathrm{FM}} = \frac{\frac{R}{2}}{\cos\varepsilon}\,. \tag{1.4}$$

Daher ist die Strecke zwischen Scheitelpunkt S und Brennpunkt F, die sog. Brennweite f

$$f = R\left(1 - \frac{1}{2\cos\varepsilon}\right). \tag{1.5}$$

Liegt der einfallende Strahl nahe der optischen Achse ($h \ll R$) im sog. Paraxialraum, kann Gleichung (1.5) in paraxialer Näherung formuliert werden.

$$f = \frac{R}{2}\,. \tag{1.6}$$

In dieser Näherung ($h \ll R$) ist ε sehr klein, somit wird $\cos\varepsilon \approx 1$.

Die Brennweite des sphärischen Spiegels ist gleich dem halben Kugelradius R. Alle auf den Hohlspiegel treffenden achsenparallelen Strahlen in paraxialer Näherung schneiden sich im Brennpunkt.

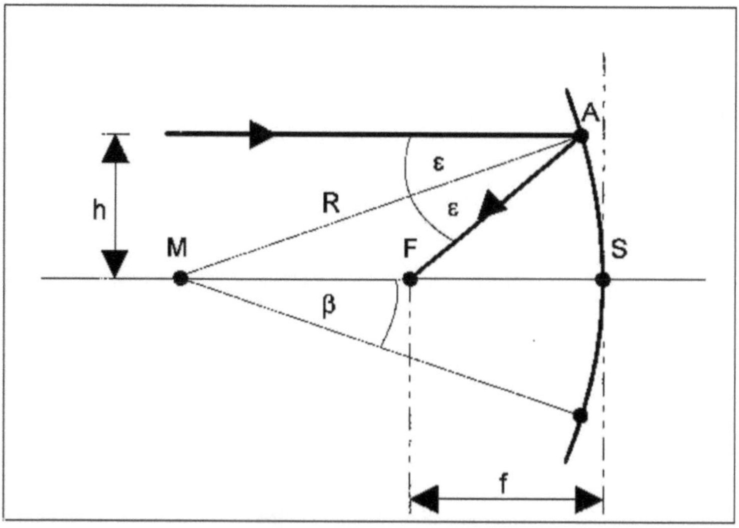

Abb. 1.4. Sphärischer Hohlspiegel im Brennpunkt
S: Scheitelpunkt, F: Brennpunkt, M: Mittelpunkt, R: Radius, f: Brennweite, SM: Hauptachse, h: Zonenhöhe, β Öffnungswinkel des Spiegels

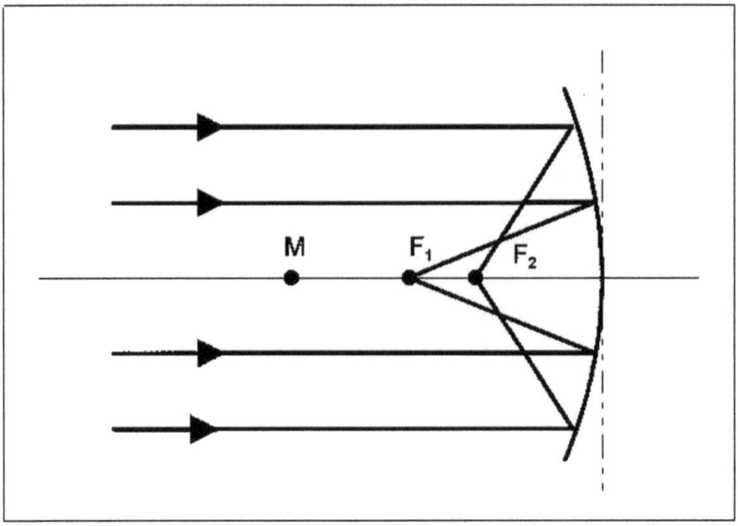

Abb. 1.5. Brennweite eines Kugelspiegels für achsenferne und achsennahe Strahlen

Die Lage des Brennpunktes ist im paraxialen Raum unabhängig von h. Für achsenfernere Strahlen (h groß) wandert der Brennpunkt näher zum Scheitelpunkt, d. h. die Brennweite f eines sphärischen Spiegels nimmt mit zunehmender Zonenhöhe h von der Achse ab (Katakaustik), (vgl. Abb. 1.5). In Abb. 1.6 ist die Abbildung eines auf der optischen Achse liegenden Gegen-

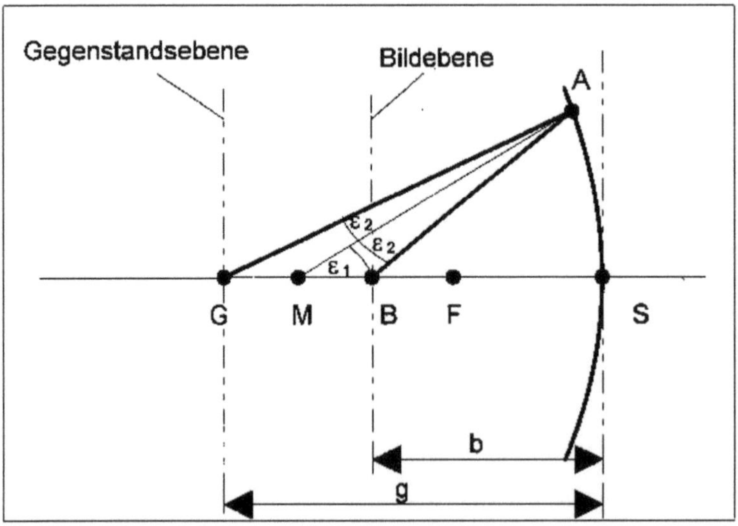

Abb. 1.6. Abbildung eines Punktes G in einen Bildpunkt B

standspunkts G durch einen sphärischen Hohlspiegel dargestellt. Der vom Gegenstandspunkt kommende Lichtstrahl trifft den Spiegel im Punkt A, wird reflektiert und schneidet die Achse im Bildpunkt B. Mit Hilfe des Sinussatzes folgt

$$\frac{\sin \varepsilon_2}{\sin \varepsilon_1} = \frac{\overline{\mathrm{MG}}}{\overline{\mathrm{AG}}} = \frac{\overline{\mathrm{MB}}}{\overline{\mathrm{AB}}} . \tag{1.7}$$

Für paraxiale Strahlen gilt die Näherung $\overline{\mathrm{AG}} = \overline{\mathrm{SG}} = g$, $\overline{\mathrm{AB}} = \overline{\mathrm{SB}} = b$, damit wird Gleichung (1.7) zu

$$\frac{1}{g} + \frac{1}{b} = \frac{2}{R} = \frac{1}{f} . \tag{1.8}$$

g: Gegenstandsweite, b: Bildweite, R: Radius, f: Brennweite, der allgemeinen Abbildungsgleichung für einen sphärischen Hohlspiegel.

Zur geometrischen Konstruktion des Bildes eines ausgedehnten Gegenstandes y_1 in der Gegenstandsebene sind drei von der Spitze des Gegenstandes ausgehende Strahlen in Abb. 1.7 eingezeichnet. Der parallel zur optischen Achse einfallende Strahl geht nach der Reflexion im Punkt A durch den Brennpunkt F. Ein durch den Brennpunkt gehender Strahl hingegen verläuft nach der Reflexion parallel zur Achse, der Mittelpunktstrahl wird in sich reflektiert. Der Schnittpunkt aller drei Strahlen mit der optischen Achse gibt die Lage der Bildebene an, in der das umgekehrte relle Bild y_2 liegt. Auch hier gilt für den paraxialen Fall die Abbildungsgleichung (1.8).

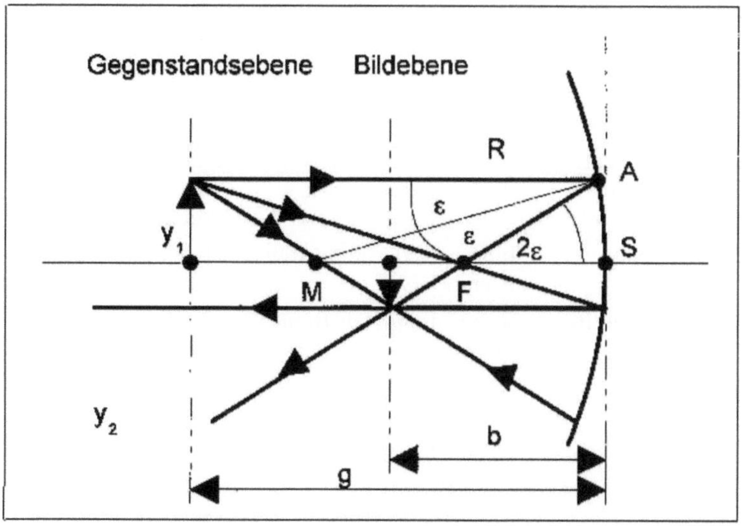

Abb. 1.7. Konstruktion einer Abbildung

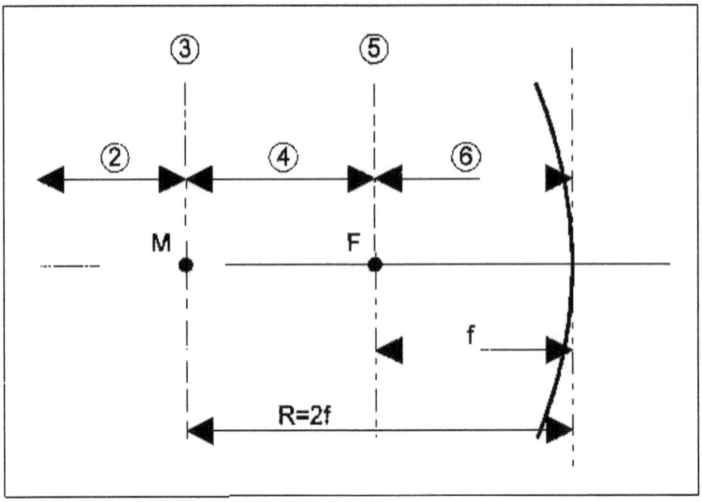

Abb. 1.8. Abbildungsfälle für verschiedene Objektpositionen

Das Verhältnis zwischen Bildgröße y_2 und Gegenstandsgröße y_1 gibt den Abbildungsmaßstab wieder,

$$\beta = \frac{y_2}{y_1} = \frac{f}{g - f} = \frac{b - f}{f} . \tag{1.9}$$

Je nach Lage des Objektes auf der optischen Achse (siehe Abb. 1.8) gibt es verschiedene Abbildungsfälle, die in Tabelle 1.1 aufgeführt sind.

Der letzte Abbildungsfall aus Tabelle 1.1 ist zum besseren Verständnis in Abb. 1.9 dargestellt.

Tabelle 1.1. Abbildungsfälle des sphärischen Konkavspiegels

Gegenstandsweite	Bildort	Bildart
Im negativ Unendlichen (**1**)	In der Brennebene F	Reell, umgekehrt, verkleinert
Außerhalb der doppelten Brennweite (**2**)	Innerhalb der doppelten Brennweite	Reell, umgekehrt, verkleinert
In der doppelten Brennweite (**3**)	In der doppelten Brennweite	Reell, umgekehrt, gleichgroß
Innerhalb der doppelten Brennweite (**4**)	Außerhalb der doppelten Brennweite	Reell, umgekehrt, vergrößert
In der einfachen Brennweite (**5**)	Keine Bildentstehung	–
Innerhalb der einfachen Brennweite (**6**)	Im virtuellen Bereich hinter dem Spiegel	Virtuell, gleichgerichtet, vergrößert

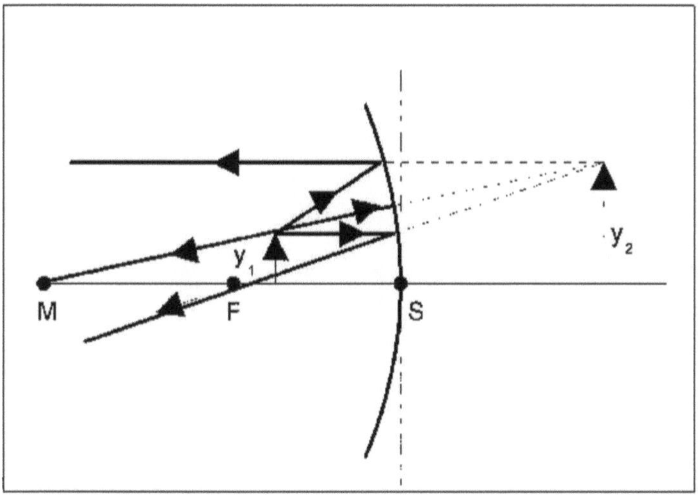

Abb. 1.9. Abbildungsfall (**6**) aus Tabelle 1.1 für einen sphärischen Konkavspiegel

Da der Gegenstand y_1 innerhalb der einfachen Brennweite liegt, also zwischen Brennpunkt und Scheitelpunkt des Spiegels, werden die Strahlen divergent reflektiert. Ihre rückwärtigen Verlängerungen schneiden sich in der Bildebene hinter dem Spiegel. Das dort entstehende Bild y_2 ist virtuell, d. h. auf einem hinter dem Spiegel aufgestellten Schirm nicht sichtbar, es existiert nur als Spiegelbild des Gegenstandes.

Reicht ein Gegenstand aufgrund seiner Länge weit in den nicht paraxialen Raum, so liegt das reelle Bild nicht mehr in einer Ebene, es kommt zur Unschärfe an den Seiten der Abbildung.

Konvexspiegel. Bei einem Konvexspiegel (Zerstreuungsspiegel) ist die nach außen gewölbte Fläche verspiegelt. Für diesen Spiegel gelten die gleichen Abbildungsgleichungen in paraxialer Näherung, wie bei dem Sammelspiegel. Ein zur optischen Achse parallel einfallender Lichtstrahl (siehe Abb. 1.10) wird nach dem Reflexionsgesetz von der optischen Achse wegreflektiert, es entsteht im Gegensatz zum Konkavspiegel kein reeller Brennpunkt. Die Lage eines virtuellen Brennpunktes jedoch läßt sich durch rückwärtige Verlängerung des reflektierten Strahls konstruieren.

Abbildung 1.11 zeigt die Abbildung eines ausgedehnten Gegenstands y_1. Alle vom Gegenstand ausgehenden Strahlen werden durch Reflexion am Spiegel zu divergenten Strahlen. Das virtuelle Bild y_2 liegt im Schnittpunkt der rückwärtigen Verlängerung dieser zwei reflektierten Strahlen, es erscheint aufrecht und verkleinert. Bewegt sich der Gegenstand y_1 aus dem Unendlichen auf den Spiegel zu, so wandert das virtuelle Bild vom Brennpunkt aus zum Scheitelpunkt S.

Konvexspiegel liefern im Gegensatz zum Konkavspiegel stets nur verkleinerte, gleichgerichtete virtuelle Bilder.

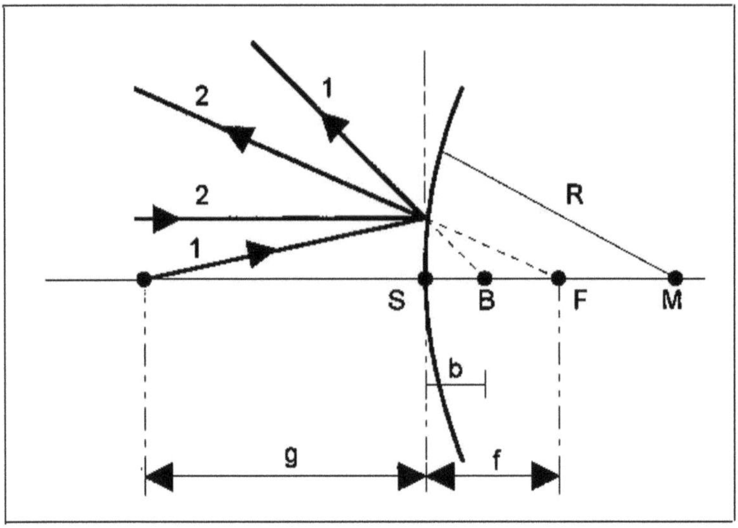

Abb. 1.10. Abbildung eines Achsenpunktes durch einen Konvexspiegel

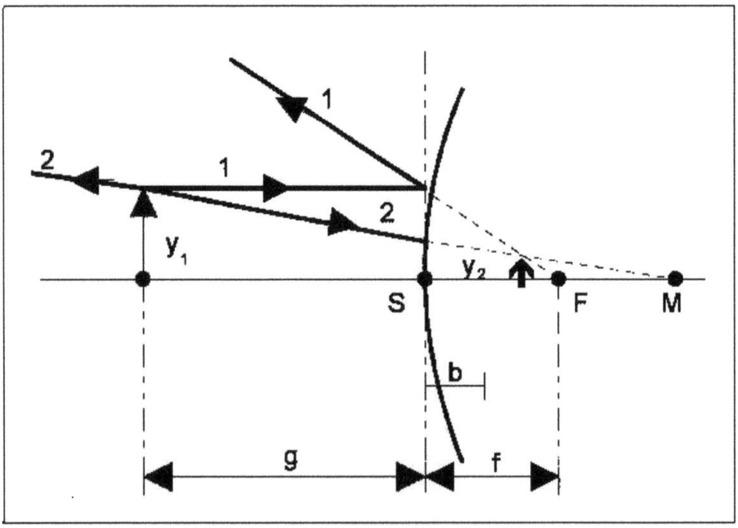

Abb. 1.11. Abbildung eines Gegenstandes durch einen Konvexspiegel

1.3 Brechung des Lichts (Refraktion)

1.3.1 Brechungsgesetz

An Grenzflächen verschiedener optisch transparenter Medien (z. B. Luft und Glas) werden Lichtstrahlen teilweise in das Ausgangsmedium reflektiert, während der andere Teil des Lichtes die Grenzfläche passiert und das zweite Medium durchläuft (Absorption sei hier vernachlässigt). Die in das zweite Medium eintretenden Lichtstrahlen erfahren beim Übergang unter schrägem Einfallswinkel eine Richtungsänderung, dieser Vorgang wird als Lichtbrechung (Refraktion) bezeichnet. Zu einer diffusen Lichtbrechung kann es kommen, wenn die Grenzfläche gegenüber der Wellenlänge des Lichts eine gewisse Rauhigkeit aufweist. Im Rahmen der geometrischen Optik wird jedoch außschließlich die gerichtete Lichtbrechung von Lichtstrahlen als Funktion des Einfallswinkels und der Medien betrachtet.

Die Ursache der Lichtbrechung ist auf die medienabhängigen Fortpflanzungsgeschwindigkeiten des Lichts zurückzuführen und läßt sich im Rahmen der Wellentheorie deuten. Zur quantitativen Beschreibung der Lichtbrechung an der Grenzfläche zwischen zwei Medien wird der relative Brechungsindex eingeführt.

Der Brechungsindex stellt im Wellenbild direkt das Verhältnis der Ausbreitungsgeschwindigkeiten in den beiden Medien „1“ und „2“ dar,

$$n_{21} = \frac{c_1}{c_2}\,, \tag{1.10}$$

n_{21}: Relativer Brechungsindex,
c_1: Lichtgeschwindigkeit des betreffenden Mediums 1,
c_2: Lichtgeschwindigkeit des betreffenden Mediums 2.

Neben der relativen Brechzahl n_{21} definiert man eine absolute Brechzahl. Die absolute Brechzahl eines Mediums „1“ oder „2“ bezieht sich auf die Ausbreitungsgeschwindigkeit im Vakuum (Bezugsmedium), sie ist jeweils für das Medium „1“ und das Medium „2“

$$n_1 = \frac{c_{\text{Vak}}}{c_1}, \quad n_2 = \frac{c_{\text{Vak}}}{c_2}, \quad c_{\text{Vak}} = 2{,}99792458 \cdot 10^8\,\frac{\text{m}}{\text{s}}\,. \tag{1.11}$$

Die relative Brechzahl n_{21} zweier Medien setzt sich also aus dem Quotient der absoluten Brechzahlen n_1, n_2 zusammen,

$$n_{21} = \frac{n_2}{n_1}. \tag{1.12}$$

Der Wert der Brechzahl n hängt nicht nur vom Medium ab, sondern auch von der Wellenlänge λ des Lichts; diese Abhängigkeit $n = n(\lambda)$ wird als Dispersion bezeichnet.

In der geometrischen Optik wird außchließlich von monochromatischem Licht ausgegangen (siehe Kap. 5).

Tabelle 1.2. Brechzahlen verschiedener Stoffe bei 20°C für gelbes Natriumlicht ($\lambda = 589{,}3\,\text{nm}$)

Medium	c (km/s)	Brechzahl
„Vakuum"	299792,458	1
Luft (1013 mbar)	299710	1,000272
Wasser	224904	1,33298
Glas (BK7)	197657	1,51673

Tabelle 1.2 enthält absolute Brechzahlen einiger Stoffe für eine feste Wellenlänge ($\lambda = 546{,}07$ nm) bei 20°C.

Von zwei Stoffen mit unterschiedlichen Brechungsindizes bezeichnet man das Medium mit dem größeren Brechungsindex als „optisch dichter", das Medium mit dem kleineren Brechungsindex hingegen als „optisch dünner". Die „optische Dichte" eines Mediums ist nicht identisch mit seiner stofflichen Dichte. Bei ein und demselben Stoff wächst allerdings die Brechzahl mit der Dichte des Stoffs; beispielsweise mit zunehmendem Druck steigt auch die Brechzahl an. Optische Medien mit räumlich veränderlichen Brechungsindizes, z. B. Luftschichten mit unterschiedlicher Temperatur, wirken sich in der Regel komplizierter auf die Brechung des Lichts aus als homogene Medien, bei denen die Brechzahl n an allen Stellen den gleichen Wert hat.

Da es sich bei vielen optischen Bauelementen (Linsen, Prismen) um homogene Stoffe handelt, werden hier der Einfachheit halber auch nur homogene isotrope Medien betrachtet; in einem isotropen Stoff ist der Brechungsindex für alle Raumrichtungen der Lichtausbreitung gleich. Diese Isotropie ist beispielsweise bei doppelbrechenden Kristallen wie z. B. Kalkspat nicht mehr gewahrt.

Abbildung 1.12 zeigt die Lichtbrechung eines Lichtstrahls, der unter dem Winkel ε_1 in Luft (n_1) gegen das Einfallslot (Hilfslinie) geneigt auf die Grenzfläche eines Mediums mit dem Brechungsindex n_2 fällt. Es kommt dabei zu Reflexion und zur Brechung. Die Strahlrichtung des reflektierten Lichts wird durch das Reflexionsgesetz beschrieben. Ein Teil des Lichts dringt in das zweite Medium ein, dabei wird der Lichtstrahl zum Lot hin gebrochen. Sowohl Einfallswinkel als auch Brechungswinkel werden immer bezüglich dem Einfallslot gemessen, nicht gegenüber den Medienflächen. Die Ausbreitungsrichtungen des einfallenden, des reflektierten und des gebrochenen Lichtes liegen mit dem Einfallslot in einer Ebene (Einfallsebene). Die Lichtbrechung läßt sich mit Hilfe des Snelliusschen Brechungsgesetzes beschreiben, das besagt, daß der Sinus des Einfallswinkels ε_1 zum Sinus des Brechungswinkels ε_2 im konstanten Verhältnis steht. Dieses Verhältnis ist durch die beiden Brechungsindizes und damit von der Natur der beiden Medien bestimmt,

$$\frac{\sin\varepsilon_1}{\sin\varepsilon_2} = \frac{n_2}{n_1} = n_{21} = \text{konst.} \tag{1.13}$$

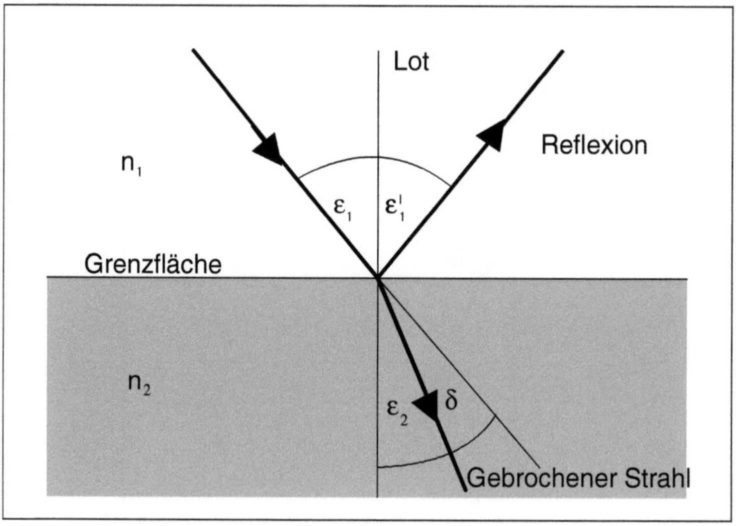

Abb. 1.12. Reflexion und Brechung eines Lichtstrahls

Die Ablenkung δ des gebrochenen Strahls von der Achse des einfallenden Strahls ist

$$\delta = \varepsilon_1 - \varepsilon_2 \,. \tag{1.14}$$

Ist das erste Medium Luft ($n_1 = 1$), so ist es zweckmäßig, für n_2 einfach n zu schreiben, damit folgt für das Snellius-Gesetz

$$\frac{\sin \varepsilon_1}{\varepsilon_2} = n \,. \tag{1.15}$$

Durch trigonometrische Umformungen läßt sich die Ablenkung δ über das Snellius-Gesetz beschreiben zu

$$\sin \delta = (n-1) \frac{\sin \varepsilon_2}{\cos\left(\dfrac{\varepsilon_1 + \varepsilon_2}{2}\right)} \,. \tag{1.16}$$

Allgemein wächst mit zunehmendem Einfallswinkel ε_1 auch der Brechungswinkel ε_2 und damit die Ablenkung δ.

Im Rahmen dieser Bezeichnungsweise wird ein Lichtstrahl bei Eintritt in ein optisch dichteres Medium zum Einfallslot hin gebrochen, da die relative Brechzahl n_{21} größer als 1 ist. Bei Eintritt in ein optisch dünneres Medium hingegen wird der Strahl vom Einfallslot weg gebrochen.

Die Richtung eines gebrochenen Strahls zu einem vorgegebenen Einfallswinkel ε_1 läßt sich geometrisch nach dem Zweikreisverfahren (Weierstraß-Reusch-Konstruktion) ermitteln. Abbildung 1.13 zeigt den einfallenden und den gebrochenen Strahl gegenüber dem Lot. Zur Ermittlung der Ausbreitungsrichtung des gebrochenen Strahls werden zunächst zwei Kreisausschnitte

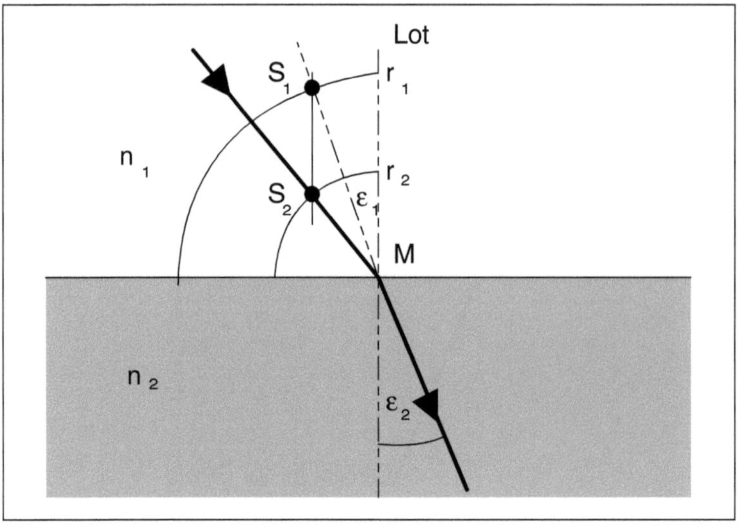

Abb. 1.13. Zweikreisverfahren

eingezeichnet, deren Radien gerade im Verhältnis der Brechzahlen stehen. Anschließend wird eine Parallele zum Lot mit dem Schnittpunkt des ersten Kreisausschnitts und dem einfallenden Lichtstrahl eingezeichnet und bis zum Kreisausschnitt verlängert. Die Verlängerung des Schnittpunkts S_2 (Schnitt zwischen Parallele und Kreis r_2) durch den Kreismittelpunkt M zeigt den Verlauf des gebrochenen Strahls im Medium n_2.

1.3.2 Totalreflexion

Abbildung 1.14 zeigt, wie ein Lichtstrahl aus einem optisch dichteren Medium (n_2) auf die Grenzfläche eines optisch dünneren Mediums (n_1) trifft und gebrochen wird.

Unter einem bestimmten Einfallswinkel ε_G erreicht der Brechungswinkel ε_2 seinen größtmöglichen Wert ($\varepsilon_2 = 90°$), diesem Winkel entspricht kein reeller Brechungswinkel mehr, da ein Übergang des Lichts in das dünnere Medium nicht mehr erfolgt; es tritt streifend aus dem optisch dichteren Medium aus ($\varepsilon_2 > \varepsilon_1$). Auch mit weiter zunehmendem Einfallswinkel ε_1 kann das Licht in das optisch dünnere Medium nicht mehr eindringen, es wird mit seiner vollen Intensität an der Grenzfläche reflektiert.

Der Winkel ε_G, für den der Brechungswinkel ε_2 gerade 90° beträgt, wird als Grenzwinkel der Totalreflexion bezeichnet. Er stellt die Grenze zwischen der Lichtbrechung und der Totalreflexion dar.

Für den Grenzwinkel ε_G gilt nach dem Brechungsgesetz Gleichung (1.13) mit $\varepsilon_2 = 90°$

$$\sin \varepsilon_G = \frac{\sin 90° \cdot n_1}{n_2} = \frac{n_1}{n_2} \,. \tag{1.17}$$

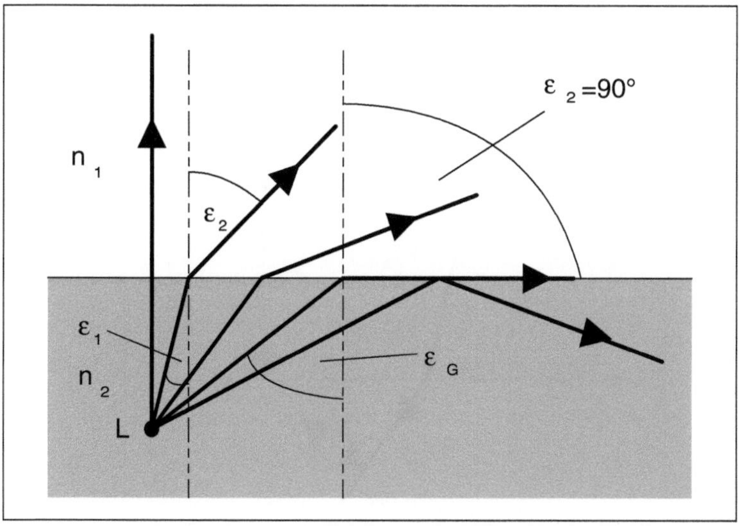

Abb. 1.14. Brechung und Totalreflexion beim Übergang des Lichts von einem optisch dichteren in ein optisch dünneres Medium

Ist der Einfallswinkel ε_1 größer als dessen Grenzwinkel ε_G für Licht aus einem optisch dichteren Medium, das auf die Grenzfläche zu einem optisch dünneren Medium trifft, so findet Totalreflexion statt. Es sei an dieser Stelle bemerkt, daß der Übergang zur Totalreflexion nicht völlig abrupt geschieht. Im Wellenbild dringt die Welle (Licht) bei Totalreflexion noch geringfügig in das dünnere Medium ein und läuft als sog. Oberwelle auf der Grenzfläche entlang. Es tritt anschließend mit einer kleinen Verschiebung wieder aus. [1]

1.3.3 Planparallele Platte

Eine planparallele Platte ist ein Körper, der durch zwei parallel zueinander stehende Planflächen begrenzt ist.

In Abb. 1.15 ist der Schnitt durch eine solche Platte dargestellt. Anhand dieses Schnitts wird die optische Wirkung des Lichtstrahls erläutert. Die planparallele Platte mit dem Brechnungsindex n_2 ist von einem einheitlichen optisch dünneren Medium mit dem Brechungsindex n_1 umgeben.

Fällt ein Lichtstrahl senkrecht auf die 1. Planfläche, also parallel zum eingezeichneten Lot, so passiert er die planparallele Platte ohne Richtungsänderung. Fällt der Lichtstrahl hingegen schräg auf die 1. Planfläche, so wird der Strahl nach dem Brechungsgesetz zum Einfallslot hin gebrochen. Eine zweite Brechung des Lichtstrahls erfolgt beim Austritt aus dem optisch dichteren Medium der Platte, der Strahl wird dabei vom Lot weg gebrochen.

Da beide Planflächen der Platte an ein einheitliches Medium grenzen, sind Einfallswinkel ε_1 und Austrittswinkel ε_2 identisch. Dadurch erfährt der

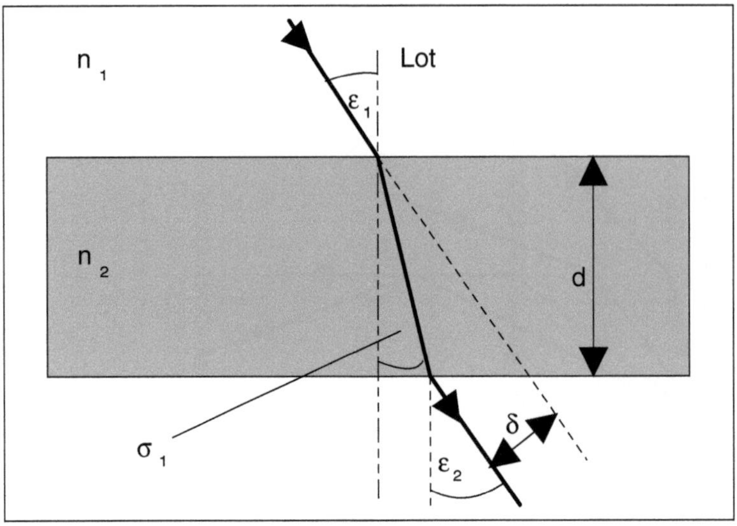

Abb. 1.15. Brechung an planparalleler Platte

Lichtstrahl bei Durchgang der Platte keine Richtungsänderung, sondern nur eine Parallelverschiebung δ. Das Ausmaß der Parallelverschiebung vergrößert sich mit zunehmender Plattendickte d, Brechzahl n und Einfallswinkel ε_1. Aus geometrischen Überlegungen folgt

$$\pm\delta = \frac{d \cdot \sin(\varepsilon_1 - \sigma_1)}{\cos\sigma_1} \,. \tag{1.18}$$

Das Vorzeichen von δ gibt die Richtung der Parallelverschiebung an.

Ist die planparallele Platte ($n_2 = n$) der Dicke d von Luft ($n_1 = 1$) umgeben, so läßt sich die Parallelverschiebung δ mit Hilfe des Brechungsgesetzes und Additionstheoremen wie folgt beschreiben.

$$\delta = d \sin\varepsilon_1 \left(1 - \frac{\cos\varepsilon_1}{\sqrt{n^2 - \sin^2\varepsilon_1}}\right) . \tag{1.19}$$

Betrachtet man einen reellen Gegenstand unter schrägem Winkel durch eine planparallele Platte, so ist dieser Gegenstand scheinbar um die Größe δ verschoben.

Planparallele Platten werden in der Optik beispielsweise als Filter, Meßplatten oder Deckplatten für die Mikroskopie eingesetzt.

1.3.4 Prismen

Lichtbrechung am Hauptschnitt. Die Abb. 1.16 zeigt ein optisch transparentes Prisma mit zwei unter einem Winkel γ geneigten, polierten Planflächen.

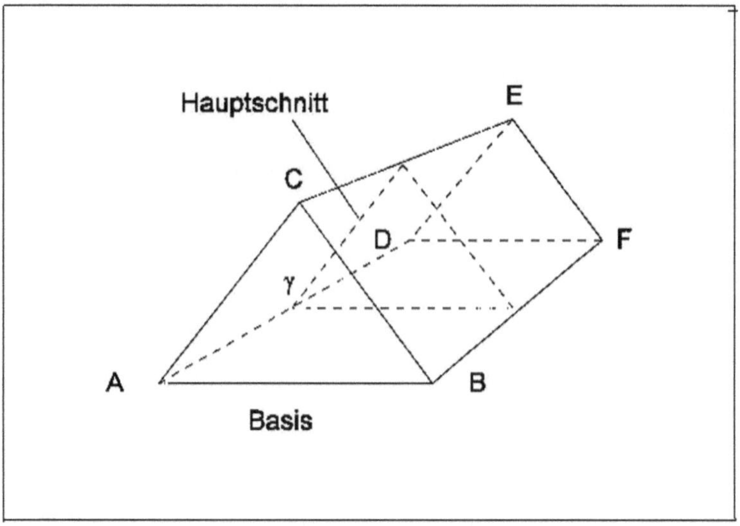

Abb. 1.16. Ansicht eines Prismas

Diese Planflächen (ACED unf BCEF) werden als brechende Flächen bezeichnet, die Strecke $\overline{CE}$ ist die zugehörige brechende Kante. Gegenüber dem Brechungswinkel γ liegt die Basis des Prismas.

In Abbildung 1.17 wird die Lichtbrechung am Hauptschnitt eines Prismas betrachtet.

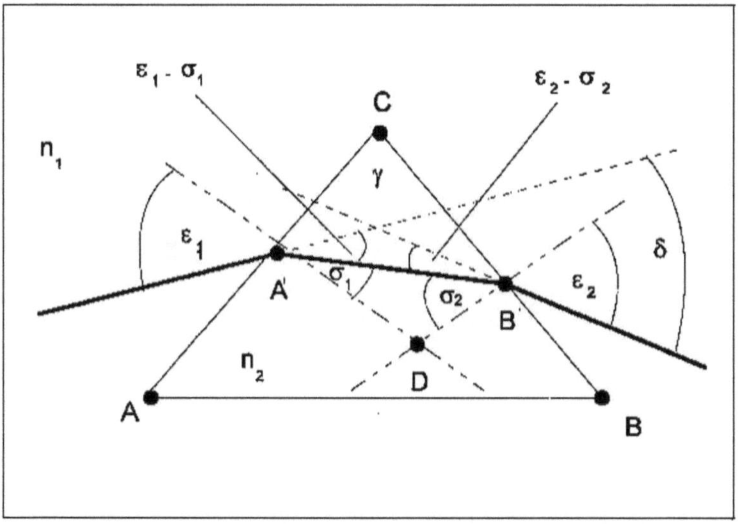

Abb. 1.17. Strahlablenkung durch Brechung an einem Prisma

Der Lichtstrahl verläuft in der Ebene des Hauptschnittes im optisch dünneren Medium und trifft unter dem Einfallswinkel ε_1 auf die Prismenfläche. Er wird bei Passieren der Grenzfläche nach dem Brechungsgesetz zum Lot hin gebrochen, durchläuft das optisch dichtere Medium und wird beim Austreten unter dem Brechungswinkel ε_2 vom Lot weg gebrochen.

Die Gesamtablenkung δ, die ein Lichtstrahl im Prisma erfährt, läßt sich unmittelbar aus der Abbildung ablesen

$$\delta = \varepsilon_1 - \sigma_1 + \varepsilon_2 - \sigma_2 \,, \tag{1.20}$$

$$\gamma = \sigma_1 + \sigma_2 \,. \tag{1.21}$$

Für ein Prisma an Luft ist $n_1 = 1$ und $n_2 = n$, es gilt für die Gesamtablenkung

$$\begin{aligned} \delta &= \varepsilon_1 + \varepsilon_2 - \gamma \\ &= \varepsilon_1 + \arcsin\left(\sin\gamma\sqrt{n^2 - \sin^2\varepsilon_1} - \cos\gamma \cdot \sin\varepsilon_1\right) - \gamma \,. \end{aligned} \tag{1.22}$$

Mit Hilfe dieser Gleichung kann für ein gegebenes Prisma der Ablenkungswinkel δ zu jedem Einfallswinkel ε_1 bestimmt werden.

Minimale Ablenkung. Eine minimale Ablenkung bei festem Prismenwinkel γ erfolgt, wenn der Lichtstrahl symmetrisch durch das Prisma läuft ($\varepsilon_1 = \varepsilon_2$), siehe Abbildung 1.18a.

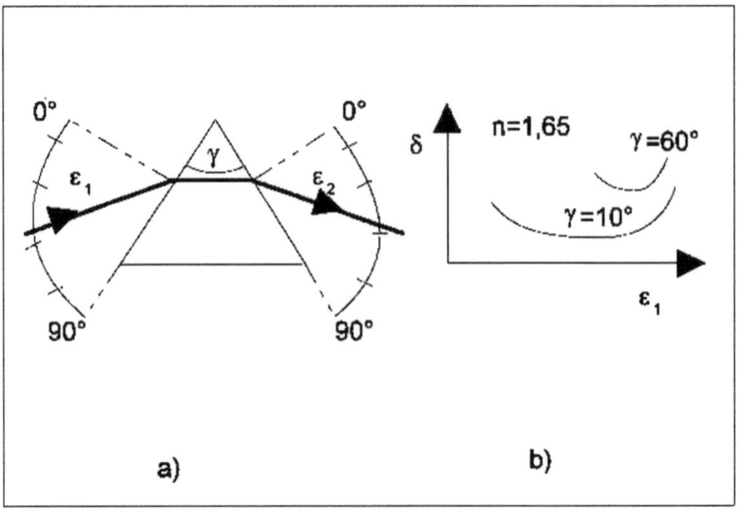

Abb. 1.18. (**a**) Symmetrischer Strahlengang bei Minimalablenkung. (**b**) Strahlablenkung in Abhängigkeit des Einfallswinkels

Abbildung 1.18b zeigt den Verlauf des Ablenkungswinkels δ als Funktion des Einfallswinkels ε_1 für zwei verschiedene Prismenwinkel γ.

Der zum Minimum der jeweiligen Kurve gehörende Winkel ε_1 ist der Einfallswinkel, unter dem die Minimalablenkung erfolgt, die Forderung für diese Minimalablenkung ist $\mathrm{d}\delta/\mathrm{d}\varepsilon_1$, aus Gleichung (1.22) wird

$$\delta_{\min} = 2\varepsilon_1 - \gamma\,. \tag{1.23}$$

Durch weitere Umformung bekommt man Gleichung (1.24), wobei das Umgebungsmedium des Prismas Luft ist

$$n = \frac{\sin\varepsilon_1}{\sin\left(\frac{\gamma}{2}\right)}\,. \tag{1.24}$$

Anhand der Gleichung (1.24) kann die Brechzahl eines Prismas ermittelt werden, indem die minimale Ablenkung durch Drehen des Prismas experimentell ermittelt wird (Fraunhofer, 1817).

Abbildung 1.18b zeigt auch, daß die Strahlablenkung umso weniger vom Einfallswinkel abhängt, je kleiner der brechende Winkel γ ist.

Daher kann man bei dünnen Prismen (γ maximal 10°) die Abhängigkeit der Strahlablenkung vom Einfallswinkel vernachlässigen, dünne Prismen werden auch als Prismenkeile bezeichnet. Für Prismenkeile in Luft gilt

$$\delta_{\min} = -\gamma(n-1)\,. \tag{1.25}$$

1.3.5 Kugelflächen

Abbildung eines Objektpunkts. Im Gegensatz zur Brechung an ebenen Flächen, an denen alle untereinander parallelen Strahlen den gleichen Einfalls- und Ausfallswinkel haben, zeigen brechende Kugelflächen ein anderes Verhalten.

In Abb. 1.19 ist die Brechung eines Lichtstrahls, der von einem auf der optischen Achse liegenden Objektpunkt G ausgeht, an einer brechenden Kugelfläche dargestellt. Diese Kugelfläche wird aus der Sicht eines Beobachters, der sich links von der Fläche befindet, als konvexe brechende Kugelfläche bezeichnet.

Der Lichtstrahl geht vom Gegenstandspunkt G des optisch dünneren Mediums unter dem Winkel σ_1 zur optischen Achse auf den Punkt E der brechenden Flächen.

Mit dem Lot R bildet der Strahl den Einfallswinkel ε_1. Der an der Kugelfläche gebrochene Strahl (Punkt E) verläuft im optisch dichteren Medium (n_2) und schneidet die optische Achse unter dem Winkel σ_2 im Bildpunkt B. Die Abstände $\overline{\mathrm{GS}}$ bzw. $\overline{\mathrm{SB}}$ werden als Gegenstandsweite g bzw. als Bildweite b bezeichnet.

Die Vorzeichen der jeweiligen Größen werden hier nach einem „anschaulichen System“ festgesetzt: Die Lichtrichtung verläuft von links nach rechts,

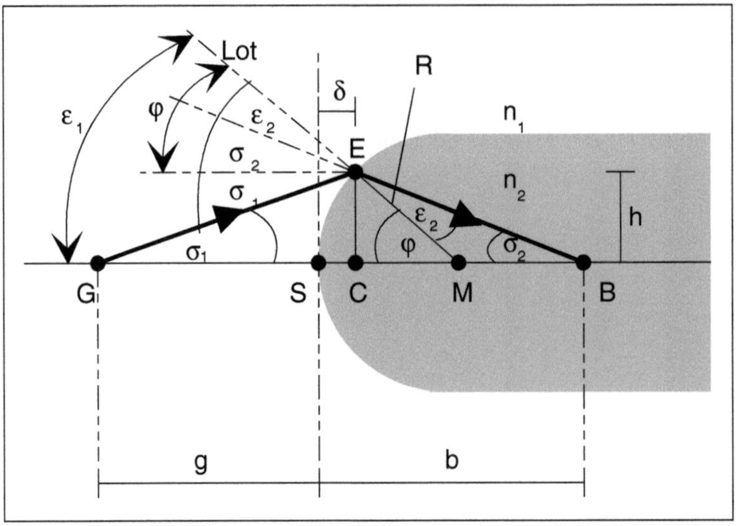

Abb. 1.19. Brechung eines Lichtstrahls an einer sphärisch gekrümmten Fläche

g und b werden stets vom Scheitelpunkt S der Kugelfläche aus gezählt, g ist positiv nach links und b ist positiv nach rechts. Nach dem Brechungsgesetz gilt

$$n_1 \cdot \sin \varepsilon_1 = n_2 \cdot \sin \varepsilon_2 \,. \tag{1.26}$$

Aus Abb. 1.19 folgt

$$\varepsilon_1 = \varphi + \sigma_1, \quad \varepsilon_2 = \varphi + \sigma_2 \,. \tag{1.27}$$

Beide Ausdrücke eingesetzt in Gleichung (1.26) ergibt:

$$n_1 \cdot \sin(\varphi + \sigma_1) = n_1 \cdot \sin(\varphi + \sigma_2) \,. \tag{1.28}$$

Diese Gleichung läßt sich für achsennahe Strahlen ($h \ll R$) in der paraxialen Näherung schreiben

$$n_1\sigma_1 + n_2\sigma_2 = (n_2 - n_1)\,\varphi \,. \tag{1.29}$$

Ist weiterhin der Einfallswinkel, unter dem der Lichtstrahl auf die Fläche trifft gering, so kann der Abstand δ, die Strecke $\overline{\mathrm{SC}}$, gegenüber der Gegenstandsweite und der Bildweite vernachlässigt werden, es gilt

$$\tan\sigma_1 \approx \frac{h}{g} \approx \sigma_1, \quad \tan\sigma_2 \approx \frac{h}{b} \approx \sigma_2, \quad \sin\varphi \approx \frac{h}{R} \approx \varphi \,.$$

Unter Verwendung dieser Näherungen in Gleichung (1.29) kommt man nach Umformung zur relativen Abbildungsgleichung einer sphärischen Grenzfläche:

$$\frac{n_1}{g} + \frac{n_2}{b} = \frac{n_2 - n_1}{R} \,. \tag{1.30}$$

Diese Gleichung gilt außchließlich für paraxiale Strahlen, sie beschreibt den Zusammenhang zwischen der Gegenstandsweite g, Bildweite b und Radius R. Bei Verwendung dieser Gleichung müssen die einzelnen Strecken jeweils mit dem richtigen Vorzeichen eingesetzt werden.

Der Bruch $(n_2 - n_1)/R$ in der Abbildungsgleichung wird als Brechwert D bezeichnet. Er enthält die Systemkonstanten n_1, n_2, R und stellt eine Größe für die optische Wirkung der Kugelfläche auf einen Lichtstrahl dar

$$\frac{n_1}{g} + \frac{n_2}{b} = D\,, \quad \text{Einheit: } [D] = 1\frac{1}{m} = 1 \text{ Dioptrien}\,. \tag{1.31}$$

Die Abbildung eines Achsenpunkts G durch eine konkave brechende Kugelfläche ist in Abb. 1.20 dargestellt.

Der einfallende Strahl wird so in das zweite Medium hineingebrochen, daß seine rückwärtige Verlängerung die optische Achse in dem virtuellen, im Medium 1 liegenden, Bildpunkt B schneidet .

Anhand der Abb. 1.21a, b werden die Begriffe Brennpunkt und Brennweite eingeführt, beide Größen können in die Abbildungsgleichung eingebunden werden.

In Abb. 1.21a trifft ein Lichtstrahl (Objektstrahl) parallel zur Symmetrieachse (optische Achse) auf die Kugelfläche. Der Strahl wird gebrochen und pflanzt sich im homogenen Medium n_2 gradlinig fort, dabei schneidet er im bildseitigen Brennpunkt F_2 die Symmetrieachse. Die Strecke $\overline{SF}_2 = f_2$ wird als bildseitige Brennweite bezeichnet.

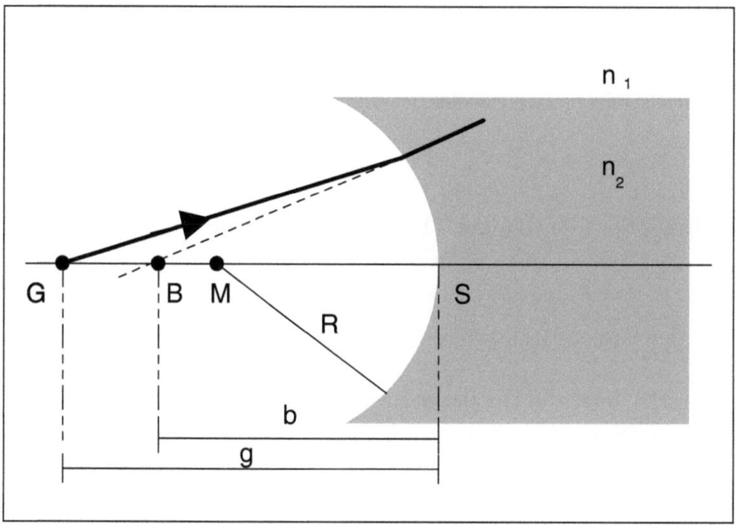

Abb. 1.20. Konkav brechende Kugelfläche

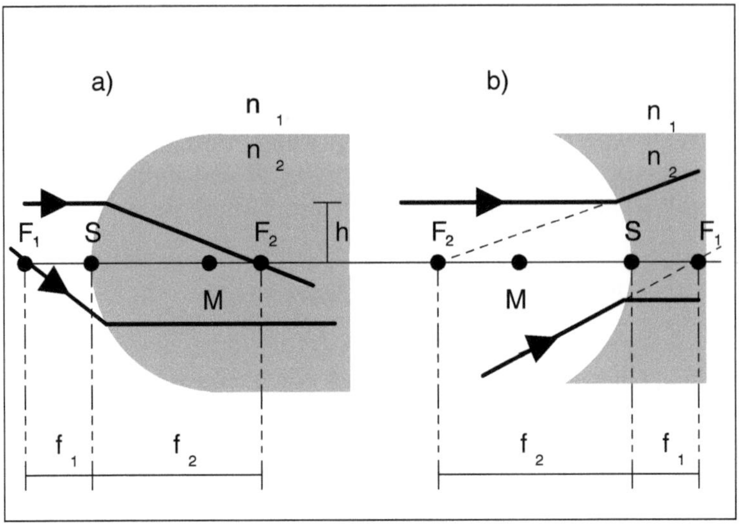

Abb. 1.21. Brennpunkte bei einer konvexen (**a**) bzw. konkaven (**b**) brechenden Kugelfläche

Für den bildseitigen Brennpunkt gilt nach der Abbildungsgleichung mit $g = \infty$ und $b = f_2$

$$f_2 = \frac{n_2}{D}. \tag{1.32}$$

Ein Objektstrahl, der nach der Brechung zum achsenparallelen Strahl wird, schneidet die Symmetrieachse im gegenstandsseitigen Brennpunkt F_1, f_1 ist die zugehörige Brennweite.

In diesem Fall führt die Anwendung der Abbildungsgleichung zum Ausdruck für die objektseitige Brennweite

$$f_1 = -\frac{n_1}{D}. \tag{1.33}$$

Durch Addition der Gleichungen (1.32) und (1.33) folgt:

$$f_1 + f_2 = R. \tag{1.34}$$

Die Summe der beiden Brennweiten ist gleich dem Krümmungsradius der Kugelfläche.

Abbildung 1.21b zeigt die Brechung an einer konkaven Kugelfläche.

Der parallel zur Symmetrieachse verlaufende Strahl wird in das zweite Medium so hineingebrochen, daß seine rückwärtige Verlängerung die Achse im Brennpunkt F_2 schneidet. Der nach der Brechung zur Achse parallel verlaufende Strahl fällt im ersten Medium schräg auf die Fläche, seine Verlängerung in das zweite Medium führt zu F_1. Hat f_2 ein positives Vorzeichen, so liegt ein reeller Brennpunkt F_2 im Bildraum vor. Ein negatives Vorzeichen bedeutet, daß der beidseitige Brennpunkt F_2 im Objektraum liegt und virtuell ist!

Der Zusammenhang zwischen Brennweiten und Brechzahlen ergibt sich zu

$$\frac{f_1}{f_2} = \frac{n_1}{n_2} \,. \tag{1.35}$$

Die relative Abbildungsgleichung (1.30) läßt sich auch in der Brennweitenform darstellen.

Division der Gleichung (1.30) durch $(n_2 - n_1)/R$ führt mit $n_2/D = f_2$ und $-n_1/D = f_1$ zu

$$\frac{f_2}{b} + \frac{f_1}{g} = 1 \,. \tag{1.36}$$

Mit Hilfe dieser Form der paraxialen Abbildungsgleichung läßt sich zu jeder Gegenstandsweite die zugehörige Bildweite berechnen.

Im obigen Punkt wurde die Abbildung eines Gegenstandspunkts auf der optischen Achse durch eine sphärisch gekrümmte Fläche beschrieben.

Im folgenden wird dieser Gegenstandspunkt durch ein senkrecht zur optischen Achse stehendes Objekt geringer Ausdehnung ersetzt. Die geringe Ausdehnung des Gegenstands ist notwendig, um eine Betrachtung in paraxialer Näherung durchzuführen.

In Abb. 1.22 ist links von der konvex gekrümmten Fläche im optisch dünneren Medium ein Gegenstand der Länge y_1 eingezeichnet. Die Abbildung

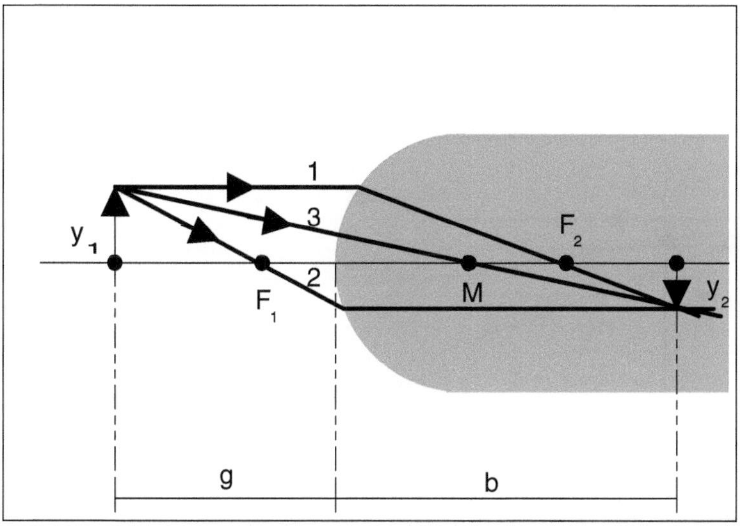

Abb. 1.22. Abbildung eines ausgedehnten Gegenstandes durch eine konvexe Kugelfläche

dieses Gegenstands in den bildseitigen Raum des optisch dichteren Mediums (n_2) läßt sich, wie jede Abbildung im Rahmen der geometrischen Optik, durch drei Elementarstrahlen konstruieren (1, 2, 3, Abb. 1.22).

Der achsenparallele Strahl (1) wird so gebrochen, daß er durch den bildseitigen Brennpunkt F_2 verläuft. Ein durch den objektseitigen Brennpunkt F_2 gehender Strahl (2) wird so gebrochen, daß er zum Achsenparallelstrahl wird. Der Mittelpunktstrahl (3) schließlich durchsetzt die Kugelfläche ohne Richtungsänderung. Das entstandene Bild y_2 des Gegenstands y_1 liegt zwischen dem Schnittpunkt der drei Elementarstrahlen und der optischen Achse. Befindet sich der Gegenstand y_1, wie hier in der Abbildung, im Falle $n_1 < n_2$ bei einer konvexen Brechungsfläche, außerhalb des Brennpunkts F_1, so ist das Bild y_1 umgekehrt und reell.

Analog zur konvexen Fläche läßt sich die Abbildung eines Gegenstands y_1 durch eine sphärisch konkav gekrümmte Fläche unter der Bedingung $n_1 < n_2$, wie in Abb. 1.23 dargestellt, konstruieren.

Das Bild y_2 des Gegenstands y_1 ist ein virtuelles aufrechtes Bild. Die Berechnung der Bildweite b bei vorgegebener Gegenstandsweite g geschieht in paraxialer Näherung nach den bereits oben erläuterten Abbildungsgleichungen.

Zum Vergleich von Gegenstandsgröße y_1 und Bildgröße y_2 wird der Abbildungsmaßstab β eingeführt. Er ist definiert als das Verhältnis der Bildgröße y_2 zur Objektgröße y_1

$$\beta = \frac{y_2}{y_1} = \frac{n_1 \cdot b}{n_2 \cdot g} . \tag{1.37}$$

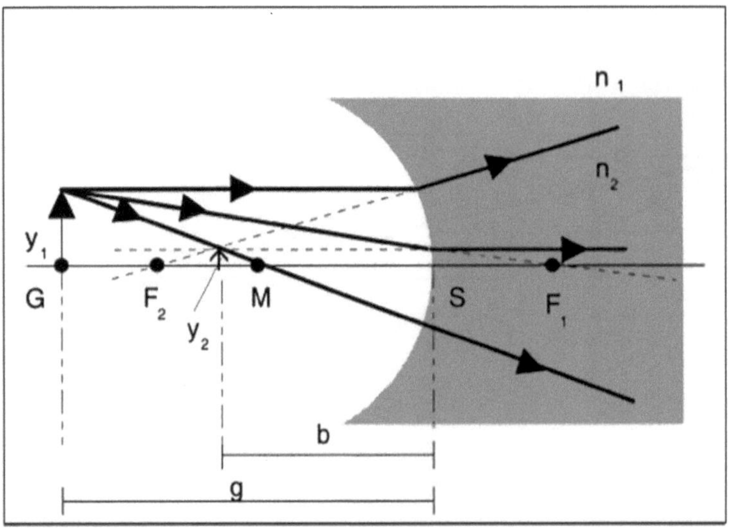

Abb. 1.23. Abbildung eines Gegenstandes durch eine konkave Kugelfläche

Aus dieser Gleichung folgt für die Bildgröße y_2:

$$y_2 = \frac{n_1 \cdot b}{n_2 \cdot g} \cdot y_1 \,. \tag{1.38}$$

1.4 Optische Abbildung

1.4.1 Sphärische Linsen

Eine sphärische Linse ist ein durchsichtiger Körper mit dem Brechungsindex n, der beidseitig von einer Kugelfläche begrenzt ist, wobei die eine Fläche auch plan sein kann. Die optische Wirkung der Linse wird von den Grenzflächen und dem Brechungsindex des Linsenmaterials bestimmt.

Linsen werden nach Größe und Vorzeichen ihrer Krümmungsradien klassifiziert.

Grundsätzlich unterscheidet man zwischen Sammellinsen (Konvexlinsen), durch die ein paralleles Lichtbündel in einem Punkt vereinigt wird, und Zerstreuungslinsen (Konkavlinsen), die ein paralleles Lichtbündel zerstreuen.

Abbildung 1.24 zeigt einige Grundtypen sphärischer Linsen; die obere Reihe enthält Sammellinsen, in der unteren Reihe sind Zerstreuungslinsen dargestellt.

Anhand der Beispiele in Abb. 1.24 ist zu erkennen, daß bei Sammellinsen die Mittendicke größer als die Randdicke des Linsenkörpers ist. Bei Zerstreuungslinsen ist es umgekehrt.

Von einer dünnen Linse spricht man, wenn der Abstand zwischen den beiden Kugelflächen auf der optischen Achse (Mittendicke) gegenüber Brennweite, Gegenstandsweite und Bildweite klein ist, im anderen Falle spricht man

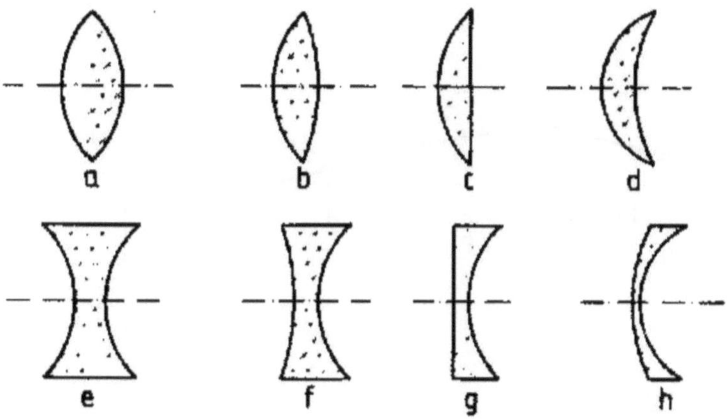

Abb. 1.24. Verschiedene Linsenformen: Obere Reihe Sammellinsen, untere Reihe Zerstreuungslinsen

von dicken Linsen. Die dünne Linse stellt aufgrund der unberücksichtigten Mittendicke eine Idealisierung der realen Linse dar, ihre Abbildungsgleichungen lassen sich daher in besonders einfacher Weise gewinnen. Diese Näherung gilt für dicke Linsen nicht, sie würde zu großen Fehlern führen.

Es ist zu bemerken, das es grundsätzlich keine scharfe Grenze zwischen einer dicken und einer dünnen Linse gibt, die Grenze hängt von der im jeweiligen Fall geforderten Abbildungsgenauigkeit ab.

Dünne Linsen. Anhand der Abb. 1.25 soll die optische Wirkung einer dünnen sphärischen Bikonvex-Linse in paraxialer Näherung erläutert werden, die Linse sei von Luft umgeben. Die Betrachtung geschieht in paraxialer Näherung, also nur für achsennahe Strahlen, daher können die Linsenflächen durch Scheitelebenen S_1, S_2 ersetzt werden.

Die optische Abbildung durch eine Linse setzt sich aus den Einzelabbildungen durch die jeweiligen sphärischen Grenzflächen zusammen; die Gesamtabbildung läßt sich somit in zwei Grenzflächenabbildungen zerlegen.

Für die erste Grenzfläche erhält man nach Gleichung (1.30) mit $n_1 = 1$, $n_2 = n$

$$\frac{1}{g_1} + \frac{n}{b_1} = \frac{n-1}{R_1} \, . \tag{1.39}$$

Die erste Grenzfläche erzeugt von dem Gegenstandspunkt G ein Zwischenbild B_1, dieses Zwischenbild wäre das endgültige Bild, wenn die zweite Fläche nicht vorhanden wäre. Die Verlängerung des an der ersten Fläche gebrochenen Lichtstrahls, dessen Schnittpunkt mit der optischen Achse B_1 ist, kann

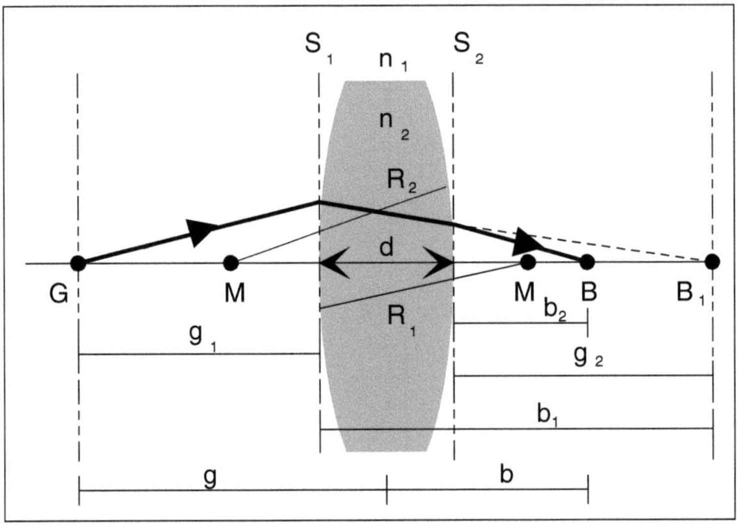

Abb. 1.25. Zur Herleitung der Linsengleichung

für die Brechung an der zweiten Grenzfläche als Gegenstandsstrahl betrachtet werden, damit ist das Zwischenbild B_1 für die zweite Fläche der abzubildende Gegenstand. Für die Abbildung der zweiten Grenzfläche ist $n_1 = n$, $n_2 = 1$ und $g_2 = -(b_1 - d)$, aus der Abbildungsgleichung (1.30) wird

$$-\frac{n}{b_1 - d} + \frac{1}{b_2} = \frac{1-n}{R_2}. \tag{1.40}$$

Die Addition beider Gleichungen unter Einführung der Abstände $g = g_1 + \frac{d}{2}$ und $b = b_2 + \frac{d}{2}$ von G bzw. B bis zur Linsen-Mittelebene (Hauptebene) führt zur allgemeinen Abbildungsgleichung für dünne Linsen in paraxialer Näherung (Gauß'sche Linsenformel)

$$\frac{1}{g} + \frac{1}{b} = \frac{n-1}{R_1} + \frac{1-n}{R_2}. \tag{1.41}$$

In dieser Näherung addieren sich die Brechkräfte $D_1 := \frac{n-1}{R_1}$ und $D_2 := \frac{1-n}{R_2}$ der Linsenflächen. Trifft ein achsenparalleler Strahl auf die Linse, so ist $g = \infty$ in Gleichung (1.41). Der gebrochene Strahl schneidet auf der Bildseite den Brennpunkt F, damit ist $b = f$, und für die Brennweite einer dünnen Linse ist:

$$f = \frac{1}{n-1}\left(\frac{R_1 \cdot R_2}{R_2 - R_1}\right). \tag{1.42}$$

Ist die Linse bikonvex mit $R_1 = -R_2$, so ist die Brennweite

$$f = \frac{1}{n-1}\frac{R}{2}. \tag{1.43}$$

Die Abbildungsgleichung (1.41) läßt sich durch Einsetzen von Gleichung (1.42) vereinfachen und führt zu einer Gleichung, die identisch zur Abbildungsgleichung des Kugelspiegels ist.

$$\frac{1}{g} + \frac{1}{b} = \frac{1}{f} \tag{1.44}$$

Die zeichnerische Konstruktion der Brechung an den beiden Grenzflächen kann für dünnne Linsen durch die Brechung an der Mittelebene der Linse ersetzt werden. Abbildung 1.26 zeigt die Abbildung eines ausgedehnten Gegenstandes y_1 durch eine bikonvexe Linse.

Die Konstruktion geschieht mittels der drei Elementarstrahlen:

- Achsenparallelstrahl, er schneidet den bildseitigen Brennpunkt,
- objektseitiger Brennstrahl, dieser wird hinter der Linse zum Achsenparallelstrahl,
- Scheitelpunktstrahl, er erfährt keine Veränderung.

Durch Anwendung des Strahlensatzes in Abb. 1.26 läßt sich der Abbildungsmaßstab β (Lateralvergrößerung) bestimmen:

$$\beta = \frac{y_2}{y_1} = -\frac{b}{g} = \frac{f}{f-g}. \tag{1.45}$$

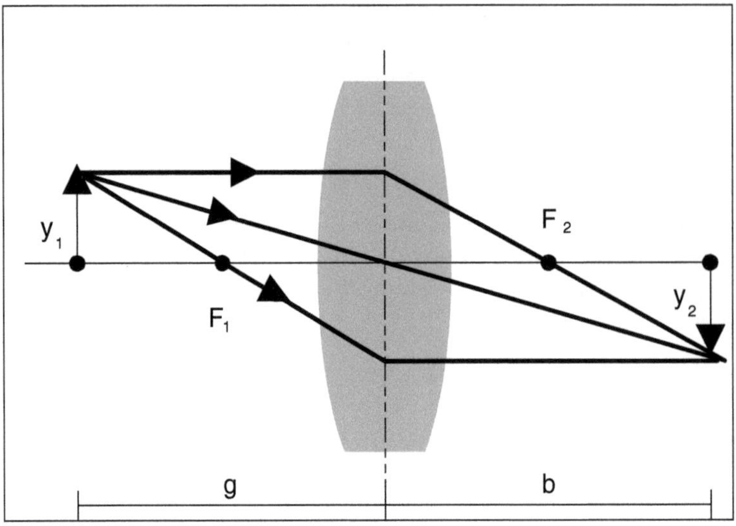

Abb. 1.26. Konstruktion der Abbildung durch eine Linse

Für $\beta > 0$ zeigen Bild und Gegenstand in dieselbe Richtung, für $\beta < 0$ ist das Bild umgekehrt.

In Tabelle 1.3 sind die Abbildungsfälle, die durch eine Sammellinse in paraxialer Näherung möglich sind, aufgeführt. Die zugehörigen Objekt- und Bildorte sind der Abb. 1.27 zu entnehmen.

Tabelle 1.3

Objektort	Bildort	Bildart
Im negativ Unendlichen	In der bildseitigen Brennebene	Reell, umgekehrt verkleinert
(1) Außerhalb der doppelten Brennweite	(8) Innerhalb der doppelten Brennweite	Reell, umgekehrt verkleinert
(2) In der doppelten Brennebene	(9) In der doppelten bildseitigen Brennebene	Reell, umgekehrt gleichgroß
(3) Innerhalb der doppelten Brennweite	(10) Außerhalb der doppelten Brennweite	Reell umgekehrt vergrößert
(4) In der Brennebene	Im negativ Unendlichen	Virtuell, gleichgerichtet, vergrößert
(5) Innerhalb der Brennweite	Im Objektraum	Virtuell gleichgerichtet vergrößert

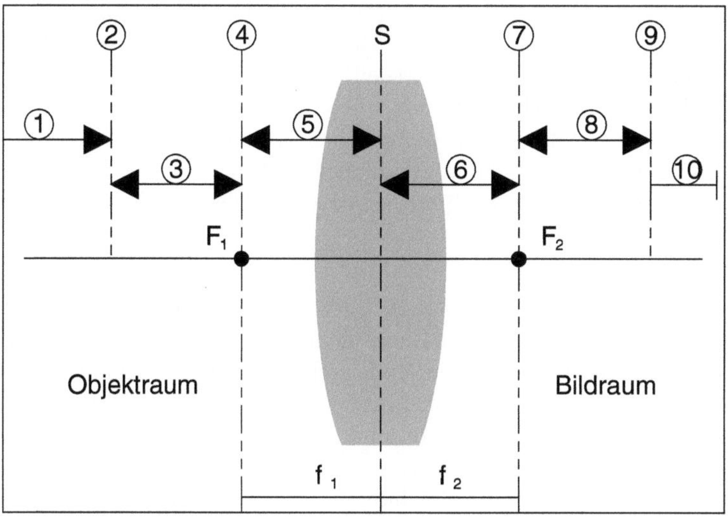

Abb. 1.27. Abbildungsfälle

Die Abbildung eines ausgedehnten Gegenstands y_1 durch eine dünne symmetrische Zerstreuungslinse (Bikonkav-Linse) ist in Abb. 1.28 dargestellt.

Der achsenparallele Strahl wird an der ersten Grenzfläche von der optischen Achse weggebrochen, seine rückwärtige Verlängerung in den Gegenstandsraum bildet am Schnittpunkt mit der optischen Achse einen virtuellen Brennpunkt F_1.

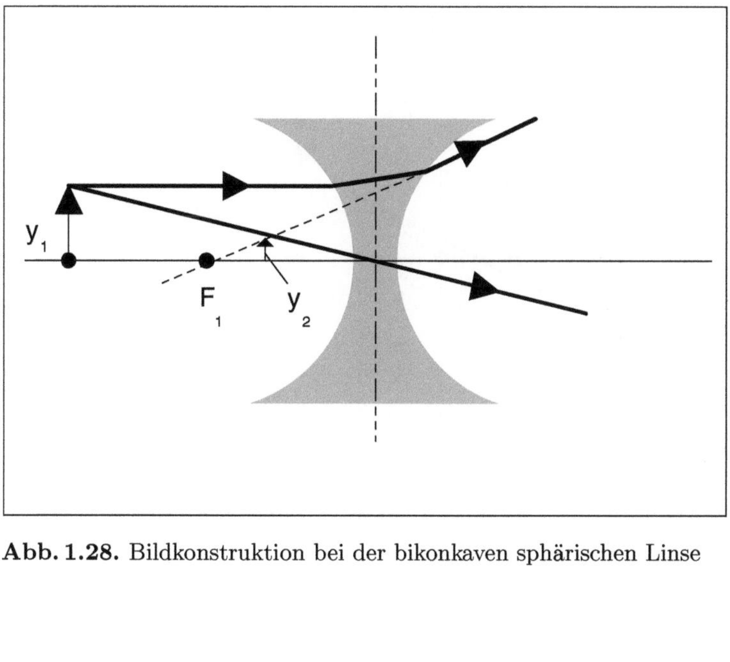

Abb. 1.28. Bildkonstruktion bei der bikonkaven sphärischen Linse

Die Brechung des Lichtstrahls bei Austritt bewirkt eine weitere Ablenkung von der optischen Achse weg. Das Bild y_2 in der Gegenstandsebene zwischen Brennpunkt und Linse ist virtuell, es ist gegenüber dem Gegenstand gleichgerichtet und verkleinert.

Für die Zerstreuungslinse gelten die gleichen Abbildungsgesetze wie für eine Sammellinse, jedoch mit anderen Vorzeichen. Ein positiver Brechwert bedeutet sammelnde Wirkung, und ein negativer Brechwert hingegen steht für zerstreuende Wirkung.

Dicke Linsen. Ist die Mittendicke d einer Linse im Vergleich zu den übrigen Abständen groß, darf die Dicke d der Linse nicht vernachlässigt werden. Die Brechung an den beiden Grenzflächen kann nicht wie bei der dünnen Linse durch Brechung an der Hauptebene der Linse ersetzt werden. Abbildung 1.29 zeigt den Strahlengang durch den Mittelpunkt einer dicken Linse.

Der Strahlverlauf kann so konstruiert werden, daß die Strahlbrechung an den beiden Grenzflächen durch die Brechung an den eingezeichneten Hauptebenen H_1, H_2 stattfindet. Zwischen den beiden Hauptlinien verläuft der Strahl parallel zur optischen Achse. Die dicke Linse wird quasi durch zwei dünne Linsen in den Hauptebenen ersetzt. Unter Verwendung dieser konstruierten Hauptebenen können Achsenparallel- und Brennpunktstrahl wieder als Konstruktionsmethode verwendet werden (siehe Abb. 1.30). Brennweite, Gegenstands- und Bildweite werden jeweils von den Hauptebenen aus gemessen.

Analog zu der Abbildungsgleichung für dünne Linsen läßt sich für dicke Linsen mit Luft als Umgebungsmedium eine zu Gleichung (1.41) ähnliche

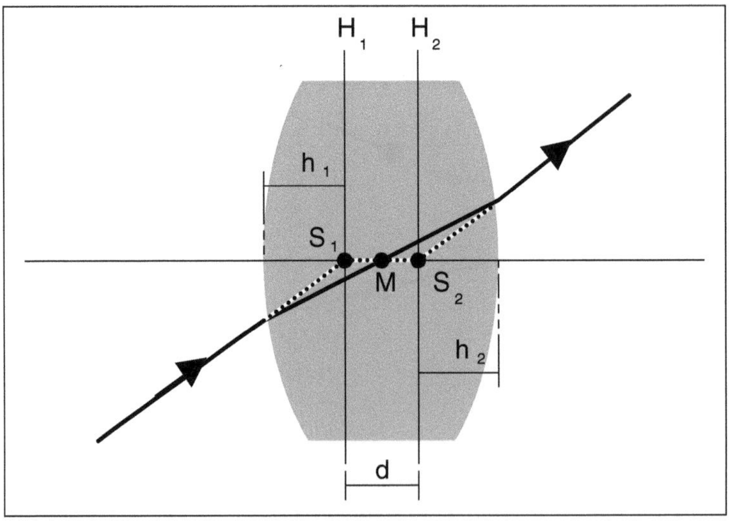

Abb. 1.29. Hauptebenen einer dicken Linse

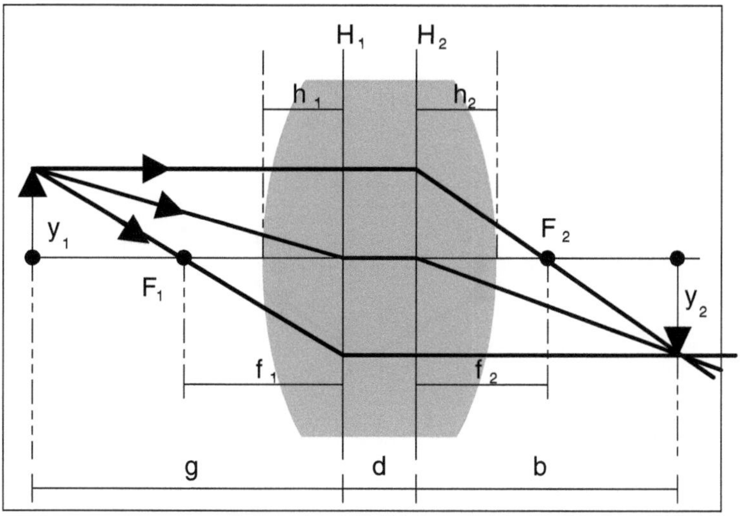

Abb. 1.30. Strahlenkonstruktion an einer dicken Linse

Abbildungsgleichung herleiten. [2]

$$\frac{1}{f} = (n-1)\left[\frac{1}{R_1} - \frac{1}{R_2} + \frac{(n-1)d}{rR_1R_2}\right] . \tag{1.46}$$

Die Abstände der Hauptebenen von den Scheitelpunkten der brechenden Flächen sind:

$$h_1 = -\frac{(n-1)f \cdot d}{n \cdot R_2} \qquad h_2 = -\frac{(n-1)f \cdot d}{n \cdot R_1} \tag{1.47}$$

Für $d \to \infty$ gehen die Hauptebenen in eine Mittelebene der dünnen Linse über.

1.4.2 Linsensysteme

Ein Linsensystem (z. B. Mikroskop, Fernrohr) ist eine Anordnung aus mehreren zentrisch angeordneten Linsen. Durch Angabe von Gesamtbrechwert, Brennweiten und Lage der Hauptebenen läßt sich die Gesamtwirkung eines Linsensystems kennzeichnen. Die Berechnungen und Konstruktionen erfolgen schrittweise für jede Linse analog zu den Einzellinsen.

Abbildung 1.31 zeigt ein Linsensystem aus zwei dicken bikonvexen Linsen der Brennweiten f_1 und f_2. Der Abstand der einander zugekehrten Hauptebenen wird als mechanische Tubuslänge d bezeichnet.

Die Gesamtbrennweite f_{Sys} dieses Systems läßt sich mit Hilfe der Abbildungsgleichung (1.44) für den Grenzfall eines unendlich weit entfernten Gegenstandes vom Linsensystem herleiten ($g_1 = \infty$).

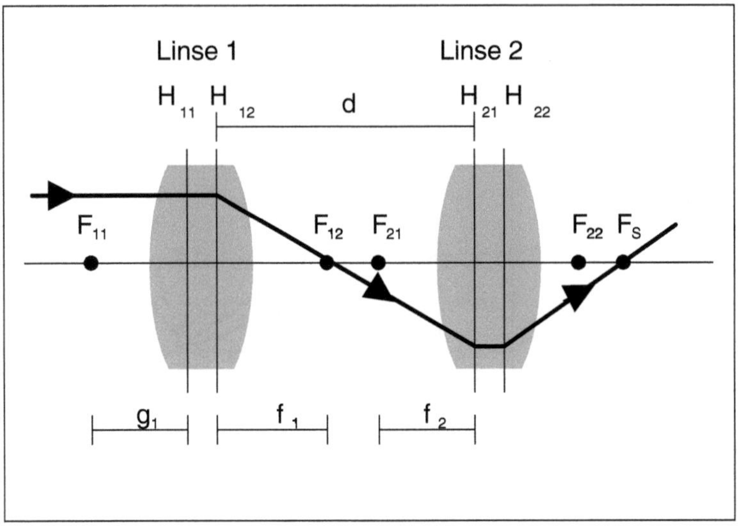

Abb. 1.31. System aus zwei dicken Linsen zur Herleitung der Abbildungsgleichung

Ein aus dem Unendlichen kommender und parallel zur optischen Achse verlaufender Objektstrahl schneidet den bildseitigen Brennpunkt F_{12} der ersten Linse, d. h. ein im Unendlichen liegender Gegenstand würde im Brennpunkt der ersten Linse als Zwischenbild abgebildet werden, es gilt $b_1 = f_1$. Dieses Zwischenbild dient der zweiten Linse als abzubildender Gegenstand der Gegenstandsweite $g_2 = d - f_1$.

Die Brennweite des Gesamtsystems ist:

$$f_{\mathrm{Sys}} = \frac{f_1 \cdot f_2}{f_1 + f_2 - d} \,. \tag{1.48}$$

Die Abbildungsgleichung lautet

$$\frac{1}{f_{\mathrm{Ges.}}} = \frac{1}{f_1} + \frac{1}{f_2} - \frac{d}{f_1 \cdot f_2} \,. \tag{1.49}$$

Wenn $d \ll f_1, f_2$, kann $d/f_1 \cdot f_2$ vernachlässigt werden.

Für zwei nahe beieinander liegende Linsen addieren sich die reziproken Brennweiten, bzw. der Gesamtbrechwert setzt sich additiv aus den Einzelbrechwerten zusammen.

Allgemein gilt für die Brechkraft D eines Systems von nahe aneinanderliegenden Linsen

$$D = \sum_i D_i \,. \tag{1.50}$$

D_i: Brechkraft der Linse i

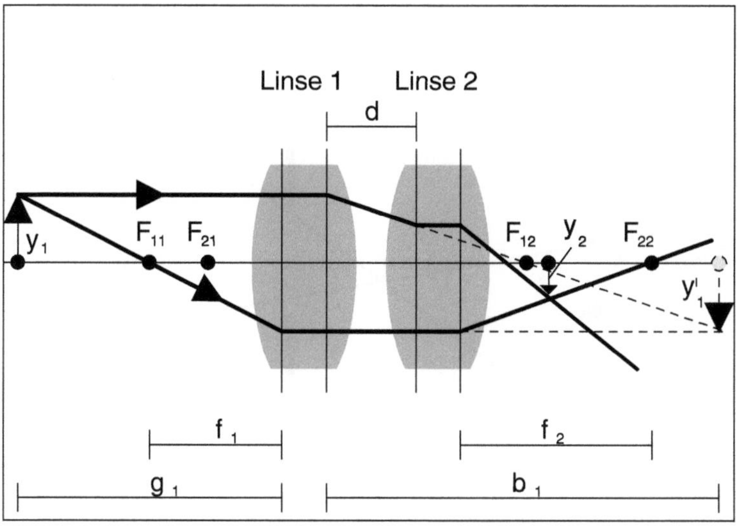

Abb. 1.32. Abbildung durch zwei nahe beieinander liegender Linsen

Der Abbildungsmaßstab des Linsensystems ist

$$\beta = \beta_1 \cdot \beta_2 = \frac{b_1}{g_1} \cdot \frac{b_2}{g_2} = \frac{b_1 \cdot b_2}{g_1\,(d - b_1)}\,. \tag{1.51}$$

Die Abbildung eines Gegenstands durch ein Zweilinsensystem ist in Abb. 1.32 dargestellt. Als Beispiele für weiterführende Fachliteratur seien [3–8] genannt.

1.4.3 Blenden

Blenden dienen zur Strahlbegrenzung in optischen Systemen. Solche Blenden können einen festen Durchmesser (Lochblende) oder auch im Durchmesser variabel sein (Irisblende). Beispielsweise die Pupille im Auge ist eine variable Blende.

Jede Blende in einem optischen System wird von dem System selbst abgebildet, es entstehen optische Blendenbilder, die reell oder imaginär sein können.

In Abb. 1.33 ist die Abbildung eines Gegenstands y_1 durch eine Bikonvexlinse dargestellt. P_1 ist eine kreisförmige Blende im Gegenstandsraum, ihr Abstand zur Linse ist größer als die zweifache Brennweite. Die vom Gegenstand ausgehenden Strahlenbüschel werden durch diese Blende begrenzt, sie wird daher als Aperturblende bezeichnet (apertus: offen).

Die Linse erzeugt von dem Gegenstand und der Aperturblende P_1 jeweils ein reelles Bild. Das erzeugte Bild P_2 der Blende begrenzt die Öffnung der aus dem System austretenden Strahlenbüschel und wird daher als Austrittspupille bezeichnet.

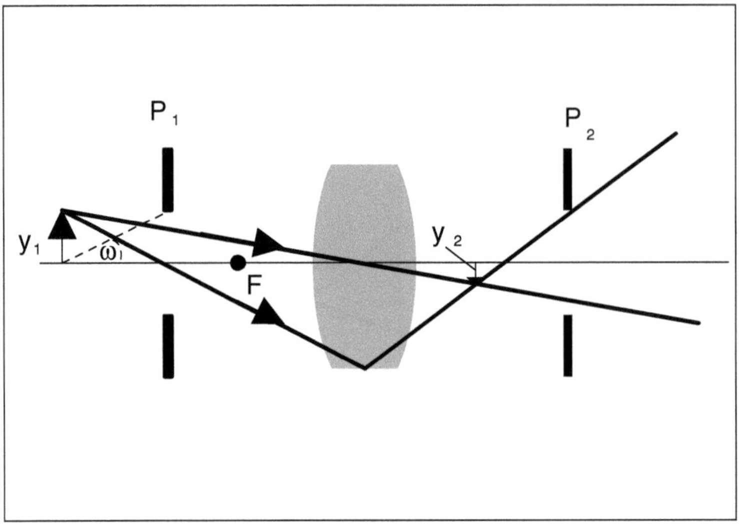

Abb. 1.33. Strahlengangbegrenzung durch Aperturblende

Der Winkel ω zwischen Achse und äußerstem Randstrahl wird als Öffnungs- oder Aperturwinkel bezeichnet. Die Aperturblende beeinflußt in dieser Position die Helligkeit des Bildes, sie hat keinen Einfluß auf die Bildgröße.

Feldblenden (Gesichtsfeldblenden) hingegen bestimmen die Ausdehnung eines abbildbaren Gegenstandes der Abbildung. Durch die Feldblende wird nur der Teil des Gegenstands auf die Mattscheibe abgebildet, der entsprechend dem Abbildungsmaßstab von der Feldlinse freigegeben wird. Die Bilder der Feldblende werden objektseitig mit Eintrittsluke und bildseitig mit Austrittsluke bezeichnet. Die Luken haben keinen Einfluß auf die Helligkeit des Bildes. Aperturblende und Feldblende sind von ihrer Funktion her deutlich zu unterscheiden.

Literatur

1. Hecht, E. (2001), Optik, Oldenbourg
2. Naumann, H., Schröder, G. (1992), Bauelemente der Optik, Carl Hanser Verlag, München
3. Smith, W.J., Modern Optical Engineering, McGraw-Hill, New York, 1992
4. Bergmann, Schäfer, Lehrbuch der Experimentalphysik Bd III, de Gruyter
5. Hecht, E., Optik, Addison-Wesley (1992)
6. Guenther, B., Modern Optics. Wiley, New York 1990
7. Haferkorn, H., Optik, Barth, Leipzig 1994
8. Naumann, H., Schröder, G., Bauelemente der Optik, Hanser, München, 1992

2 Wellenoptik

2.1 Licht als Wellenphänomen

Die Prozesse der Lichterzeugung und die physikalisch-technischen Wirkungen von Licht lassen sich am einfachsten beschreiben und verstehen, wenn die Vorstellung von Licht als einem Strom von Teilchen, den sogenannten Photonen, bei der Beschreibung der auftretenden Effekte verwendet wird. Im Gegensatz dazu wird Licht im Wellenbild beschrieben, wenn die Lichtausbreitung im Raum, aber auch viele Formen der Wechselwirkung zwischen Licht und Materie möglichst einfach behandelt werden sollen. Diese Doppelnatur des Lichts ist in der Literatur unter dem Begriff „Welle-Teilchen-Dualismus" bekannt; die Verbindung zwischen beiden Darstellungen wird dort ausführlich behandelt, der scheinbare Widerspruch zwischen beiden Darstellungen kann problemlos beseitigt werden.

Die Wellenoptik erklärt eine Vielzahl technisch wichtiger optischer Erscheinungen und ist die Basis vieler optischer Systeme, dazu gehören u. a. alle Interferometer und polarisationsoptischen Geräte. Die wellenoptischen Phänomene begrenzen letztlich das Auflösungsvermögen auch perfekter optischer Systeme und bilden die Grundlage für reflexionserhöhende und -vermindernde Schichtsysteme.

In diesem Kapitel wird ausschließlich der Wellencharakter von Licht dargestellt. Detailliertere und auch weiterführende Darstellungen finden sich in der Literatur. In [1] und [2] werden die theoretischen Grundlagen der Wellenoptik ausführlich dargestellt und in präziser Form sehr weitreichende Ergebnisse hergeleitet. In [3] wird eine umfangreiche Darstellung insbesondere experimenteller Ergebnisse gegeben, wobei auch auf neue Erkenntnisse wie z. B. Quantenoptik und Laserphysik eingegangen wird. Eine Zusammenfassung vieler Ergebnisse aus der optischen Praxis, auch auf Komponenten- und Systemebene, und eine Vielzahl nützlicher Daten und Formeln, teilweise mit Herleitung, findet sich in [4].

2.1.1 Elektromagnetische Wellen

Eine elektromagnetische Welle beschreibt die Ausbreitung von zwei physikalischen Größen, nämlich des elektrischen Feldes und des magnetischen Feldes, im Raum wie auch den zeitlichen Verlauf dieser Größen. Da diese Größen Feldgrößen sind, haben sie nicht nur einen Betrag wie jede physikalische Größe, sondern auch eine Richtung; sie werden daher zweckmäßigerweise durch Vektoren (**E** für das elektrische Feld, **H** für das magnetische Feld) dargestellt, während E und H die entsprechenden Feldwerte sind.

Die Ausbreitung elektromagnetischer Wellen wird vollständig durch die Maxwell'schen Gleichungen beschrieben, wenn die optischen Eigenschaften des Mediums, in dem die Ausbreitung erfolgt, bekannt sind. Aus diesen Gleichungen lassen sich für nicht leitende und nicht magnetisierbare Medien die folgenden Wellengleichungen herleiten:

$$\Delta \boldsymbol{E} = \varepsilon \cdot \varepsilon_0 \cdot \mu_0 \cdot \frac{\partial^2 \boldsymbol{E}}{\partial t^2}, \quad \Delta \boldsymbol{H} = \varepsilon \cdot \varepsilon_0 \cdot \mu_0 \cdot \frac{\partial^2 \boldsymbol{H}}{\partial t^2}. \tag{2.1}$$

Dabei sind ε_0 und μ_0 die elektrische und die magnetische Feldkonstante des Vakuums, ε ist die Dielektrizitätskonstante des Mediums und Δ der Laplaceoperator. Aus diesen Differentialgleichungen können alle wellenoptischen Phänomene hergeleitet werden.

Insbesondere erhält man aus Gleichung (2.1) die folgende Beziehung zwischen der Dielektrizitätskonstanten des Mediums und der Ausbreitungsgeschwindigkeit c der Welle:

$$c = \frac{1}{\sqrt{\varepsilon \cdot \varepsilon_0 \cdot \mu_0}} = \frac{c_0}{\sqrt{\varepsilon}} = \frac{c_0}{n}, \tag{2.2}$$

wobei $c_0 = 2,998 \cdot 10^8$ m/s die Lichtgeschwindigkeit im Vakuum ist. Der Brechungsindex n eines Mediums ist also gleich der Wurzel aus der Dielektrizitätskonstanten.

Normalerweise stehen bei einer elektromagnetischen Welle die Ausbreitungsrichtung, die durch einen Einheitsvektor **s** beschrieben wird, sowie das elektrische und das magnetische Feld paarweise aufeinander senkrecht (Ausnahme: elektromagnetische Wellen in doppelbrechenden Kristallen), und **E** und **H** stehen in einer festen Beziehung zueinander. Deshalb ist es im allgemeinen ausreichend, nur eine der beiden Feldgrößen zu betrachten, beispielsweise das elektrische Feld. Wenn alle betrachteten elektrischen Felder dieselbe Richtung haben, ist es weiterhin nicht erforderlich, den vektoriellen Charakter des Feldes zu berücksichtigen. Es ist daher gängige Praxis und wird auch hier so gehandhabt, daß die elektromagnetische Welle nur durch den Wert E ihres elektrischen Feldes und ihre Ausbreitungsrichtung beschrieben wird. Die Richtung des elektrischen Feldes wird erst dann berücksichtigt, wenn Felder unterschiedlicher Richtung miteinander überlagert werden und gemeinsam ein optisches Phänomen hervorrufen. Dies ist grundsätzlich der Fall, wenn Polarisationserscheinungen untersucht werden, aber auch dann, wenn die Interferenz, also die Überlagerung, von unterschiedlich polarisierten optischen Wellen behandelt wird.

2.1.2 Monochromatische ebene Wellen

Eine Welle kann beliebig komplex sein. Dies wird schon offensichtlich, wenn beispielsweise nur die vielfältigen Erscheinungsformen von Oberflächenwellen auf Flüssigkeiten betrachtet werden, bei denen die Auslenkung der Oberfläche aus der Horizontalen das Äquivalent zum elektrischen Feld der elektromagnetischen Welle ist. Glücklicherweise kann jede Wellenform mathematisch als Überlagerung (Summe) einfacher Wellen dargestellt werden. Es ist daher für die Behandlung fast aller optischen Phänomene ausreichend, wenn die Eigenschaften solcher einfacher Wellen bekannt sind.

Die einfachste Lösung der Wellengleichung (2.1) ist eine monochromatische ebene Welle. Sie ist dadurch gekennzeichnet, daß ihr zeitlicher wie auch ihr räumlicher Verlauf durch eine der trigonometrischen Grundfunktionen beschreibbar ist, beispielsweise durch die Cosinus-Funktion, und daß sie durch eine einzige Frequenz und eine einzige Wellenlänge, ihre Ausbreitungsrichtung sowie eine (Anfangs-)Phase vollständig beschrieben wird:

$$\boldsymbol{E} = \boldsymbol{E}_0 \cdot \cos\left(\frac{2\pi}{\lambda}\boldsymbol{s} \cdot \boldsymbol{r} - 2\pi \cdot f \cdot t + \phi_0\right). \tag{2.3}$$

Eine solche ebene Welle ist räumlich (und auch zeitlich!) unbegrenzt und kann daher in reiner Form nicht erzeugt werden. Mit den seit mehr als 40 Jahren verfügbaren Lasern stehen aber Strahlungsquellen zur Verfügung, mit denen sich ebene Wellen in fast beliebig guter Näherung erzeugen lassen. Werden dazu frequenzstabilisierte Single-Frequency-Laser verwendet, kann sogar die Monochromasie weitestgehend erreicht werden. Die monochromatische ebene Welle ist somit nicht nur ein mathematisches, sondern ebenso ein praktikables experimentelles Hilfsmittel, welches zudem beispielsweise in der Interferometrie ein breites Anwendungsgebiet gefunden hat.

Die durch Gleichung (2.3) beschriebene Welle hat die Amplitude (Maximalwert des elektrischen Feldes) $\boldsymbol{E}_0$, oszilliert mit der Frequenz f (und heißt monochromatisch, weil einer eindeutigen Frequenz eine eindeutige Farbempfindung entspricht), die Wellenlänge λ und die durch den Einheitsvektor $\boldsymbol{s}$ beschriebene Ausbreitungsrichtung. Häufig wird zur Abkürzung der Schreibweise die Kreisfrequenz $\omega = 2\pi \cdot f$ und der Wellenvektor $\boldsymbol{k} = 2\pi \cdot \boldsymbol{s}/\lambda$ (mit dem Wert k) verwendet. Die so modifizierte Gleichung (2.3) nimmt dann die einfachere Form

$$\boldsymbol{E} = \boldsymbol{E}_0 \cdot \cos(\boldsymbol{k} \cdot \boldsymbol{r} - \omega \cdot t) \tag{2.4}$$

an (alle folgenden Formen der Wellengleichung sind bei Bedarf um eine Anfangsphase entsprechend Gleichung (2.3) zu ergänzen). Nimmt man noch als Ausbreitungsrichtung z. B. die z-Richtung und berücksichtigt nicht die Feldrichtung, erhält man die nicht-vektorielle Form

$$E = E_0 \cdot \cos(k \cdot z - \omega \cdot t). \tag{2.5}$$

Diese Form der Wellengleichung ist in Abb. 2.1 für drei kurz aufeinander folgende Zeitpunkte (T_1 bis T_3) dargestellt.

Prinzipiell gibt es keine obere oder untere Grenze für Frequenz und Wellenlänge einer elektromagnetischen Welle. Beobachtet und praktisch genutzt

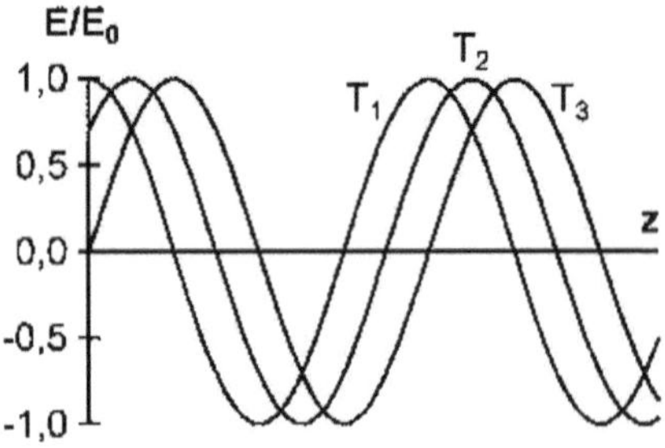

Abb. 2.1. Ebene Welle

werden Wellen mit Frequenzen zwischen einigen kHz und etwa 10^{24} Hz bzw. mit Wellenlängen zwischen 10^{-14} m und einigen km. Abbildung 2.2 zeigt die Aufteilung des elektromagnetischen Spektrums in mehrere Teilbereiche, für die spezielle Begriffe verwendet werden, und die Lage der Spektralfarben im sichtbaren Teil des Spektrums.

In diesem Sinne ist Licht eine elektromagnetische Welle, die durch ihre Ausbreitungsrichtung $\boldsymbol{s}$, ihren Polarisationszustand sowie zwei der drei Größen Frequenz, Ausbreitungsgeschwindigkeit und Wellenlänge beschrieben wird, wobei diese Größen an verschiedenen Punkten des Raums und zu verschiedenen Zeiten unterschiedlich sein können. Dabei hat sichtbares Licht,

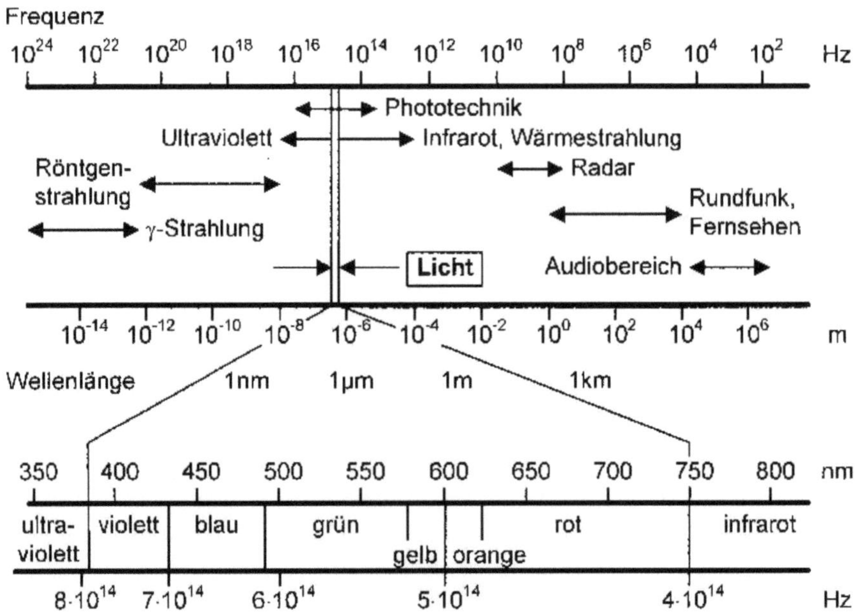

Abb. 2.2. Elektromagnetisches Spektrum

welches nach wie vor die größte Bedeutung in der technischen Optik hat, eine Frequenz von ca. $5 \cdot 10^{14}$ Hz und eine Wellenlänge (in Vakuum oder Luft) von größenordnungsmäßig 0,5 μm, ultraviolettes Licht eine etwa doppelte Frequenz und halbe Wellenlänge, infrarotes Licht eine niedrigere Frequenz und größere Wellenlänge.

Aus Gleichung (2.5) erhält man unmittelbar die Ausbreitungsgeschwindigkeit (Phasengeschwindigkeit) c der Welle; dies ist die Geschwindigkeit, mit der sich Punkte konstanter Phase bewegen. Beispielsweise ist der Punkt mit der Phase $\phi = 0$ durch $\phi = kz - \omega t = 0$ gekennzeichnet. Daraus folgt sofort für die Phasengeschwindigkeit $c = z/t$:

$$c = \frac{\omega}{k} = \lambda \cdot f. \tag{2.6}$$

Solange der Brechungsindex und damit auch die Lichtgeschwindigkeit konstant ist, ist somit auch das Produkt aus Wellenlänge und Frequenz konstant. Dabei ist die Lichtfrequenz als energiebestimmende Größe unveränderlich. Mit einer Änderung des Brechungsindex geht daher immer eine Änderung der Wellenlänge einher. Da der Brechungsindex das Verhältnis der Vakuumlichtgeschwindigkeit c_0 zur Lichtgeschwindigkeit c in dem Medium mit Brechungsindex n angibt, gilt Entsprechendes für das Verhältnis von Vakuumwellenlänge λ_0 und Wellenlänge λ im Medium:

$$\lambda = \lambda_0 / n \,. \tag{2.7}$$

Normalerweise ist also die Wellenlänge in einem Medium kleiner als die Vakuumwellenlänge.

Sehr häufig wird im Bereich der Wellenoptik die komplexe Schreibweise der Wellengleichung verwendet. Muß beispielsweise im Rahmen der Interferometrie das elektrische Feld berechnet werden, welches sich aus der Überlagerung von zwei oder mehr Einzelwellen mit unterschiedlichen Phasen ergibt, erfordert dies einen erheblichen Aufwand an trigonometrischen Umformungen. Es kann nun gezeigt werden, daß man dasselbe Ergebnis für das elektrische Feld erhält, wenn man die Einzelfelder zunächst in der komplexen Form

$$\begin{aligned} \boldsymbol{E} &= \boldsymbol{E_0} \cdot \left[\cos\left(\boldsymbol{k} \cdot \boldsymbol{r} - \omega t + \phi_0\right) + \mathrm{i} \cdot \sin\left(\boldsymbol{k} \cdot \boldsymbol{r} - \omega \cdot t + \phi_0\right) \right] \\ &= \boldsymbol{E_0} \cdot \mathrm{e}^{\mathrm{i}(\boldsymbol{k} \cdot \boldsymbol{r} - \omega \cdot t + \phi_0)} = \boldsymbol{E_0} \cdot \mathrm{e}^{\mathrm{i} \cdot \phi} \end{aligned} \tag{2.8}$$

darstellt (i ist die imaginäre Einheit), anschließend die dann sehr einfachen Additionen durchführt und letztlich den Realteil des sich so ergebenden Ausdrucks als resultierendes elektrisches Feld interpretiert. Dieses Verfahren ist besonders dann von großer Bedeutung, wenn das Ziel die Berechnung der Intensitätsverteilung ist, die sich durch Überlagerung von Einzelwellen ergibt.

2.1.3 Elektrisches Feld und Intensität

Die Wellengleichung macht Aussagen über die Ausbreitung des elektrischen Feldes. Diese Größe ist aber einer direkten Messung nicht zugänglich, weil ihre Oszillationsfrequenz von rund $5 \cdot 10^{14}$ Hz dafür zu hoch ist. Gemessen – und auch vom menschlichen Auge empfunden – wird immer die Lichtleistung oder die Lichtintensität I, also die auf die Flächeneinheit bezogene Leistung. Daher muß die Wellengleichung noch durch den Zusammenhang zwischen Feldstärke und Intensität ergänzt werden.

Abgesehen von einem konstanten Faktor (der von den verwendeten Einheiten abhängt), wird dieser Zusammenhang durch

$$I = \langle E^2 \rangle \quad [\text{formal: } I = n \cdot \varepsilon_0 \cdot c \cdot \langle E^2 \rangle] \tag{2.9}$$

gegeben, wobei die eckigen Klammern $\langle\rangle$ die Mittelung über einen ausreichenden Zeitraum (wenigstens einige Periodendauern) bedeuten. Führt man diese Mittelung bei einer beliebigen der vorher angegebenen Formen der Wellengleichung für einen beliebigen Punkt im Raum durch, erhält man das Ergebnis:

$$I = E_0^2 \cdot \langle \cos^2(-\omega t) \rangle = \frac{1}{2} \cdot E_0^2. \tag{2.10}$$

Verwendet man die komplexe Feldschreibweise nach Gleichung (2.8), so gilt anstelle von Gleichung (2.9) bzw. (2.10):

$$I = \langle E \cdot E^* \rangle = E_0^2 \cdot \mathrm{e}^{\mathrm{i}\phi} \cdot \mathrm{e}^{-\mathrm{i}\phi} = E_0^2 \cdot \mathrm{e}^{\mathrm{i}(\phi - \phi)} = E_0^2. \tag{2.11}$$

Daß hier der Faktor $\frac{1}{2}$ aus Gleichung (2.10) nicht auftritt, ist ohne praktische Bedeutung, da einerseits der korrekte Faktor zwischen Feld und Intensität in der Praxis nicht verwendet wird, weil das Feld nur als abgeleitete Hilfsgröße eingesetzt wird, und andererseits dieser „Fehler" beseitigt werden könnte, indem in Gleichung (2.11) noch ein Faktor $\frac{1}{\sqrt{2}}$ eingefügt wird.

Da bei einer ebenen Welle die Amplitude E_0 konstant ist, folgt aus den Gleichungen (2.9) und (2.11), daß auch die Intensität einer ebenen Welle (räumlich wie zeitlich) konstant ist.

2.1.4 Sphärische Wellen

Sphärische Wellen sind solche elektromagnetischen Wellen, bei denen die Phasenflächen Kugelform haben; sphärische Wellen werden daher von (virtuellen) punktförmigen Quellen in ihrem Zentrum emittiert. Legt man um eine solche Quelle eine Kugel, so ist die durch deren Oberfläche austretende Leistung wegen des Energie-Erhaltungssatzes konstant, unabhängig vom Radius r der Kugel. Da die Oberfläche der Kugel mit r^2 anwächst, muß die Strahlungsleistung pro Flächeneinheit, also die Intensität, proportional zu $1/r^2$ abfallen. Da die Strahlungsintensität nach Gleichung (2.10) oder (2.11) proportional zum Quadrat der Feldamplitude ist, gilt für diese im Fall einer Kugelwelle:

$$E_0(r) \propto 1/r. \tag{2.12}$$

Abbildung 2.3 zeigt den prinzipiellen Verlauf der Amplitude des elektrischen Feldes und der Intensität einer sphärischen Welle als Funktion des

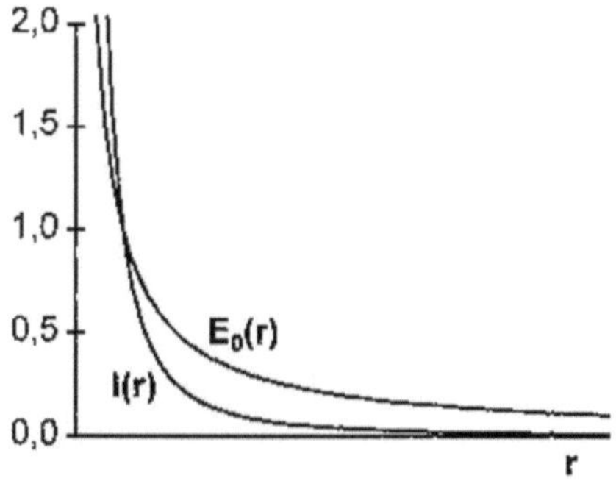

Abb. 2.3. Elektrische Feldamplitude und Intensität einer sphärischen Welle

Abstandes r vom Kugelzentrum. Da beide Größen im Zentrum asymptotisch gegen unendlich gehen, kann eine reine Kugelwelle (und ebenso eine punktförmige Lichtquelle) nicht existieren. In sehr vielen Fällen ist die sphärische Welle jedoch eine extrem gute Annäherung an die Realität, nämlich fast immer dann, wenn der Abstand von der Quelle sehr viel größer als die Ausdehnung der Quelle ist. Bei klassischen Lichtquellen folgt unter dieser Voraussetzung zumindest der Intensitätsverlauf dem $1/r^2$-Gesetz, obwohl eine einheitliche sphärische Phasenfläche nicht existiert. Fast ideale sphärische Wellen können erzeugt werden, indem Laserstrahlung auf einen kleinen Strahldurchmesser fokussiert wird; das Fernfeld dieser virtuellen „Punktquelle" entspricht dann weitestgehend einer sphärischen Welle.

2.2 Überlagerung von Wellen

Wenn sich mehrere Einzelwellen in einem Raumgebiet überlagern (Interferenz), entstehen räumliche und ggf. auch zeitliche Variationen der Feld- und der Intensitätsverteilung, sogenannte Interferenzmuster. Voraussetzung dafür ist die Kohärenz oder Interferenzfähigkeit der Einzelwellen; nur kohärente Wellen haben einen räumlich und zeitlich so stabilen Verlauf, daß Interferenzen beobachtbar werden. Räumliche wie auch zeitliche Interferenzmuster werden in vielfältiger Weise technisch genutzt, z. B. zur präzisen Bestimmung von Abständen und Flächenformen.

2.2.1 Interferenz

Breiten sich mehrere Einzelwellen in demselben Raumgebiet aus, so ergibt sich die resultierende Feldstärke aus der Addition der Einzelfelder in jedem Raumpunkt. Für zwei Einzelwellen gilt also:

$$E_{\text{gesamt}}(x, y, z, t) = E_1(x, y, z, t) + E_2(x, y, z, t). \tag{2.13}$$

Als einfaches Beispiel sollen zwei monochromatische ebene Wellen E_1 und E_2 überlagert werden, die dieselbe Frequenz (und Wellenlänge) haben:

$$E_1(x,y,z,t) = E_{01} \cdot \mathrm{e}^{\mathrm{i}\cdot(kz-\omega t+\phi_1)}, \\ E_2(x,y,z,t) = E_{02} \cdot \mathrm{e}^{\mathrm{i}\cdot(kz-\omega t+\phi_2)}. \tag{2.14}$$

Aus Gleichung (2.13) erhält man die resultierende Feldstärke E:

$$\begin{aligned} E = E_1 + E_2 &= E_{01} \cdot \mathrm{e}^{\mathrm{i}\cdot(kz-\omega t+\phi_1)} + E_{02} \cdot \mathrm{e}^{\mathrm{i}\cdot(kz-\omega t+\phi_2)} \\ &= \left(E_{01} \cdot \mathrm{e}^{\mathrm{i}\phi_1} + E_{02} \cdot \mathrm{e}^{\mathrm{i}\phi_2}\right) \cdot \mathrm{e}^{\mathrm{i}\cdot(kz-\omega t)}. \end{aligned} \tag{2.15}$$

Dies ist eine elektromagnetische Welle mit derselben Frequenz und Wellenlänge (zweiter Faktor von Gleichung (2.15)) wie die Einzelwellen und einer (komplex geschriebenen) Amplitude

$$E_0 = \left(E_{01} \cdot \mathrm{e}^{\mathrm{i}\phi_1} + E_{02} \cdot \mathrm{e}^{\mathrm{i}\phi_2}\right). \tag{2.16}$$

Nach Gleichung (2.11) hat diese Welle die Intensität

$$\begin{aligned} I &= \langle E \cdot E^* \rangle \\ &= \left\langle \left[\left(E_{01} \cdot \mathrm{e}^{\mathrm{i}\phi_1} + E_{02} \cdot \mathrm{e}^{\mathrm{i}\phi_2}\right) \cdot \mathrm{e}^{\mathrm{i}\cdot(kz-\omega t)}\right] \right. \\ &\quad \left. \times \left[\left(E_{01} \cdot \mathrm{e}^{\mathrm{i}\phi_1} + E_{02} \cdot \mathrm{e}^{\mathrm{i}\phi_2}\right) \cdot \mathrm{e}^{\mathrm{i}\cdot(kz-\omega t)}\right]^* \right\rangle \\ &= \left\langle \mathrm{e}^{\mathrm{i}\cdot(kz-\omega t)} \cdot \mathrm{e}^{-\mathrm{i}\cdot(kz-\omega t)} \right\rangle \\ &\quad \times \left(E_{01} \cdot \mathrm{e}^{\mathrm{i}\phi_1} + E_{02} \cdot \mathrm{e}^{\mathrm{i}\phi_2}\right)\left(E_{01} \cdot \mathrm{e}^{-\mathrm{i}\phi_1} + E_{02} \cdot \mathrm{e}^{-\mathrm{i}\phi_2}\right) \\ &= 1 \cdot \left(E_{01}^2 \cdot 1 + E_{02} \cdot E_{01} \cdot \mathrm{e}^{\mathrm{i}(\phi_2-\phi_1)} + E_{01} \cdot E_{02} \cdot \mathrm{e}^{-\mathrm{i}(\phi_2-\phi_1)} + E_{02}^2 \cdot 1\right) \\ &= E_{01}^2 + E_{02}^2 + 2E_{01}E_{02} \cdot \cos(\phi_2 - \phi_1) \\ &= I_1 + I_2 + 2\sqrt{I_1 \cdot I_2} \cdot \cos(\phi_2 - \phi_1). \end{aligned} \tag{2.17}$$

Für die Einzelintensitäten $I_1 = 1$ und $I_2 = 2$ ist diese Funktion in Abb. 2.4 dargestellt: Abhängig von der Phasendifferenz liegt die Intensität zwischen den beiden Werten $I_{\max} = I_1 + I_2 + 2\sqrt{I_1 \cdot I_2}$ und $I_{\min} = I_1 + I_2 - 2\sqrt{I_1 \cdot I_2}$, im Mittel ist ihr Wert $I_{\text{mittel}} = I_1 + I_2$, was gerade die Summe der Einzelintensitäten ist. Wenn die Phasendifferenz einen Wert hat, der nicht gerade 90° oder 270° beträgt, scheint somit eine Verletzung des Energie-Erhaltungssatzes vorzuliegen, da dann die resultierende Intensität (Energie)

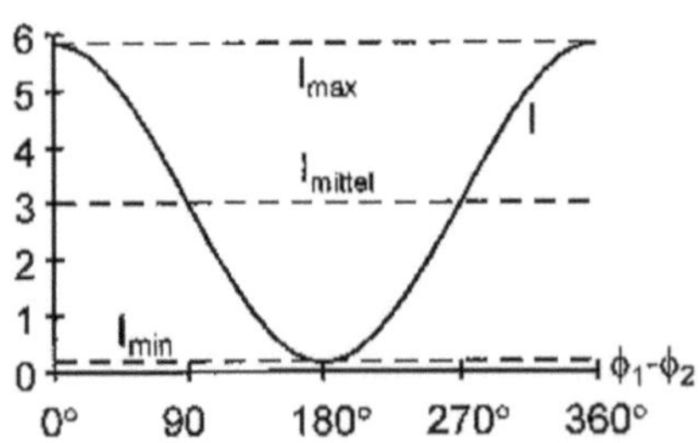

Abb. 2.4. Interferenzintensität

größer oder kleiner als die Summe der Einzelintensitäten ist. Dieser scheinbare Widerspruch wird aufgelöst, wenn man sich vor Augen führt, wie eine Überlagerung von zwei Einzelwellen in der Praxis durchgeführt wird.

Das Prinzip ist in Abb. 2.5 dargestellt. Zwei elektromagnetische Wellen mit den Intensitäten I_1 und I_2 (deren Herkunft weiter unten diskutiert wird) werden an einem teilreflektierenden Spiegel mit einem Leistungs- bzw. Intensitäts-Reflexionsvermögen von 50% in je zwei Teilstrahlen aufgespalten, so daß nach Durchtritt durch den Strahlteiler die austretenden Wellen die Intensitäten $I = I' = I_1$ bzw. $I = I' = I_2$ hätten, wenn nur ein eintretender Strahl vorhanden wäre. Bei geeigneter Justierung der Strahlrichtungen zueinander und zum Spiegel werden die austretenden Strahlen miteinander in der durch Gleichung (2.17) beschriebenen Weise interferieren. Es existieren aber immer zwei Interferenzstrahlen mit den Intensitäten I und I', die sich dadurch unterscheiden, daß bei ihnen Reflexion und Transmission am Strahlteiler für die beiden Einzelstrahlen vertauscht sind. Es kann nun allgemein gezeigt werden, daß der an einem Spiegel reflektierte Strahl eine Phasenverschiebung erleidet, die sich von der des transmittierten Strahls um 180° unterscheidet. Somit hat nach Gleichung (2.17) der eine Strahl grundsätzlich eine gegenüber der Summenintensität um denselben Wert verringerte Intensität, um den die Intensität des anderen Strahls die Summenintensität übersteigt. Damit sind die Summenintensitäten von ein- und austretenden Strahlen identisch.

Das Verhältnis

$$V = \frac{I_{\max} - I_{\min}}{I_{\max} + I_{\min}} \tag{2.18}$$

hängt für kohärente Wellen (s. u.) nur vom Verhältnis der Einzelintensitäten ab und beträgt dann

$$V = \frac{2 \cdot \sqrt{I_1 \cdot I_2}}{I_1 + I_2} = \frac{2 \cdot \sqrt{I_1 / I_2}}{1 + I_1 / I_2} \,. \tag{2.19}$$

Es ist eine für die Interferometrie wichtige Größe, da es die Detektierbarkeit (Sichtbarkeit, „Visibility“) der Interferenz kennzeichnet. Für gleiche

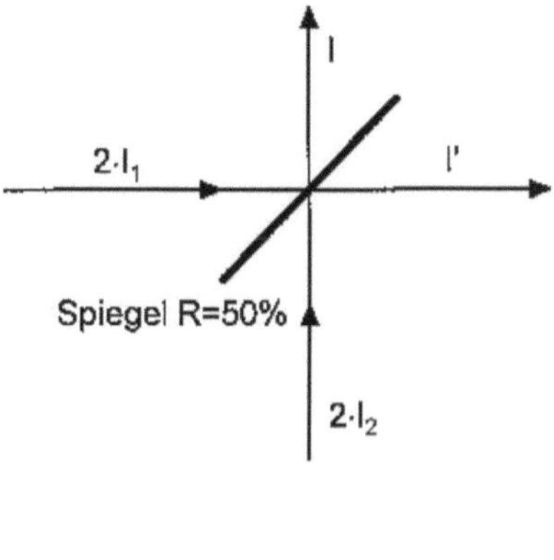

Abb. 2.5. Überlagerung von zwei Einzelwellen

Eingangsintensitäten ($I_1 = I_2$) nimmt die Sichtbarkeit ihren Maximalwert $V = 1$ an.

Die Interferenzintensität braucht weder räumlich noch zeitlich konstant zu sein. Betrachtet man zwei monochromatische ebene Wellen mit geringfügig unterschiedlichen Kreisfrequenzen ω_1 und ω_2, aber identischer Intensität I_1 und identischer Ausbreitungsrichtung, so erhält man analog zu Gleichung (2.17):

$$I(t) = 2 \cdot I_1 + 2 \cdot I_1 \cdot \cos\left[(\omega_2 - \omega_1) \cdot t\right]. \tag{2.20}$$

Dabei wurde der Einfachheit halber von gleichen Anfangsphasen ausgegangen. Es entsteht also eine Interferenzerscheinung, die zu einer mit der Frequenz $\Delta f = f_2 - f_1$ oszillierenden Intensität führt. Δf ist gerade die Differenz der nicht direkt meßbaren optischen Frequenzen; Gleichung (2.20) ist Grundlage eines Verfahrens, um mit Hilfe einer bekannten optischen Frequenz die unbekannte Frequenz einer anderen Strahlungsquelle zu bestimmen. Deren Frequenz muß der bekannten Frequenz nur so nahe liegen, daß die Differenzfrequenz direkt detektierbar ist.

Abbildung 2.6 zeigt die zeitliche Interferenz zwischen den zwei Moden eines HeNe-Lasers; die Differenz liegt bei ca. 500 kHz. Die beiden interferierenden Wellen sind von vornherein exakt parallel ausgerichtet, daher ist es zum Nachweis der Interferenz ausreichend, den Laserstrahl (unter Zwischenschaltung eines Polarisators; s. u.) auf einen hinreichend schnellen Fotodetektor zu leiten.

Entsprechend der zeitlichen Interferenz kommt es zu räumlicher Interferenz, wenn zwei Wellen gleicher Frequenz und Wellenlänge, aber unterschiedlicher Ausbreitungsrichtungen, die durch verschiedene Wellenvektoren k_1 und k_2 beschrieben werden, miteinander interferieren. Analog zu Gleichung (2.20) erhält man in diesem Fall das Ergebnis:

$$I(\boldsymbol{r}) = 2 \cdot I_1 + 2 \cdot I_1 \cdot \cos\left[(\boldsymbol{k_2} - \boldsymbol{k_1}) \cdot \boldsymbol{r}\right]. \tag{2.21}$$

Läßt man die interferierenden Wellen auf einen Beobachtungsschirm oder eine CCD-Kamera fallen, so erhält man räumliche Interferenzstreifen, deren Abstand von der Ausrichtung der Wellen zueinander und zur Detektionsfläche abhängt. In der Praxis muß der Winkel zwischen beiden Wellen außerordent-

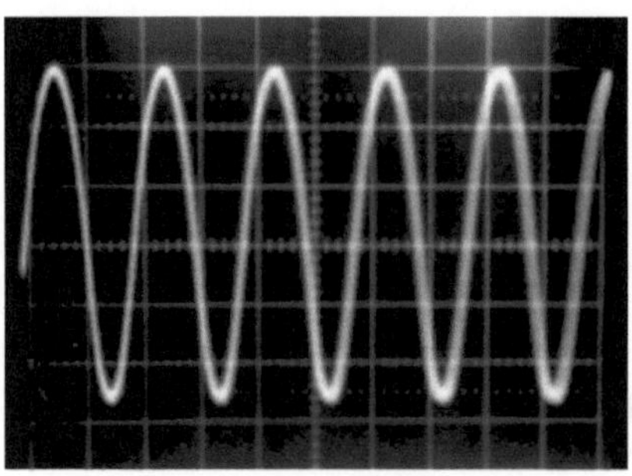

Abb. 2.6. Zeitliche Interferenz

lich klein sein ($\boldsymbol{k}_2 \approx \boldsymbol{k}_1$), um beobachtbare Streifen zu erhalten. Wenn die Beobachtungsfläche etwa senkrecht auf der mittleren Ausbreitungsrichtung der Wellen steht, erhält man folgenden Streifenverlauf:

$$I(x) = 2 \cdot I_1 + 2 \cdot I_1 \cdot \cos\left(2\pi \cdot \frac{x \cdot \sin\alpha}{\lambda}\right). \tag{2.22}$$

Dabei ist x die Koordinate, längs der die Streifen beobachtet werden, und α der Winkel zwischen den Ausbreitungsrichtungen der beiden Wellen. Gleichung (2.22) wird ausgenutzt, um zwei ebene Wellen parallel zueinander auszurichten. Dazu werden die beiden Strahlen miteinander zur Interferenz gebracht, und die Strahlrichtungen werden so justiert, daß der Streifenabstand

$$D = \frac{\lambda}{\sin\alpha} \tag{2.23}$$

maximal wird (im Idealfall verschwinden die Streifen, und es entsteht ein einheitlich ausgeleuchtetes Feld; s. Gleichung (2.17)). Andererseits kann über Gleichung (2.22) auch die Wellenlänge von Strahlung bestimmt werden. Dazu wird die Welle in zwei Teilstrahlen aufgespalten, die unter einem definierten Winkel α zur Interferenz gebracht werden. Aus dem Streifenabstand erhält man dann mit Gleichung (2.23) die Wellenlänge.

Abbildung 2.7 zeigt Interferenzstreifen, die durch Aufspaltung eines HeNe-Laserstrahls mit anschließender Interferenz unter kleinem Winkel gewonnen wurden. Die Aufnahme wurde mit einer CCD-Kamera gemacht. Abbildung 2.8 zeigt den Intensitätsverlauf auf der CCD-Kamera; diese Darstellung wurde durch Auswertung von Abb. 2.7 mit einer Bildverarbeitung gewonnen.

2.2.2 Kohärenz

Elektromagnetische Wellen sind unbeschränkt interferenzfähig, wenn sie durch eine räumlich und zeitlich konstante Phase beschrieben werden können. Un-

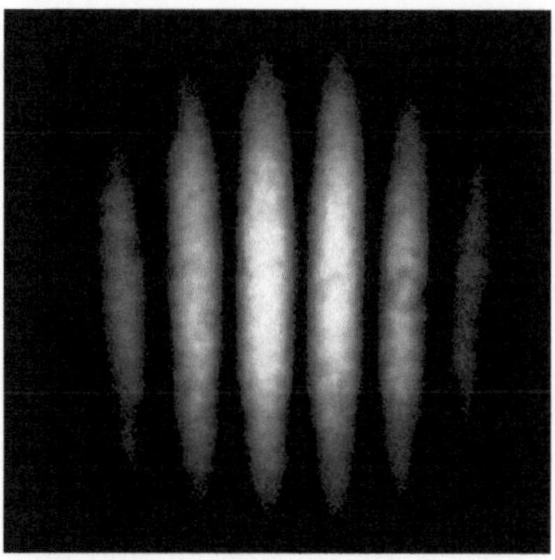

Abb. 2.7. Interferenzstreifen

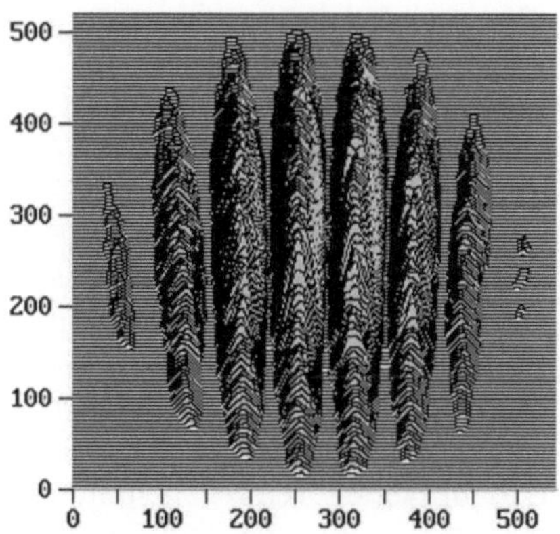

Abb. 2.8. Streifenintensität

ter dieser Voraussetzung wird ihre Interferenzfähigkeit durch Gleichung (2.19) beschrieben, hängt also nur vom Verhältnis der Einzelintensitäten ab. Solche Wellen werden als kohärent bezeichnet. Typische Beispiele dafür sind die in Abschn. 2.1 diskutierten ebenen und sphärischen Wellen. Aber auch jede andere Wellenform kann unbeschränkt interferenzfähig (völlig kohärent) sein.

Das absolute Gegenteil einer kohärenten Welle ist weißes Licht, welches beispielsweise von einem glühenden Körper emittiert wird. Die Gesamtstrahlung eines solchen Körpers setzt sich aus Einzelwellen zusammen, die von einer Vielzahl unabhängiger Einzelstrahler (Atome, Moleküle) emittiert werden. Infolge der Unabhängigkeit der Einzelstrahler sind auch die Teilwellen voneinander unabhängig. Dies äußert sich darin, daß die Phasendifferenz der Einzelwellen räumlich wie auch zeitlich schnell fluktuiert mit der Folge, daß der resultierenden Welle keine räumlich einheitliche oder zeitlich konstante Phase zugeordnet werden kann. Wird eine solche vollständig inkohärente Welle mit sich selbst oder einer anderen Welle zur Interferenz gebracht, fluktuiert die Interferenzintensität an fast jedem Raumpunkt in unkorrellierter Weise so schnell (typisch etwa mit der Lichtfrequenz selbst), daß keinerlei Interferenz detektierbar ist. Vielmehr findet fast immer und überall eine Addition der Intensitäten, nicht aber der elektrischen Felder statt: Die Sichtbarkeit ist $V = 0$.

Zwei Teilwellen, die durch Aufspaltung der von einer inkohärenten Quelle ausgehenden Strahlung erzeugt wurden, sind miteinander nur dann interferenzfähig, wenn

$$a \ll \frac{\lambda}{2 \cdot \sin\vartheta} \tag{2.24}$$

ist, wobei a die Ausdehnung der Lichtquelle und ϑ der Winkel zwischen den interferierenden Strahlen ist. Diese Bedingung kann durch Begrenzung der Lichtquelle (oder ihres Bildes) erfüllt werden, aber auch dadurch, daß ϑ hinreichend verkleinert wird. Dadurch kann Interferometrie sogar an so ausgedehnten inkohärenten Quellen wie Sternen betrieben werden. Gleichung (2.24) ist Basis eines Verfahrens, mit dessen Hilfe Fixsterndurchmesser bestimmt werden, indem die Sichtbarkeit der Sternlicht-Interferenz in Abhängigkeit von ϑ gemessen wird.

Andererseits ist Gleichung (2.24) nicht ausreichend, um Interferenzfähigkeit sicherzustellen, vielmehr müssen die interferierenden Teilwellen auch zeitlich kohärent sein, d. h. ihre Phasendifferenz muß über vernünftige Zeiträume (Mittelungsdauer des Detektionssystems) konstant sein. Diese Bedingung kann dadurch erfüllt werden, daß die optische Weglänge beider Teilstrahlen von der Quelle bis zum Detektor gleich lang gemacht wird. Dann interferieren zu jedem Zeitpunkt identische Teilwellen miteinander, jede Phasenfluktuation tritt in beiden Teilwellen simultan auf und führt nicht zu einer fluktuierenden Phasendifferenz. Die gerade noch zulässigen Wegdifferenzen sind unter Umständen sehr klein, sie liegen für Weißlicht z. B. bei ca. 1 µm.

Der Übergang von Kohärenz zu Inkohärenz ist stetig, eine Welle kann also teilkohärent sein. Als Maß für den Kohärenzgrad wird allgemein die in Gleichung (2.18) definierte Sichtbarkeit für Teilwellen gleicher Intensität verwendet, die experimentell bestimmt oder in einfacheren Fällen auch aus der Kenntnis der Eigenschaften der Strahlungsquelle berechnet werden kann. Für streng monochromatische Wellen ist offensichtlich $V = 1$.

Andererseits gibt es keine streng monochromatischen Strahlungsquellen, vielmehr schwanken bei jeder Strahlungsquelle Amplitude, Frequenz und Phase. Diese Schwankungen führen zu einer Verbreiterung des Spektrums der Strahlungsquelle. Wird nun in einer interferometrischen Anordnung (z. B. Michelson-Interferometer; s. u.) eine elektromagnetische Welle $\boldsymbol{E}(t)$ mit einer um das Zeitintervall τ verzögerten Version $\boldsymbol{E}(t+\tau)$ ihrer selbst überlagert, so ist die Interferenz-Feldstärke durch

$$\boldsymbol{E_i} = \boldsymbol{E}(t) + \boldsymbol{E}(t+\tau) \tag{2.25}$$

und die Interferenz-Intensität durch

$$\begin{aligned} I_i &= \left\langle (\boldsymbol{E}(t) + \boldsymbol{E}(t+\tau)) \cdot (\boldsymbol{E}(t) + \boldsymbol{E}(t+\tau))^* \right\rangle \\ &= \langle \boldsymbol{E}(t) \cdot \boldsymbol{E}(t)^* \rangle + \langle \boldsymbol{E}(t+\tau) \cdot \boldsymbol{E}(t+\tau)^* \rangle \\ &\quad + \langle \boldsymbol{E}(t) \cdot \boldsymbol{E}(t+\tau)^* \rangle + \langle \boldsymbol{E}(t+\tau) \cdot \boldsymbol{E}(t)^* \rangle \\ &= I + I + \langle \boldsymbol{E}(t) \cdot \boldsymbol{E}(t+\tau)^* \rangle + \langle \boldsymbol{E}(t+\tau) \cdot \boldsymbol{E}(t)^* \rangle \\ &= 2 \cdot I + 2 \cdot \mathrm{Re} \langle \boldsymbol{E}(t) \cdot \boldsymbol{E}(t+\tau)^* \rangle \end{aligned} \tag{2.26}$$

gegeben. Die Interferenz-Intensität schwankt also zwischen den Werten $2 \cdot I + 2 \cdot \langle \boldsymbol{E}(t) \cdot \boldsymbol{E}(t+\tau)^* \rangle$ und $2 \cdot I - 2 \cdot \langle \boldsymbol{E}(t) \cdot \boldsymbol{E}(t+\tau)^* \rangle$. Damit erhält man für die Sichtbarkeit nach Gleichung (2.18):

$$V(\tau) = \mathrm{Einhüllende} \left(\frac{\mathrm{Re} \langle \boldsymbol{E}(t) \cdot \boldsymbol{E}(t+\tau)^* \rangle}{I} \right). \tag{2.27}$$

Mathematisch gesprochen, ist die Sichtbarkeit der Realteil der (auf die Intensität normierten) Autokorrelationsfunktion des elektrischen Feldes. Als Beispiel werde die Sichtbarkeit für eine Strahlungsquelle berechnet, die selbst die Überlagerung von zwei monochromatischen Wellen

$$E(t) = E_0 \cdot \mathrm{e}^{\mathrm{i}\omega_1 t} + E_0 \cdot \mathrm{e}^{\mathrm{i}\omega_2 t} \tag{2.28}$$

ist. Man erhält:

$$\begin{aligned} &E(t) \cdot E(t+\tau)^* \\ &= \left(E_0 \cdot \mathrm{e}^{\mathrm{i}\omega_1 t} + E_0 \cdot \mathrm{e}^{\mathrm{i}\omega_2 t} \right) \cdot \left(E_0 \cdot \mathrm{e}^{-\mathrm{i}\omega_1 (t+\tau)} + E_0 \cdot \mathrm{e}^{-\mathrm{i}\omega_2 (t+\tau)} \right) \\ &= E_0^2 \cdot \left[\mathrm{e}^{-\mathrm{i}\omega_1 \tau} + \mathrm{e}^{-\mathrm{i}\omega_2 \tau} + \mathrm{e}^{-\mathrm{i}\omega_1 \tau} \cdot \mathrm{e}^{\mathrm{i}(\omega_2 - \omega_1) t} + \mathrm{e}^{-\mathrm{i}\omega_2 \tau} \cdot \mathrm{e}^{-\mathrm{i}(\omega_2 - \omega_1) t} \right] \text{ bzw.} \end{aligned}$$

$$\begin{aligned}
&\frac{\operatorname{Re}\langle \boldsymbol{E}(t)\cdot\boldsymbol{E}(t+\tau)^*\rangle}{I}\\
&=\operatorname{Re}\left\langle e^{-i\omega_1\tau}\cdot\left(1+e^{i(\omega_2-\omega_1)t}\right)+e^{-i\omega_2\tau}\cdot\left(1+e^{-i(\omega_2-\omega_1)t}\right)\right\rangle\\
&=\frac{\cos(\omega_1\tau)+\cos(\omega_2\tau)}{2}=\cos\left(\frac{\omega_1+\omega_2}{2}\tau\right)\cdot\cos\left(\frac{\omega_1-\omega_2}{2}\tau\right). \qquad (2.29)
\end{aligned}$$

Diese Funktion ist in Abb. 2.9 zusammen mit ihrer Einhüllenden (beide Vorzeichen)

$$V(\tau)=\cos\left(\frac{\omega_1-\omega_2}{2}\tau\right) \qquad (2.30)$$

beispielhaft dargestellt. Man erkennt, daß die Streifensichtbarkeit für den Gangunterschied 0 maximal (=1) ist, dann bis auf 0 absinkt und im folgenden periodisch zwischen 0 und 1 wechselt. Je geringer die Frequenzdifferenz ist, desto größer ist der Abstand zwischen zwei Minima oder Maxima. Nach diesem Verfahren kann leicht der Frequenzabstand zweier Lasermoden bestimmt werden, wenn er durch direkte zeitaufgelöste Messung nicht mehr bestimmbar ist. Dazu wird in einem Interferometer der Gangunterschied zwischen den beiden Moden variiert, die Lage der Sichtbarkeits-Minima als Funktion des Gangunterschieds gemessen und nach Gleichung (2.30) die Differenzfrequenz berechnet.

Das Spektrum des 2-Moden-Lasers, der das in Abb. 2.9 dargestellte Verhalten zeigt, besteht aus zwei schmalen Linien. Spektren und Sichtbarkeitskurven für diese und zwei andere spektrale Verteilungen sind in Abb. 2.10 dargestellt. Ob eine interferometrische Anordnung brauchbaren Streifenkontrast liefert, hängt im wesentlichen nur vom Spektrum der verwendeten Lichtquelle und vom Gangunterschied τ zwischen den interferierenden Wellen ab, der sich über $c = l/t$ in eine optische Wegdifferenz l umrechnen läßt. Überschlägig gilt: Wenn der Wegunterschied l kleiner als

$$l_c \approx \frac{c}{\Delta f}=\frac{\lambda^2}{\Delta\lambda} \qquad (2.31)$$

ist, erhält man hohen Kontrast, anderenfalls niedrigen Kontrast. l_c wird als Kohärenzlänge („coherence length“) der Strahlung bezeichnet. Man sieht,

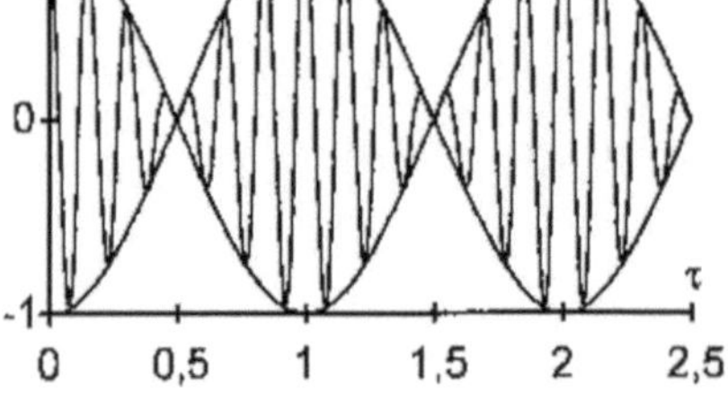

Abb. 2.9. Zwei-Moden-Interferenz

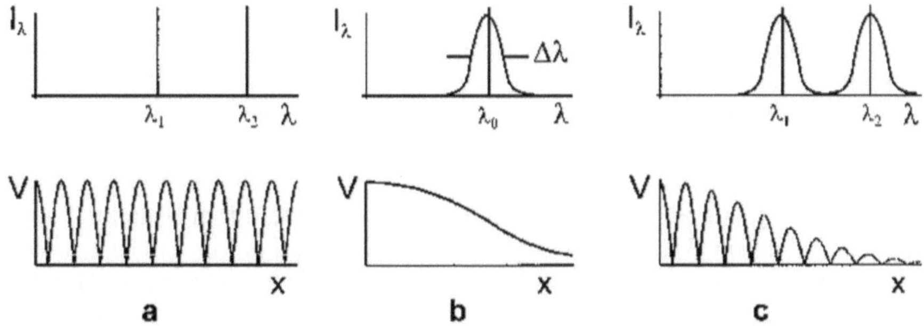

Abb. 2.10. Spektrum und Visibility. (**a**) Zwei ideale monochromatische Wellen; (**b**) Welle mit endlicher Linienbreite; (**c**) Zwei reale monochromatische Wellen mit endlicher Linienbreite

daß schmalbandige Quellen eine große Kohärenzlänge haben und umgekehrt; diese Tatsache hat zu der weiten Verbreitung von Lasern in der Interferometrie beigetragen, neben ihrer guten räumlichen Kohärenz.

2.2.3 Interferometer

Allgemein ist ein Interferometer eine Anordnung, die es erlaubt, räumliche und/oder zeitliche Interferenzen zu erzeugen und meßtechnisch zu nutzen. Das einfachste Interferometer ist das Michelson-Interferometer, dessen Prinzip in Abb. 2.11 dargestellt ist. Die Strahlung einer Quelle (idealerweise eines Lasers) wird an einem Strahlteiler ST in zwei Teilstrahlen aufgespalten, die in Richtung auf zwei Spiegel S1 und S2 gelenkt werden. Sie werden an diesen Spiegeln in sich reflektiert und am Strahlteiler wieder vereinigt, wodurch zwei überlagerte Wellen entstehen, von denen nur eine (I) gezeigt ist; die zweite Interferenzwelle läuft in die Quelle zurück. Das Interferogramm wird mit einem räumlich und/oder zeitlich auflösenden Detektor D vermessen. Mit diesem Interferometer kann beispielsweise der vom Spiegel S1 zurückgelegte Weg z_a in Einheiten der Lichtwellenlänge bestimmt werden, indem während der Bewegung die Interferenzminima oder -maxima gezählt werden. Aber

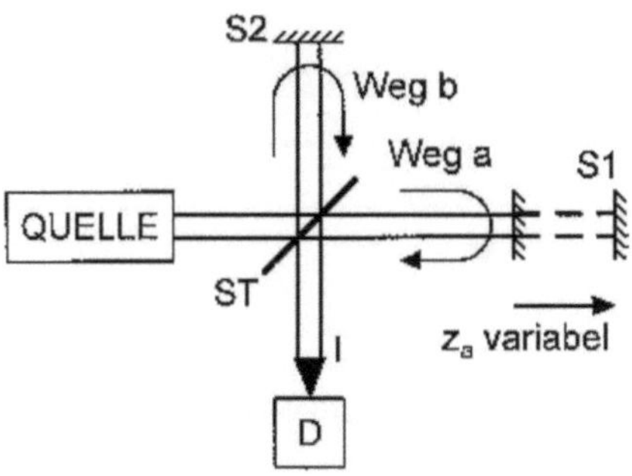

Abb. 2.11. Michelson-Interferometer

auch bei ruhenden Spiegeln können meßtechnisch relevante Interferenzen erzeugt werden, indem beispielsweise einer der Spiegel verkippt angeordnet wird (so wurde das Interferogramm der Abb. 2.7 erzeugt), oder indem ein optisch wirksames Medium in einen der Teilstrahlen eingebracht und die daraus resultierende Veränderung des Interferogramms erfaßt wird.

Beim Michelson-Interferometer kann nachteilig sein, daß ein Teil der Strahlung in die Quelle zurückläuft (Laseremission kann dadurch beeinflußt werden) und daß die Wellen beide optische Teilwege zweimal in entgegengesetzter Richtung durchlaufen (deshalb können keine richtungsabhängigen Effekte vermessen werden). Dies wird vom Mach-Zehnder-Interferometer vermieden, dessen Prinzip in Abb. 2.12 dargestellt ist. Dort bietet sich auch die Möglichkeit, beide Ausgänge des Interferometers zur Messung zu nutzen.

Beide Interferometer sind extrem justierempfindlich, nur bei fast perfekter Spiegeljustierung sind Interferenzstreifen beobachtbar (anderenfalls ist der Streifenabstand zu klein, s. Gleichung (2.23)). Diesen entscheidenden Nachteil vermeidet das in Abb. 2.13 gezeigte modifizierte Michelson-Interferometer, bei dem die Justierung nur von der Fertigungsgenauigkeit der zur Strahlreflexion verwendeten Tripelprismen (Retroreflektoren) abhängt. Dieser Interferometertyp ist die Grundlage aller Meßinterferometer, die zur präzisen Streckenmessung beispielsweise im Werkzeugmaschinenbau eingesetzt werden. Dabei werden Standard-Meßauflösungen von ca. 0,1 μm, durch Streifeninterpolation bis zu 1 nm erreicht.

Eine andere Variante des Michelson-Interferometers ist das Twyman-Green-Interferometer (Abb. 2.14). Es ist im wesentlichen ein Michelson-Interferometer mit aufgeweiteten Teilstrahlen und abbildender Optik. Es dient zur Vermessung von optisch wirksamen Materialien (z. B. Homogenität von Gläsern), Flächen (das in Abb. 2.14 dargestellte Objekt Obj kann einfach die Oberfläche des Spiegels S1 sein) oder Systemen. Im letzteren Fall wird einer der Spiegel durch das zu testende optische System und ein fehlerfreies

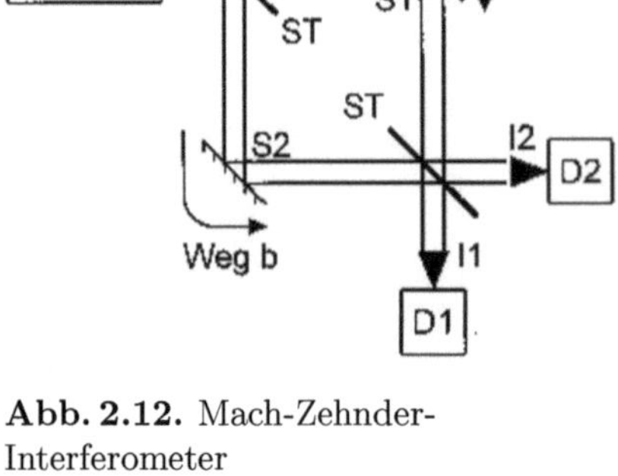

Abb. 2.12. Mach-Zehnder-Interferometer

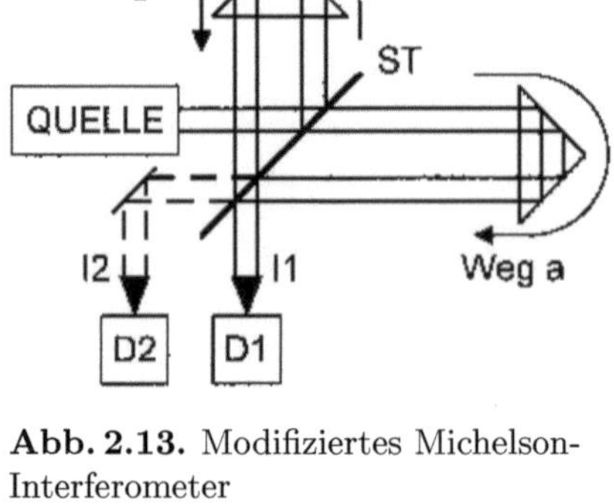

Abb. 2.13. Modifiziertes Michelson-Interferometer

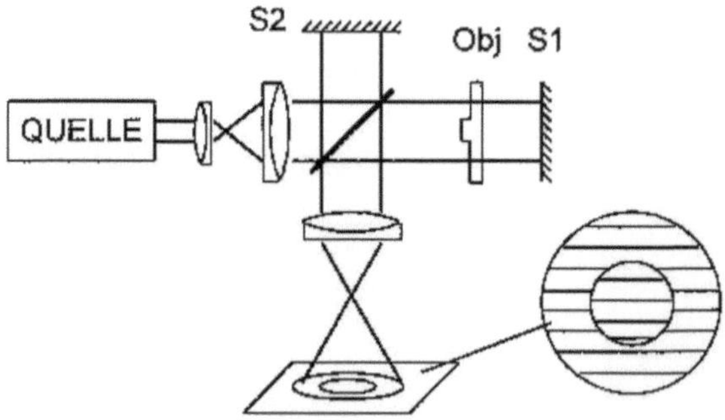

Abb. 2.14. Twyman-Green-Interferometer

Kompensationssystem ersetzt, die zusammen den parallelen Teilstrahl in sich zurückreflektieren. Ein Abbildungsfehler des zu testenden Systems erzeugt dann eine Abweichung des Interferogramms vom idealen Zustand. Im praktischen Einsatz wird dieses Interferometer durch Verkippen eines der Spiegel so justiert, daß das fehlerfreie Interferogramm aus geraden Interferenzstreifen gleichen Abstands besteht, weil dadurch die Unsicherheit bezüglich des Vorzeichens von Fehlern leichter zu beseitigen ist.

Bei den bisher diskutierten Interferometern sind die beiden Teilstrahlen leicht zu unterscheiden, weil sie geometrisch getrennten Wegen folgen. Es gibt aber eine Vielzahl von Interferometertypen, bei denen dies nicht der Fall ist. Sie zeichnen sich häufig durch eine besonders einfache und robuste Bauweise aus.

Das einfachste Beispiel für ein derartiges Interferometer ist das in Abb. 2.15 gezeigte Fizeau-Interferometer, welches z. B. zur Bestimmung der Parallelität von optisch wirksamen Flächen eingesetzt wird. Ein aufgeweiteter Strahl fällt auf die zu untersuchende Platte; an deren Vorder- und auch Rückfläche wird ein geringer Teil der Strahlung (typisch 4%) reflektiert. Diese beiden Teilstrahlen interferieren miteinander. Die Interferenzwelle wird nur deshalb an dem Strahlteiler ST umgelenkt, um sie zu einem Beobachtungs-

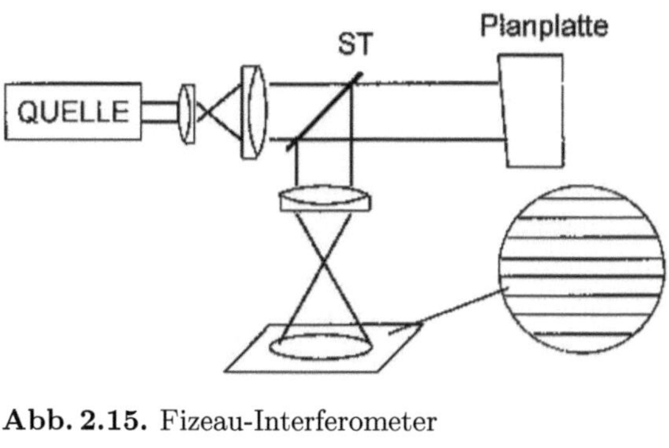

Abb. 2.15. Fizeau-Interferometer

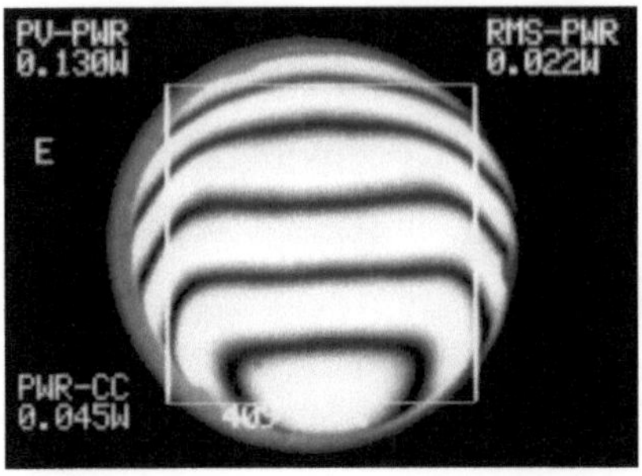

Abb. 2.16. Oberflächen-Interferogramm

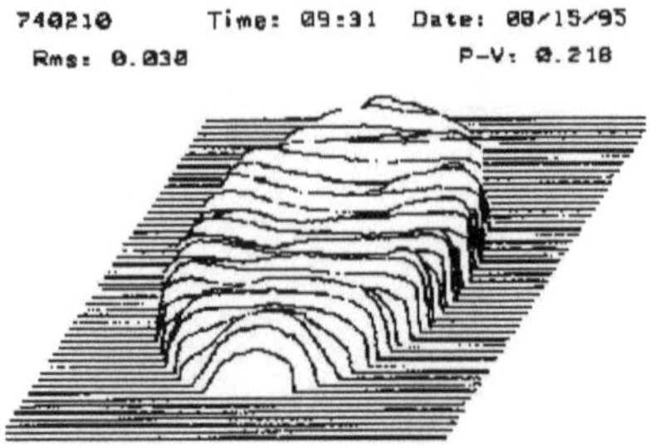

Abb. 2.17. Quasi-3D-Interferogramm

schirm zu lenken; der Strahlteiler hat keine interferometrische Funktion. Auch dieses Interferometer ist vollkommen justierunempfindlich, weil der Streifenabstand nur von der Parallelität der Oberflächen der Platte abhängt.

Anstelle der Parallelität von Platten kann auch die Ebenheit einer Plattenoberfläche oder generell die Abweichung einer Fläche von einer Sollform bestimmt werden. Dazu wird in dem gezeigten Aufbau die Planplatte durch die zu untersuchende Komponente ersetzt und zusätzlich eine fehlerfreie Referenzfläche als Spiegel verwendet. Die meisten in der Optikfertigung eingesetzten Interferometer folgen diesem Schema.

Ein so gewonnenes Interferogramm einer Spiegeloberfläche ist in Abb. 2.16 gezeigt, eine Quasi-3D-Darstellung eines solchen Interferogramms in Abb. 2.17.

Im Fizeau-Interferometer nach Abb. 2.15 interferieren im Prinzip mehr als zwei Teilstrahlen, weil natürlich zwischen den Oberflächen auch Mehrfachreflexionen erfolgen. Obwohl dies für die praktische Anwendung keine Rolle spielt, da eine zweimal an einer Glasfläche reflektierte Welle nur noch $4\% \cdot 4\% = 0{,}16\%$ ihrer Anfangsintensität hat, zeigt es doch, daß es neben den besprochenen Zweistrahl-Interferometern auch noch die große Klasse der Mehrstrahl-Interferometer gibt, an denen weitere nutzbare Effekte auftreten. Die Behandlung dieser Interferometer würde aber den Rahmen dieses Textes sprengen.

2.3 Beugung

Als Beugung wird jede Form der Lichtausbreitung bezeichnet, die von den Gesetzen der geometrischen Optik abweicht, praktisch also die nicht-geradlinige Ausbreitung von Licht. Sie tritt immer auf, wird aber im allgemeinen nur beobachtbar, wenn die Lichtausbreitung durch Schirme oder Spalte im Strahlengang beeinflußt wird. Es gibt nur wenige technische Anwendungen der Beugung, sie ist meist eine störende Erscheinung; insbesondere kann sie das Auflösungsvermögen optischer Instrumente begrenzen.

2.3.1 Elementarwellen und Beugung am Spalt

Um die Struktur von Beugungsmustern zu verstehen, hilft die von Huygens entwickelte Vorstellung der Elementarwellen. Sie besagt, daß von jedem Punkt in einem Wellenfeld sphärische Wellen ausgehen. Diese Wellen interferieren miteinander und bilden so das resultierende Wellenfeld.

In Abb. 2.18 trifft eine von links einlaufende Welle mit der Wellenlänge λ auf einen Spalt der Breite b. Nach den Regeln der geometrischen Optik würde sich hinter dem Spalt eine scharf begrenzte ebene Welle ausbreiten. Nach dem Huygens'schen Prinzip gehen von jedem Punkt des Wellenfeldes Kugelwellen aus, speziell auch von jedem Punkt im Spalt. Diese Wellen sind hier durch ihre Flächen gleicher Phase (Halbkreise im Abstand λ) gekennzeichnet. Ob diese Kugelwellen unter dem Winkel ϕ konstruktiv oder destruktiv interferieren, hängt von der Phasenbeziehung aller Kugelwellen zueinander ab. Offensichtlich kommt es zu völliger Auslöschung, also einem Beugungsminimum, wenn zu jeder Kugelwelle eine weitere existiert, die gerade eine Phasendifferenz von $\pi/2$ bzw. einen Gangunterschied von $\lambda/2$ hat. Dies ist der Fall, wenn $\sin(\phi) = \lambda/b$ oder allgemein ein ganzzahligesVielfaches von λ/b ist. In entsprechender Weise läßt sich auch die Lage der Beugungsmaxima herleiten. Allgemein wird die Intensitätsverteilung hinter einem Spalt der Breite b durch

$$I(\phi) \propto \frac{\sin^2\left(\frac{\pi b}{\lambda} \cdot \sin(\phi)\right)}{\left(\frac{\pi b}{\lambda} \cdot \sin(\phi)\right)^2} \approx \frac{\sin^2\left(\frac{\pi b}{\lambda} \cdot \phi\right)}{\left(\frac{\pi b}{\lambda} \cdot \phi\right)^2} \tag{2.32}$$

beschrieben; diese Intensitätsverteilung ist in Abb. 2.19 dargestellt. Das erste Nebenmaximum (zwischen λ/b und $2\lambda/b$) hat 4,7 % der Zentralintensität.

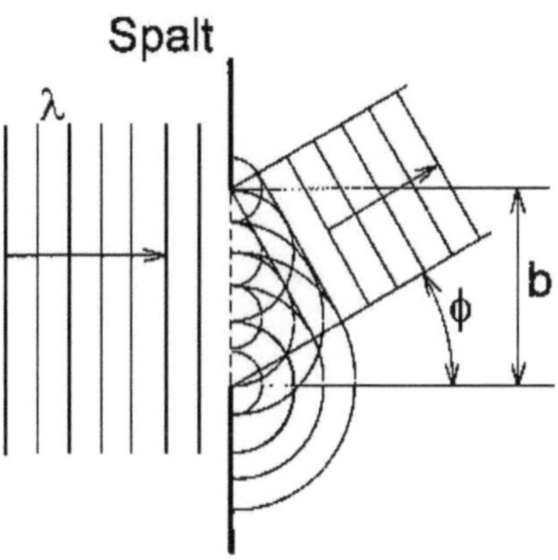

Abb. 2.18. Elementarwellen und Beugung

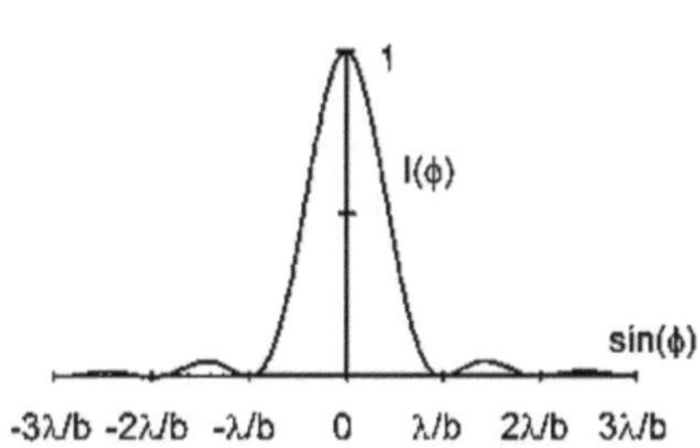

Abb. 2.19. Beugung am Spalt

2.3.2 Auflösungsvermögen optischer Systeme

Solange die Beugung nicht berücksichtigt wird, können optische Systeme fehlerfrei arbeiten, also eine unendlich hohe Auflösung besitzen, solange sie nur abbildende Elemente ohne (geometrische) Abbildungsfehler enthalten. Die Beugung setzt dem tatsächlichen Auflösungsvermögen optischer Systeme jedoch eine endgültige Grenze, weil infolge der Beugung Licht auch an solche Stellen des Bildes gerät, wo nach den Gesetzen der geometrischen Optik vollständige Dunkelheit herrschen sollte. Diese Aussage gilt für jede Art optischer Systeme, seien es abbildende Systeme (Linsen, Objektive etc.) oder andere optische Geräte wie z. B. Spektralapparate.

Im allgemeinen sind abbildende Systeme durch eine kreisförmige Blende begrenzt; dies kann eine absichtlich eingeführte Blende wie z. B. beim Fotoobjektiv oder auch nur die Begrenzung (Fassung) eines Systems sein. Analog zum Spalt kann auch für eine kreisförmige Blende die Intensitätsverteilung der Beugungserscheinung berechnet werden. Das Ergebnis ist der Gleichung (2.32) und Abb. 2.19 sehr ähnlich; das erste Minimum liegt bei $1{,}220 \cdot \lambda/D$, das erste Nebenmaximum liegt bei $1{,}635 \cdot \lambda/D$ und hat eine Stärke von 1,8% der Zentralintensität, wobei D der Blendendurchmesser ist.

Abbildung 2.20 zeigt die Beugungsbilder zweier Punktquellen in der Bildebene eines Abbildungssystems sowie deren Summenintensität (fett). Dabei wurde der Abstand der beiden Punktquellen so angenommen, daß das Maximum eines Beugungsbildes gerade in das 1. Minimum des anderen fällt. In dieser Situation erhält man noch einen Rückgang der Intensität zwischen den beiden Maxima auf 76% der Maximalintensität. Unter diesen Verhältnissen werden die Bilder zweier Punktquellen als gerade noch aufgelöst angesehen, dies ist also das beugungsbegrenzte Auflösungsvermögen eines perfekten abbildenden Systems.

Im allgemeinen sind die Winkel, die für das Auflösungsvermögen eine Rolle spielen, so klein, daß $\sin(\phi) \approx \phi$ ist. Dann gilt, daß das Auflösungsvermögen (der Winkel $\Delta\phi$ zwischen zwei Objektpunkten, die gerade noch getrennt werden) durch

$$\Delta\phi = \frac{1{,}22 \cdot \lambda}{D} \tag{2.33}$$

gegeben ist.

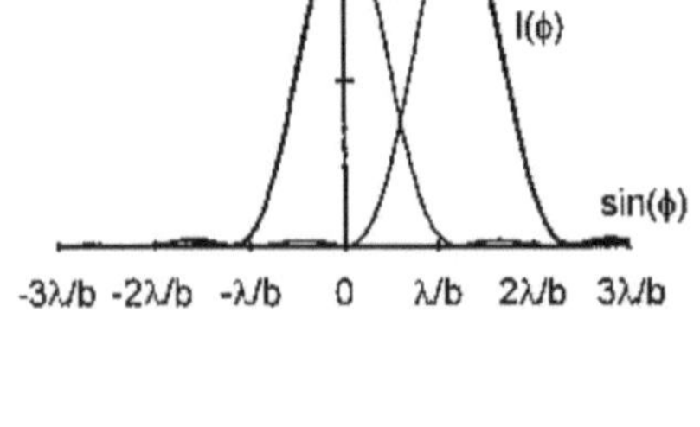

Abb. 2.20. Beugung an einer Kreisblende

2.4 Polarisation

Bei den bisherigen Betrachtungen hat die Richtung des elektrischen Feldes der elektromagnetischen Welle keine wesentliche Rolle gespielt, es wurde vielmehr angenommen, daß alle an der Interferenz oder Beugung beteiligten elektrischen Felder parallel sind, daß also die elektromagnetischen Wellen parallel polarisiert sind. Im folgenden wird untersucht, in welcher Weise Felder miteinander wechselwirken, die nicht parallel ausgerichtet sind.

2.4.1 Polarisationszustände

In Anlehnung an Gleichung (2.8) gehen wir von zwei ebenen Wellen aus, die beide die Frequenz ω haben und sich in z-Richtung ausbreiten, deren elektrische Felder aber aufeinander senkrecht stehen:

$$\boldsymbol{E} = E_1 \cdot \boldsymbol{x} \cdot \mathrm{e}^{\mathrm{i}\cdot(k\cdot z - \omega\cdot t)} + E_2 \cdot \boldsymbol{y} \cdot \mathrm{e}^{\mathrm{i}\cdot(k\cdot z - \omega\cdot t + \Delta\phi)}. \tag{2.34}$$

Diese Wellen werden linear polarisiert genannt, weil ihre Felder jeweils in nur einer Richtung oszillieren: Die „Spitze" des elektrischen Feldvektors bewegt sich periodisch auf und ab. Das elektrische Feld der einen Welle weist also in die x-Richtung, das der anderen in die y-Richtung; außerdem hat die eine Welle gegenüber der anderen eine Phasendifferenz $\Delta\phi$. Insgesamt hat die durch Gleichung (2.34) beschriebene elektromagnetische Welle die Intensität

$$I = E_1^2 + E_2^2 = I_1 + I_2, \tag{2.35}$$

wie man leicht mit Gleichung (2.11) ausrechnet. Bei senkrecht zueinander polarisierten Wellen führt also die Überlagerung nicht zu Intensitätsinterferenzen.

Welche Bewegung der elektrische Feldvektor ausführt, der durch Gleichung (2.34) beschrieben wird, hängt vom Verhältnis der Amplituden E_1 und E_2 und von der Phasendifferenz $\Delta\phi$ ab. In Abb. 2.21 werden einige Be-

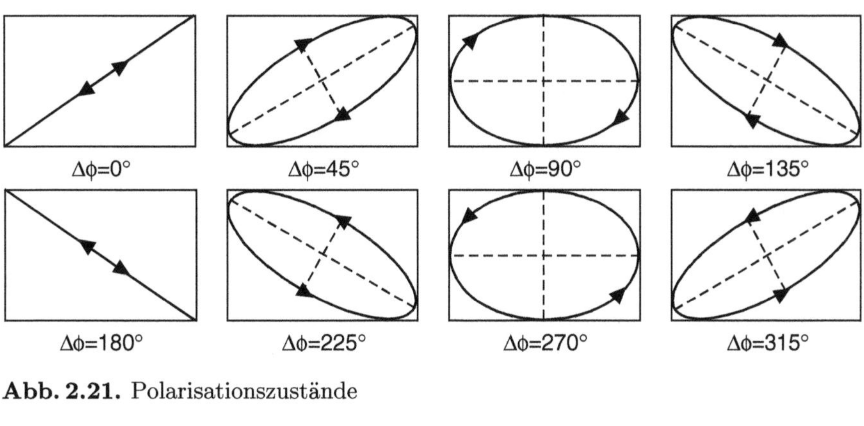

Abb. 2.21. Polarisationszustände

wegungsformen für verschiedene Phasendifferenzen und $E_2/E_1 = 2/3$ dargestellt. Für $\Delta\phi = 0°$ oder 180° erhält man als Überlagerung linear polarisierte Wellen, in allen anderen Fällen elliptisch polarisierte, wobei die Umlaufrichtung des elektrischen Feldvektors davon abhängt, ob $\Delta\phi > 180°$ oder $< 180°$ ist. Wenn $E_1 = E_2$ ist, vereinfachen sich die Verhältnisse weiter. Für $\Delta\phi = 0°$ bzw. 180° erhält man um 45° gegen die ursprünglichen Polarisationsrichtungen gedrehte linear polarisierte Wellen, für $\Delta\phi = 90°$ bzw. 270° werden aus den in Abb. 2.21 gezeigten Ellipsen Kreise. Es liegt dann links- bzw. rechtszirkular polarisiertes Licht vor.

Durch geeignete Wahl der Phasendifferenz kann also aus zwei linear polarisierten Wellen jede beliebige elliptisch polarisierte Welle zusammengesetzt werden. Dasselbe ist möglich, wenn man von links- bzw. rechts-zirkular polarisiertem Licht ausgeht. Speziell kann durch Überlagerung solcher Wellen wieder linear polarisiertes Licht erzeugt werden, wobei die Polarisationsrichtung wiederum von der Phasendifferenz zwischen den zirkularen Wellen und ihrem Intensitätsverhältnis abhängt.

2.4.2 Polarisierende Komponenten

Eine gewöhnliche Lichtquelle strahlt unpolarisierte Wellen aus. Das sind elektromagnetische Wellen, deren Polarisationsrichtung und -zustand so schnell und unregelmäßig fluktuiert, daß während eines typischen Beobachtungszeitraums kein einheitlicher Polarisationszustand feststellbar ist. Um aus derartigem Licht polarisiertes Licht zu machen, werden die Eigenschaften doppelbrechender Kristalle genutzt.

Während in gewöhnlichem Glas (allgemein: in allen isotropen Medien) der Brechungsindex unabhängig von der Richtung des elektrischen Feldes ist, hängt er bei doppelbrechenden Kristallen (allgemein: in anisotropen Medien) von dieser Richtung ab. Man unterscheidet sogenannte 1- und 2-achsige Kristalle. Wegen ihrer größeren praktischen Bedeutung werden hier nur 1-achsige Kristalle betrachtet; die Erscheinungen in 2-achsigen Kristallen sind ähnlich, ihre Beschreibung ist aber wesentlich komplizierter.

In optisch 1-achsigen Kristallen gibt es eine Vorzugsrichtung; wenn sich Licht längs dieser sogenannten „optischen Achse" ausbreitet, ist der Brechungsindex unabhängig von der Polarisationsrichtung. Breitet sich Licht längs irgendeiner anderen Richtung im Kristall aus, so bilden sich zwei Wellen mit aufeinander senkrechten Polarisationsrichtungen, die „ordentliche Welle", deren elektrisches Feld auf der optischen Achse (und auf der Ausbreitungsrichtung) senkrecht steht, und die „außerordentliche Welle", deren elektrisches Feld in der Ebene der optischen Achse liegt. Diese Wellen erfahren abhängig von der Ausbreitungsrichtung unterschiedliche Brechungsindizes n_1 (ordentlich) und n_2 (außerordentlich):

$$n_1 = n_\mathrm{o}$$

$$\frac{1}{n_2^2} = \frac{\cos^2\vartheta}{n_\mathrm{o}^2} + \frac{\sin^2\vartheta}{n_\mathrm{e}^2} \qquad \text{bzw.}$$

$$n_2 = \frac{n_o \cdot n_e}{\sqrt{n_e^2 \cdot \cos^2 \vartheta + n_o^2 \cdot \sin^2 \vartheta}}. \tag{2.36}$$

Dabei sind n_o und n_e die sogenannten Hauptbrechungsindizes des Kristalls; sie sind nur von der Wellenlänge abhängige Materialkonstanten wie der Brechungsindex eines Glases. ϑ ist der Winkel zwischen der optischen Achse des Kristalls und der Ausbreitungsrichtung des Lichts. Abbildung 2.22 zeigt den Verlauf der beiden Zweige von Gleichung (2.36): Der Kreis gibt den richtungsunabhängigen ordentlichen Brechungsindex ($\boldsymbol{E}$-Vektor senkrecht zur Zeichnungsebene) wieder, die ellipsenähnliche Kurve den außerordentlichen ($\boldsymbol{E}$-Vektor in der Zeichnungsebene).

Infolge der unterschiedlichen Brechungsindizes erfahren der ordentliche und der außerordentliche Strahl beim Durchlaufen eines Kristalls der Dicke d unterschiedliche Phasenverzögerungen $n_1 \cdot d/\lambda$ und $n_2 \cdot d/\lambda$, außerdem werden sie an einer Grenzfläche zwischen dem Kristall und einem anderen Medium unterschiedlich stark reflektiert; beide Effekte werden zur Herstellung polarisierender Komponenten genutzt. Daß die Strahlen u. U. auch unterschiedliche Wege im Kristall zurücklegen, wird häufig zur Veranschaulichung der Doppelbrechung, aber nur selten in der Praxis genutzt.

Eine planparallele Platte aus einem optisch 1-achsigen Material wie z. B. Kalkspat oder Quarzkristall wird als Verzögerungsplatte bezeichnet, wenn die optische Achse des Kristalls in der Oberfläche liegt. Wenn sich eine linear polarisierte Welle, deren Polarisationsrichtung einen Winkel von 45° mit der Kristallachse einschließt, im Kristall senkrecht zur Oberfläche ausbreitet (Abb. 2.23), so wird sie in zwei gleich starke Teilwellen aufgespalten. Nachdem diese den Kristall durchlaufen und dabei die Phasenverzögerungen $n_o \cdot d/\lambda$ und $n_e \cdot d/\lambda$ erfahren haben, interferieren sie mit einer Phasendifferenz

$$\Delta = (n_o - n_e) \cdot \frac{d}{\lambda} \tag{2.37}$$

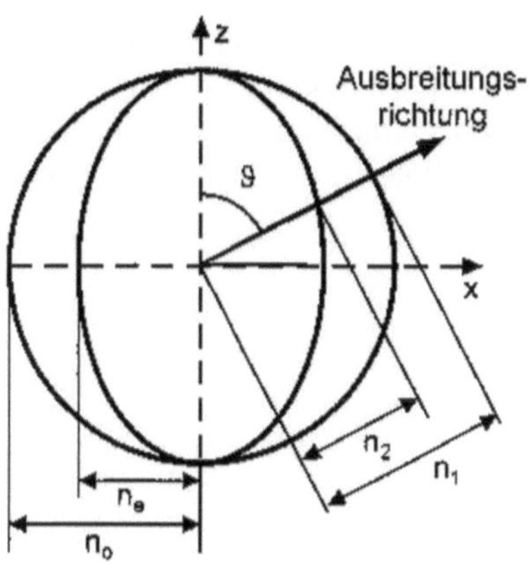

Abb. 2.22. Doppelbrechung

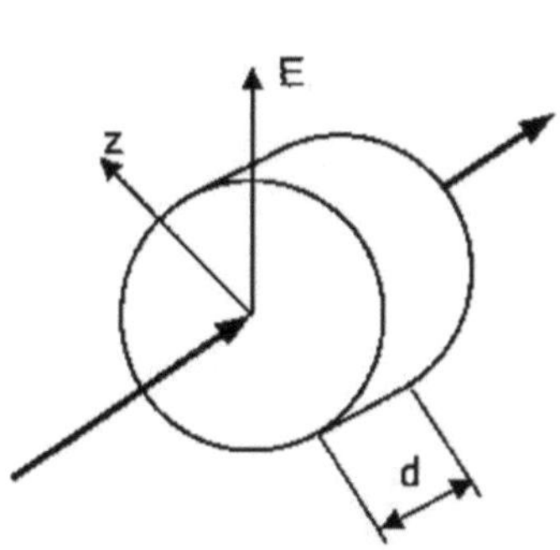

Abb. 2.23. Verzögerungsplatte

Wird die Kristalldicke so gewählt, daß $\Delta = 90°$ (entsprechend einem Gangunterschied von $\lambda/4$, $\Rightarrow$ $\lambda/4$-Platte) ist, entsteht eine zirkular polarisierte Welle, bei $\Delta = 180°$ (entsprechend einem Gangunterschied von $\lambda/2$, $\Rightarrow$ $\lambda/2$-Platte) eine um 90° gedrehte linear polarisierte Welle (siehe Abb. 2.21). $\lambda/4$-Platten werden eingesetzt, um linear polarisiertes Licht in zirkular polarisiertes zu verwandeln und umgekehrt. Man kann leicht zeigen, daß eine $\lambda/2$-Platte auch funktioniert, wenn ihre optische Achse einen beliebigen Winkel α mit der Polarisationsrichtung des einfallenden Lichts einschließt, sie dreht die Polarisationsebene dann um den Winkel $2 \cdot \alpha$.

Die Dicke einer Verzögerungsplatte hängt nach Gleichung (2.37) außer von der Wellenlänge von der Material-Doppelbrechung $n_\mathrm{o} - n_\mathrm{e}$ ab. Um zu praktikablen Dicken zu kommen, muß ein Material mit geringer Doppelbrechung verwendet werden; selbst bei Quarz hat eine $\lambda/4$-Platte aber nur eine Dicke von ca. 40 μm. Solche Platten werden als Platten nullter Ordnung bezeichnet. Bei Platten höherer Ordnung ist die Dicke so gewählt, daß sich eine Phasendifferenz ergibt, die ein ungeradzahliges Vielfaches von 90° ist; für $\lambda/2$-Platten gilt entsprechendes. Solche Platten sind mechanisch stabil, ihre Wirkung hängt aber wegen Gleichung (2.37) empfindlich von der Wellenlänge und wegen Gleichung (2.36) empfindlich vom Einfallswinkel ab. Alternativ lassen sich mechanisch stabile Platten nullter Ordnung dadurch herstellen, daß zwei Platten höherer Ordnung gekreuzt miteinander verkittet werden, deren Unterschied in der Phasendifferenz gerade 90° bzw. 180° beträgt, wodurch wenigstens die Wellenlängenempfindlichkeit beseitigt wird.

Polarisatoren werden zur Erzeugung von linear polarisiertem Licht eingesetzt. Die gebräuchlichsten Typen sind der Glan-Thompson- und der Glan-Taylor-Polarisator; der letztere ist in Abb. 2.24 dargestellt. Er besteht aus zwei gleichartigen Kristallprismen aus Kalkspat, zwischen denen sich ein Luftspalt (stark vergrößert dargestellt) befindet; das zweite (rechte) Prisma dient nur zur Kompensation der Strahlablenkung. Von links tritt ein unpolarisierter Strahl ein, dessen Feldrichtungen durch Doppelpfeile und Kreise dargestellt sind. An der Kristall-Luft-Grenzfläche wird der ordentliche Strahl totalreflektiert, während der außerordentliche Strahl weitgehend durchgelassen wird, weil der ordentliche Brechungsindex bei Kalkspat größer als der außerordentliche ist und zusätzlich der Einfallswinkel auf die Grenzfläche in der Nähe des Brewster-Winkels liegt. Der Polarisationsgrad des trans-

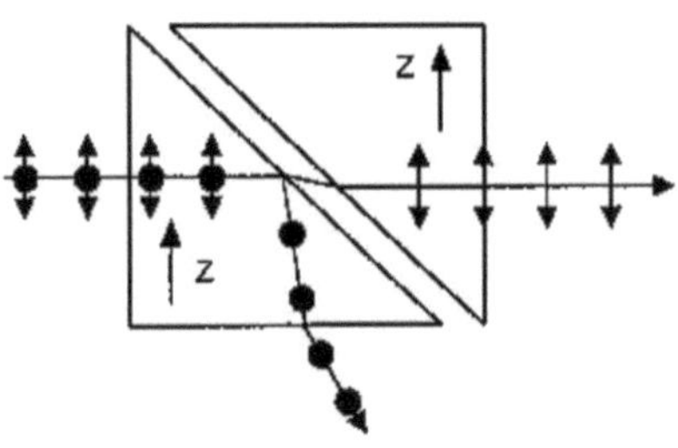

Abb. 2.24. Glan-Taylor-Polarisator

mittierten Strahls kann besser als 1:10^6 sein, der des abgelenkten Strahls ist gering, weil ein merklicher Anteil des außerordentlichen Strahls ebenfalls reflektiert wird. Der Glan-Taylor-Polarisator wird überwiegend für Hochleistungsanwendungen eingesetzt, weil er keine Kittschicht enthält. Bei Glan-Thompson-Polarisatoren ist die optische Kristallachse anders orientiert, außerdem sind die Kristalle verkittet. Beides führt zu merklich niedrigeren Kosten, allerdings ist der Glan-Thompson-Polarisator nur für geringe Leistungen geeignet. Die Polarisatoren unterscheiden sich weiterhin durch den zulässigen Eintrittswinkel-Bereich, der bei Glan-Thompson-Polarisatoren erheblich größer als bei Glan-Taylor-Polarisatoren ist.

Während Polarisatoren einen linear polarisierten Strahl erzeugen, dienen Polarisations-Strahlteiler zur Aufspaltung eines Strahls in zwei gleichmäßig gut polarisierte Strahlen. Solche Strahlteiler werden heutzutage überwiegend als dielektrische Strahlteiler ausgeführt, wenn nicht sehr hohe Ansprüche an den Polarisationsgrad gestellt werden.

2.4.3 Polarisationsoptische Geräte

Die Polarisation des Lichts wird in einer Vielzahl technischer Geräte genutzt, um verschiedene physikalische Größen zu bestimmen. Beispielsweise werden praktisch alle streckenmessenden Interferometer (siehe Abb. 2.13) als Polarisations-Interferometer ausgeführt, weil sich so die Bewegungsrichtung des Reflektors gut ermitteln läßt, die sonst bei Phasendifferenzen von 0° und 180° nach Abb. 2.4 unbestimmt bleibt.

Verschiedene optisch transparente Materialien drehen die Polarisationsebene von linear polarisiertem Licht („optische Aktivität"). Zu diesen Materialien gehört z. B. Quarz, wenn er genau längs seiner optischen Achse durchstrahlt wird, aber auch gelöster Zucker; hierbei ist der Drehwinkel proportional zur Konzentration und zur Probenlänge. Das einfachste polarisationsoptische Instrument zur Konzentrationsmessung an solchen Stoffen ist das Polarimeter, das auch als Saccharimeter bezeichnet wird, wenn es nur zu Messungen an Zuckerlösungen verwendet wird. In seiner einfachsten Form (Abb. 2.25) besteht es aus einer Lichtquelle mit nachgeschaltetem Polarisator zur Erzeugung linear polarisierten Lichts, welches die Meßzelle durchstrahlt, die mit der zu untersuchenden Lösung gefüllt ist, einem drehbaren Polarisa-

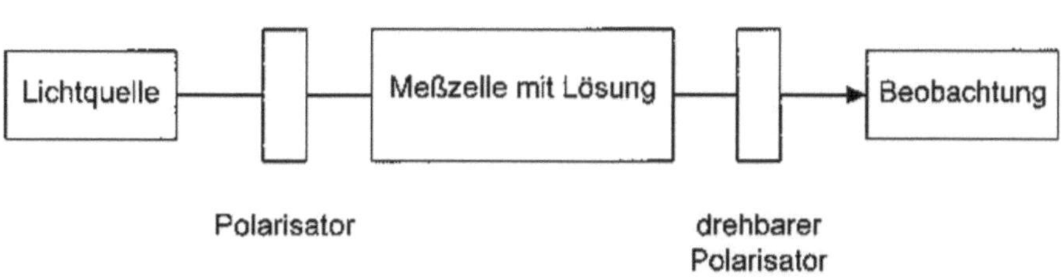

Abb. 2.25. Polarimeter

tor (sog. Analysator) und einer Beobachtungseinrichtung. Zunächst wird der Analysator so eingestellt, daß ohne Lösung vollständige Auslöschung erfolgt, also senkrecht zum Polarisator. Danach wird die Lösung eingebracht und der Analysator wieder auf vollständige Dunkelheit gedreht; um den dazu erforderlichen Drehwinkel wurde die Polarisationsebene in der Lösung gedreht. Durch Vergleich mit einer Normallösung kann die unbekannte Konzentration ermittelt werden.

Ein räumlich auflösendes Polarimeter oder Polariskop dient zur Messung der mechanischen Spannung in (transparenten) Festkörpern. Unter der Einwirkung mechanischer Spannung werden nämlich alle Materialien doppelbrechend, wobei die Größe der Doppelbrechung vom Betrag und die Richtung der optischen Achse von der Richtung der mechanischen Spannung abhängen. Um die Spannungsverhältnisse in undurchsichtigen und/oder sehr großen Körpern zu ermitteln, werden Modellkörper z. B. aus PMMA verwendet.

Der prinzipielle Aufbau eines zirkularen Polariskops ist in Abb. 2.26 dargestellt. Weißes oder monochromatisches Licht wird mit einem Polarisator linear und danach mit einer $\lambda/4$-Platte elliptisch polarisiert. Es durchstrahlt danach den Probekörper, der in eine Spannvorrichtung eingesetzt ist; dort wird sein Polarisationszustand je nach lokalem Spannungszustand verändert. Schließlich gelangt das Licht durch eine weitere $\lambda/4$-Platte und einen weiteren Polarisator zu einer Beobachtungseinrichtung (Beobachtungsschirm oder CCD-Kamera).

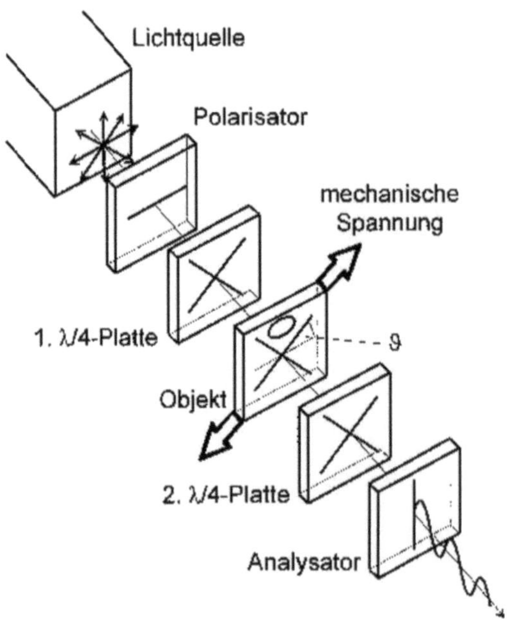

Abb. 2.26. Polariskop

Die polarisationsoptischen Komponenten des Aufbaus sind sowohl einzeln wie auch paarweise gegeneinander drehbar. Dadurch kann sowohl der Betrag wie auch die Richtung der lokalen Doppelbrechung ermittelt werden. Durch geeignete Einstellung lassen sich diese Größen getrennt ermitteln: Es entstehen Streifen gleicher Spannung (sog. Isochromaten, „Linien gleicher Farbe") und Streifen gleicher Spannungsrichtung (sog. Isoklinen, „Linien gleicher Neigung").

Abbildung 2.27 zeigt die Linien gleicher Spannung eines vertikal belasteten T-förmigen Körpers bei unterschiedlicher Last. Durch Abzählen der Streifen ausgehend von einem spannungsfreien Ort erhält man für jeden Punkt den Betrag der Spannung. Das Beispiel zeigt deutlich die bekannte Tatsache, daß sich die mechanische Spannung auf scharfe Kanten konzentriert.

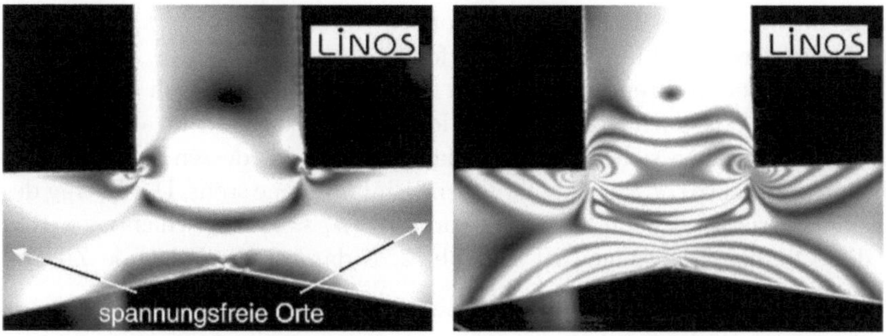

Abb. 2.27. Isochromaten im Polariskop

2.5 Reflexion

Wenn Licht von einem Medium in ein anderes übergeht, tritt neben der Brechung auch Reflexion auf. Metalle werden wegen ihres hohen Reflexionsvermögens häufig als Spiegelschichten verwendet, während die Teilreflexion an Gläsern im allgemeinen ein störender Effekt ist. Zur Verminderung dieser Reflexion werden dielektrische Schichten bzw. Schichtsysteme eingesetzt; bei geeignetem Aufbau eignen sie sich auch zur Reflexionserhöhung. Auf diese Weise können nicht nur Spiegel mit extrem hohem Reflexionsvermögen hergestellt werden, sondern auch polarisierende Komponenten und farbseparierende Systeme.

2.5.1 Reflexion an einer Grenzfläche

Wenn eine elektromagnetische Welle auf eine Grenzfläche zwischen zwei transparenten Medien (z. B. von Luft auf Glas oder umgekehrt) trifft, wird sie teilweise reflektiert. Bei senkrechtem Einfall auf die Grenzfläche ergibt sich das Intensitäts-Reflexionsvermögen R zu

$$R = \left(\frac{n_2 - n_1}{n_2 + n_1} \right)^2 = r^2 \tag{2.38}$$

und das Amplituden-Reflexionsvermögen r zu

$$r = -\frac{n_2 - n_1}{n_2 + n_1} \,. \tag{2.39}$$

Dabei ist n_1 der Brechungsindex des Mediums, aus dem das Licht in das Medium mit Brechungsindex n_2 eintritt. Man beachte, daß das Amplituden-Reflexionsvermögen – wie im Zusammenhang mit Abb. 2.5 bereits erwähnt – positiv (Phasensprung 0°) oder negativ (Phasensprung 180°) sein kann, abhängig davon, ob die Reflexion am optisch dünneren ($n_1 > n_2$) oder am optisch dichteren Medium ($n_1 < n_2$) erfolgt.

Bei nicht-senkrechtem Einfall hängt das Reflexionsvermögen sowohl vom Einfallswinkel als auch vom Polarisationszustand des Lichts ab. Einfache Verhältnisse ergeben sich für linear polarisiertes Licht, dessen Polarisationsrichtung parallel (p) oder senkrecht (s) zur Einfallsebene steht. Der Betrag des Reflexionsvermögens beim Übergang von Luft ($n_1 \approx 1$) nach Glas ($n_2 = 1,5$) für diese beiden Richtungen ist in Abb. 2.28 dargestellt. Folgende Zusammenhänge werden unmittelbar sichtbar:

- Das Reflexionsvermögen für senkrecht polarisiertes Licht ist immer größer als für parallel polarisiertes.

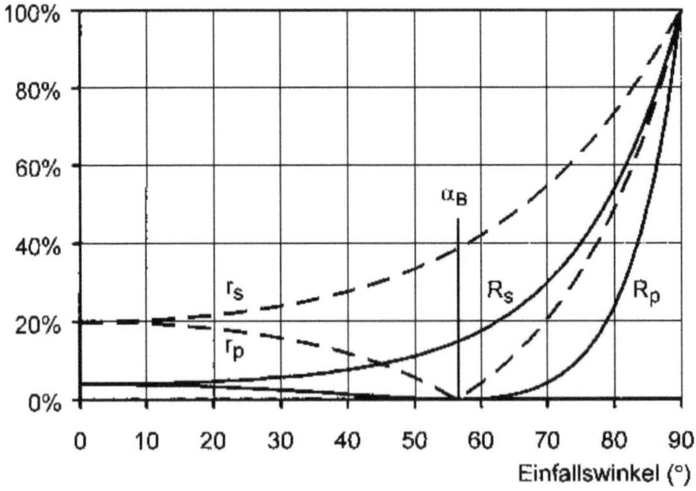

Abb. 2.28. Reflexion an einer Grenzschicht

- Bei senkrechtem Einfall ist das Reflexionsvermögen für beide Polarisationsrichtungen identisch (da in diesem Fall die Richtungen ununterscheidbar sind).
- Im Grenzfall des streifenden Einfalls wird das Reflexionsvermögen für beide Richtungen = 1.

Bei einem bestimmten Winkel, dem sog. Brewster-Winkel, wird das Reflexionsvermögen für parallel polarisiertes Licht = 0. Bei diesem Winkel stehen reflektierter und transmittierter Strahl senkrecht aufeinander, es gilt:

$$\alpha_B = \arctan(n_2/n_1)\,. \tag{2.40}$$

Das Verschwinden der Reflexion beim Brewster-Winkel wird z. B. bei Gaslasern genutzt, um linear polarisierte Laserstrahlung vollkommen verlustfrei aus einer Gasentladungsröhre in die Umgebung austreten zu lassen: Die Abschlußfenster dieser Röhren sind im Brewster-Winkel angebracht.

2.5.2 Dielektrische Schichten

Als dielektrische Schicht wird ein Film aus einem „Dielektrikum", also einem optisch transparenten Material, mit einer Dicke in der Größenordnung der Lichtwellenlänge bezeichnet. Einzelschichten wie auch umfangreiche Schichtsysteme (Stapel) werden zum Schutz und zur Reflexionsverminderung und -erhöhung optischer Oberflächen verwendet. Sie werden häufig durch Aufdampfen geeigneter Materialien im Vakuum aufgebracht.

Die Wirkung einer Einzelschicht wird anhand der Abb. 2.29 erläutert. Auf einem Medium mit dem Brechungsindex n_3 (z. B. Glas) befindet sich eine dielektrische Schicht der optischen Dicke $D = n_2 \cdot d$ mit dem Brechungsindex n_2, auf diese Schicht fällt aus einem Medium mit dem Brechungsindex n_1 (z. B. Luft) Licht senkrecht ein; die Abbildung zeigt schrägen Lichteinfall, um die Teilstrahlen sichtbar zu machen. Das einfallende Licht hat Amplitude und Intensität E_i und I_i, die entsprechenden Größen für transmittiertes und reflektiertes Licht sind mit t und r indiziert.

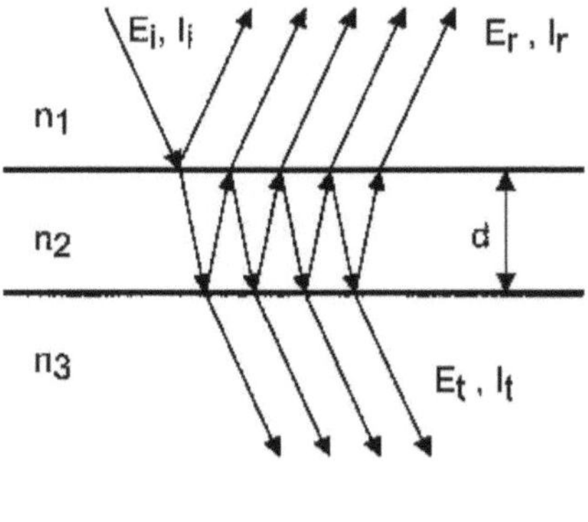

Abb. 2.29. Reflexion an einer dielektrischen Schicht

Ohne dielektrische Schicht hätte das Glas nach Gleichung (2.38) das Reflexionsvermögen

$$R_0 = \left(\frac{n_1 - n_3}{n_1 + n_3}\right)^2 . \tag{2.41}$$

An beiden Grenzflächen der Schicht finden nun Reflexionen statt, wobei jede Einzelreflexion ebenfalls nach Gleichung (2.38) zu berechnen ist. Durch solche Vielfachreflexionen bildet sich eine Vielzahl reflektierter Teilstrahlen, die miteinander interferieren. Eine vollständige Berechnung des durch Vielstrahlinterferenz bewirkten Reflexions- und Transmissionsvermögens findet sich in der Literatur [5,6], im folgenden werden einige Sonderfälle behandelt, zunächst für senkrechten Lichteinfall.

$\lambda/2$-Schichten: Ist die mechanische Schichtdicke so eingestellt, daß die optische Dicke $D = n_2 \cdot d$ gerade gleich $\lambda/2$ oder gleich einem Vielfachen davon ist, so wird das Reflexionsvermögen gegenüber Gleichung (2.41) nicht verändert. Eine solche Schicht wird als Schutzschicht verwendet; sie kann auf empfindliche Gläser oder auch auf andere metallische oder dielektrische Schichten aufgedampft werden, ohne deren Reflexionsvermögen zu beeinflussen.

$\lambda/4$-Schichten: Ist die optische Dicke $D = n_2 \cdot d$ gleich $\lambda/4$ oder gleich einem ungeradzahligen Vielfachen davon, so erhält man als Reflexionsvermögen:

$$R_{\lambda/4} = \left(\frac{n_1 \cdot n_3 - n_2^2}{n_1 \cdot n_3 + n_2^2}\right)^2 . \tag{2.42}$$

Die Reflexion wird also erhöht, wenn $n_2 > n_3$ ist, und verringert, wenn $n_2 < n_3$. Wenn speziell $n_2 = n_3 \cdot n_1$ ist, wird die Reflexion vollständig unterdrückt. Solche Schichten werden als Antireflexschichten bezeichnet. Ihre volle Wirkung haben sie allerdings nur bei einer Wellenlänge, da nur für eine Wellenlänge die Schichtdicken-Bedingung perfekt erfüllt sein kann.

Abbildung 2.30 zeigt die reflexmindernde Wirkung einer einfachen $\lambda/4$-Schicht (ARB1 der Fa. LINOS Photonics) auf das Reflexionsvermögen verschiedener Gläser und zum Vergleich das Reflexionsvermögen von unbeschichtetem BK7.

2.5.3 Schichtsysteme

Antireflex-Schichtsysteme. Stünden Aufdampfmaterialien mit beliebigen Brechungsindizes zur Verfügung, so könnte mit einer einzigen $\lambda/4$-Schicht bei einer beliebigen Wellenlänge das Reflexionsvermögen jeder Glasoberfläche vollständig beseitigt werden. Da dies nicht der Fall ist, sondern nur eine sehr begrenzte Auswahl an Brechungsindizes besteht, aber auch weil viel weitergehende Anforderungen an Antireflexschichten gestellt werden, wurde

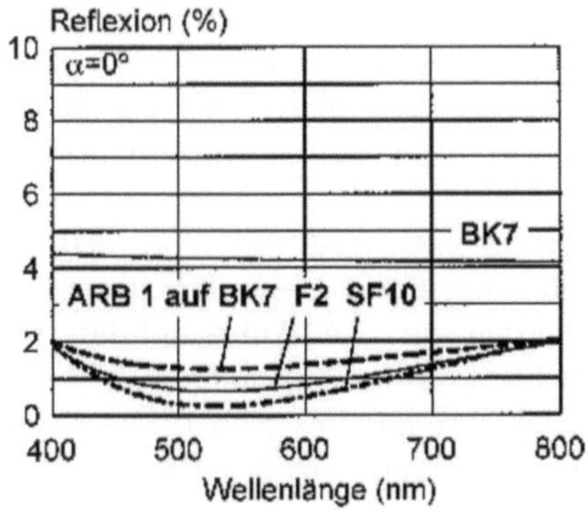

Abb. 2.30. $\lambda/4$-Schicht als Antireflexschicht

eine Reihe von Schichtsystemen entwickelt, die diesen Einschränkungen und Anforderungen gerecht werden.

Solche Schichtsysteme bestehen aus zwei oder mehr Einzelschichten, die aus unterschiedlichen Materialien mit unterschiedlichen Brechungsindizes nacheinander auf die Glasoberfläche aufgedampft werden. Die Dicke der Einzelschichten wird im allgemeinen so eingestellt, daß jede Einzelschicht die $\lambda/4$-Bedingung für die optische Dicke einhält, es gibt aber auch Schicht-Designs, bei denen dies nicht der Fall ist. Abbildung 2.31 zeigt als Beispiel eine sehr breitbandige Antireflexschicht und eine sogenannte Doppelschwerpunkt-Antireflexschicht, die es ermöglicht, bei zwei Wellenlängen fast verschwindende Reflexion zu erreichen.

Reflex-Schichtsysteme. Mit einer einzelnen $\lambda/4$-Schicht kann das Reflexionsvermögen einer Oberfläche nach Gleichung (2.42) erhöht werden, wenn $n_2 > n_3$ ist. Das so erreichbare Reflexionsvermögen ist auf wenige 10% be-

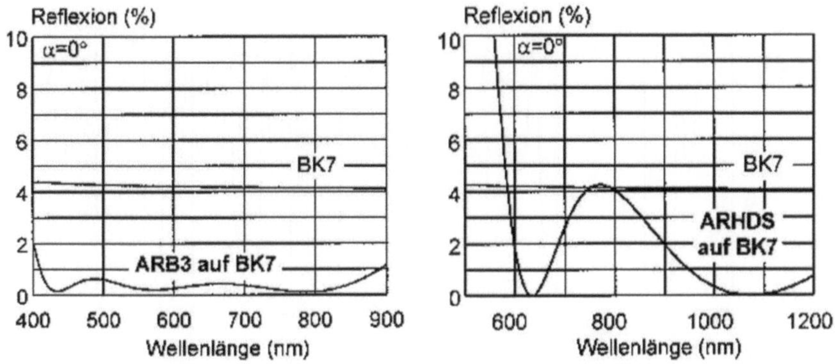

Abb. 2.31. Breitband- und Doppelschwerpunkt-Antireflexschicht

schränkt, weil transparente Aufdampfmaterialien mit hinreichend großem Brechungsindex nicht verfügbar sind. Wenn hohe und höchste Reflexionsvermögen zur Herstellung von Spiegeln erforderlich sind, werden deshalb umfangreiche Schichtsysteme mit typischerweise 20 bis 50 Einzelschichten verwendet.

Beim einfachsten derartigen Schichtsystem werden abwechselnd niedrig- (L) und hochbrechende (H) $\lambda/4$-Schichten aufgedampft, eine L-Schicht befindet sich direkt auf dem Glas. Dabei werden nur zwei Aufdampfmaterialien eingesetzt. Ein solches periodisches Schichtsystem wird auch als $[\mathrm{HL}]^N$-System bezeichnet, wobei N die Zahl der Schichtpaare bezeichnet. Das theoretische Reflexionsvermögen bei der Designwellenlänge (bei der die optischen Schichtdicken $= \lambda/4$ sind) ist

$$R_{[\mathrm{HL}]^N} = \left(\frac{n_1/n_3 - (n_\mathrm{H}/n_\mathrm{L})^{2N}}{n_1/n_3 + (n_\mathrm{H}/n_\mathrm{L})^{2N}} \right)^2 . \tag{2.43}$$

Man sieht, daß für ausreichend große Schichtzahl N in Zähler und Nenner der erste Term gegen den zweiten vernachlässigt werden kann, wodurch $R \approx 1$ wird. Praktisch werden leicht Reflexionsvermögen >99,9% erreicht, mit gewissem Aufwand auch 99,995%. Eine praktische Grenze ist durch die unvermeidlichen Fertigungstoleranzen und durch Streuung in den Schichten und speziell an den Schichtgrenzen gegeben.

Ähnlich wie Antireflexschichten können auch reflektierende Schichtsysteme durch individuelle optische Dicken der Einzelschichten und durch Kombination mehrerer einfacher Schichtsysteme variiert werden. Abbildung 2.32 zeigt die Transmission ($T = 1 - R$) eines periodischen (DLHS) und eines nicht-periodischen Schichtsystems (DLHD), welches als Doppelspiegel hohes Reflexionsvermögen bei zwei Wellenlängen hat.

Einfallswinkel und Polarisation. Bisher wurde nur senkrechter Einfall des Lichts auf das Schichtsystem betrachtet, deshalb hatten der Einfallswin-

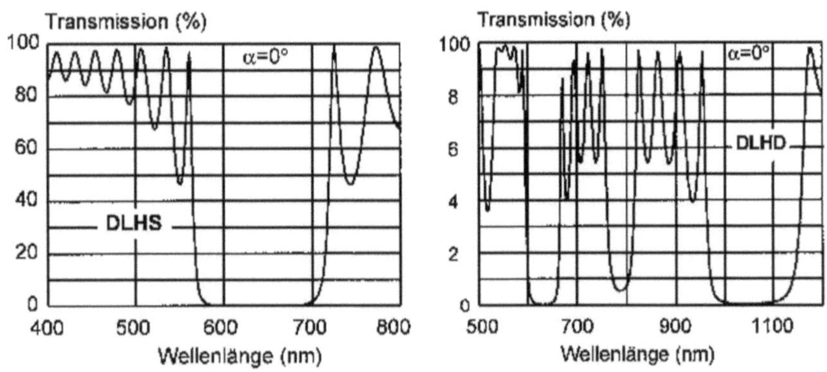

Abb. 2.32. Periodisches und nicht-periodisches Reflex-Schichtsystem

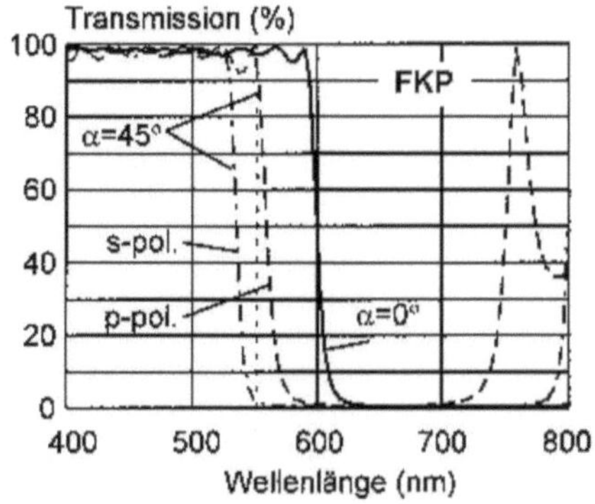

Abb. 2.33. Einfluß von Einfallswinkel und Polarisationsrichtung

kel und die Polarisationsrichtung keinen Einfluß auf das Reflexionsvermögen. Nach Abb. 2.28 hängt aber das Reflexionsvermögen jeder einzelnen Grenzschicht sowohl vom Einfallswinkel als auch von der Polarisationsrichtung ab, folglich auch das Reflexionsvermögen eines Schichtsystems. Für Standard-Schichtsysteme gelten die folgenden einfachen Regeln:

- Bei schrägem Einfall verschiebt sich der Punkt maximaler Reflexion zu kürzeren Wellenlängen, bei 45° um ca. 15% der Zentralwellenlänge.
- Für s-Polarisation nimmt das Reflexionsvermögen zu, für p-Polarisation nimmt es ab.
- Das Reflexionsband wird für s-Polarisation breiter, für p-Polarisation schmaler.

Die Gültigkeit dieser Regeln wird gut an der Abb. 2.33 erkennbar. Dort ist das Reflexionsvermögen des Kurzpaß-Kantenfilters FKP von LINOS Photonics dargestellt. Obwohl es kein Standardsystem ist, zeigt es doch die Verschiebung des Reflexionsschwerpunkts und die aus der unterschiedlichen Breite des Reflexionsbandes resultierende Kantenaufspaltung. Obwohl dieses System als Kantenfilter zur Farbtrennung bei 0° Einfallswinkel entwickelt ist, kann es auch als polarisierender Strahlteiler bei 45° Einfallswinkel für 550 nm (punktierte Linie in Abb. 2.33) verwendet werden.

Beide Effekte – Farbtrennung und Polarisationstrennung – können mit komplexen Schichtsystemen auch in reinerer Form erreicht werden. So können Farbtrennsysteme realisiert werden, die weitgehend polarisationsunabhängig sind. Andererseits lassen sich Schichtsysteme herstellen, die in einem großen Wellenlängenbereich einen hohen Polarisationsgrad für den reflektierten und den transmittierten Strahl bewirken. Ein Beispiel dafür ist die Polarisations-Strahlteilerwürfel-Schicht TBWP von LINOS Photonics (Abb. 2.34).

2.5.4 Spezialsysteme

Die dargestellten Schichtsysteme sind weitgehend Standardsysteme. Daneben gibt es eine Vielzahl von Spezialsystemen, die hier nicht im einzelnen erwähnt

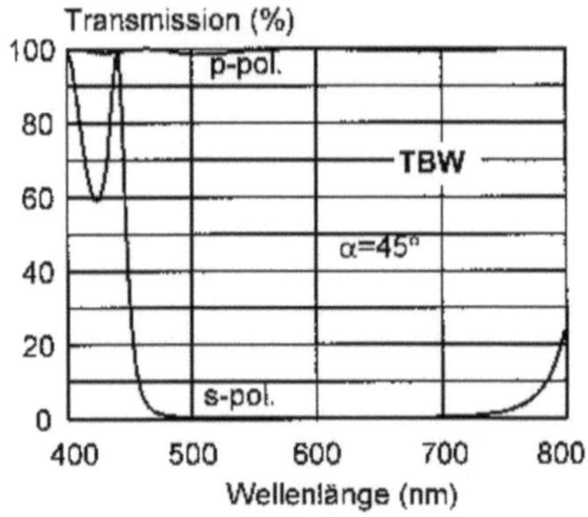

Abb. 2.34. Polarisations-Strahlteiler

werden können. Dazu gehören z. B. alle Kombinationsschichten aus Metallen und dielektrischen Schichten, die zur Herstellung besonders kostengünstiger hochreflektierender Spiegel oder für breitbandige nicht-polarisierende Strahlteiler verwendet werden. Solche Spezialschichten sind in vielen Hersteller-Katalogen dargestellt, beispielsweise in denen der LINOS Photonics GmbH [7] und der Newport GmbH [8].

Literatur

1. Born, M., Wolf, E. (1970) Principles of Optics, 4th Edition. Pergamon, New York
2. Sommerfeld, A. (1954) Optics. Academic, London
3. Gobrecht, H. (Hrsg.) (1978) Bergmann-Schaefer, Lehrbuch der Experimentalphysik, Band III Optik, 7. Auflage. de Gruyter, Berlin
4. Driscoll, W.G., Vaughan, W. (Hrsg.) (1978) Handbook of Optics. McGraw-Hill, New York
5. Born, M., Wolf, E. (1970) Prinziples of Optics, 4th Ed., Kap. I.1.6., Pergamon, New York
6. Driscoll, W.G., Vaughan, W. (Hrsg.) (1978) Handbook of Optics, Kap. 8. McGraw-Hill, New York
7. Katalog 2003, Fa. LINOS Photonics, Göttingen
8. The Newport Resource (2003), Newport, Darmstadt

3 Abbildungsfehler und optische Systeme

Optische Elemente haben die Aufgabe, Objekte möglichst fehlerfrei abzubilden. Dazu sollte jeder Punkt eines Objektes in einen scharfen Bildpunkt überführt werden. Leider gibt es drei Hauptgründe, die eine exakt scharfe Abbildung verhindern und damit dem Hersteller von optischen Systemen das Leben schwer machen:

- Beugung an der Blende des abbildenden Systems
- Konstruktionsbedingte Abbildungsfehler
- Herstellungsfehler

Ein Hersteller kann auf die beiden letztgenannten Punkte massiv Einfluß nehmen. Er kann die Konstruktion soweit perfektionieren, daß hervorragende Abbildungsleistungen resultieren, solange die Herstellung toleranzgerecht erfolgt. Er kann weiterhin seine Produktion bestmöglich organisieren, so daß eine hohe, gleichbleibende Qualität resultiert.

Der Einfluß der Beugung an der Blendenberandung eines Objektivs ist naturgegeben. Kein Hersteller der Welt kann an dieser Eigenschaft etwas

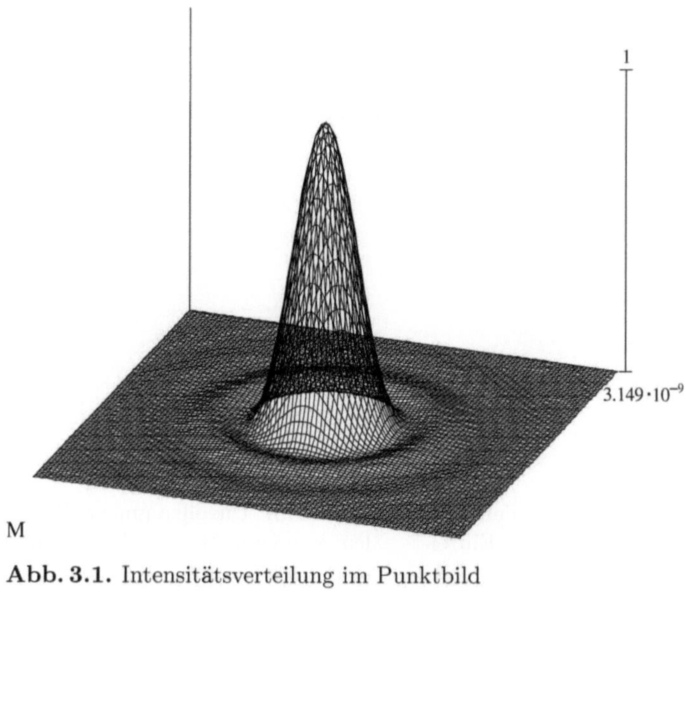

Abb. 3.1. Intensitätsverteilung im Punktbild

ändern. Die Beugung sorgt dafür, daß aus einem Objektpunkt ein Lichtfleck im Bild entsteht, der mit „Beugungsscheibchen“ umschrieben wird. Abbildung 3.1 zeigt ein Beispiel einer Lichtverteilung in der Bildebene, die sogenannte Punktbildfunktion, die sich bei Abbildung eines Objektpunktes ergibt. Zu erkennen ist eine ringförmige Lichtverteilung um das Hauptmaximum, bei der sich dunkle und helle Ringe abwechseln.

In den folgenden Kapiteln werden die konstruktionsbedingten Abbildungsfehler beschrieben und Maßnahmen genannt, sie zu minimieren oder zu beheben. Konstruktionsbedingte Abbildungsfehler überlagern sich den beugungsbedingten Effekten und sind meist viel gravierender in den Auswirkungen. Im Gesamtsystem überlagern sich außerdem noch die Fertigungsfehler, die zusätzlich die Abbildungsqualität verschlechtern.

Auf die tieferen mathematischen Zusammenhänge kann hier nicht eingegangen werden. Der Leser wird auf die entsprechende Fachliteratur verwiesen [1]–[10].

3.1 Ursachen und Wirkungen von Abbildungsfehlern

Ein optisches System soll fast immer ein komplettes Feld, also ein ausgedehntes Objekt, abbilden. Die Abbildung eines einzelnen Punktes ist eher die Ausnahme. Das Licht, das dabei übertragen werden soll, ist oftmals breitbandig, d. h. es enthält ein ganzes Farbspektrum. Die meisten optischen Systeme bestehen aus Glaslinsen, manche zusätzlich oder gänzlich aus Spiegeln.

Grundlage der hier behandelten strahlenoptischen Abbildungsfehler sind jeweils das Brechungs- und Reflexionsgesetz. Abbildungen 3.2 und 3.3 zeigen beispielhaft die Strahlengänge bei Abbildung eines unendlich weit entfernten Punktes durch eine einzelne Sammellinse und einen Hohlspiegel. Dabei ist monochromatisches (einfarbiges) Licht angenommen.

Im Idealfall müßten sich alle Strahlen in einem Bildpunkt schneiden. In den Beispielen erkennt man jedoch drastisch, wie stark die Schnittpunkte

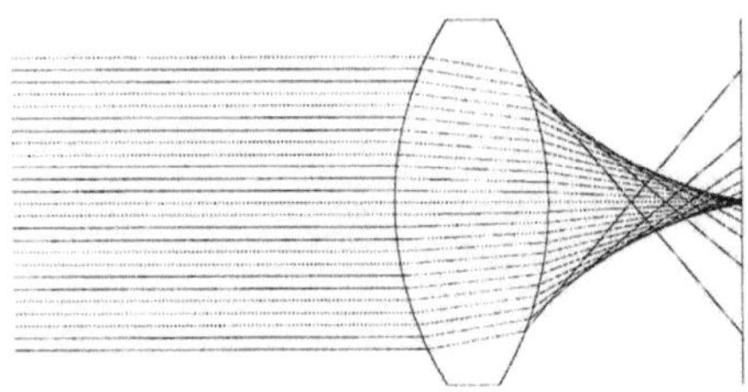

Abb. 3.2. Unvollkommene Strahlenvereinigung bei Abbildung durch eine Einzellinse

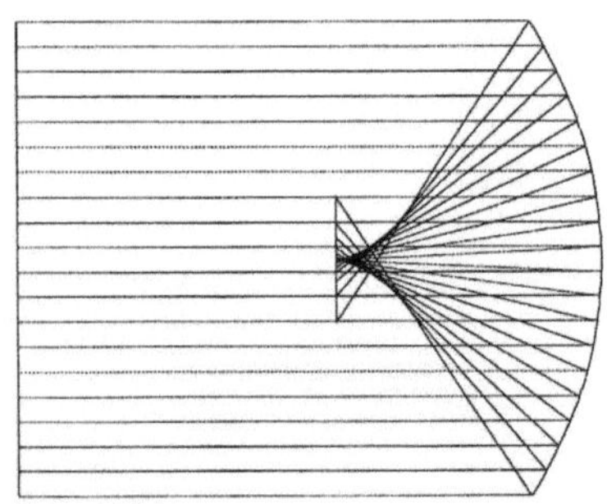

Abb. 3.3. Unvollkommene Strahlenvereinigung bei Abbildung durch einen Hohlspiegel

der Strahlen auseinanderliegen. Dies liegt einfach daran, daß die Linsen- und Spiegeloberflächen hier jeweils kugelförmig angenommen wurden. Optische Elemente sind zum überwiegenden Teil mit kugelförmigen (sphärischen) Flächen ausgestattet, weil diese am einfachsten und präzisesten hergestellt werden können. Würde man von dieser Einschränkung abweichen, so könnte – zumindest für einen Objektpunkt – perfekte Strahlenvereinigung realisiert werden.

Auch bei Linsen mit sphärischen Oberflächen gibt es einige Sonderfälle, bei denen eine „punktförmige Abbildung" erreicht werden kann. Es sind dies die konzentrischen und aplanatischen Menisken. Abbildungen 3.4 bis 3.7 zeigen Beispiele für derartige Linsen.

Eine sphärische optische Fläche bildet immer dann perfekt punktförmig ab, wenn eine der drei Bedingungen erfüllt ist:

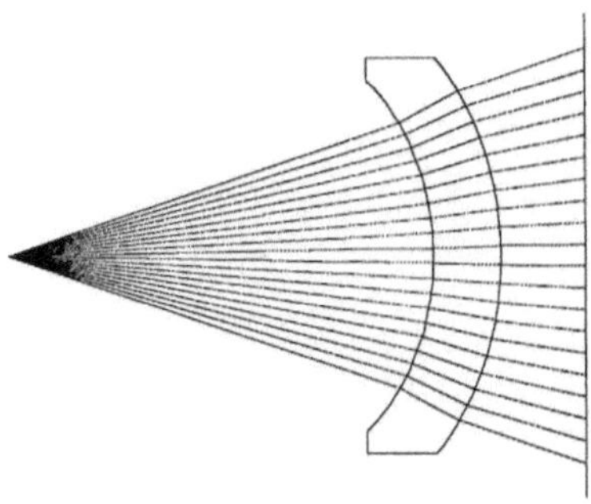

Abb. 3.4. Biaplanatische Linse

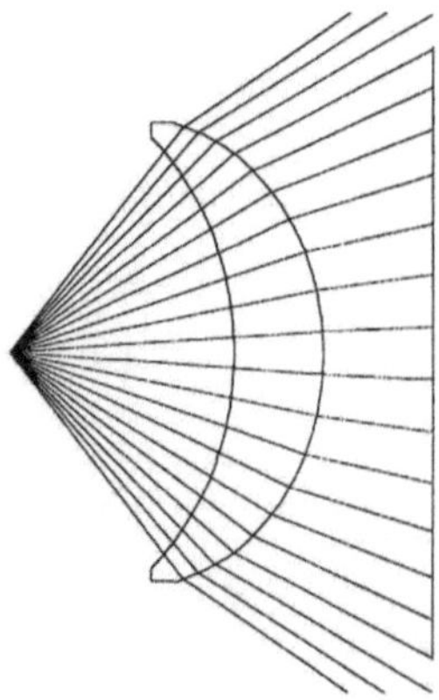

Abb. 3.5. Konzentrisch-aplanatische Linse

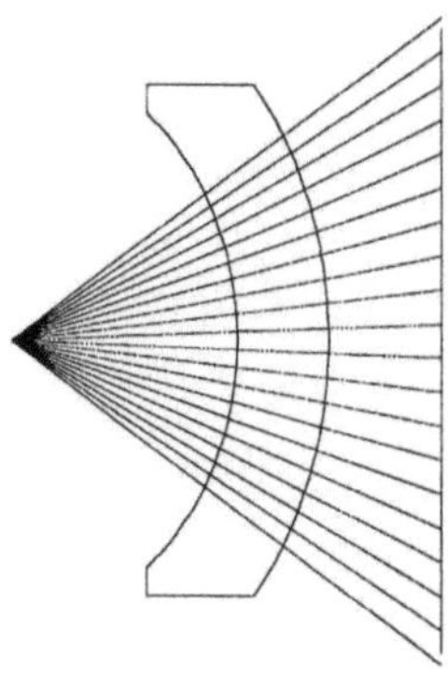

Abb. 3.6. Bikonzentrische Linse

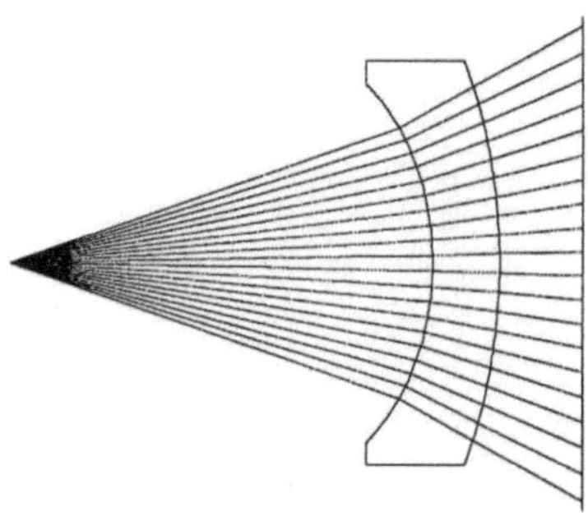

Abb. 3.7. Aplanatisch-konzentrische Linse

- der Objektpunkt liegt auf der Fläche,
- der Objektpunkt liegt im Krümmungsmittelpunkt der Fläche,
- der Objektpunkt liegt im aplanatischen Punkt der Fläche. Der aplanatische Punkt liegt um das $(n{+}1)$-fache des Krümmungsradius vor der Luft-Glas-Fläche (n ist der Brechungsindex des Glases).

Die damit erreichbaren Linsenformen können leider keine reelle Abbildung direkt herbeiführen. Sie können Zwischenbilder übertragen oder virtuelle Bilder erzeugen.

Bei der Abbildung ausgedehnter Objekte findet außer der Verunschärfung von Bildpunkten auch eine Verzerrung der Geometrie statt. Auch dies hat unmittelbare Ursache im Brechungsgesetz und der Verwendung von sphärischen Flächen. Abbildung 3.8 zeigt beispielhaft die Verzerrung eines Rechteckgitters bei der Abbildung durch eine Linse.

Glasmaterialien haben alle dispersive Eigenschaften, d. h. ihre Brechzahl ist abhängig von der Wellenlänge des Lichtes. Die Abbildungseigenschaften von optischen Systemen unterscheiden sich deshalb in der Farbe des verwendeteten Lichtes.

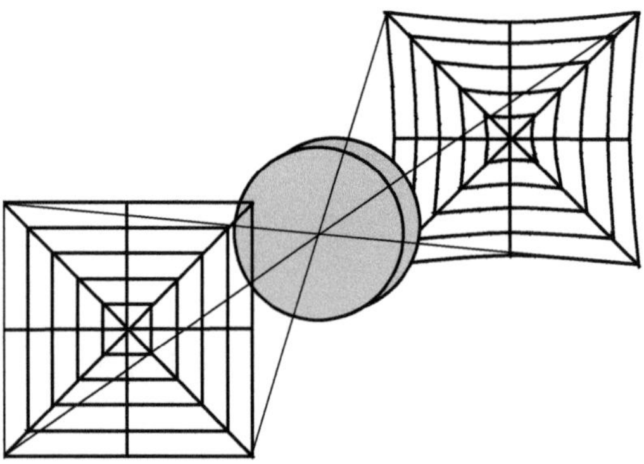

Abb. 3.8. Geometrische Verzeichnung bei der Abbildung durch eine Einzellinse

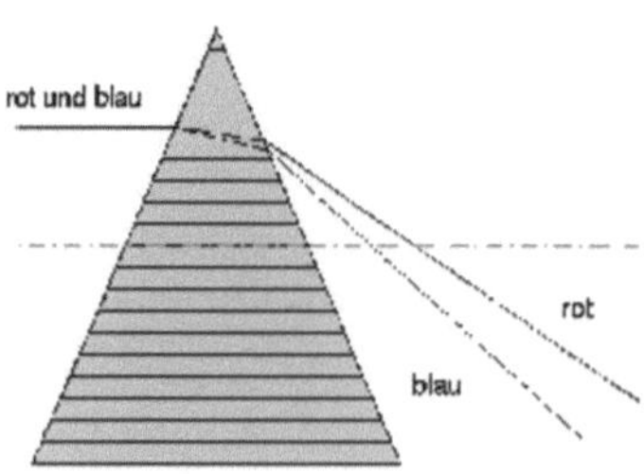

Abb. 3.9. Farbzerlegung an einem Prisma

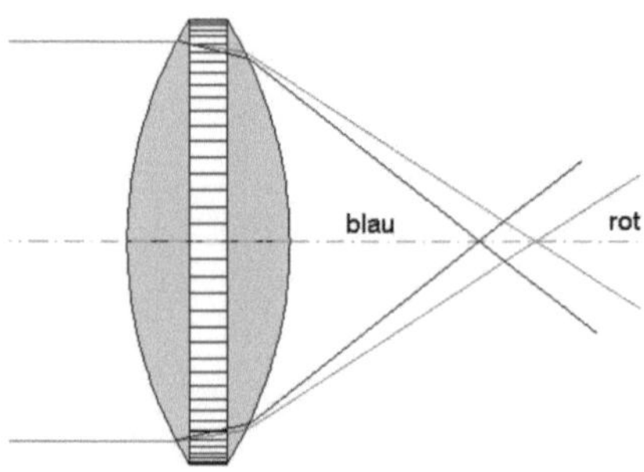

Abb. 3.10. Farbzerlegung an einer Sammellinse

Abbildungen 3.9 und 3.10 zeigen die Dispersionseffekte für blaues und rotes Licht an einem Prisma und einer Sammellinse. Dabei wird blaues Licht jeweils stärker umgelenkt als rotes. Die Dispersion des Glases führt zu Farbfehlern bei der Abbildung.

Damit ergeben sich drei Kategorien von Abbildungsfehlern, die im nächsten Kapitel näher beschrieben werden: Schärfefehler, Lagefehler und Farbfehler.

3.2 Typen von Abbildungsfehlern

3.2.1 Schärfefehler

Man unterscheidet die Schärfefehler, die auch bei Verwendung von monochromatischem Licht auftreten, nach Art ihrer Entstehung. Sie werden *sphärische Aberration (Öffnungsfehler), Koma (Asymmetriefehler) und Astigmatismus (Zweischalenfehler)* genannt.

Sphärische Aberration (Öffnungsfehler). Bei Abbildung eines Punktes auf der optischen Achse werden die achsfernen Strahlen stärker gebrochen als die achsnahen. Dadurch entsteht ein Zerstreuungskreis anstatt eines Bildpunktes. Das bildseitige Strahlenbündel liegt symmetrisch zur optischen Achse. Die bildseitige Schnittweite der Strahlen hängt von der Einfallshöhe ab.

Die Einhüllende des bildseitig verlaufenden Strahlenbündels heißt *Kaustik.* Die Spitze der Kaustik fällt zusammen mit dem Gaußschen Bildpunkt, dem Schnittpunkt aus optischer Achse und infinitesimal benachbartem Objektstrahl.

Abbildungen 3.12 und 3.13 zeigen die Strahlenverläufe für einen unendlich weit entfernten Objektpunkt jeweils für eine Sammel- und eine Zerstreuungslinse.

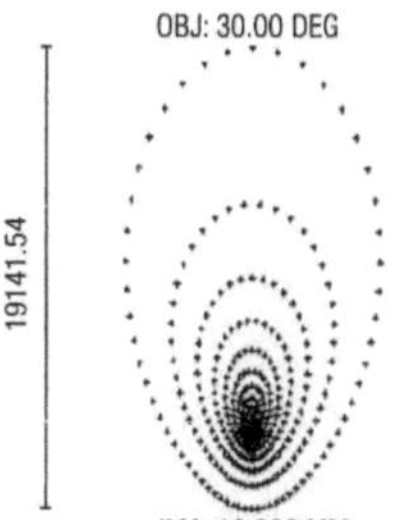

Abb. 3.11. Spot-Diagramm bei Koma

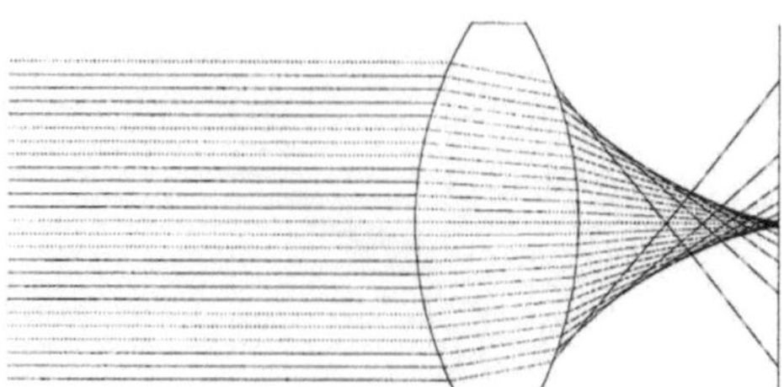

Abb. 3.12. Sphärische Aberration an einer Sammellinse (Objektpunkt im Unendlichen)

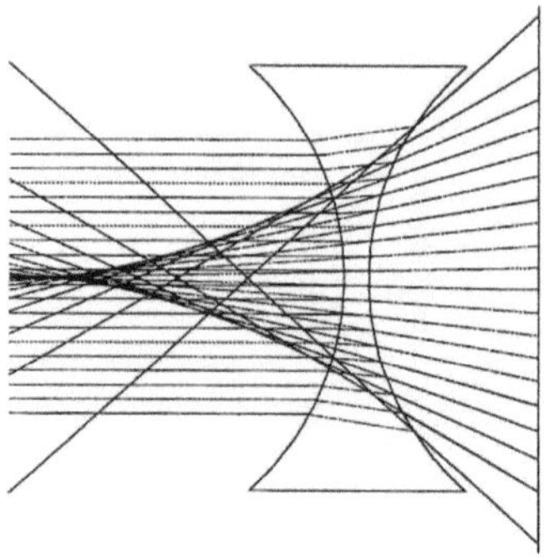

Abb. 3.13. Sphärische Aberration an einer Zerstreuungslinse (Objektpunkt im Unendlichen)

Koma (Asymmetriefehler). Rückt der abzubildende Objektpunkt weg von der optischen Achse, so wird das bildseitige Strahlenbündel asymmetrisch. Der auftretende Abbildungsfehler heißt *Koma*, weil die erzeugte Zerstreuungsfigur ein schweifförmiges, kometenhaftes Aussehen besitzt (Abb. 3.11).

Man unterscheidet Strahlen in der sogenannten *Meridionalebene* und der *Sagittalebene*. Die Meridionalebene – auch *Tangentialebene* genannt – ist die Ebene, die aus optischer Achse und Objektpunkt gebildet wird. Eine Sagittalebene ist jede Ebene senkrecht zur Meridionalebene, die einen ausgewählten Lichtstrahl enthält. Die Strahlen der meridionalen Koma sind asymmetrisch, die der sagittalen Koma symmetrisch.

Abbildungen 3.14 und 3.15 zeigen die Strahlenverläufe im Meridional- und Sagittalschnitt.

Astigmatismus (Zweischalenfehler). Bei außeraxialen Objektpunkten tritt neben der Koma auch ein weiterer Abbildungsfehler auf: *Astigmatismus* oder *Zweischalenfehler*. Dabei wird der Objektpunkt in zwei zueinander senkrechte „Bildlinien“ abgebildet, die außerdem in verschiedenen Tiefen lie-

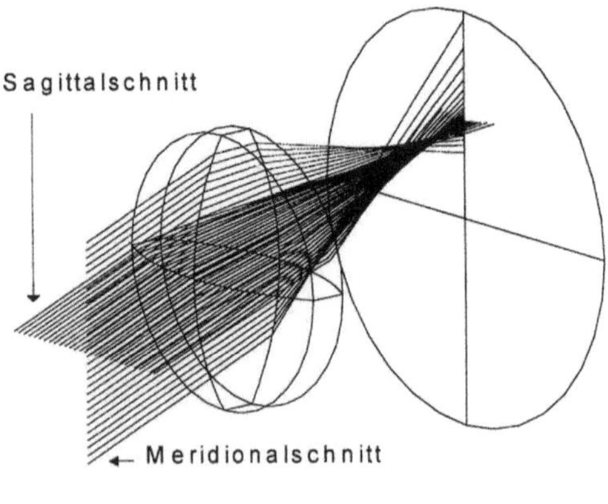

Abb. 3.14. Koma im Meridional- und Sagittalschnitt

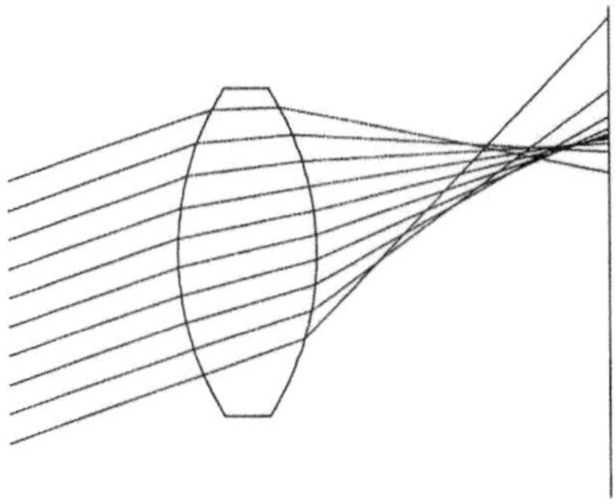

Abb. 3.15. Koma im Meridionalschnitt

gen. Dieser Abbildungseffekt wird am drastischsten durch eine torische Linse (Zylinderlinse) erzeugt (Abb. 3.17). Die torische Linse besitzt zwei Brennweiten und damit zwei Bildlagen.

Bei der schräg durchstrahlten sphärischen Linse werden die beiden Bildlagen durch jeweils die sagittalen und die meridionalen Strahlen gebildet. Die Meridionalstrahlen schneiden sich und bilden die 1. Bildlinie (meridionale Bildlinie), die senkrecht auf der Meridionalebene steht. Die Sagittalstrahlen formen die 2. Bildlinie (sagittale Bildlinie), die parallel zur Meridionalebene entsteht. Bei einer Sammellinse (Abb. 3.16) liegt die meridionale Bildlinie näher an der Linse als die sagittale.

Abbildung 3.18 zeigt die Lichtverteilungen im Punktbild (Spot-Diagramm) für fünf verschiedene Positionen der Bildebene. Das der Linse am nächsten gelegene Punktbild zeigt eine waagerechte Bildlinie, das weiter entfernt liegende eine senkrechte Bildlinie.

Durch den Astigmatismus bekommt die Abbildung eine Vorzugsrichtung. Je nachdem in welchem Abstand zur Linse sich die Bildebene befindet, werden entweder die radialen Strukturen (Speichen) oder Kreisstrukturen um die

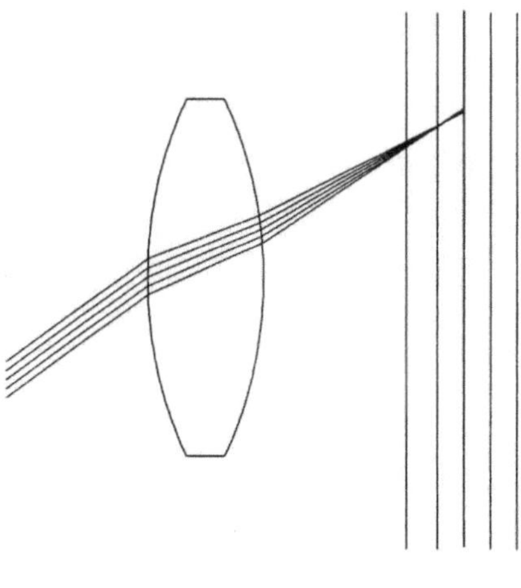

Abb. 3.16. Außeraxiale Abbildung eines Objektpunktes mit Bildebenen in verschiedenen Tiefen

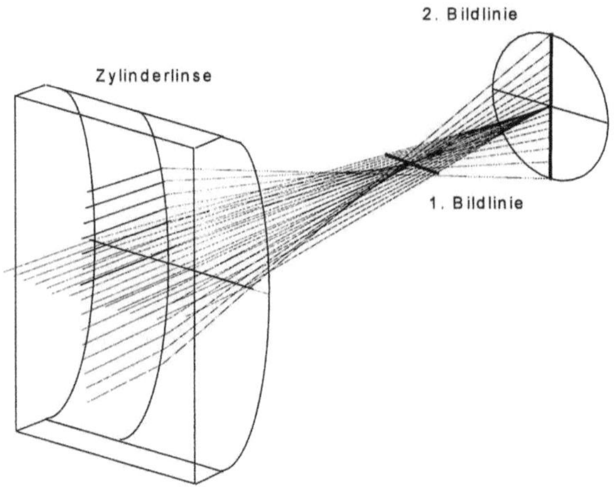

Abb. 3.17. Astigmatisches Strahlenbündel erzeugt durch eine torische Linse

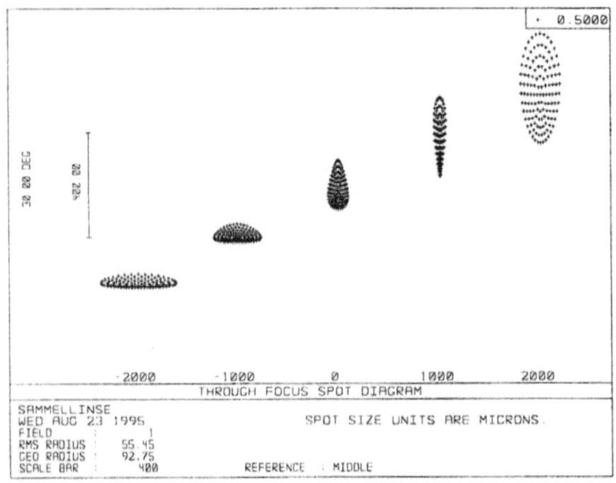

Abb. 3.18. Spot-Diagramme (Lichtverteilung im Punktbild) für verschiedene Bildebenenabstände

optische Achse (Felgen) scharf abgebildet. Würde man für sämtliche Punkte eines ebenen Objektfeldes jeweils die sagittalen und meridionalen Bildlinien bestimmen, so würde man feststellen, daß beide jeweils auf „Bildschalen“ liegen, die nicht zusammenfallen.

3.2.2 Lagefehler

Lagefehler verändern die Geometrie des Bildes in Bezug auf Maßstabstreue und Ebenenlage. Sie verändern nicht die Schärfe des Bildes. Wie im vorhergehenden Kapitel beschrieben, erzeugt der Astigmatismus zwei Bildschalen,

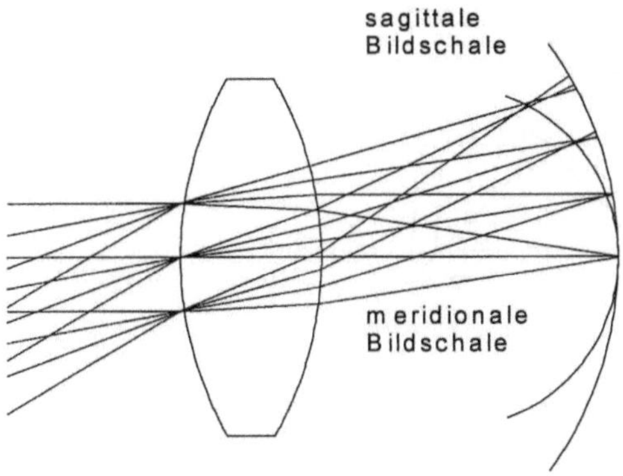

Abb. 3.19. Bildfeldwölbung von sagittaler und meridionaler Bildschale

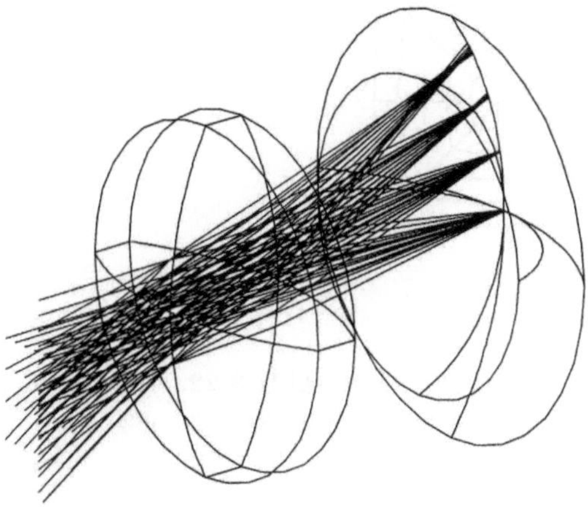

Abb. 3.20. Sagittale und meridionale Bildschale in 3D-Darstellung

in denen sich jeweils Sagittal- und Meridionalstrahlen schneiden (Abb. 3.19 und Abb. 3.20).

Bildfeldwölbung. Wenn es gelingt, durch geeignete Korrekturmaßnahmen beide Bildschalen zusammenfallen zu lassen, dann liegt wieder perfekt punktförmige Abbildung vor. Es verbleibt dann die Durchbiegung beider Schalen, die man als *Bildfeldwölbung* bezeichnet. Ein ebenes Objekt wird durch die Bildfeldwölbung perfekt auf eine gewölbte Fläche abgebildet. Bei einem unkorrigierten System wird die aus Sagittal- und Meridionalschale gemittelte Wölbung des Bildfeldes als Bildfeldwölbung bezeichnet.

Verzeichnung. Ein optisches System bildet ein Objekt mit einem bestimmten Abbildungsmaßstab ab. Dieser Maßstab bestimmt die „Größe" des Bildes. Bei den meisten Objektiven ist dieser Abbildungsmaßstab nicht konstant

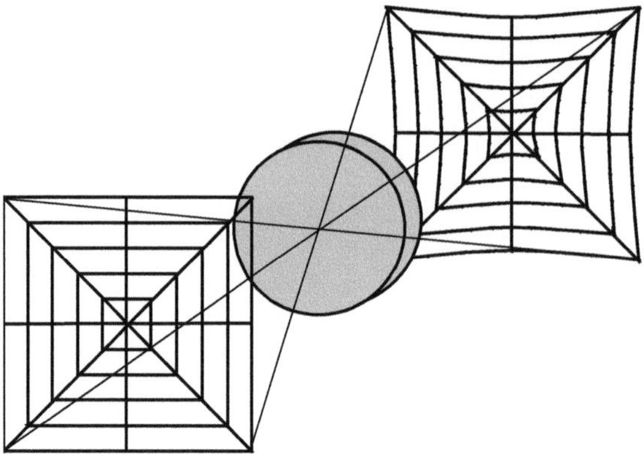

Abb. 3.21. Kissenförmige Verzeichnung

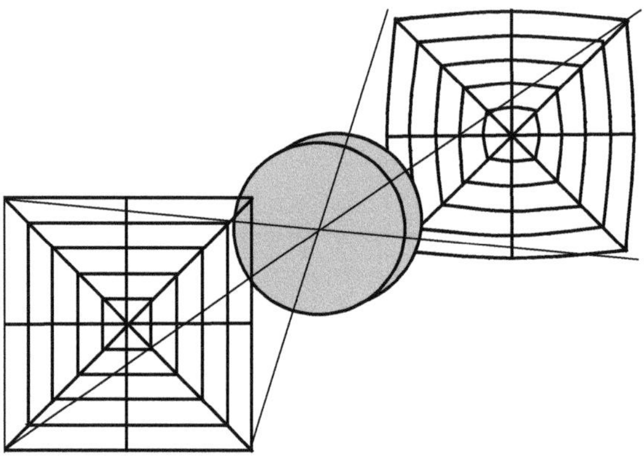

Abb. 3.22. Tonnenförmige Verzeichnung

über das gesamte Bildfeld. Wenn er mit zunehmendem Abstand von der optischen Achse zunimmt, so spricht man von *kissenförmiger Verzeichnung*, wenn er abnimmt, so spricht man von *tonnenförmiger Verzeichnung.* Dabei bleibt wiederum die Schärfe des Bildes erhalten, lediglich die geometrische Maßstabstreue ist gestört. Abbildungen 3.21 und 3.22 zeigen jeweils die Effekte der beiden Verzeichnungsarten.

3.2.3 Farbfehler

Aufgrund der Dispersion der Glasmaterialien sind Größe und Lage der Bilder für verschiedene Wellenlängen unterschiedlich. Dies führt dazu, daß z. B. Bilder zum Bildrand hin stärkere Farbsäume aufweisen können. Man spricht dann vom *Farbquerfehler* oder der *chromatischen Vergrößerungsdifferenz.* Die Bilder verschiedener Farben sind verschieden groß, liegen aber in derselben Bildebene.

Beim *Farblängsfehler* oder der *chromatischen Schnittweitendifferenz* liegen die Bilder in verschiedenen Bildebenen, sind aber gleich groß. Die Folge ist, daß verschiedene Farben unterschiedlich scharf erscheinen. Je nach Lage der Bildebene kann man auf bestimmte Farben fokussieren.

Abbildungen 3.23 und 3.24 zeigen als Beispiel den Farbquerfehler einer Sammellinse. Im Diagramm ist eine Abweichungskurve angegeben, die die Bildgrößendifferenz von blau nach rot angibt. Perfekt wäre, wenn die Kurve genau senkrecht verlaufen würde.

Abbildungen 3.25 und 3.26 zeigen den Farblängsfehler an derselben Sammellinse. Im Diagramm sind die Abweichungskurven für blau, grün und rot angegeben. Auf der Abszisse sind die Abweichungen gegenüber der Bildebene angegeben, auf der Ordinate die Einfallshöhen der entsprechenden Strahlen in der Eintrittspupille.

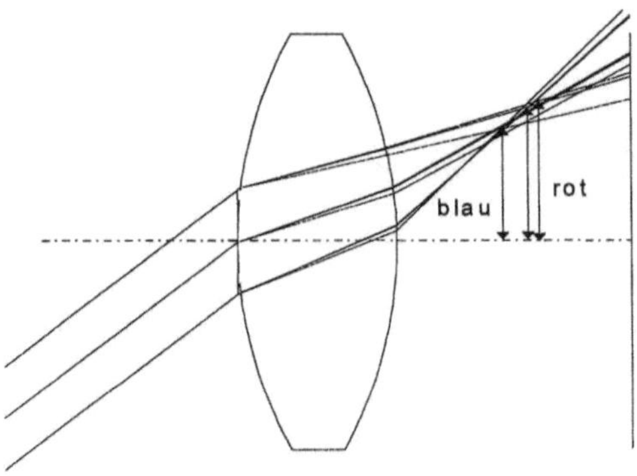

Abb. 3.23. Farbquerfehler der Sammellinse

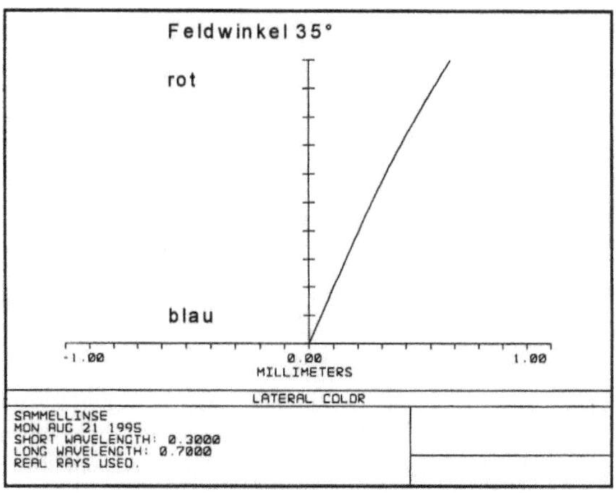

Abb. 3.24. Darstellung des Farbquerfehlers

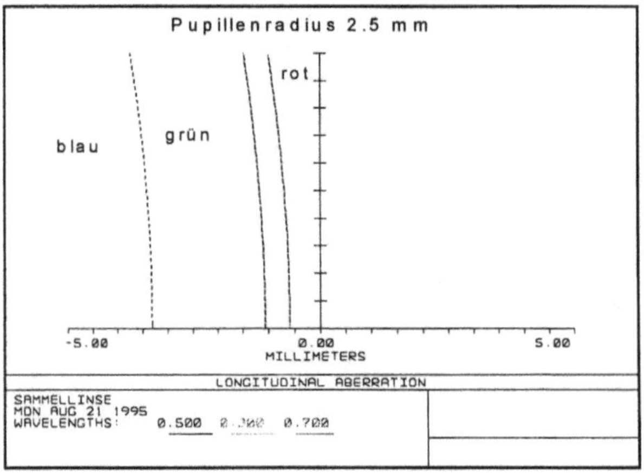

Abb. 3.25. Darstellung des Farblängsfehlers

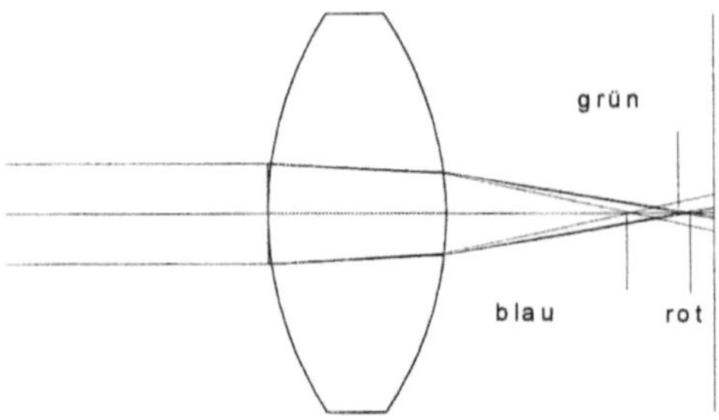

Abb. 3.26. Farblängsfehler der Sammellinse

3.3 Darstellung der Abbildungsleistung und Qualitätsbewertung optischer Systeme

Es gibt eine Fülle von Möglichkeiten, die Abbildungsleistung eines optischen Systems darzustellen. Einige sind in der obigen Einführung schon verwendet worden. Die wichtigsten werden im folgenden genannt.

Spot-Diagramm. Ein sehr anschauliches Mittel zur Quantifizierung der Abbildungsleistung ist das Spot-Diagramm. Es wird mit Hilfe trigonometrischer Strahldurchrechnung durch die Sollkonfiguration des Systems berechnet. Dabei wird eine Schar gleichmäßig verteilter Strahlen vom Objektpunkt ausgesandt. Ihre Durchstoßpunkte in der Bildebene werden berechnet. Damit wird die Lichtverteilung im Punktbild veranschaulicht. Hierbei wird die Beugung gänzlich vernachlässigt. Abbildungen 3.27 und 3.28 zeigen ein Beispiel zweier Spot-Diagramme für eine Sammellinse. Dabei sind ein axialer und ein

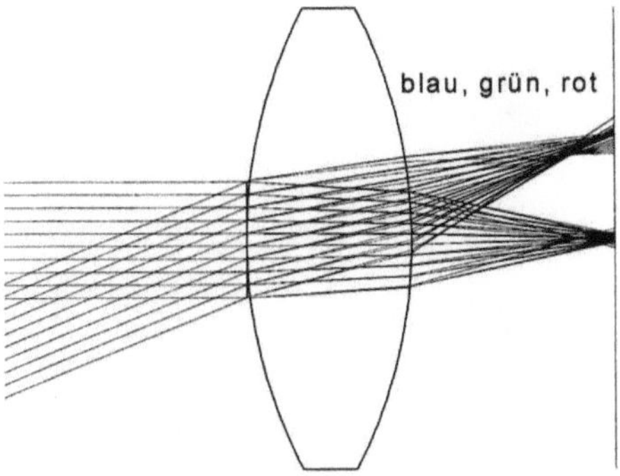

Abb. 3.27. Abbildung zweier Objektpunkte in drei Farben durch Sammellinse

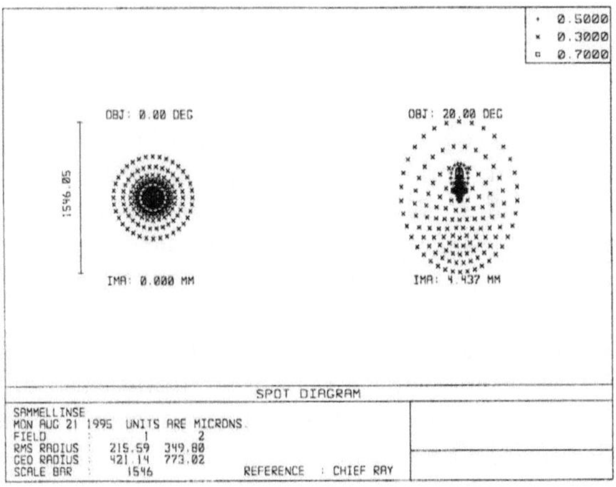

Abb. 3.28. Spot-Diagramme zu Abb. 3.27

außeraxialer Objektpunkt im Unendlichen gewählt worden. Die Berechnungen wurden jeweils für 3 Wellenlängen durchgeführt, deren individuelle Spot-Diagramme in den Diagrammen überlagert sind. Die Spot-Diagramme zeigen seitlich eine Skalierung in µm, so daß die Größe des Punktbildes geschätzt werden kann.

Die Veränderung der Punktbilder bei Lageänderung der Bildebene sind in der Abbildung 3.29 angegeben. Dabei wurde die Bildebene jeweils um 2 mm vor- und zurückbewegt in Schritten von 1 mm.

Punktbildfunktion. Berücksichtigt man die Beugung an der Blendenberandung des optischen Systems, so läßt sich die relative Intensitätsverteilung im Punktbild angeben. Dazu ist rechentechnisch ein höherer Aufwand zu treiben. Zunächst wird die Form der Lichtwellenfront, die aus dem Objektiv tritt, trigonometrisch berechnet. Dies geschieht für einzelne Wellenlängen

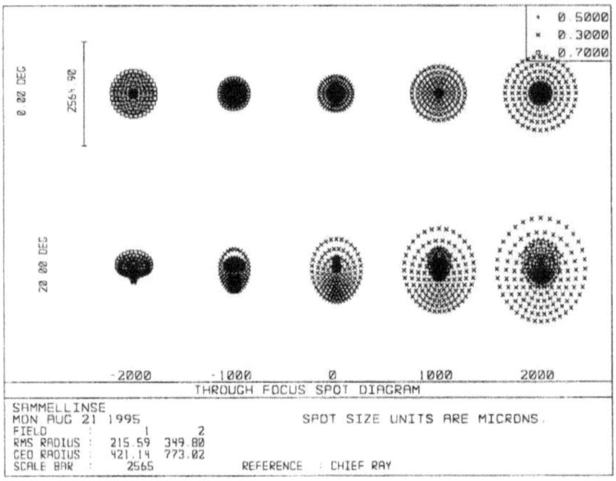

Abb. 3.29. Spot-Diagramme zu Abb. 3.27 mit Variation der Bildebene um ±2 mm

des zu übertragenden Spektrums. Aus der Wellenfront wird per Fouriertransformation zunächst die Lichterregung im Punktbild und daraus die Intensitätsverteilung im Punktbild berechnet. Um das reale Punktbild zu simulieren, müssen noch die verschiedenfarbigen Punktbilder überlagert werden. Abbildungen 3.30–3.33 zeigen ein Beispielsystem (Abb. 3.31) mit drei Punktbildern für einen axialen und zwei außeraxiale Punkte.

Die Maxima der Punktbildfunktionen sind auf 1 normiert. Eine anschauliche Darstellung bietet die Normierung auf die Gesamtintensität, also das Integral unter der Punktbildfunktion. Damit werden die Intensitätsrelationen der verschiedenen Punktbilder zueinander deutlich.

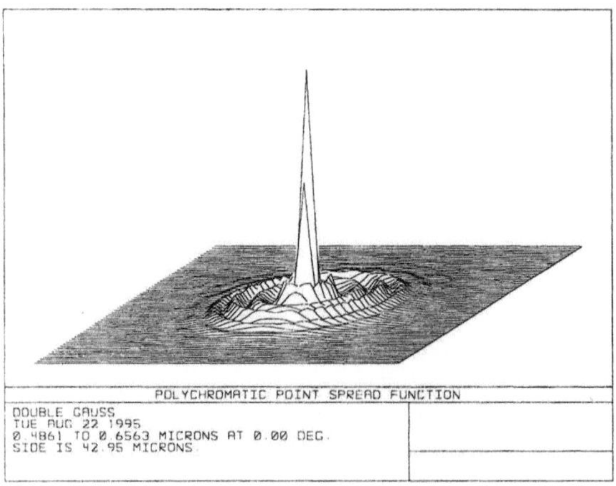

Abb. 3.30. Punktbildfunktion für axialen Bildpunkt

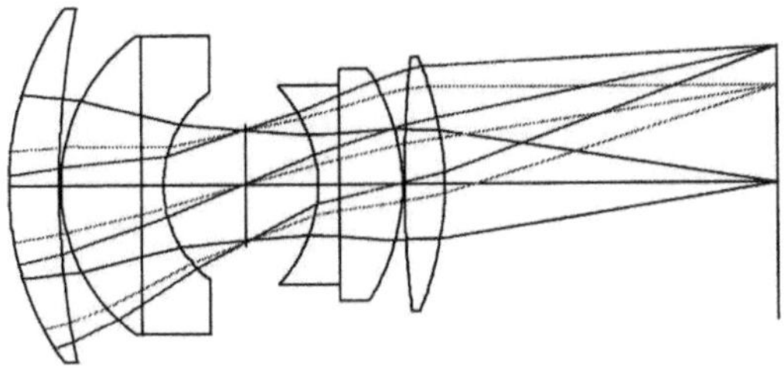

Abb. 3.31. Beispielsystem zu den nebenstehenden Punktbildern: Doppel-Gauß-System

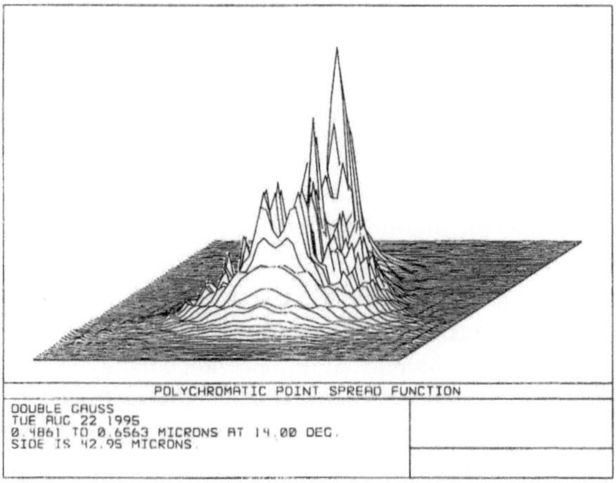

Abb. 3.32. Punktbildfunktion für 14° Bildwinkel

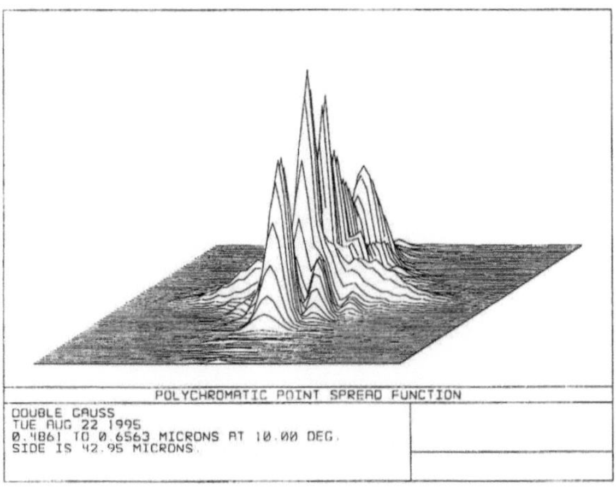

Abb. 3.33. Punktbildfunktion für 10° Bildwinkel

Bei der Berechnung der *Strehl'schen Definitionshelligkeit* wird das Maximum des Punktbildes mit dem Maximum des idealen, beugungsbegrenzten Punktbildes verglichen. Ihr Verhältnis liefert eine Gütezahl zur Beurteilung der Abbildungsqualität. Eine Definitionshelligkeit von über 80% wird als praktisch beugungsbegrenzt betrachtet.

Modulationsübertragungsfunktion (MTF). Die Modulationsübertragungsfunktion (MTF = **M**odulation **T**ransfer **F**unction) beschreibt, mit welchem relativen Kontrast Gitterstrukturen abgebildet werden. Die „Feinheit“ des zu übertragenden Gitters wird dabei durch seine *Ortsfrequenz* beschrieben. Die Ortsfrequenz ist der Kehrwert der Periodenlänge (Gitterperiode) eines Gitters. Sie wird gemessen in Linienpaaren pro mm (lp/mm). Die Ortsfrequenz 0 ist damit ein Gitter mit unendlich ausgedehnter Gitterperiode. Die MTF ist bei der Ortsfrequenz 0 auf 1 normiert. Wegen der Verunschärfung durch die Beugung gibt es für jedes optische System eine natürliche Grenzortsfrequenz. Feinere Strukturen als diese Grenze können nicht aufgelöst werden.

Die MTF eines Systems kann ebenfalls durch trigonometrische Strahldurchrechnung bestimmt werden. Sie kann durch Fouriertransformation der Punktbildfunktion und anschließende Betragsbildung errechnet werden. Eine weitere Lösungsmöglichkeit bietet sich durch Autokorrelation der sogenannten *Pupillenfunktion*, die aus der errechneten Wellenfront und der Amplitudenverteilung in der Pupille gebildet wird.

Wie bei den Spot-Diagrammen kann auch die MTF aus verschiedenen Einzelfarben additiv zusammengesetzt werden. Zu beachten ist, daß die MTF bei außeraxialen Objektpunkten für verschiedene Azimutwinkel anzugeben ist. Da sie sich aus der Punktbildfunktion ergibt, ist sie eigentlich eine räumliche Funktion, von der verschiedene Schnitte in ein Diagramm eingetragen werden können. Üblich ist die Angabe eines Sagittal- und eines Meridionalschnittes.

Abbildung 3.34 zeigt MTF-Beispiele für das in Abb. 3.31 angegebene Doppel-Gauss-System.

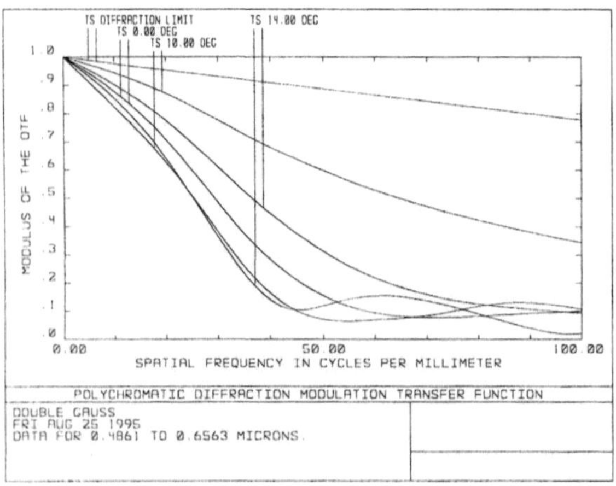

Abb. 3.34. Sagittale und meridionale polychromatische MTF-Kurven für Bildwinkel 0°, 10° und 14°

Auch für die MTF werden oftmals Fokusvariationen berechnet. Dabei wird die Bildebene um konstante Beträge verschoben und jeweils die neue MTF-Kurve bestimmt. Da die Diagramme unüberschaubar mit einzelnen Kurven überzogen würden, werden nur die Kontrastwerte einzelner Ortsfrequenzen angegeben. Bei Fotoobjektiven ist z. B. 40 lp/mm ein praktischer Wert, der für die Auflösungsbetrachtungen noch relevant ist. In den Abb. 3.35 und Abb 3.36 sind Fokusvariationen für 20 lp/mm und 40 lp/mm für sagittale und meridionale Gitterstrukturen angegeben. Der Fokus wurde um ± 0,1 mm variiert. Es wurden die polychromatischen MTF-Werte für die Bildwinkel 0°, 10° und 14° bestimmt.

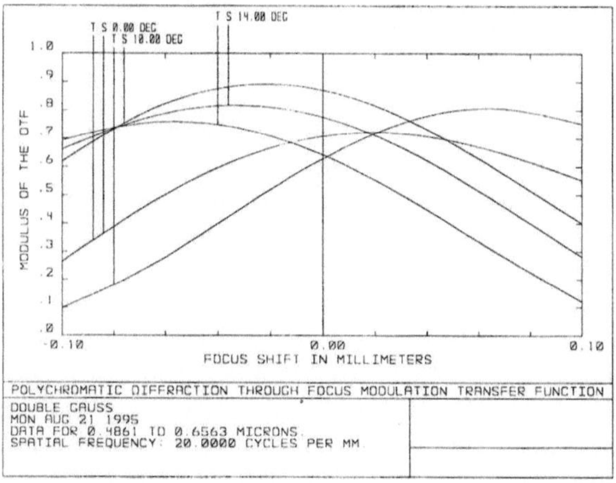

Abb. 3.35. Fokusvariation um ±0,1 mm von sagittaler und meridionaler polychromatischer MTF für Bildwinkel 0°, 10° und 14° bei Ortsfrequenz 20 lp/mm

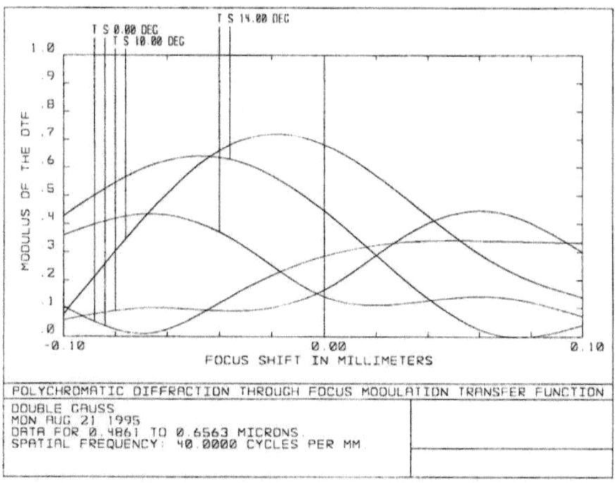

Abb. 3.36. Fokusvariation um ±0,1 mm von sagittaler und meridionaler polychromatischer MTF für Bildwinkel 0°, 10° und 14° bei Ortsfrequenz 40 lp/mm

Wellenaberrationen, optische Weglängendifferenzen (OPD). Durch trigonometrische Strahldurchrechnung können die sogenannten optischen Weglängendifferenzen (OPD = **O**ptical **P**ath **D**ifference) berechnet werden. Die optische Weglänge eines Lichtstrahls ist sein geometrischer Weg multipliziert mit der jeweiligen Brechzahl des Mediums, das er gerade passiert. Die OPD-Berechnung wird bis zur gedachten Kugelfläche durchgeführt mit dem perfekten geometrischen Bildpunkt als Zentrum. Die gedachte Kugelfläche repräsentiert die ideale Kugelwellenfront, die auf den Bildpunkt konvergiert. Die negative OPD stellt die Abweichung der Wellenfront von der Kugelform dar. Man bezeichnet sie als *Wellenaberration* oder *Wellenfrontabweichung*. Die Wellenaberration ist ein weiteres Gütemerkmal der Abbildung. Man muß sie für die verschiedenen Wellenlängen einzeln berechnen, kann jedoch keine polychromatische Wellenaberration bilden, da Wellenfronten Phaseninformationen sind, die sich nicht additiv überlagern lassen.

Die Wellenaberration eines Objektivs läßt sich in sogenannten *Interferometern* messen. Es wird dabei eine perfekte Kugelwelle mit der aus dem Objektiv real austretenden Wellenfront überlagert. Beobachten lassen sich sogenannte *Interferogramme*, die quasi ein Höhenschichtlinienbild der Abweichungen von der Kugelwelle darstellen. Der Abstand der Höhenschichtlinien beträgt dabei eine halbe Wellenlänge des verwendeten Lichtes.

Auch Interferogramme lassen sich berechnen aus der trigonometrisch bestimmten Wellenaberration.

Bei den Wellenaberrationen ist es üblich, wiederum sagittale und meridionale Schnitte in ein Diagramm einzutragen. 3D-Darstellungen sind zur Darstellung der Symmetrie oftmals nützlich. In Abb. 3.38 ist das Beispiel einer Wellenaberration gezeigt, zugehörige Schnitte sind in Abb. 3.37 ange-

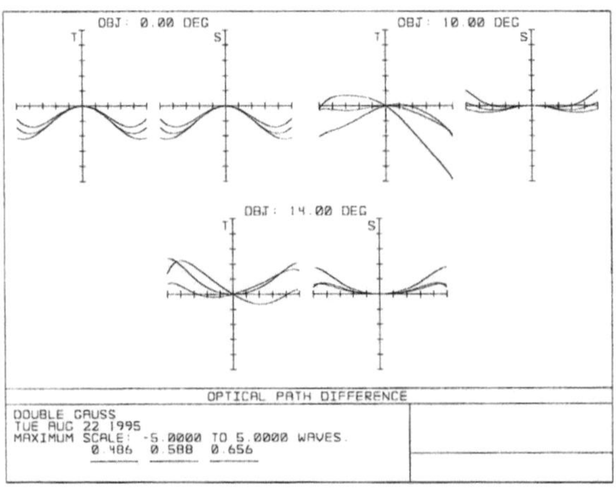

Abb. 3.37. Sagittale (S) und meridionale (T) Schnitte durch die Wellenaberrationen des Doppel-Gauss-Objektivs bei blauem, grünem und rotem Licht und den Bildwinkeln 0°, 10° und 14°

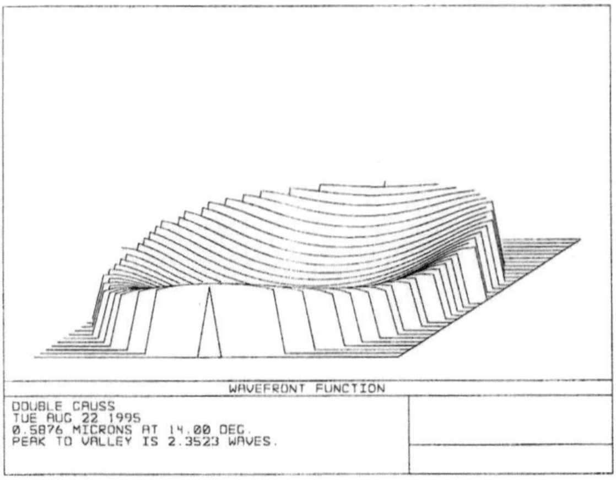

Abb. 3.38. Wellenaberration des Doppel-Gauss-Objektivs bei grünem Licht und 14° Bildwinkel

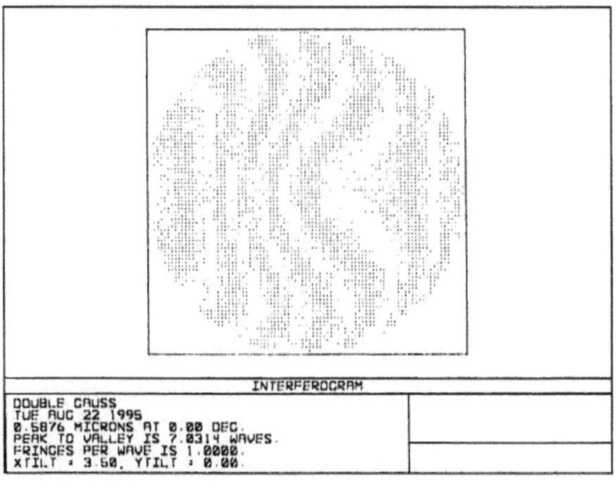

Abb. 3.39. Interferogramm zu Abb. 3.38

geben. Das dazugehörige Interferogramm wird in Abb. 3.39 wiedergegeben. Dabei ist zusätzlich eine kleine Verkippung der kugelförmigen Referenzwelle simuliert worden, um einige Interferenzstreifen zu zeigen, deren Durchbiegung die Größe der Wellenaberration in Vielfachen einer halben Wellenlänge ausdrückt.

Quer- und Längsaberrationen, Farbquer- und Farblängsfehler. Als Längs- und Queraberrationen bezeichnet man die Abweichungen der Durchstoßkoordinaten eines Strahls von bestimmten Bezugskoordinaten. Als Bezug wird meist der Gaußsche Bildpunkt herangezogen.

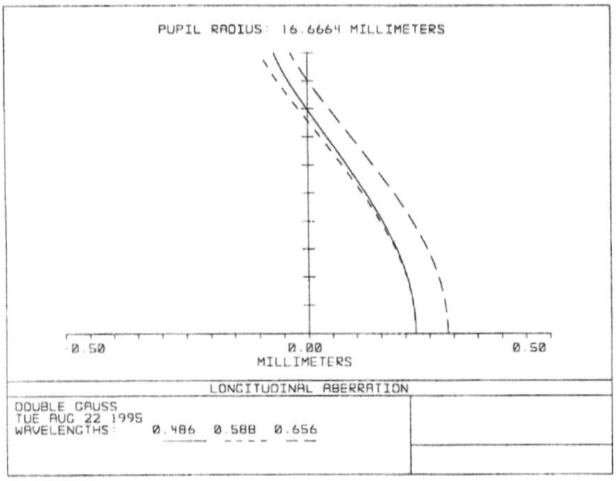

Abb. 3.40. Längsaberrationen zum Doppel-Gauß-Objektiv bei blauem, grünem und rotem Licht

Die Längsabweichung wird meist für Achsenpunkte berechnet. Sie ist dann gegeben durch die Ablage des Strahlschnittpunktes mit der optischen Achse von der Bildebene. Abbildung 3.40 zeigt ein Beispiel für Längsaberrationen. An der Abszisse ist die in Achsrichtung gerechnete Ablage aufgetragen. An der Ordinate können die zugeordneten Strahldurchstoßhöhen in der Pupille abgelesen werden. Die Schnittpunkte für achsnahe Strahlen liegen hier weiter weg vom System als für achsferne. Eingetragen sind Längsaberrationskurven für drei verschiedene Farben, so daß der Farblängsfehler gleichzeitig ersichtlich ist.

Die Querabweichungen sind die achsensenkrechten Abweichungen der Strahldurchstoßkoordinaten vom Bezugspunkt in der Bildebene. Man unterscheidet zwischen den sagittalen und meridionalen Querabweichungen, je nachdem, in welchem Schnitt die Querabweichungen bestimmt werden. Abbildung 3.41 zeigt ein Beispiel für Queraberrationen. Es sind insgesamt 6 Diagramme gezeigt, jeweils paarweise für sagittale (S) und meridionale (T) Abweichungen. Die drei Diagrammgruppen gelten für die Bildwinkel 0°, 10° und 14°. In jedem Diagramm sind drei Wellenlängen eingetragen. An der Abszisse der Diagramme ist die Pupillenkoordinate in sagittaler oder meridionaler Richtung aufgetragen, an der Ordinate die jeweils berechnete Queraberration in µm.

Bildfeldwölbung und Verzeichnung. Zur Darstellung der Bildfeldwölbung werden sowohl die Sagittal- als auch die Meridionalschale berechnet. Aus ihrer Abweichung voneinander wird gleichzeitig der Astigmatismus offenbar.

Die Verzeichnung wird für die vorgegebene Bildebene mit Hilfe der Hauptstrahldurchstoßpunkte berechnet.

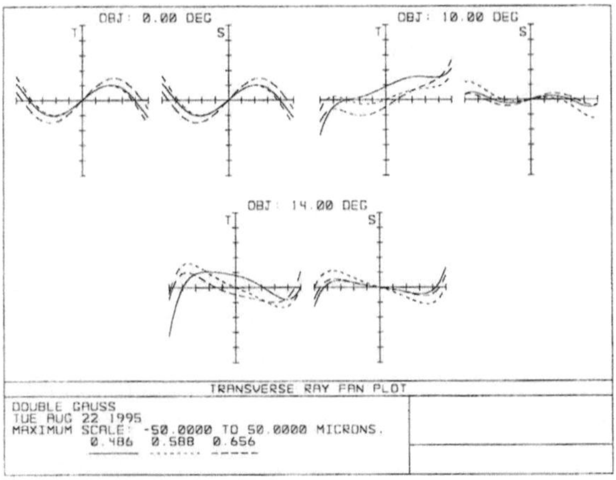

Abb. 3.41. Sagittale (S) und meridionale (T) Schnitte für die Queraberrationen des Doppel-Gauss-Objektivs bei blauem, grünem und rotem Licht und den Bildwinkeln 0°, 10° und 14°

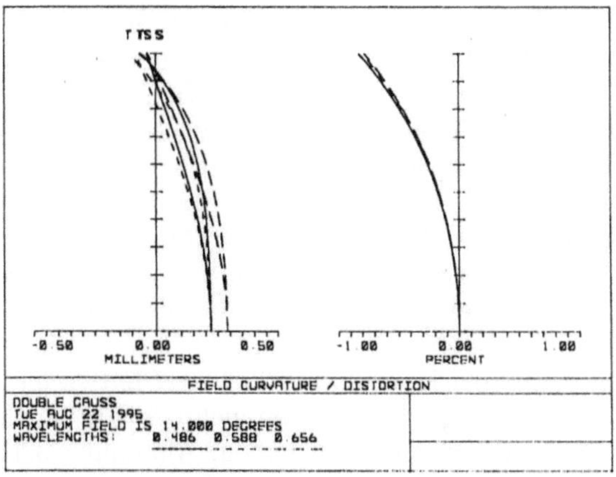

Abb. 3.42. Bildfeldwölbung und Verzeichnung, sagittale (S) und meridionale (T) Wölbung für Doppel-Gauß-Objektiv bei blauem, grünem und rotem Licht und den Bildwinkeln 0°, 10° und 14°

Abbildung 3.42 stellt beide Lagefehler dar. Im Diagramm der Bildfeldwölbung (links) ist die Ablage der Bildschalen von der Bildebene an der Abszisse dargestellt. An der Ordinate sind die Bildwinkel aufgetragen. Im Diagramm sind sagittale (S) und meridionale (T) Schale getrennt gezeichnet, außerdem die Kurvenpaare für drei verschiedene Wellenlängen angegeben. Daraus wird die chromatische Varianz der Bildfeldwölbung ersichtlich.

Im Diagramm der Verzeichnung (rechts) ist die Variation der Maßstabsänderung an der Abszisse aufgetragen. Die Bildgrößenänderung wird in %

angegeben. 0% entspricht dem Gaußschen Abbildungsmaßstab. Eine Kurvenneigung nach links bedeutet tonnenförmige Verzeichnung, eine Neigung nach rechts kissenförmige Verzeichnung.

3.4 Maßnahmen zur Verbesserung der Abbildungsleistung

Es gibt eine Fülle von Maßnahmen, die der versierte Optik-Modellierer anwenden kann, um optische Systeme bezüglich der Abbildungsfehler zu optimieren. Eine reiche Erfahrung ist dazu notwendig, denn eine Maßnahme zur Verbesserung eines Fehlers kann eine Verschlechterung eines anderen Fehlers herbeiführen. Es können hier nur Andeutungen angegeben werden, welche Mittel zur Verfügung stehen, um zu bestmöglichen Optiken zu gelangen.

Verminderung der sphärischen Aberration. Die Verbesserung der sphärischen Aberration ist eine der Grundaufgaben bei der Auslegung eines Systems. Als Faustregel gilt, die Einfallswinkel der Strahlen auf den optischen Flächen möglichst gering zu halten. Dies kann erreicht werden, indem die brechende Wirkung einer Linse möglichst auf beide Flächen gleichverteilt wird. Abbildung 3.44 zeigt im Vergleich zu Abb. 3.43 eine Verbesserung durch Änderung der „Durchbiegung“ der Linse unter Beibehalten der Brennweite.

Eine weitere Möglichkeit, die sphärische Aberration einer Einzellinse zu verbessern, besteht in der Asphärisierung der Flächen. Anstelle einer sphärischen Oberfläche wird eine *asphärische*, also nicht kugelförmige Fläche angearbeitet. Abbildung 3.46 zeigt ein Beispiel, bei der die Vorderfläche asphärisch gestaltet wurde. Die Herstellung asphärischer Flächen ist meist mit wesenlich mehr Aufwand verbunden, weshalb man nur gelegentlich von diesem Mittel Gebrauch macht.

Schließlich bleibt noch das Mittel der Kombination mehrerer Linsen miteinander, um die notwendige Brechung der Strahlen auf mehrere Flächen zu verteilen, und damit den Öffnungsfehler gering zu halten. Abbildung 3.45 zeigt das entsprechende Beispiel.

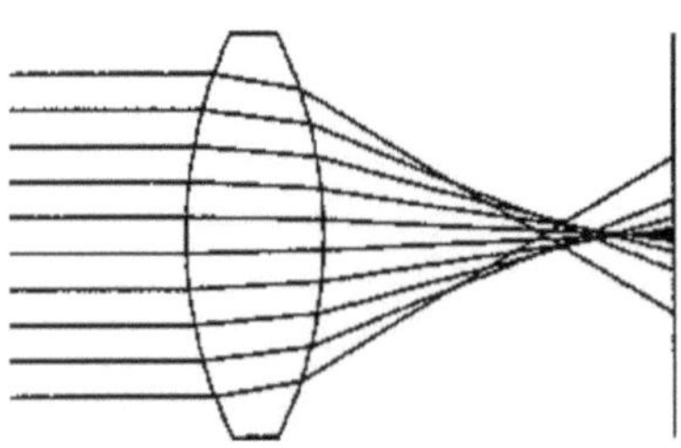

Abb. 3.43. Bikonvexlinse mit gleichen Krümmungsradien im parallelen Strahlengang

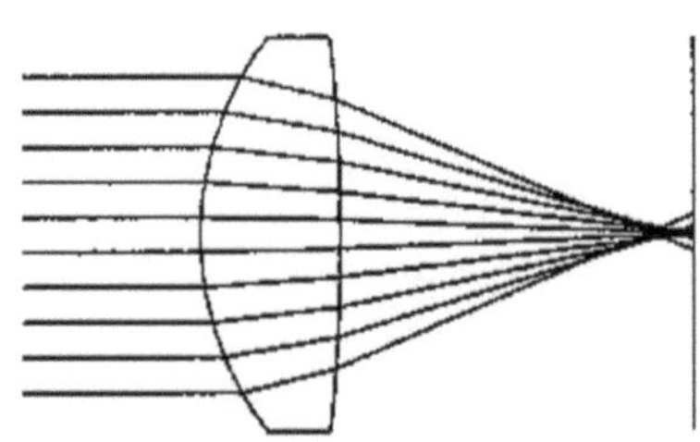

Abb. 3.44. Bikonvexlinse „bester Form“ im parallelen Strahlengang

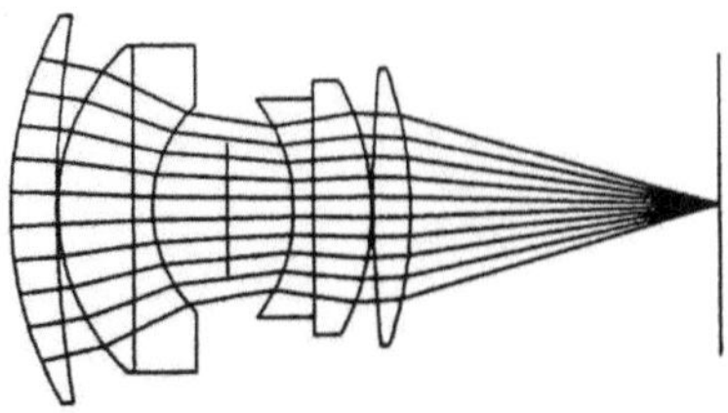

Abb. 3.45. Kombination mehrerer Linsen zu einem Objektiv

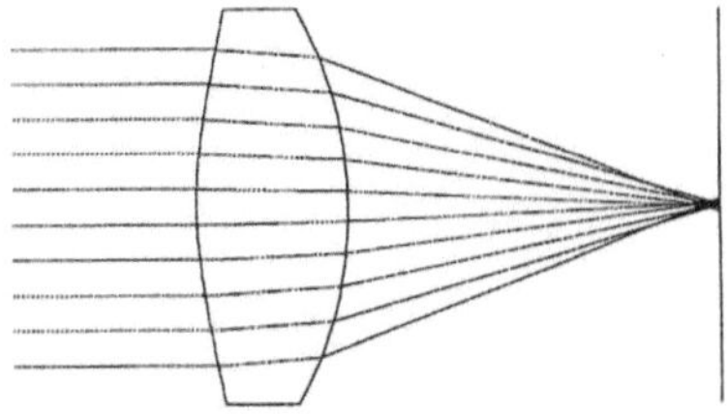

Abb. 3.46. Asphärische Linse zur Verbesserung der sphärischen Aberration

Verminderung der Farbfehler. Die Dispersion des Glases ist bei verschiedenen Glassorten verschieden stark. Generell sind die Krongläser geringer farbzerstreuend als die Flintgläser. Sie haben jedoch meist auch geringere Brechzahlen. Deshalb müssen Linsen aus Kronglas stärker gewölbt sein als Flintgläser, um die gleiche Brennweite zu erreichen. Stärkere Krümmung bedeutet jedoch gleichzeitig höheren Öffnungsfehler. Deshalb kombiniert der Optik-Modellierer Sammel- und Zerstreuungslinsen verschiedener Glassorten miteinander, damit sich die Farbfehler gegenseitig kompensieren können und die sphärische Aberration gering bleibt.

Abbildung 3.48 zeigt die Farblängsfehler für die Einzellinse in Abb. 3.47, Abb. 3.50 für den verkitteten Achromaten in Abb. 3.49.

Bei dem Achromaten sind eine sammelnde Kronglaslinse und eine zerstreuende Flintglaslinse miteinander verkittet worden. Es wird erkennbar, wie drastisch die Verbesserung des Farblängsfehlers ausfällt (ca. Faktor 10 besser). Die geringe Durchbiegung der Kurven läßt außerdem eine Verbesserung bei der sphärischen Aberration erkennen.

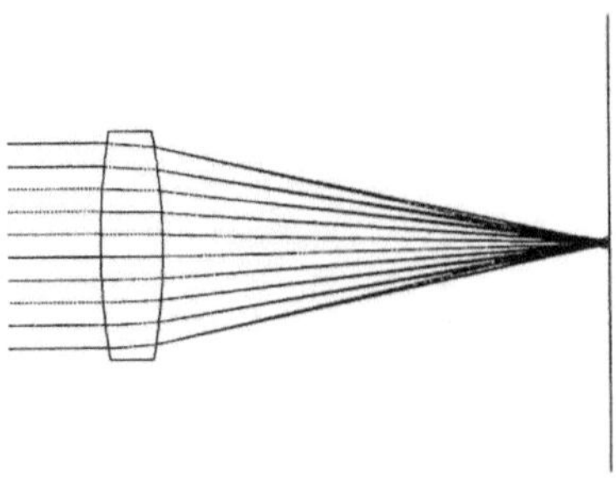

Abb. 3.47. Sammellinse

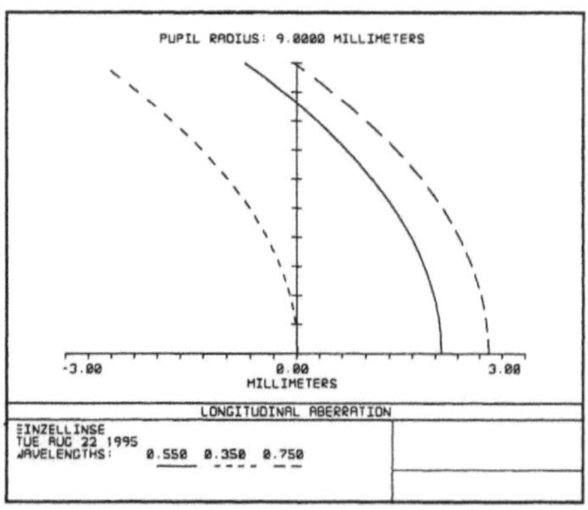

Abb. 3.48. Farblängsfehler für die Sammellinse in Abb. 3.47

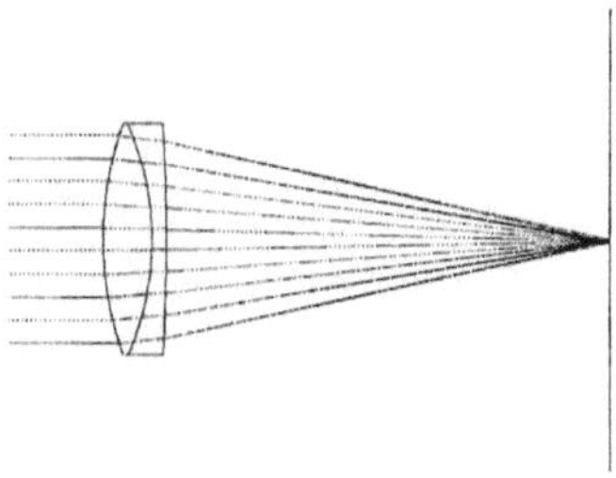

Abb. 3.49. Achromat aus Kron- und Flintglas

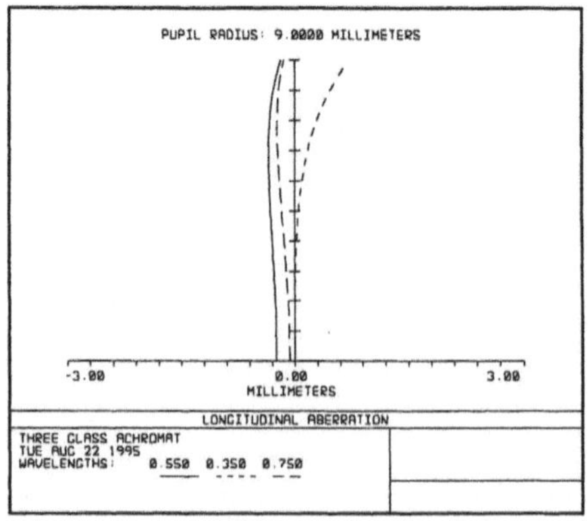

Abb. 3.50. Farblängsfehler für den Achromaten in Abb. 3.49

Beeinflussung der Verzeichnung. Bisher wurden jeweils nur Veränderungen der Linsengeometrien oder der Glassorten besprochen, um eine verbesserte Bildqualität zu erzielen. Die Größe und Lage der Blende blieb dabei unberücksichtigt. Die Größe der Blende ist oftmals kein echter Freiheitsgrad bei der Auslegung von Systemen, weil eine bestimmte Mindestöffnung gefordert ist, um genügend Licht auf die Bildebene zu bringen.

Die Lage der Blende ist jedoch oft eine Einflußgröße, die sinnvoll zum Steuern der Bildfeldwölbung und der Verzeichnung herangezogen werden kann.

In Abb. 3.51 ist eine Sammellinse mit *Hinterblende* angegeben. Die zur Bilderzeugung nötigen Strahlen müssen alle durch „das Schlüsselloch" hinter der Linse. Im Vergleich dazu in Abb. 3.53 dieselbe Sammellinse mit *Vorderblende.* Die Strahlen gehen durch die Öffnung vor der Linse.

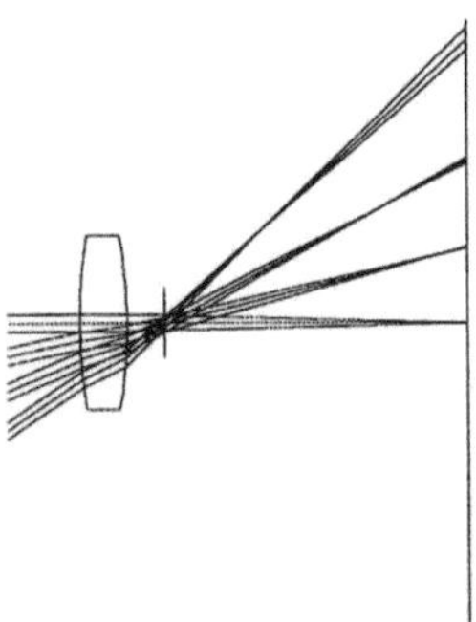

Abb. 3.51. Sammellinse mit Hinterblende

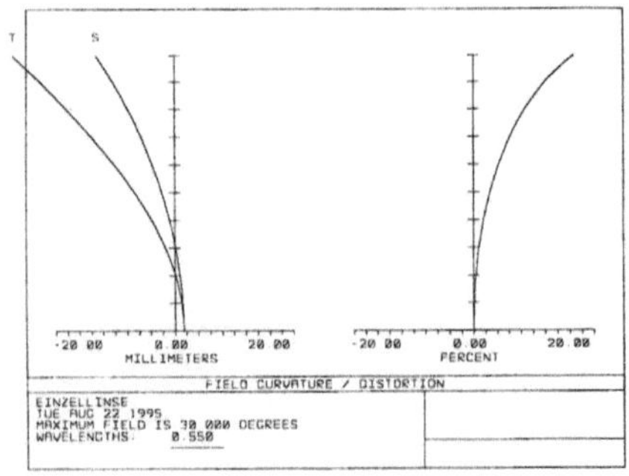

Abb. 3.52. Bildfeldwölbung und Verzeichnung für Sammellinse mit Hinterblende (monochromatisch)

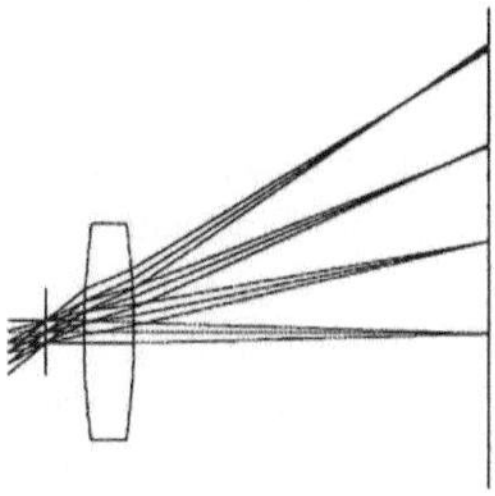

Abb. 3.53. Sammellinse mit Vorderblende

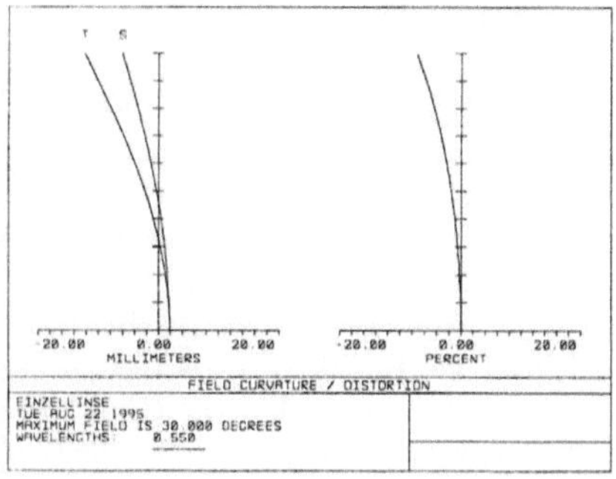

Abb. 3.54. Bildfeldwölbung und Verzeichnung für Sammellinse mit Vorderblende (monochromatisch)

In den Diagrammen in Abb. 3.52 und Abb. 3.54 sind dazu die Bildfeldwölbungen und Verzeichnungen angegeben. In Abb. 3.55 und Abb. 3.56 sind – strahlenoptisch berechnet – die Bilder von Rechteckrastern angegeben, wie sie von der jeweiligen Konfiguration erzeugt werden.

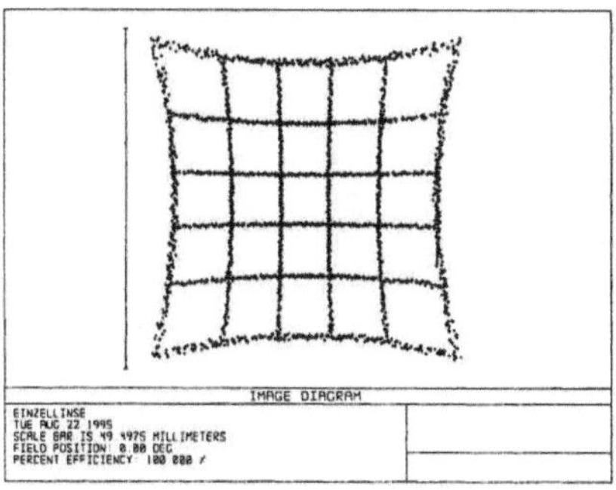

Abb. 3.55. Abbildung eines Rechteckrasters durch Sammellinse mit Hinterblende

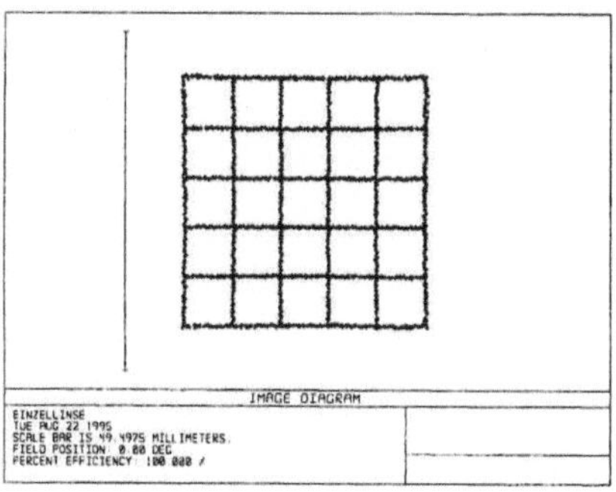

Abb. 3.56. Abbildung eines Rechteckrasters durch Sammellinse mit Vorderblende

Literatur

1. Haferkorn, H. (1981) Optik: Physikalisch-technische Grundlagen und Anwendungen. Harri Deutsch, Frankfurt/Main
2. Born, M., Wolf, E. (1980) Principles of Optics. Pergamon, New York
3. Naumann, H., Schröder, G. (1983) Bauelemente der Optik. Hanser, München
4. Haferkorn, H., Richter, W. (1984) Synthese optischer Systeme. Deutscher Verlag der Wissenschaften, Berlin
5. Kingslake, R. (1978) Lens Design Fundamentals. Academic, London
6. Klein, M.V., Furtak, T.E. (1988) Optik. Springer-Verlag, Berlin, Heidelberg
7. Malacara, D., Malacara, Z. (1994) Handbook of lens design. Marcel Dekker, Inc., New York
8. Smith, W.J. (1992) Modern Lens Design. McGraw-Hill, Boston
9. Welford, W.T. (1986) Aberrations of Optical Systems. Adam Hilger, Bristol
10. Mahajan, V.N. (1998) Optical Imaging and Aberrations: Ray Geometrical Optics. SPIE Optical Engineering Press, Bellingham

4 Entwicklung optischer Systeme

4.1 Einführung

Optische Komponenten und Systeme sind Bestandteile in den unterschiedlichsten Geräten und Instrumenten. Sie unterscheiden sich je nach Aufgabenstellung und können entweder aus Standardbauteilen realisiert sein oder speziell für bestimmte Abbildungsaufgaben entwickelt sein.

Als Grundlage für die Entwicklung eines optischen Systems ist zunächst die Spezifikation zu erarbeiten, die alle Eigenschaften, die für die jeweilige Aufgabenstellung nötig sind, genau beschreibt. Hierzu gehört neben der Beschreibung der rein optischen Eigenschaften auch die Festlegung weiterer Randbedingungen wie mechanische Baugrößen und Umweltbedingungen.

Neben den bekannten analytischen Formelsätzen der technischen Optik stehen dem Entwickler für die Festlegung eines optischen Designs heute umfangreiche Softwareprogramme (Optical Design Software) als Werkzeuge zur Verfügung. Ohne diese wäre die Realisierung komplexer optischer Systeme, wie beispielsweise in den Bereichen Kameratechnik, Mikrolithografie und optische Meßtechnik, nicht denkbar. Diese Werkzeuge reichen von einfachen Hilfsprogrammen zur Berechnung der optischen Grundgrößen über umfangreiche Programme zur Analyse der Abbildungsleistung bis hin zu großen Programmpaketen mit Routinen zur automatischen Optimierung komplexer optischer Systeme.

4.2 Spezifikation optischer Systeme

Die Spezifikation als Grundlage für die Entwicklung optischer Systeme sollte so vollständig wie möglich und so genau wie nötig sein. Insbesondere kann der jeweilige Spielraum für einzelne Parameter entscheidend für den Erfolg der Entwicklung oder für die nachfolgenden Produktionskosten sein. Ferner ist darauf zu achten, daß voneinander abhängige Systemparameter nicht widersprüchlich spezifiziert werden. In der folgenden Tabelle 4.1 ist der Inhalt eines möglichen Spezifikationsblattes aufgeführt, das vor jedem Start einer neuen Entwicklung möglichst vollständig ausgefüllt werden sollte.

Nach Vorgabe der grundlegenden Größe des Systems wie Brennweite oder Abbildungsmaßstab sind zunächst die konjugierten Größen zur Objekt- und Bildlage festzulegen. Für die Brennweite ist hier bereits die zugrunde gelegte Wellenlänge mit anzugeben, wobei die Angabe weiterer Wellenlängen und deren Gewichtung für die Spezifikation der Abbildungsleistung von Bedeutung ist. Neben dem Abbildungsmaßstab sind die zugehörigen Objekt- oder

Tabelle 4.1. Spezifikationsblatt für optische Systeme

Optisches System					**Spezifikationsblatt**
Systembezeichnung: ________			*Datum/Bearbeiter:* ________		
Brennweite:	______	mm	Abbildungsmaßstab (Vergrößerung):	______	
Blendenzahl:	______	mm	Objekthöhe (halber Durchmesser):	______	mm
Durchmesser der ersten Fläche:	______	mm	Bildhöhe (halber Durchmesser):	______	mm
Durchmesser der letzten Fläche:	______	mm	Objektwinkel (halber):	______	°
Durchmesser der Eintrittspupille (EP):	______	mm	Bildwinkel (halber):	______	°
Durchmesser der Austrittspupille (AP):	______	mm	Objektentfernung von der ersten Fläche:	______	mm
Numerische Apertur / objektseitig:	______		Bildentfernung von der letzten Fläche:	______	mm
Numerische Apertur / bildseitig:	______		Bildentfernung von der ersten Fläche:	______	mm
Pupillenabbildungsmaßstab:	______		Objekt-Bildentfernung:	______	mm
EP-Entfernung von der ersten Fläche:	______	mm	Wellenlänge(n):	______	nm
AP-Entfernung von der letzten Fläche:	______	mm	Wellenlängengewichtung:	______	
Spezielle Merkmale / Randbedingungen (zur Mechanik, Umwelt, usw.)					
Leistung (Spot-Durchmesser, MTF, Verzeichnung, Vignettierung, Telezentrizität, Transmission, usw.)					
Weitere Angaben (Verwendungszweck, Objekt, Empfänger, Lichtquelle, usw.)					

Bildgrößen in Form der axialen Höhen oder der Hauptstrahlwinkel zu benennen. Die Apertur des Systems wird bestimmt durch die Angabe der Blendenzahl oder die Durchmesser von Eintritts- oder Austrittspupille. Dafür können jedoch auch die Größen der objekt- oder bildseitigen numerischen Aperturen festgelegt werden.

Mit den Angaben der Durchmesser der ersten und der letzten Flächen des Systems werden sowohl apertur- als auch feldbegrenzende Merkmale festgelegt. Für spezielle Systemeigenschaften, insbesondere in Verbindung mit weiteren zugeschalteten optischen Systemen, können Angaben zur Pupillenentfernung und zum Pupillenabbildungsmaßstab nötig sein (Bsp. Scan-Systeme, afokale Systeme). Zu den nicht-optischen Merkmalen gehören in erster Linie die mechanischen Randbedingungen. Sowohl die Festlegung der maximalen

Baulänge und Bauhöhe als auch Angaben zum Gewicht des Systems und zur Beständigkeit bei bestimmten Umweltbedingungen können die Auslegung des optischen Designs maßgeblich beeinflussen.

Die Leistung des optischen Systems kann durch verschiedene Kriterien beschrieben werden. Dazu gehören zunächst alle Arten von Aberrationen. Ein umfassendes Qualitätsmerkmal ist beispielsweise der maximale Spotdurchmesser in der Bildebene, und zwar als quadratischer Mittelwert über alle Abstände der Strahldurchstoßpunkte vom Schwerstrahlpunkt. Noch präziser wird die Abbildungsleistung beschrieben durch die Modulationsübertragungsfunktion (MTF), wobei für bestimmte Ortsfrequenzen Modulationswerte gefordert werden, die mindestens erreicht werden müssen. Daneben können zusätzliche Merkmale gefordert werden wie die maximale zulässige Verzeichnung, die zulässige Abweichung von der Telezentrizität als maximaler Hauptstrahlwinkel oder aber Mindesttransmissionswerte für bestimmte Wellenlängen.

Weitere Angaben zur Anwendung des optischen Systems, zur Art des Objektes und des Empfängers (Auge, Film, CCD, oder andere) sowie über die Art der Beleuchtung können zusätzliche wichtige Informationen für die Entwicklung sein.

4.3 Bestimmung der optischen Grunddaten

Wie oben bereits erwähnt, sind einige Systemparameter, wie sie im Spezifikationsblatt aufgeführt sind, voneinander abhängig. Um geeignete Startsysteme auffinden zu können und um in anschließenden Optimierungsläufen die richtigen Zielwerte für die Grunddaten vorgeben zu können, ist es nötig, diese möglichst genau zu kennen. Dies bedeutet, daß alle voneinander abhängigen Grunddaten vorher exakt oder zumindest näherungsweise bestimmt werden sollten. Dazu dienen die einschlägigen Formeln der paraxialen Optik.

Die wichtigsten Formeln für Systeme in Luft seien hier zusammen mit den Formeln zur Beugungsgrenze kurz aufgeführt:

Brennweite
$$f' = \frac{u'}{\tan w} = \frac{a'}{1-\beta'} \tag{4.1}$$

Blendenzahl (für $\beta = 0$)
$$k = \frac{f'}{\oslash_{\mathrm{EP}}} = \frac{1}{2NA} \tag{4.2}$$

Objektabbildungsmaßstab
$$\beta' = \frac{u'}{u} \tag{4.3}$$

Pupillenabbildungsmaßstab
$$\beta'_p = \frac{\oslash_{\mathrm{AP}}}{\oslash_{\mathrm{EP}}} \tag{4.4}$$

Linsenformel
$$\frac{1}{f'} = \frac{1}{a'} - \frac{1}{a} \tag{4.5}$$

Objekt-Bild-Abstand
$$\overline{OO'} = f'\left(2 - \frac{1}{\beta'} - \beta'\right) + \overline{\mathrm{HH'}} \tag{4.6}$$

Airy-Durchmesser	$\oslash_{\text{Airy}} = 2.44\,\lambda k$	(4.7)
Grenzfrequenz (Bildmitte)	$R_0 = \dfrac{1}{1.22\,\lambda k}$	(4.8)

mit u	Objektradius	NA	numerische Apertur
u'	Bildradius	$\oslash_{\text{EP}}$	EP-Durchmesser
w	Objektwinkel	$\oslash_{\text{AP}}$	AP-Durchmesser
λ	Wellenlänge	a	Objektweite (vom Hauptpunkt H)
$\overline{\text{HH}'}$	Hauptpunktabstand	a'	Bildweite (vom Hauptpunkt H′)

4.4 Bestimmung der Abbildungsleistung

Geht man von der Modellvorstellung aus, daß die Bildentstehung durch das Zusammenführen von einzelnen Lichtstrahlen geschieht, können zur Beschreibung des Bildes die Auftreffpunkte ausgewählter Strahlen in der Bildebene dienen. Dazu werden, ausgehend von verschiedenen Objektpunkten, die Strahlengänge durch die einzelnen Flächen des optischen Systems berechnet (ray tracing). Von jedem ausgewählten Objektpunkt werden mehrere Strahlen definiert, die die Eintrittspupille des Systems an unterschiedlichen Orten durchstoßen. Jeder Strahl ist damit in seiner Anfangsrichtung festgelegt. Die Durchrechnung von Systemen kann anhand von Näherungsformeln oder durch exakte trigonometrische Strahldurchrechnung geschehen.

4.4.1 Trigonometrische Strahldurchrechnung

Mathematisch werden die Strahlen als Vektoren mit dem Betrag *eins* behandelt. Für rotationssymmetrische Systeme mit rein sphärischen optischen Flächen ergibt sich damit ein relativ einfacher Formelsatz, der die trigonometrische Durchrechnung von Fläche zu Fläche bis hin zur Bildebene leicht programmieren läßt. Für nicht-rotationssymmetrische Systeme und für asphärische Flächen ist die Bestimmung der Flächendurchstoßpunkte der einzelnen Strahlen komplizierter und läßt sich teilweise nur durch iterative Methoden realisieren.

Als Beispiel für eine Strahldurchrechnung sei ein drei-linsiges Objektiv *Triplet 8.0/50* ($k = 8.0, f' = 50$ mm) gewählt, dessen Systemdaten in der Tabelle 4.2 und dessen Linsenschnitt (lens drawing) in Abb. 4.1 gezeigt sind. Gerechnet wurde für den Abbildungsmaßstab $\beta' = 0$ und einen Objektwinkel von $w = 20°$.

Zur Charakterisierung des optischen Systems werden nun ganze Strahlenbüschel, die bestimmten Objektpunkten zugeordnet werden, durchgerechnet. Als Aberrationen oder Bildfehler resultieren dann die Abweichungen der tatsächlichen Strahldurchstoßpunkte in der Bildebene von den Sollbildpunkten. Zusätzlich werden die Abweichungen der Bildpunktslagen als engste Büscheleinschnürungen betrachtet. Man unterscheidet Schärfefehler und

Tabelle 4.2. Systemdaten Triplet 8.0/50

#	#	Srf	Radius	Sepn	Glass
		Obj	Infinity	air	
1	1		21.514	3.30	LAK10
2			626.319	4.93	air
3	2		−35.260	1.15	SF15
4			20.515	3.47	air
5	3	Stop	Plane	3.27	air
6	4		105.985	3.10	LAK10
7			−25.552	41.58	air
		Img	Plane	−0.10	mm-def

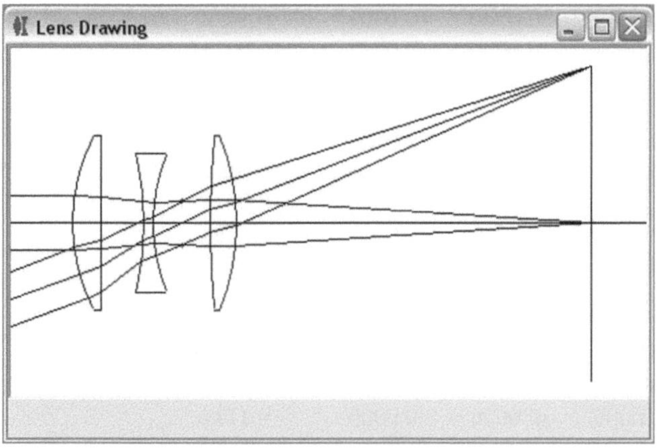

Abb. 4.1. Linsenschnitt Triplet 8.0/50

Lagefehler. Die Aberrationen sind Funktionen der Apertur- und der Feldkoordinaten. Die Sollwerte ergeben sich aus den paraxialen Abbildungsgleichungen.

Das System besteht aus zwei äußeren Positivlinsen und einer Negativlinse. Die Blende befindet sich zwischen den hinteren beiden Linsen. Das System ist bei geeigneter Wahl der Glasarten farblich gut korrigierbar und liefert gegenüber zweilinsigen Systemen wie Achromaten eine gute Abbildungsleistung im Bildfeld, wie im Folgenden noch gezeigt wird.

Dargestellt im Linsenschnitt sind neben der optischen Achse die extremen Abbildungsstrahlen, d. h. die Randstrahlen des Mittenbüschels sowie der Hauptstrahl und die äußeren Strahlen für das Randbüschel (für den maximalen Feldwinkel). Eingezeichnet ist ferner die Lage der paraxialen Bildebene, die bei dieser Wahl des Abbildungsmaßstabs mit der Brennebene zusammenfällt.

Für eine umfassende Charakterisierung des Systems werden jedoch weit mehr Strahlen gerechnet, deren Anfangskoordinaten hinsichtlich der Feldwinkel und der Durchstoßpunkte in der Eintrittspupille sinnvoll gewählt werden müssen. Nur dann lassen sich hinreichend genaue Interpolationen der Aberrationskurven berechnen und in Diagrammen darstellen.

In der folgenden Tabelle 4.3 sind die Ergebnisse der Strahldurchrechnung hinsichtlich der Aberrationen als Funktionen der relativen Pupillenkoordina-

Tabelle 4.3. Strahldurchrechnung Triplet 8.0/50

a) Bildmitte $w = 0°$

Ap	dX'	dY'	dL'	dM'	OPD:wave
1.0		0.0005	0.0000	−0.0626	−0.1731
.8		0.0019	0.0000	−0.0501	−0.1456
.6		0.0024	0.0000	−0.0375	−0.0974
.4		0.0021	0.0000	−0.0250	−0.0492
.2		0.0012	0.0000	−0.0125	−0.0115
−.2		−0.0012	0.0000	0.0125	−0.0115
−.4		−0.0021	0.0000	0.0250	−0.0492
−.6		−0.0024	0.0000	0.0375	−0.0974
−.8		−0.0019	0.0000	0.0501	−0.1456
−1.0		−0.0005	0.0000	0.0626	−0.1731
.2	0.0012	0.0000	−0.0125	0.0000	−0.0115
.4	0.0021	0.0000	−0.0250	0.0000	−0.0492
.6	0.0024	0.0000	−0.0375	0.0000	−0.0974
.8	0.0019	0.0000	−0.0501	0.0000	−0.1456
1.0	0.0005	0.0000	−0.0626	0.0000	−0.1731

b) Bildfeldrand $w = 20°$

Ap	dX'	dY'	dL'	dM'	OPD:wave
1.0		0.0036	0.0000	−0.0534	3.3183
.8		0.0022	0.0000	−0.0427	2.6819
.6		0.0013	0.0000	−0.0320	2.0275
.4		0.0007	0.0000	−0.0213	1.3605
.2		0.0003	0.0000	−0.0107	0.6827
−.2		−0.0006	0.0000	0.0107	−0.6873
−.4		−0.0017	0.0000	0.0213	−1.3905
−.6		−0.0039	0.0000	0.0319	−2.1220
−.8		−0.0078	0.0000	0.0425	−2.9079
−1.0		−0.0146	0.0000	0.0530	−3.7901
.2	−0.0025	−0.0000	−0.0119	0.0000	0.0260
.4	−0.0052	−0.0001	−0.0238	0.0000	0.1047
.6	−0.0081	−0.0002	−0.0358	0.0000	0.2353
.8	−0.0112	−0.0005	−0.0477	0.0000	0.4294
1.0	−0.0145	−0.0010	−0.0597	0.0000	0.6866

ten Ap aufgeführt. Sie sind hier berechnet für die Bildmitte und den maximalen Feldwinkel, und zwar in Form der Queraberrationen (in mm) in der Bildebene, in Form der Winkelaberrationen (Änderung der Richtungskosina) und in Form der Wellenaberrationen als optische Weglängenänderungen OPD (in Einheiten der Wellenlänge).

Quer- und Winkelaberrationen sind aufgelistet für den *Meridionalschnitt* (Schnitt durch das System, der die optische Achse enthält) mit $\mathrm{d}Y'$ und $\mathrm{d}M'$ und für den dazu senkrechten Sagittalschnitt mit $\mathrm{d}X'$ und $\mathrm{d}L'$. Aufgrund der Symmetrie des Sagittalschnitts ist für diesen nur die halbe Pupille gerechnet.

Mit der Aberrationstabelle erhält man bereits einen guten Überblick über die Abbildungsfehler wie Öffnungsfehler und Koma. Mit den Daten der Strahldurchrechnung können ferner die Lagen der verschiedenen Bildpunkte als Hauptstrahlkoordinaten in der paraxialen Bildebene bestimmt werden. Mit Bezug auf die Sollbildpunktslagen kann somit die Verzeichnung des Systems bestimmt werden. Rechnet man die Bildpunkte als paraxiale Bildpunkte auf den Hauptstrahlen, so ergeben sich in der Regel keine Bildebenen sondern gekrümmte Felder (Bildschalen) und somit eine Bildfeldwölbung. Als Astigmatismus ergibt sich der Unterschied der Bildfeldwölbungen im Meridional- und Sagittalschnitt.

Auf weitere Aberrationstabellen sei hier verzichtet. Vielmehr mögen die folgenden beiden Abbildungen die Leistung des optischen Systems in Diagrammen grafisch veranschaulichen, und zwar in Form der Queraberrationen, der Bildfeldwölbung (Astigmatismus) und der Verzeichnung. Anders als bisher wurde hier nun für drei verschiedene Wellenlängen gerechnet. Damit können die Variation der Aberrationsfunktion mit der Wellenlänge und somit die Farbaberrationen des Systems verdeutlicht werden (hier allerdings nur schwarz dargestellt).

Die Queraberrationsfunktionen (tranverse ray aberrations, Abb. 4.2) sind für die axiale Abbildung und für drei Feldwinkel dargestellt, wobei aufgrund der Symmetrie die Sagittal-Aberrationen nur für die halbe Pupille gezeigt sind. Das System wurde um -0.05 mm leicht defokussiert, so daß sich für die Bildmitte die höchste Schärfe ergibt, hier erkennbar durch minimale Queraberrationen.

Die Feldaberrationen (field aberrations, Abb. 4.3) zeigen deutlich ein Auseinanderdriften der meridionalen und sagittalen Bildschalen (durchgezogen und gestrichelt gezeichnet) und somit einen Astigmatismus bis hin zu 0.3 mm. Die Verzeichnung (distortion) ist kleiner als 1%. Der Farbquerfehler (lateral colour aberration) als Bildgrößendifferenz für die beiden äußeren Wellenlängen ist etwa 10 µm.

Bis auf die Verzeichnung werden alle bis hierhin betrachteten Aberrationen zusammengefaßt dargestellt in den Spot-Diagrammen (spot diagrams), also durch die Darstellung der Durchstoßpunkte der Strahlenbüschel für die einzelnen Feldwinkel in der Bildebene.

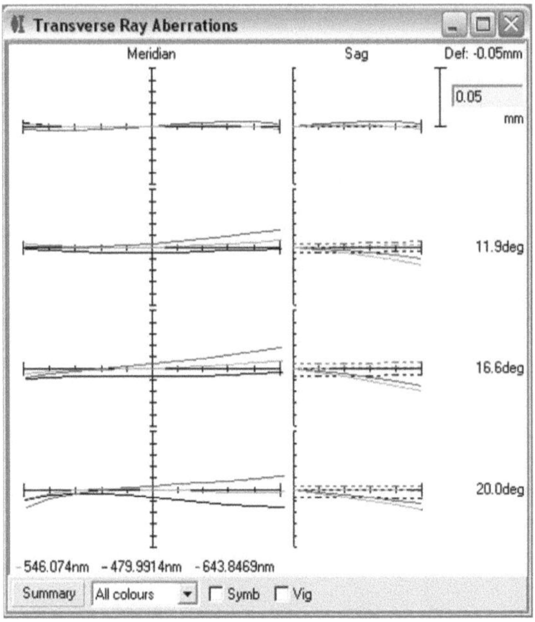

Abb. 4.2. Queraberrationen Triplet 8.0/50

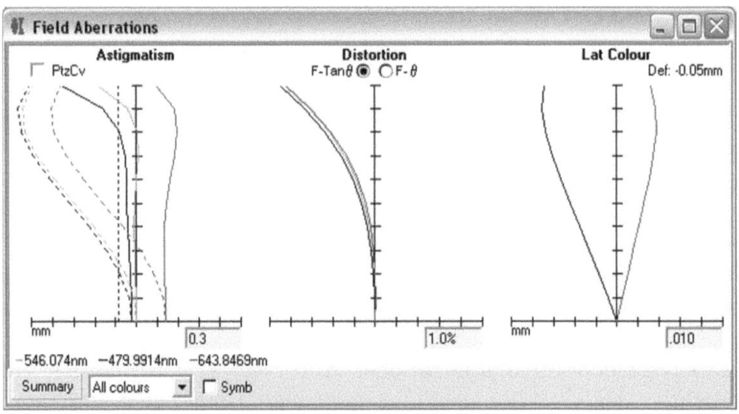

Abb. 4.3. Feldaberrationen Triplet 8.0/50

Die Abb. 4.4 zeigt diese für die axiale Abbildung (erste Reihe) und wieder für drei Feldwinkel (Reihen 2 bis 4), und zwar für fünf verschiedene Einstellebenen (Fokussierungen), wobei die mittlere Spalte die gewählte beste Einstellebene mit der Defokussierung −0.05 mm zeigt.

Aus diesen Spot-Diagrammen können dann die (geometrisch optischen) Modulationsübertragungsfunktionen (geometric MTF) berechnet werden, wie sie in Abb. 4.5 dargestellt sind (durchgezogene Linien für den Meridional-

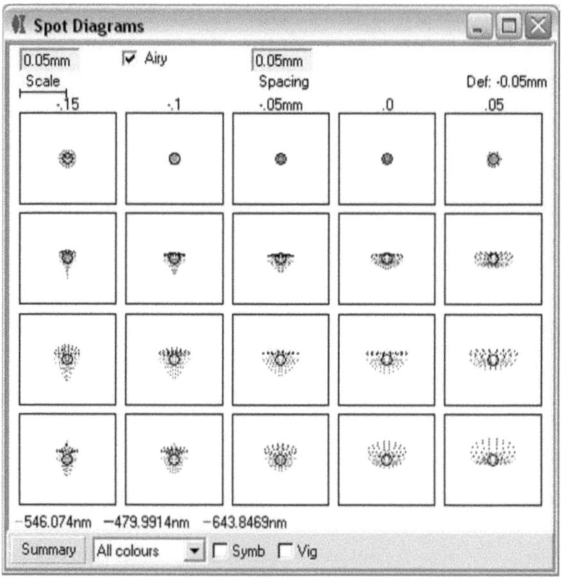

Abb. 4.4. Spot-Diagramme Triplet 8.0/50

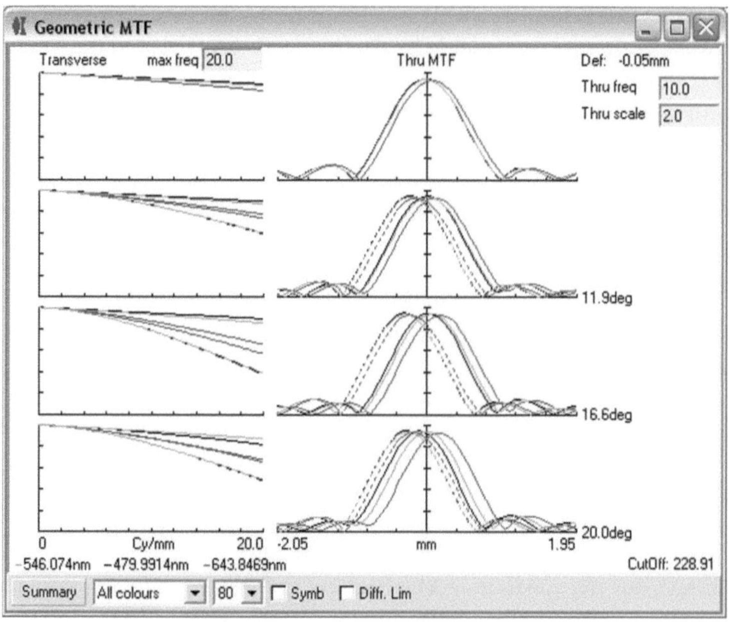

Abb. 4.5. MTF-Diagramme Triplet 8.0/50

schnitt, gestrichelte Linien für den Sagittalschnitt. Die Modulation ist bis zur Ortsfrequenz von 20 lp/mm für die axiale Abbildung und die drei Feldwinkel dargestellt. Daneben ist für eine ausgewählte Ortsfrequenz von 10 lp/mm die Modulation als Funktion der Einstellebenenlage (Fokussierung) gezeigt, wobei auch gerade hier der vorliegende Astigmatismus besonders deutlich wird.

Die unterschiedlichen Verläufe der Modulationsfunktionen für die verschiedenen Wellenlängen zeigen auch hier wieder deutlich die vorliegenden chromatischen Aberrationen (Farbfehler).

4.4.2 Seidelsche Bildfehler

Neben den rein trigonometrischen Fehlerbeschreibungen, wie sie hier in Form der Durchrechnungsdaten und der Diagramme dargestellt sind, ist die näherungsweise Berechnung der Bildfehler zusätzlich von großer Hilfe. Dazu werden zunächst die der Durchrechnung zugrunde gelegten trigonometrischen Funktionen (Winkelfunktionen) in Taylor-Reihen entwickelt. Während für die paraxiale Optik und somit für die fehlerfreie Abbildung nur die ersten Glieder dieser Reihenentwicklung berücksichtigt werden (also $\sin\alpha \to \alpha$ und $\cos\alpha \to 1$), werden für die nächste Näherungsstufe auch die zweiten Glieder der Reihenentwicklung berücksicht (also $\sin\alpha \to \alpha - \alpha^3/6$ und $\cos\alpha \to 1 - \alpha^2/2$). Man entwickelt also die Winkelfunktionen bis zur dritten Ordnung. Die darauf aufbauende *Seidelsche Bildfehlertheorie* wird daher auch mit *Bildfehlertheorie dritter Ordnung* bezeichnet. In ihr werden die Aberrationen zusammenfassend in einem Aberrationsvektor beschrieben.

Der große Vorteil dieser näherungsweisen Beschreibung der Abbildungsleistung liegt in der Möglichkeit, einzelnen Flächen und damit auch einzelnen Systemteilen Bildfehleranteile zuzuordnen, die in der Summe die Gesamtfehler des Systems ergeben. Ferner können auch für asphärische Flächen die sphärischen und asphärischen Fehleranteile getrennt aufgelistet werden. Auf die Darstellung der kompletten Formelsätze muß an dieser Stelle verzichtet werden. Beispielhaft ist in der Tabelle 4.4 die Seidelsche Bildfehlerliste für das bisher betrachtete Triplet aufgeführt.

Hierbei sind zu jeder Fläche die Flächenanteile (Flächenteilkoeffizienten) für sphärische Aberration, Koma, Astigmatismus, Bildfeldwölbung (Petzval-Summe), Verzeichnung, Farblängsfehler (chromatische Längsaberration CI) und Farbquerfehler (chromatische Queraberration CII) aufgelistet, sowie die Summe der einzelnen Fehlerarten über alle Flächen. Man erkennt hier deutlich die Einflüsse einzelner Flächen auf die Fehlerarten.

Zusätzlich können die partiellen Ableitungen der Seidel-Fehler nach den einzelnen Systemparametern wie Flächenradien, Flächenabständen und Brechzahlen berechnet werden. Diese geben Aufschluß über die Wirksamkeit dieser Flächen auf die verschiedenen Fehlerarten.

Werden asphärische Flächen in optischen Systemen eingesetzt, so bieten auch gerade hier die Seidelschen Bildfehlerbetrachtungen besondere Vorteile.

Tabelle 4.4. Seidelsche Bildfehler Triplet 8.0/50

srf		*sphAbn*	*Coma*	*Astig*	*PtzCv*	*Distn*	*CI*	*CII*
Totals		0.0008	0.0007	−0.0030	0.0096	−0.0173	0.0004	−0.0008
1	1	0.0023	−0.0016	0.0011	0.0252	−0.0178	0.0038	−0.0026
2		0.0018	0.0101	0.0566	−0.0009	0.3132	0.0023	0.0132
3	2	−0.0058	−0.0206	−0.0734	−0.0151	−0.3145	−0.0056	−0.0201
4		−0.0023	0.0061	−0.0161	−0.0259	0.1103	−0.0047	0.0124
5	3*	0.0000	0.0000	0.0000	0.0000	0.0000	0.0000	0.0000
6	4	0.0002	−0.0016	0.0141	0.0051	−0.1723	0.0011	−0.0101
7		0.0046	0.0082	0.0147	0.0212	0.0638	0.0035	0.0063

Für jeden Abbildungsfehler werden die sphärischen und asphärischen Anteile getrennt aufgeführt. Allerdings sind für die Petzval-Summe und die chromatischen Fehler die asphärischen Anteile *null*, d. h. diese Fehler können, zumindest im Seidelschen Bereich, nicht durch Asphärisierungen der Flächen beeinflußt werden. Mit den asphärischen Flächenanteilen sowie deren partiellen Ableitungen nach den Systemparametern läßt sich damit die Wirksamkeit von Asphärisierungen auf die Fehler in besonderer Weise beurteilen.

4.5 Abhängigkeiten von Parametern und Aberrationen

Bevor auf die automatische Optimierung optischer Systeme eingegangen wird, sollen noch kurz einige grundlegende Abhängigkeiten der Aberrationen von bestimmten Systemparametern aufgezeigt werden. Diese lassen sich bereits für einzelne Linsen anhand der Seidelschen Bildfehlerformeln sowie der Aberrationsdiagramme leicht verdeutlichen. Die Erkenntnisse daraus sind für die Grundauslegung von optischen Systemen und für gezielte Systemänderungen sehr hilfreich.

Betrachtet werden sollen hier Abhängigkeiten der Aberrationen von der *Durchbiegung der Linsen*, der *Blendenlage*, der *Asphärenlage*, der *Glaswahl*, der *Apertur* und der *Feldgröße*.

4.5.1 Durchbiegung von Linsen

Zunächst bestimmt die Form und damit die Durchbiegung einer Linse entscheidend die Größe ihrer sphärischen Aberration und Koma. Es lassen sich unterschiedliche Linsenformen realisieren, je nachdem ob die beiden einzelnen Flächen in dieselbe Richtung oder in entgegengesetzter Richtung durchgebogen sind. Im ersteren Fall ergeben sich meniskusförmige Linsen. Ferner kann die Orientierung einer Linse zum Objekt bzw. Bild und somit die Richtung ihrer Durchbiegung sehr unterschiedliche Abbildungseigenschaften aufweisen.

Die Abb. 4.6 bis 4.11 zeigen Linsen positiver Brechkraft (Positivlinsen) aus BK7-Glas der Brennweite $f' = 100$ mm für drei verschiedenen Durchbiegungen. Die beiden ersten Beispiele zeigen Miniskuslinsen unterschiedlicher Orientierung, zusammen mit den Aberrationsdiagrammen.

Gerechnet wurde für einem Eintrittspupillenradius von $r_{EP} = 5$ mm, unendlicher Objektentfernung ($\beta' = 0$) und einen Objektwinkel von $w = 20°$.

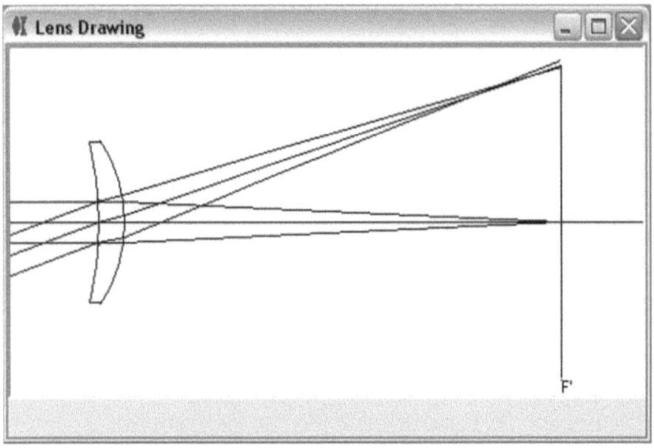

Abb. 4.6. Einzellinse mit Durchbiegung a)

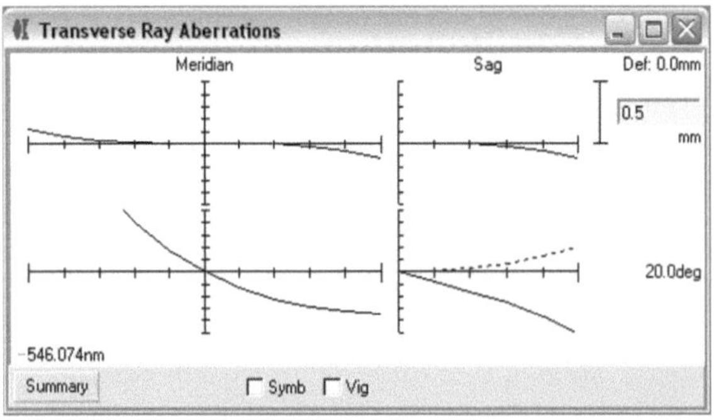

Abb. 4.7. Queraberrationen der Einzellinse mit Durchbiegung a)

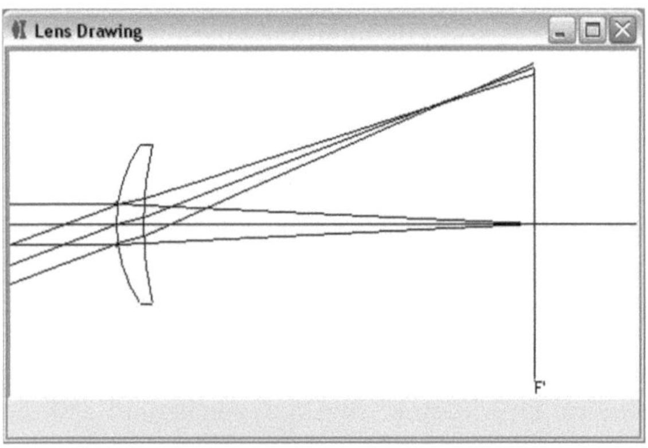

Abb. 4.8. Einzellinse mit Durchbiegung b)

Während die Linse im Fall a) (Abb. 4.6 und 4.7) im Vergleich zu den anderen Fällen relativ hohe sphärische Aberrationswerte aufweist, ist die meridionale Koma recht flach bei deutlichem Astigmatismus.

Die Linse im Fall b) (Abb. 4.8 und 4.9) besitzt dieselben Einzelbrechkräfte wie die Linse a), jedoch bei entgegengesetzter Orientierung. Dies führt zu einer Verringerung der sphärischen Aberration, jedoch gleichzeitig zu einem deutlichen Anstieg der Koma.

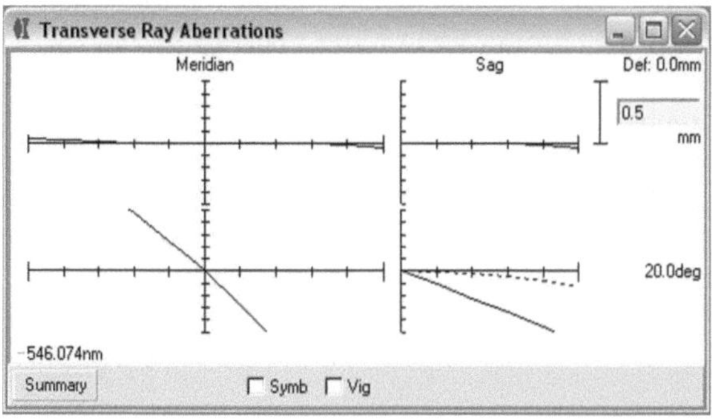

Abb. 4.9. Queraberrationen der Einzellinse mit Durchbiegung b)

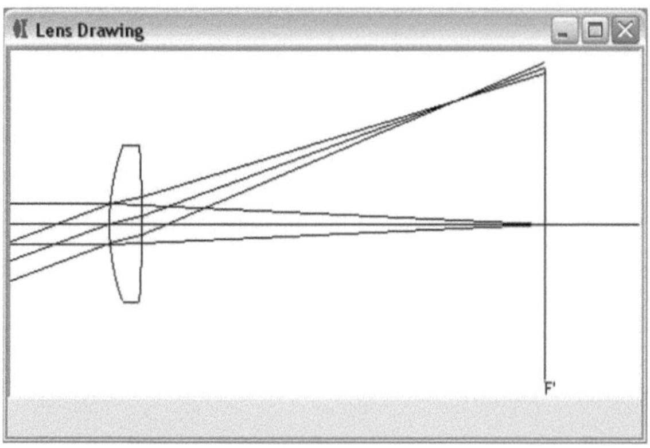

Abb. 4.10. Einzellinse mit Durchbiegung c)

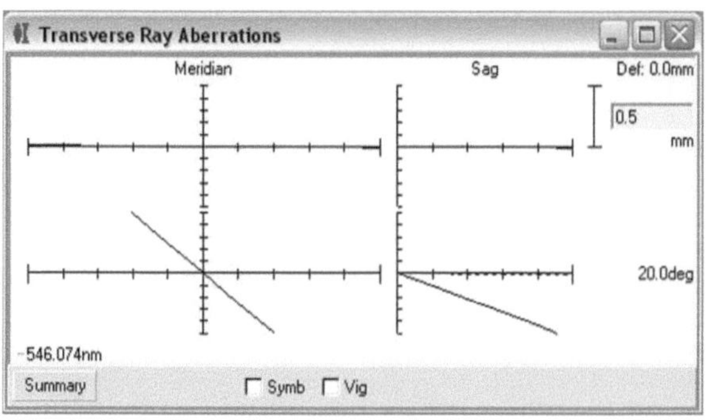

Abb. 4.11. Queraberrationen der Einzellinse mit Durchbiegung c)

Die Linse im Fall c) (Abb. 4.10 und 4.11) hat die optimale Brechkraftverteilung über die beiden Flächen, sodaß eine minimale sphärische Aberration und damit die beste axiale Abbildungsleistung resultiert (Linse bester Form).

4.5.2 Blendenlage

Neben der Durchbiegung der Linse ist die Lage der Blende, die hier zunächst in die erste Fläche gelegt wurde, für die außeraxiale Bildqualität entscheidend.

Wie in den weiteren Abbildungen ersichtlich ist, werden die Strahlen der axialen Abbildung nicht von der Lage der Blende beeinflußt, die somit keinen Einfluß auf die sphärische und die chromatische Längsaberration hat.

Mit einer Blende deutlich vor oder hinter der Linse ändern sich jedoch die Aberrationen im Feld merklich.

Eine vorgelagerte Blende, eine Blende im Objektraum also, wie in den Abb. 4.12 bis 4.14 gezeigt, führt zu einer drastischen Reduktion der Koma. Die Bildfeldwölbung und damit der Astigmatismus sind ebenfalls stark reduziert. Die Verzeichnung ist negativ, der Farbquerfehler ist positiv.

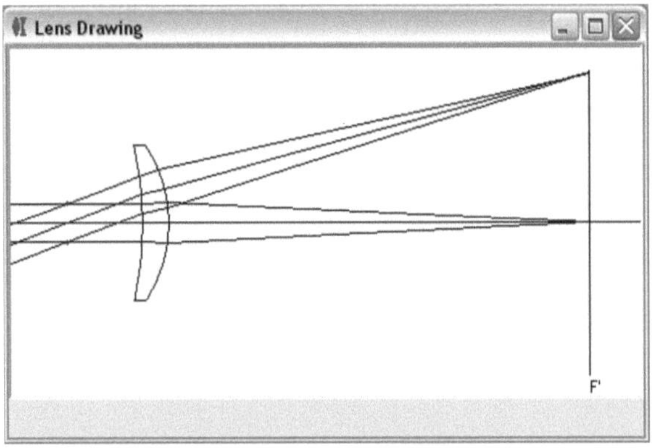

Abb. 4.12. Einzellinse mit vorderer Blende

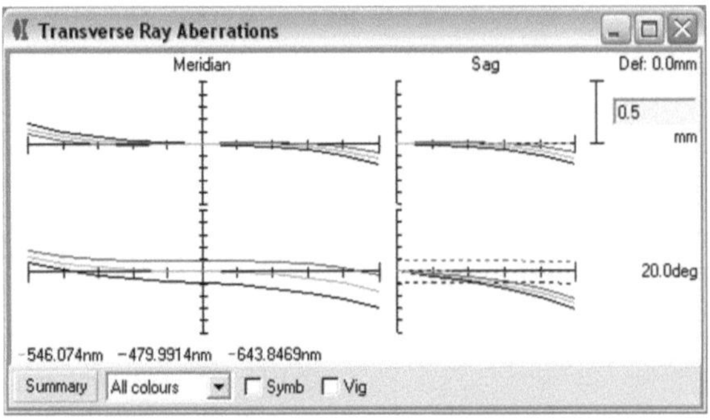

Abb. 4.13. Queraberrationen der Einzellinse mit vorderer Blende

Eine Hinterblende, wie in den Abb. 4.15 bis 4.17 gezeigt, läßt die Koma, die Bildfeldwölbung und den Astigmatismus stark anwachsen. Die Verzeichnung wird positiv, der Farbquerfehler wird negativ.

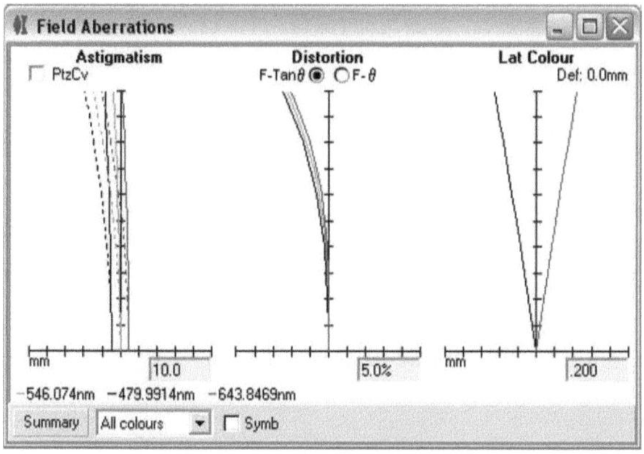

Abb. 4.14. Feldaberrationen der Einzellinse mit vorderer Blende

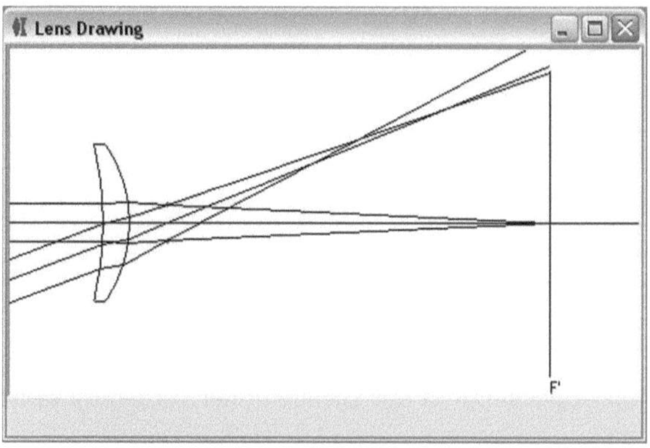

Abb. 4.15. Einzellinse mit hinterer Blende

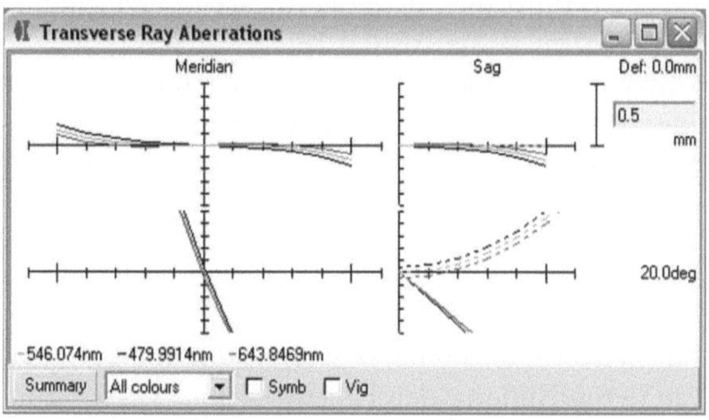

Abb. 4.16. Queraberrationen der Einzellinse mit hinterer Blende

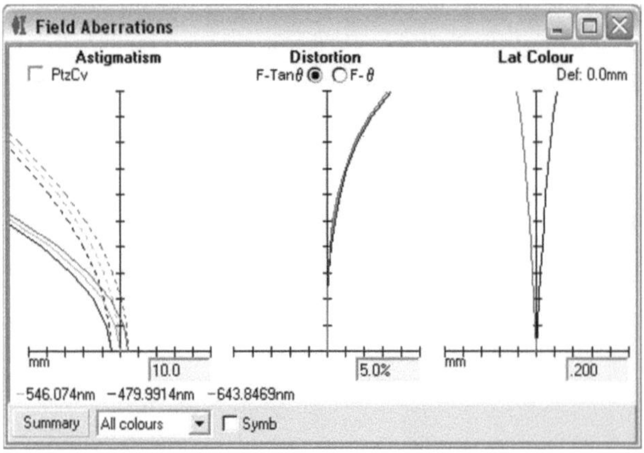

Abb. 4.17. Feldaberrationen der Einzellinse mit hinterer Blende

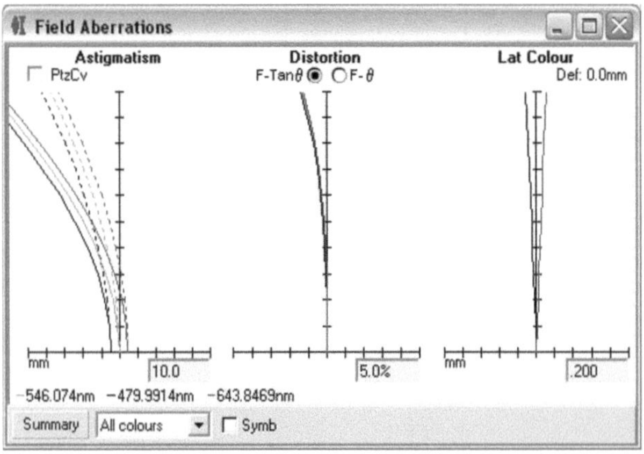

Abb. 4.18. Feldaberrationen der Einzellinse a) mit Blende in der vorderen Fläche

Liegt dagegen die Blende in der Linse (an der vorderen oder hinteren Fläche), wie in der Abb. 4.6 gezeigt, führt dies zu der geringsten Verzeichnung im Feld. Die Feldaberrationen dazu zeigt die Abb. 4.18.

In allen Fällen einer Positivlinse ist die Bildfeldwölbung positiv. Diese kann nur durch das Kombinieren mit einer Linse negativer Brechkraft (Negativlinse), die eine negative Wölbung der Bildfläche bewirkt, kompensiert werden.

4.5.3 Asphärenlage

Die Wirkung asphärischer Flächen ist maßgeblich bestimmt durch deren relativer Lage zur Blende bzw. zu deren Bildern, den Eintritts- und Austrittspupillen, und zu den Objekt-, Bild- und Zwischenbildlagen. Auch hierzu können die Seidelschen Bildfehlerbetrachtungen hilfreiche Erkenntnisse liefern. Zu den möglichen Extremlagen in einem System können folgende drei Grundregeln genannt werden:

Befindet sich eine asphärische Fläche in der Nähe der Blende bzw. einer Pupille, hat die Asphärizität nahezu ausschließlich auf die sphärische Aberration einen Einfluß. Die Feldabbildung ist hier nur gering beeinflußbar.

Ist die asphärische Fläche in der Nähe von Objekt oder Bild angeordnet, kann nicht die Objektabbildung sondern nur die Blendenabbildung durch die Asphärizität maßgeblich beeinflußt werden.

An einem bestimmten Ort zwischen Austrittspupille und Bild (bzw. deren konjugierter Lagen) können die Randstrahlen (Aperturstrahlen der axialen Abbildung) und die Hauptstrahlen eine Fläche in der selben Höhe durchlaufen. Die Asphärizität einer Fläche an dieser Stelle beeinflußt die axiale Abbildung (sphärische Aberration) und die Feldabbildung (Koma, Astigmatismus und Verzeichnung) in gleicher Weise.

Die Untersuchung der Wirksamkeit einer asphärischen Fläche vor der endgültigen Formbestimmung in einer Optimierungsrechnung ist aufgrund der relativ hohen Produktionskosten solcher Flächen besonders wichtig. Nur so läßt sich ihr Einsatz gegenüber rein sphärischen Alternativen rechtfertigen.

4.5.4 Glaswahl

Die chromatischen Aberrationen eines optischen Systems werden in erster Linie durch die Wahl der verwendeten Glasarten für die einzelnen Linsen und der Brechkraftverteilung auf diese Linsen bestimmt. Die Glasarten sind charakterisiert durch die Brechzahlen n_i für die Grundwellenlänge und den Dispersionszahlen in Form von Brechzahldifferenzen Δn oder den Abbe-Zahlen ν_i:

$$\Delta n = n_i - n_j \tag{4.9}$$

$$\nu_i = \frac{n_i - 1}{n_j - n_k} \tag{4.10}$$

Daneben sind für die chromatische Korrektion die relativen Teildispersionen $P_{x,y}$ der Gläser von großer Bedeutung, da sie das Dispersionsverhalten unterschiedlicher Gläser im Vergleich charakterisieren.

$$P_{x,y} = \frac{n_x - n_y}{n_j - n_k} \tag{4.11}$$

Anders als in den Katalogen der Glashersteller, sind hier die Wellenlängen i, j, k, x, y nicht festgelegt sondern frei wählbar, da diese von der Art der jeweiligen Anwendung des optischen Systems bestimmt sein sollten. Allerdings sind diese Glasdaten nicht direkt den Katalogen zu entnehmen. Sie müssen jeweils in entsprechenden Optik-Rechenprogrammen oder zusätzlichen Hilfsprogrammen aus den im Katalog vorgegebenen Dispersionskonstanten berechnet werden.

Für die Korrektion optischer Systeme sind die Verläufe der Dispersionskurven mit den ersten und zweiten Ableitungen der Brechzahl nach der Wellenlänge interessant. Der Brechzahlverlauf und die zugehörige erste Ableitung sind beispielhaft für das Glas LaSF 32 in den Abb. 4.19 und 4.20 dargestellt.

Die Darstellung der Gläser, wie sie üblicherweise mit der Lagedarstellung in den Glastafeln erfolgt, zeigen die Abb. 4.21 und 4.22.

Im n-ν-Diagramm sind die Orte der verschiedenen Glasarten hinsichtlich ihrer Brechzahl und Dispersion (Abbe-Zahlen) aufgeführt, wobei sich Felder starker und weniger starker Besetzung zeigen.

Daneben sind die Glasorte hinsichtlich ihrer relativen Teildispersionen und Abbe-Zahlen in einer Tafel charakterisiert, in der die sog. Normalgeraden mit eingezeichnet sind. Auf diesen oder in dessen Nähe befindet sich die überwiegende Zahl der Normalgläser, während weiter von ihr entfernt Glasarten mit anormaler Teilerdispersion zu finden sind. Diese Gläser sind für

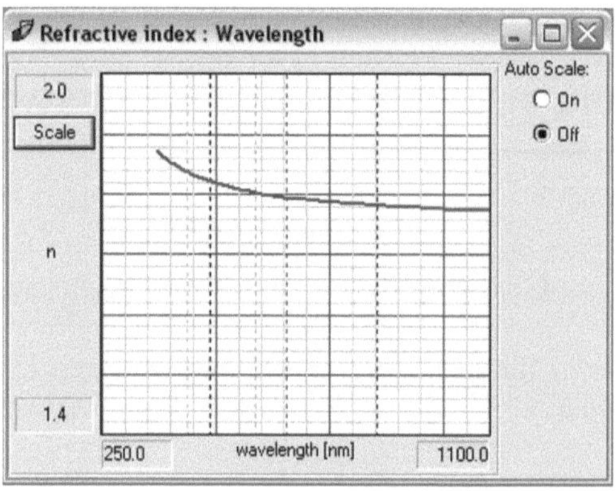

Abb. 4.19. Brechzahl als Funktion der Wellenlänge

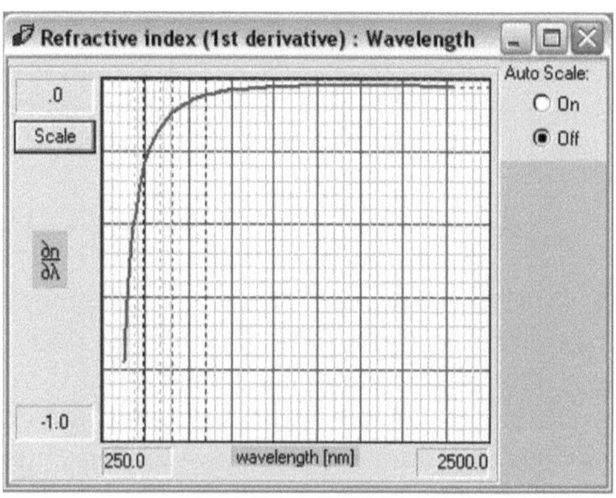

Abb. 4.20. Erste Ableitung der Brechzahl nach der Wellenlänge

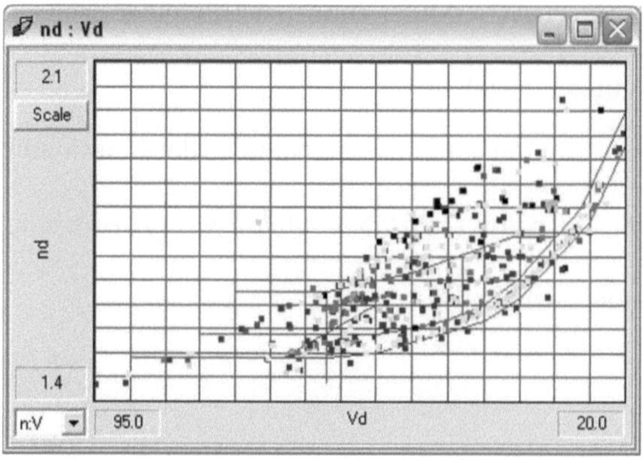

Abb. 4.21. Darstellung optischer Gläser in der Glastafel: n-ν-Diagramm

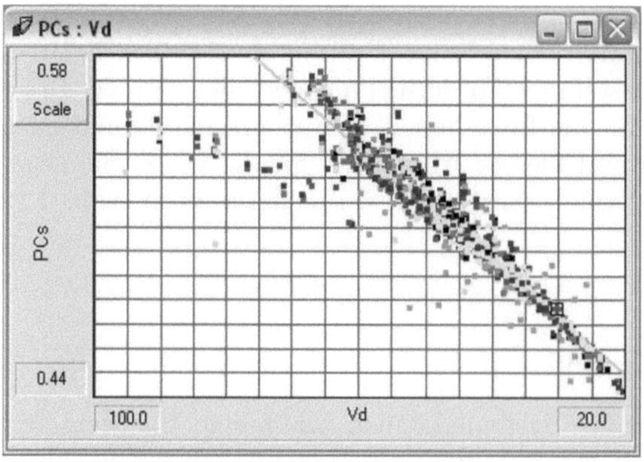

Abb. 4.22. Darstellung optischer Gläser in der Glastafel: Relative Teildispersionen

hochwertige chromatische Korrekturen in komplexen System von besonderer Bedeutung.

Mit einem speziellen Datenbankprogramm zu allen Gläsern der wichtigsten Glashersteller können Übersichten und Listen zu den technischen Daten erstellt werden. Daneben können aus der sonst unübersichtlichen Vielfalt der Gläser gezielt Glasarten ermittelt werden, die bestimmte vorgegebene Kriterien erfüllen. Für die Standardwellenlängen, wie sie in den Glaskatalogen aufgeführt sind, oder für beliebig vorgebbare Wellenlängen können neben dem n-ν-Diagramm die Diagramme dreier relativer Teildispersionen aufgezeigt werden. Die Auswahl eines Glases in einem Diagramm zeigt sofort die charakteristische Lage in den anderen Diagrammen.

Als ein Beispiel für die Wahl zweier Glasarten eines Linsenpaares möge die Bestimmung eines Achromaten positiver Brennweite dienen, der zusätzlich eine möglichst geringe Petzval-Summe, also ein möglichst ebenes Bildfeld liefert. Damit soll dieser auch für die Abbildung endlicher Bildfelder geeignet sein.

Es sind somit drei Bedingungen gegeben:

- Die Gesamtbrechkraft D als Summe der Einzelbrechkräfte der Linsen muß positiv sein (4.12).
- Der Farblängsfehler muß *null* sein (führt zur *Achromasie-Bedingung*, (4.13)).
- Die Petzval-Summe muß *null* sein (4.14).

$$D = D_1 + D_2 > 0 \tag{4.12}$$

$$\frac{D_1}{v_1} + \frac{D_2}{v_2} = 0 \tag{4.13}$$

$$\frac{D_1}{n_1} + \frac{D_2}{n_2} = 0 \tag{4.14}$$

Diese drei Bedingungen führen zu zwei Linsen mit unterschiedlichem Brechkraftvorzeichen. Zusätzlich besteht die Forderung nach möglichst großer Brechzahl und großer Abbe-Zahl für die Linse mit positiver Brechkraft und nach möglichst kleiner Brechzahl und kleiner Abbe-Zahl für die Linse mit negativer Brechkraft. Diese Forderung ist, wie das n-ν-Diagramm in Abb. 4.12 zeigt, nur begrenzt erfüllbar.

4.5.5 Apertur und Feldgröße

Die Aberrationen eines optischen Systems können, wie bereits erläutert, mit der Seidelschen Bildfehlertheorie näherungsweise beschrieben werden. Dies geschieht zusammenfassend durch den Seidelschen Aberrationsvektor, der die in der Tabelle 4.4 gezeigten Bildfehlerkoeffizienten beinhaltet. Die meridionalen und sagittalen Aberrationsanteile sind abhängig von der Größe der Apertur, gegeben durch den EP-Radius r_{EP}, und der Größe des Bildfeldes, gegeben durch den Feldwinkel w. Diese Abhängigkeiten sind in einer Übersicht in der Tabelle 4.5 aufgeführt.

Tabelle 4.5. Abhängigkeiten der Aberrationen von Apertur und Feld

Aberration	Apertur	Feld
Sphärische Aberration	r_{EP}^3	–
Koma	r_{EP}^2	w
Bildfeldwölbung (Petzval-Summe)	r_{EP}	w^2
Astigmatismus	r_{EP}	w^2
Verzeichnung	–	w^3
chromatische Längsaberration	–	–
chromatische Queraberration	–	w

4.6 Prinzip der Systemoptimierung

Die Realisierung optischer Systeme, die der vorgegebenen Spezifikation entsprechen, erfordert zunächst das Auffinden geeigneter Systemansätze. Dazu sollte, wie zuvor erwähnt, die Spezifikation so vollständig wie möglich ausgeführt sein, wozu die oben aufgelisteten Grundformeln dienen können. Einfache Systemansätze können dann mit Hilfe weiterer Formeln, beispielsweise zur Brechkraftberechnung 2-linsiger Systeme, leicht gefunden werden. Näherungsformeln zur Berechnung dünner Linsen und die Seidelschen Formeln, insbesondere zu den chromatischen Fehlern, erlauben die Bestimmung der Brechkraftverteilung und der Glaswahl für die einzelnen Teilglieder.

Für die Wahl von Ansätzen für komplexere Systeme ist sicherlich die Erfahrung des Optik-Konstrukteurs von großer Wichtigkeit. Jedoch kann dazu auf eine Vielzahl von Systemen aus der Literatur zurückgriffen werden. In jedem Fall ist es empfehlenswert, das Gesamtsystem in möglichst viele Teilsysteme aufzugliedern, deren Teilaufgaben so gut wie möglich beschrieben werden können.

Für die Optimierung eines Systems wird unterschieden zwischen Variablen (Parametern) und Fehlern. Als Variable gelten alle Systemparameter wie Flächenradien r_i, Flächenabstände d_i und Glasarten. Letztere werden beschrieben durch die Brechzahlen n_i für die jeweilige Grundwellenlänge und durch die Dispersionen in Form von Brechzahldifferenzen $\Delta n_i = n_{i3} - n_{i2}$ (für die zweite und dritte Wellenlänge) oder Dispersionskonstanten (Abbe-Zahlen) ν_i. Bei Hinzunahme asphärischer Flächen erhöht sich der mögliche Variablensatz um die Asphärenkoeffizienten.

Die Fehler, die zu korrigieren sind, werden entscheidend bestimmt durch die Aufgabenstellung. Im Normalfall gelten als Fehler zunächst alle Aberrationen, die die Bildqualität bestimmen. Zu den wohl wichtigsten Fehlertypen gehören die Queraberrationen $\mathrm{d}Y'$ und $\mathrm{d}X'$ für den Meridional- und den Sagittalschnitt, wie sie in Tabelle 4.3 aufgeführt sind. Daneben sind die Werte für die Bildfeldwölbungen in den beiden Schnitten sowie die Verzeichnung zu korrigieren. Für polychromatische Anwendungen sind ferner die chromatischen Längs- und Queraberrationen zu berücksichtigen.

Ebenfalls als Fehler werden alle Systemparameter bzw. deren Abweichungen von den Vorgabewerten (Sollwerten) gewertet. Dazu können die Brennweite, die Brennpunkts- oder die Bildschnittweite sowie der Abbildungsmaßstab gehören. Zusätzlich gelten weitere Randbedingungen, wie die Gesamtlänge des Systems, minimale und maximale Flächenabstände, minimale Randdicken von Linsen und einzelne Flächenhöhen ebenfalls als Fehler, die in der Optimierungsrechnung berücksichtigt werden.

Als Fehler f_i werden also die Differenzen zwischen den momentanen Istwerten $f_{i,\mathrm{ist}}$ einzelner Größen und den vorgegebenen Sollwerten $f_{i,\mathrm{soll}}$ (targets) definiert. Da für die Korrektion unterschiedliche Arten von Fehlern mit unterschiedlichen Dimensionen und Einheiten gleichzeitig betrachtet werden, müssen die Fehlerwerte untereinander mit unterschiedlichen Faktoren gewichtet werden. Am einfachsten geschieht dies mittels der Gewichtsfaktoren G_i entsprechend

$$f_i = G_i \left(f_{i,\text{ist}} - f_{i,\text{soll}} \right) . \tag{4.15}$$

Die Gewichtsfaktoren als reine Zahlenwerte werden für jeden Fehler durch den Programmbenutzer vorgegeben, oder es wird eine automatische Bestimmung der Gewichte durchgeführt, was allerdings oft nicht den gewünschten Korrektionserfolg bringt. Die Gewichtswerte weisen in der Regel immense Dimensionsunterschiede auf. Anschaulicher und physikalisch sinnvoller ist die Betrachtung sog. *relativer Fehler* gemäß

$$f_i = \frac{f_{i,\text{ist}} - f_{i,\text{soll}}}{f_{i,\text{tol}}} . \tag{4.16}$$

Hierbei werden anstelle von Gewichtsfaktoren zu den Fehlersollwerten zulässige Fehlertoleranzen $f_{i,\text{tol}}$ vorgegeben, die dieselben Einheiten besitzen und deren Beträge in den gleichen Größenordnungen liegen wie die Fehler selbst. Ein weiterer großer Vorteil in dieser Art der Fehlerbetrachtung besteht darin, daß ein Fehler als korrigiert gilt, wenn der zugehörige relative Fehler kleiner oder gleich *eins* ist und damit sich der Fehlerwert innerhalb der Toleranzvorgabe befindet. Dies kann für die Frage der Anzahl der zu berücksichtigenden Fehler und damit für den Ablauf der Optimierung von großem Nutzen sein.

Das Grundprinzip der Optimierungsrechnung, wie sie den meisten kommerziellen Optik-Programmen zugrunde liegt, sei im Folgenden kurz beschrieben. Betrachtet werden zum einen N zu korrigierende Fehler f_i zum anderen M Parameteränderungen p_i, korrespondierend zu den oben genannten Variablen, die in den Vektoren $\boldsymbol{f}$ und $\boldsymbol{p}$ zusammengefaßt werden. Die Empfindlichkeiten der einzelnen Fehler auf die einzelnen Variablenänderungen werden beschrieben durch die entsprechenden Differentialquotienten (bzw. Differenzenquotienten) und zusammengefaßt in der Fehleränderungsmatrix $\mathbf{A}$ mit den Komponenten

$$a_{i,j} = \frac{\partial f_i}{\partial p_j} \quad \text{für} \quad 1 \leq i \leq N, 1 \leq j \leq M . \tag{4.17}$$

Die Basis für die weitere Betrachtung ist die Annahme eines *linearen Modells*, d. h. eines linearen Zusammenhangs zwischen Variablenänderungen und Fehleränderungen. Damit ergibt sich, ausgehend vom Fehlervektor $\boldsymbol{f}_0$ des Startsystems, zusammen mit dem Variablenänderungsvektor $\boldsymbol{p}$ der geänderte Fehlervektor

$$\boldsymbol{f} = \boldsymbol{f}_0 + \mathbf{A}\boldsymbol{p} . \tag{4.18}$$

Als Bewertungsfunktion (*merit function*) für das System wird die Gesamtheit aller Fehler in Form ihrer Quadratsumme betrachtet, vektoriell beschrieben durch

$$\Psi = \boldsymbol{f}^{\mathrm{T}} \boldsymbol{f} . \tag{4.19}$$

Diese Fehlerfunktion gilt es zu minimieren (*Minimierung der Fehlerquadratsumme, Least Squares Method*). Das Minimum wird bestimmt durch die Forderung

$$\operatorname{grad} \Psi(\boldsymbol{p}) = 0\,. \tag{4.20}$$

Mit (4.18) und (4.19) ergibt sich somit ein lineares Gleichungssystem, dessen Auflösung den Variablenänderungsvektor ergibt:

$$\boldsymbol{p} = -(\mathbf{A}^{\mathrm{T}}\mathbf{A})^{-1}\mathbf{A}^{\mathrm{T}}\boldsymbol{f}_0\,. \tag{4.21}$$

Führt man die Minimierung der Fehlerfunktion auf diese Weise durch, ergeben sich in der Regel relativ große Variablenänderungen. Dadurch verliert das lineare Modell seine Gültigkeit, und die tatsächlichen Fehleränderungen können sich erheblich von den prognostizierten unterscheiden. Um dies zu umgehen, werden zusätzlich minimale Variablenänderungen gefordert. Dazu wird die zu minimierende Bewertungsfunktion erweitert durch deren Quadratsumme gemäß

$$\Psi = \boldsymbol{f}^{\mathrm{T}}\boldsymbol{f} + D\boldsymbol{p}^{\mathrm{T}}\boldsymbol{p}\,. \tag{4.22}$$

Die Kopplung beider Forderungen nach Minimierung der Quadratsumme, sowohl der Fehler als auch der Variablenänderungen, geschieht mit Hilfe des *Lagrangeschen Multiplikators* oder *Dämpfungsfaktors D*. Mit dem Einheitsvektor $\boldsymbol{E}$ ergibt sich nun analog zur Minimum-Bestimmung nach (4.20) für den Variablenänderungsvektor

$$\boldsymbol{p} = -(\mathbf{A}^{\mathrm{T}}\mathbf{A} + D\boldsymbol{E})^{-1}\mathbf{A}^{\mathrm{T}}\boldsymbol{f}_0\,. \tag{6.20}$$

Dieses in der Optik-Rechnung überwiegend angewandte Prinzip für die programmgesteuerte Optimierung, wird als gedämpftes Minimumverfahren (*Damped Least Squares, DLS*) bezeichnet. Es liefert zunächst die Lösung für den ersten Schritt in der Optimierungsrechnung. Die Güte der Optimierung wird zum einen bestimmt durch die Wahl eines geeigneten Dämpfungsfaktors und zum anderen durch geschickte, schrittweise Einführung der errechneten Variablenänderungen sowie durch weitere spezielle Abfrage- und Steuermechanismen nach jedem Schritt.

Der Erfolg jeder Optimierung ist jedoch in hohem Maße von den Vorgabedaten abhängig, also von der Wahl der variablen Parameter und von der Vorgabe der Fehlersollwerte und -toleranzen bzw. -gewichte. Insbesondere die Freigabe von Variablen für die Korrektion kann den Gang der Entwicklung entscheidend beeinflussen. Die Bestimmung der Empfindlichkeiten einzelner Parameter auf die geforderten Fehler durch differentielle Vorrechnungen zu den optischen Grunddaten, den Seidel-Aberrationen und den Strahlaberrationen können hier über die Einflußmöglichkeiten einzelner Parameter Aufschluß geben. Dadurch kann verhindert werden, daß mit relativ unwirksamen Parametern große Korrektionsschritte versucht werden.

4.7 Beispiel zur Systemoptimierung

Als ein Anwendungsbeispiel für die programmgesteuerte Optimierung optischer Systeme sei die Weiterentwicklung des zuvor beschriebenen Triplets demonstriert. Hierzu sollte versucht werden, die Abbildungsleistung insbesondere im Bildfeld zu erhöhen. Diese ist, wie aus den Diagrammen für die Feldaberrationen (Abb. 4.3) ersichtlich ist, besonders durch die Bildfeldwölbungen begrenzt, was sich auch in einem relativ hohen Wert für die Petzval-Summe (Tabelle 4.4) zeigt.

Als Variable wurden alle Radien und alle Luftabstände freigegeben. Die Empfindlichkeitsrechnung zu den Seidel-Aberrationen zeigte besonders große Wirksamkeiten der Radien der Fläche 2 auf sphärische Aberration, Petzval-Summe, Farblängs- und Farbquerfehler, der Fläche 3 auf sphärische Aberration, Koma, Petzval-Summe und Farblängsfehler sowie der Luftabstände vor und hinter der Blende auf sphärische Aberration, Koma und Farbquerfehler.

Die programmgesteuerte Optimierung des Systems führte zu den Systemdaten, die in Tabelle 4.6 dargestellt sind. Den zugehörigen Linsenschnitt zeigt die Abb. 4.23.

Die gegenüber dem Startsystem deutlich gesteigerte Abbildungsleistung des Systems zeigen bereits die Seidel-Aberrationen (Tabelle 4.7). Insbesondere konnte eine deutliche Reduzierung des Astigmatismus, der Petzval-Summe sowie der chromatischen Aberrationen erzielt werden. Dagegen wurde die Koma erhöht, was hier aber, wie in den weiteren Abbildungen gezeigt wird, keinen wesentlichen Einfluß auf die Bildqualität hat.

Eine wichtige Erkenntnis aus der Seidelschen Fehlertabelle ist ferner, daß gerade einige sehr große Flächenanteile deutlich verringert werden konnten. Dies führt zu geringeren Anspannungen der einzelnen Flächen und damit zu geringeren Anteilen von Fehlern höherer Ordnung. Dies führt wiederum zu einer besseren Abbildungsleistung auch für größere Aperturen und Felder.

Tabelle 4.6. Systemdaten Triplet 8.0/50 nach der Optimierung

#	#	Srf	Radius	Sepn	Glass
		Obj	Infinity	air	
1	1		25.892	3.30	LAK10
2			248.223	7.08	air
3	2		−20.408	1.15	SF15
4			21.267	1.77	air
5	3	Stop	Plane	1.57	air
6	4		63.603	3.10	LAK10
7			−17.356	44.41	air
		Img	Plane	−0.10	mm-def

Tabelle 4.7. Seidelsche Bildfehler Triplet 8.9/80 nach der Optimierung

srf		*sphAbn*	*Coma*	*Astig*	*PtzCv*	*Distn*	*CI*	*CII*
Totals		0.0009	0.0021	−0.0016	0.0073	−0.0145	−0.0002	−0.0002
1	1	0.0013	−0.0016	0.0019	0.0209	−0.0270	0.0031	−0.0037
2		0.0006	0.0047	0.0347	−0.0022	0.2406	0.0016	0.0120
3	2	−0.0073	−0.0211	−0.0607	−0.0260	−0.2495	−0.0064	−0.0185
4		−0.0075	0.0157	−0.0327	−0.0250	0.1202	−0.0064	0.0134
5	3*	0.0000	0.0000	0.0000	0.0000	0.0000	0.0000	0.0000
6	4	0.0027	−0.0100	0.0364	0.0085	−0.1638	0.0028	−0.0102
7		0.0110	0.0144	0.0188	0.0311	0.0650	0.0051	0.0067

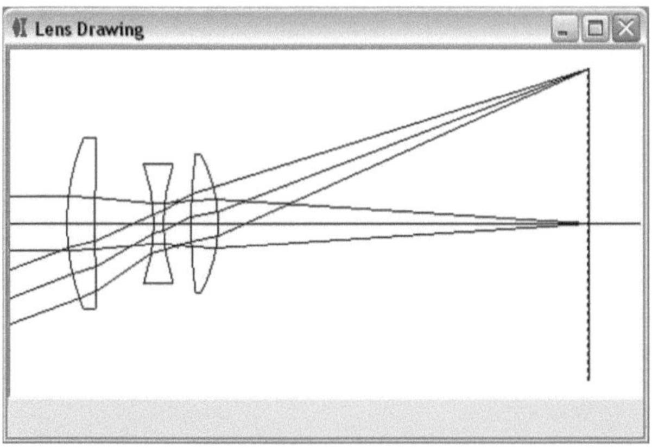

Abb. 4.23. Linsen-schnitt Triplet 8.0/50nach der Optimierung

Die Ergebnisse der Strahldurchrechnung in Form der Queraberrationen, der Feldaberrationen, der Spot-Diagramme und der MTF-Funktionen zeigen zusammenfassend die Abb. 4.24 bis 4.27.

Die Queraberrationen wurden besonders am Bildfeldrand verringert. Die Funktionen für verschiedene Wellenlängen liegen gut übereinander, und zwar insbesondere in der Pupillenmitte (am Achsenkreuz), was die Verringerung des Farbquerfehlers anzeigt.

Anhand der Astigmatismuskurven wird besonders die Glättung des Bildfeldes sowie die Verringerung des Farbastigmatismus deutlich. Die Verringerung des Farbquerfehlers zeigt sich dann besonders klar in der lateralen Farbaberrationskurve.

Diese Verbesserungen führen schließlich zu minimalen Spot-Durchmessern und zu einer klaren Erhöhung der Modulation für größere Ortsfrequenzen. Die MTF-Funktionen zeigen besonders deutlich die erreichte chromatische Korrektion durch eng beieinander liegende Verläufe für verschiedene Wel-

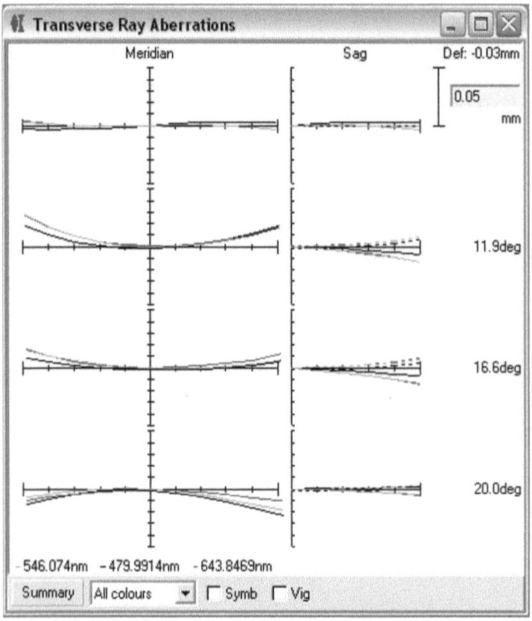

Abb. 4.24. Queraberrationen Triplet 8.0/50 nach der Optimierung

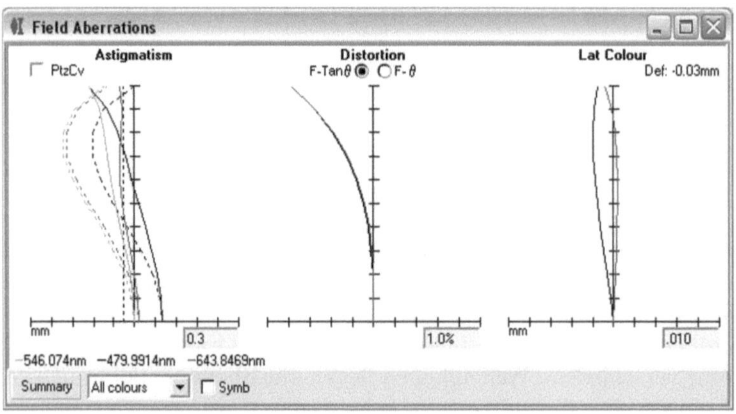

Abb. 4.25. Feldaberrationen Triplet 8.0/50 nach der Optimierung

lenlängen. Dabei ist die Lage der besten Einstellebene über alle betrachteten Feldwinkel hinweg stabil (s. through focus MTF).

Die Beurteilung eines optischen Systems hinsichtlich seiner Leistungsfähigkeit ist abhängig von den Anforderungen, die an das System gestellt sind. Diese sind, wie anfangs erwähnt, in einem Spezifikationsblatt, sorfältig zu erstellen.

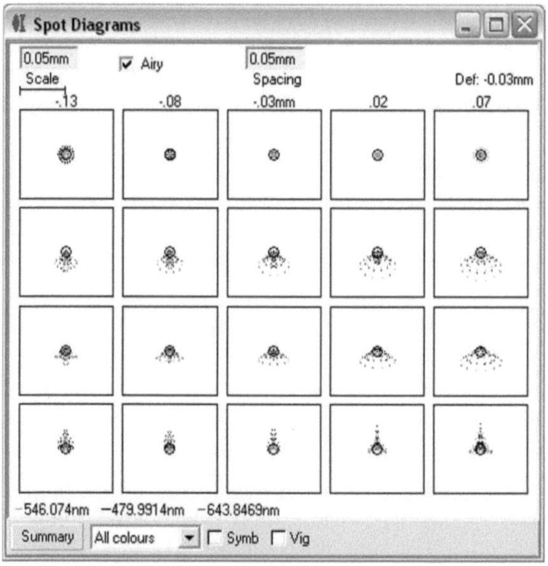

Abb. 4.26. Spot-Diagramme Triplet 8.0/50 nach der Optimierung

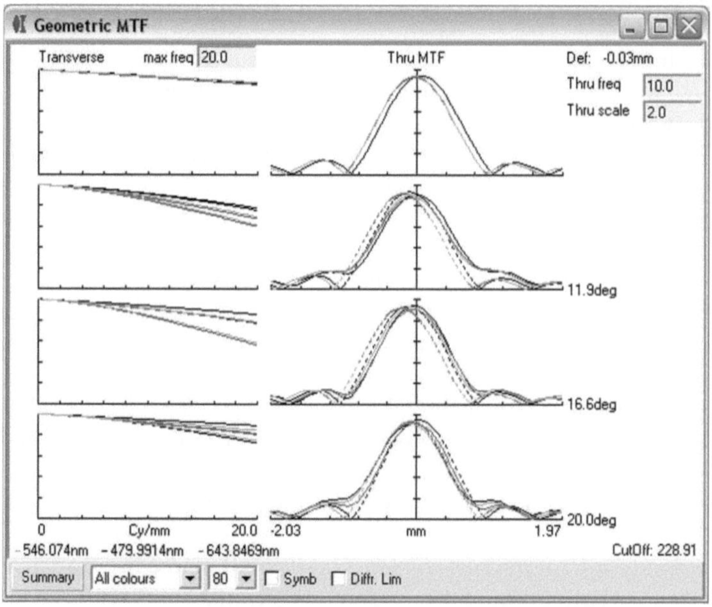

Abb. 4.27. MTF-Diagramme Triplet 8.0/50 nach der Optimierung

In dem hier aufgeführten Beispiel zur Optimierung können besondere Merkmale hinzukommen, die den Gang der Entwicklung stark verändern können. Beispielsweise kann die Forderung nach einer größeren relativen Öffnung (Apertur) aufgestellt werden. Oder es kann für Meßaufgaben eine sehr geringe Verzeichnung erforderlich sein. Ist die Spezifikation mit der Variation von Linsenradien und Flächenabständen nicht zu erreichen, müssen gezielt weitere Veränderungen wie die Wahl besonderer Glasarten oder die Hinzunahme weiterer Komponenten vorgenommen werden.

4.8 Optical-Design-Programme

Die Entwicklung komplexer optischer Systeme geschieht durch Modulations- und Optimierungssoftware unter Einsatz leistungsfähiger Computer. Neben den großen Programm-Paketen in den traditionellen Optik-Firmen, die über viele Jahre für die eigene Entwicklung erstellt wurden, findet sich auf dem Markt eine Vielzahl kommerzieller Optical-Design-Software. Diese Rechenprogramme unterscheiden sich nach Umfang und Vielseitigkeit, Leistungsfähigkeit, Benutzerfreundlichkeit und im Preis. Erfahrene Optik-Entwickler benötigen zusätzlich oft weitere Programmteile, die sich in den angebotenen Programmen nicht finden lassen, was die Erstellung eigener Software nötig macht.

Empfehlungen für ein bestimmtes Optik-Programm zu geben, fällt aus mehreren Gründen schwer. Zum einen sind die Anforderungen an das Programm je nach Art der zu entwickelnden Produkte unterschiedlich. Zum anderen müßten für einen Qualitätsvergleich zunächst viele Programme beschafft werden und mit festgelegten Aufgabenstellungen in Form einheitlicher Vorgabedateien getestet werden. Desweiteren wird man bei allen Programmen Vorteile und Nachteile gegenüber den anderen Programmen finden, so daß eine zusammenfassende Beurteilung nur subjektiv sein kann.

Vor dem Kauf eines Programms sollte versucht werden, dieses auf den einschlägigen Messen der Optik-Branche zu testen. Daneben kann man von vielen Anbietern Demo-Programme kostenlos erhalten.

Tabelle 4.8 zeigt einen Überblick über die wohl wichtigsten Optical-Design-Programme auf dem heutigen Markt (ohne Anspruch auf Vollständigkeit und ohne Garantie über die Richtigkeit der Angaben).

Soweit bekannt, sind Angaben zum Inhalt und zu Besonderheiten gemacht.

Auch reine Analyse-Programme können bereits umfangreiche Modifikationsmöglichkeiten enthalten, sodaß mit vielen Sonderfunktionen einfache bis komplexere Systeme aufgebaut und verändert werden können.

Die Optimierungsroutinen in den größeren Programmpaketen können sehr unterschiedlich in ihrer Leistungsfähigkeit sein, je nachdem, ob es sich um einfache DLS-Abläufe handelt oder ob weitere spezielle mathematische Modelle bis hin zur *globalen Optimierung* realisiert sind.

Tabelle 4.8. Optical-Design-Programme und Zusatzprogramme

Optical Design Software — Stand: Dezember 2003

Programmname	Anbieter (Fa.)	Inhalt / Besonderheiten
PreDesigner	LINOS Photonics	Basisparameter, Optik-Auswahl
WinLens	LINOS Photonics	Analyse, Optimierung
Tolerancer	LINOS Photonics	Toleranzrechnung zu WinLens
Glass Manager	LINOS Photonics	Glas-Datenbank
ZEMAX	Focus Software	Analyse, Optimierung
CODE V	Optical Research Ass.	Analyse, Optimierung
Light Tools	Optical Research Ass	Beleuchtungs-/Streulichtanalyse
OSLO	Lambda Research Corp.	Analyse, Optimierung
TracePro	Lambda Research Corp.	Beleuchtungs-/Streulichtanalyse
Lens View	Lambda Research Corp.	Systemdatenbank
OpTaliX	Optenso	Analyse, Optimierung
OPTEC	Sciopt Enterprises	Analyse, Optimierung
SOLSTIS	Optis	Analyse, Optimierung, Beleuchtung
SYNOPSIS	Optical System Design	Analyse, Optimierung
Optikwerks	Optikwerk	Analyse, Optimierung
ASAP	Breault Research Org.	Beleuchtungs-/Streulichtanalyse
OPTICAD	Opticad Corp.	Beleuchtungs-/Streulichtanalyse, CAD
SIGMA*	Kidger Optics	Analyse, Optimierung
SIGMA TOL*	Kidger Optics	Toleranzrechnung zu SIGMA (DOS)
ACCOS V*	Optikos	Analyse, Optimierung (DOS)
GENII Plus*	Sinclair Optics	Analyse, Optimierung (DOS)

* nicht mehr erhältlich

Viele der Programme beinhalten zusätzliche Möglichkeiten zur Toleranzanalyse der Systemdaten. Diese erlauben die Festlegung der Toleranzen in den Fertigungszeichnungen nach gezielter Variationsrechnung. Nur zwei Programme werden allein zu diesem Zweck angeboten.

Neben den reinen Optical-Design-Programmen gibt es Konstruktionsprogramme, die an mechanische CAD-Software angelehnt sind und die im Wesentlichen die mechanische Konstruktion optischer Systeme unter Einbeziehung der optischen Analyse ermöglichen.

Als zusätzliches Hilfsprogramm dient dem Optik-Entwickler ein bereits erwähntes, spezielles Glas-Datenbankprogramm, das zur übersichtlichen Darstellung aller verfügbaren Glasarten und zur Auswahl optischer Gläser nach bestimmten Vorgabekriterien dient. Darüber hinaus sind weitere Programme zur Entwicklung von Beleuchtungsoptik, von Laser-Resonatoren und von Spezial-Komponenten sowie zur Laser-Analyse erhältlich.

Beispielhaft sind in den beiden folgenden Abb. 4.28 und 4.29 Bildschirmdarstellungen der Programme *WinLens* und *Glass Manager* gezeigt.

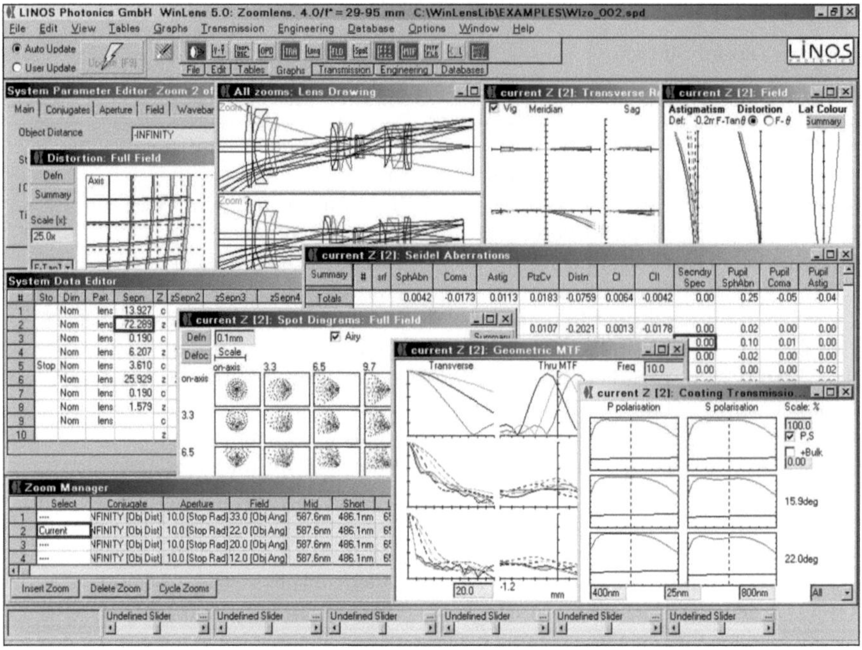

Abb. 4.28. Bildschirmoberfläche Programm **WinLens**

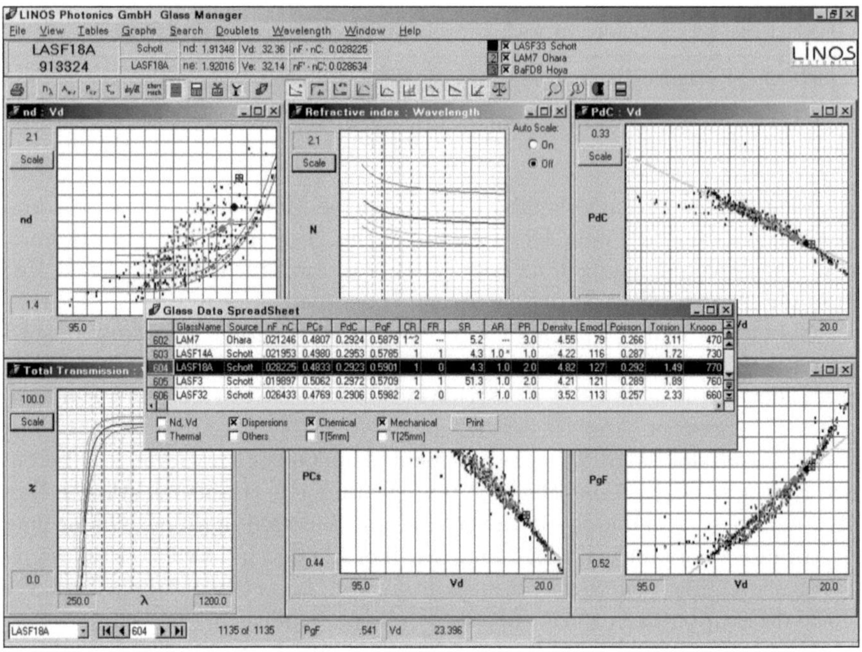

Abb. 4.29. Bildschirmoberfläche Programm Glass Manager

4.9 Zusammenfassung und ergänzende Bemerkungen

Die Entwicklung optischer Systeme erfordert in erster Linie eine klare Spezifikation. Anhand dieser und einiger grundsätzlicher Formeln zur technischen Optik können bereits Aussagen über das prinzipielle Design getroffen werden. Hierzu ist zum einen die Erfahrung des Optik-Designers von großer Bedeutung, zum anderen kann auf bereits bekannte Systeme aus den Datenbanken zurückgegriffen werden. Ausgehend von einem Startsystem können für die weitere Entwicklung Programmsysteme genutzt werden, die je nach Ausstattungsmerkmalen einfache Berechnungen oder aber komplexe Optimierungsrechnungen erlauben. Dabei können die Systemdaten systematisch variiert werden. Für die Beurteilung der Abbildungsleistung optischer Systeme dienen die Interpretation der Strahldurchrechnungstabellen sowie die grafischen Darstellungen, angefangen von den Aberrationsfunktionen bis hin zu den Modulationsübertragungsfunktionen.

Es bleibt anzumerken, daß die Entwicklung eines optischen Systems selbstverständlich mit der Festlegung des theoretischen Designs nicht beendet ist. Neben der Konstruktionsarbeit für die mechanische Auslegung der Fassungen ist eine ausführliche Toleranzanalyse durchzuführen. Erst anhand dieser können dann die Fertigungstoleranzen für die optischen und mechanischen Bauteile in den entsprechenden Zeichnungen festgelegt werden.

Zu den in den Spezifikationen festgelegten Randbedingungen können während der Entwicklung weitere Bedingungen mit einfließen, wie die Verfügbarkeit bestimmter Werkzeuge für die optische und mechanische Fertigung, die Verfügbarkeit einzelner optischer und mechanischer Materialien sowie deren Einkaufspreise. Schließlich können gerade die resultierenden Preisgestaltungen für das fertige System den Entwicklungsgang entscheidend beeinflussen und dabei Spezifikationsänderungen erzwingen.

Abschließend bleibt zu erwähnen, daß zu der Entwicklung optischer Systeme auch die Festlegung geeigneter Prüfverfahren zur Qualitätsbewertung gehört. Erst diese stellen den Erfolg einer Entwicklung und damit die Anwendbarkeit eines optischen Systems für die jeweilige Aufgabenstellung sicher.

Literatur

1. Naumann, H., Schröder, G. (1983) Bauelemente der Optik. Hanser, München
2. Schröder, G. (1984) Technische Optik. Vogel, Würzburg
3. Berek, M. (1979) Grundlagen der praktischen Optik. de Gruyter, Berlin
4. Smith, W. J (1990) Modern Optical Engineering. McGraw-Hill, New York
5. Smith, W. J. (1992) Modern Lens Design. McGraw-Hill, New York
6. Malacara, D., Malacara, Z. (1994) Handbook of Lens Design. Marcel Dekker, New York
7. Welford, W. T. (1986) Aberrations in Optical Systems. Adam Hilger, Bristol
8. Kidger, M. J. (1993) Use of the Levenberg-Marquardt (Damped Least Squares) Optimization Method in Lens Design, Opt. Eng. **32**

9. Glatzel, Wilson, E., R. (1968) Adaptive Automatic Correction in Optical Design Appl. Opt. **7**
10. Litfin, G., Schuhmann, R. (1995) Optical Components and Systems, Encyclopedia of Applied Physics **12**. VCH, Weinheim
11. Hofmann, C. (1980) Die optische Abbildung. Geest & Portig, Leipzig
12. Haferkorn, H., Richter, W. (1984) Synthese optischer Systeme. VEB Verlag der Wissenschaften, Berlin
13. Laikin, M. (1995) Lens Design. Marcel Dekker, New York
14. R. Schuhmann (1997) Leistungsstarke Optik-Design-Software für wenig Geld. F&M 105
15. R. Schuhmann (1999) Low-cost analysis software for optical design. Proc. SPIE 3780
16. R. Schuhmann, G. Adams (2001) Enhancements to the optimization process in lens design (I). Proc. SPIE 4441
17. G. Adams, R. Schuhmann (2001) Enhancements to the optimization process in lens design (II). Proc. SPIE 4441
18. R. Schuhmann, G. Adams (2003) Active glass maps in optical design software. Proc. SPIE 5249

5 Optische Werkstoffe

5.1 Einleitung

Die Ausbreitungsrichtung von Licht oder – allgemeiner – elektromagnetischer Strahlung kann durch **Brechung**, **Reflexion** oder **Beugung und Interferenz** abgeändert werden.

Alle vier Effekte werden als Grundlage zur Konstruktion von optischen Bauelementen genutzt: **Brechung** elektromagnetischer Strahlung durch optisch durchsichtige Materialien für den Bau von Linsen und generell für „*transmittive*“ Bauelemente (hierzu gehören auch Filter, Interferenzfilter, Substrate, Fenster, Polarisatoren, Verzögerungsplatten, Polarisationsdreher usw.); **Reflexion** als Grundlage für ebene und gekrümmte Spiegel; *laterale und longitudinale Strukturen* auf Spiegeln oder in transmittiven Bauelementen – meist mit mindestens einer typischen Länge in der Größenordnung der Lichtwellenlänge – sind Grundlage für Bauelemente, die **Beugungs- und Interferenzeffekte** ausnutzen (hierzu gehören nicht nur die bekannten Gitter und Interferenzfilter, sondern auch Hologramme und holografisch optische Bauelemente und photonische Kristalle). Die Grundlagen der unterschiedlichen Bauelemente werden in anderen Kapiteln dieses Buches ausführlich beschrieben. Im vorliegenden Kapitel sollen einige der für den Konstrukteur und Anwender optischer Bauelemente wichtigen Materialeigenschaften behandelt werden. Dabei stehen die Eigenschaften von Materialien für „transmittive“ optische Bauelemente im Vordergrund, da solche Materialien im Vergleich zu anderen z. Z. immer noch eine größere Bedeutung haben. Einige Eigenschaften von Materialien für Spiegel in der Astrophysik werden aber auch angegeben. Materialien für Bauelemente, die Beugungs- und Interferenzeffekte ausnutzen, werden hingegen nicht behandelt.

5.2 Brechzahlen, Dispersionsgleichungen, Abbe-Diagramm

5.2.1 Bedeutung der Brechzahl, absolute Brechzahl

Die Brennweite einer Linse hängt von der Brechzahl des Linsenmaterials ab. Zur Definition der Brechzahl betrachten wir den Übergang elektromagnetischer Strahlung von einem Medium (Index 1) in ein zweites Medium (Index 2). Wenn der Einfallswinkel der Strahlung in Bezug auf die Normale der

Grenzfläche von Null verschieden ist, kann an der Grenzfläche *Ablenkung des Strahls von seiner geradlinigen Ausbreitung* (kurz: „Brechung") beobachtet werden. Die Stärke der Ablenkung wird durch das Brechungsgesetz von **Snellius** beschrieben. In Abb. 5.1 bezeichnet α den Winkel zwischen der Ausbreitungsrichtung einer einfallenden ebenen Welle zur Normalen an der Grenzfläche beider Medien und β den Winkel zwischen der Ausbreitungsrichtung der gebrochenen Welle und der Normalen. Dann gilt

$$n_1 \sin\alpha = n_2 \sin\beta \quad \text{oder} \quad \frac{\sin\alpha}{\sin\beta} = \frac{n_2}{n_1}\,. \tag{5.1}$$

Nach Gleichung (5.1) hängt die Stärke der Brechung an der Grenzfläche von den beiden Medien, in denen der Strahl läuft, ab. Die Brechzahlen n_1 und n_2 benötigen noch eine Bezugsgröße: Sie beziehen sich auf Vakuum als Umgebung mit der Brechzahl 1. Daher werden diese Brechzahlen auch als **absolute Brechzahlen** (kurz: n_{abs}) bezeichnet.

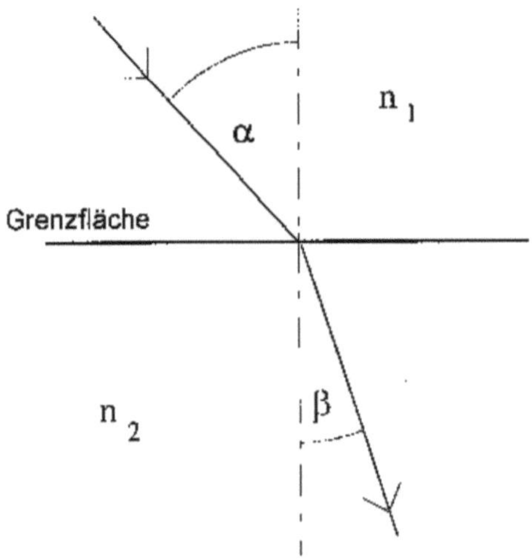

Abb. 5.1. Brechung an Grenzflächen

5.2.2 Brechzahl von Luft

Bei Anwendungen optischer Materialien in der Umgebungsatmosphäre wäre z. B. in Gleichung (5.1) für n_1 die Brechzahl von Luft n_{air} einzusetzen. Dabei ist zu beachten, daß die Brechzahl von Luft vom absoluten Luftdruck, der Temperatur, der Zusammensetzung der Luft und der Wellenlänge λ abhängt. Da die entsprechenden Daten variieren können, hängt auch das Verhältnis n_2/n_{air} von diesen Größen ab. Um zu übersichtlichen Werten für die Praxis zu gelangen, bezieht man die Brechzahlen optischer Medien häufig auf Luft mit folgenden Parametern: trockene Luft mit Standardzusammensetzung bei einem Luftdruck $p_0 = 0{,}101325 \cdot 10^6$ Pa und einer Temperatur $T_0 = 20°$C. Die hierauf bezogenen Werte werden **relative Brechzahlen**

$$n_{\mathrm{rel}} = n_{\mathrm{abs}}/n_{\mathrm{air}} \tag{5.2}$$

genannt. Um die Brechzahlen n_{rel} in n_{abs} oder auf andere Verhältnisse der Atmosphäre umzurechnen, benötigt man die absolute Brechzahl von Luft als Funktion unterschiedlicher Parameter. n_{air} wurde anhand experimenteller Daten für trockene Luft mit 0,03 Volumen % an CO_2 bei 15°C und einem Druck $p_0 = 0{,}101325 \cdot 10^6$ Pa für Wellenlängen zwischen 0,2 µm bis 1,35 µm festgelegt zu [1]:

$$n_{\mathrm{air}}(15°\mathrm{C}, \lambda, p_0) = \\ 1 + 10^{-8}\left(6432{,}8 + \frac{2949810\,\mu\mathrm{m}^{-2} \cdot \lambda^2}{146\,\mu\mathrm{m}^{-2} \cdot \lambda^2 - 1} + \frac{25540\,\mu\mathrm{m}^{-2} \cdot \lambda^2}{41\,\mu\mathrm{m}^{-2} \cdot \lambda^2 - 1}\right). \tag{5.3}$$

Die Abhängigkeit von der Temperatur T_{c} (in °C), Druck p und Partialdruck w von Wasserdampf kann für unterschiedliche Wellenlängen λ durch

$$n_{\mathrm{air}}(T_{\mathrm{c}}, \lambda, p) = 1 + \frac{n_{\mathrm{air}}(15°\mathrm{C}, \lambda, p_0) - 1}{1 + \frac{\alpha}{1+15°\mathrm{C}\cdot\alpha}(T_{\mathrm{c}} - 15°\mathrm{C})} \cdot \frac{p}{p_0} \\ - \frac{413 \cdot 10^{-12}\,\mathrm{Pa}^{-1} \cdot w}{1 + \alpha T_{\mathrm{c}}} \tag{5.4}$$

beschrieben werden, wobei $\alpha = 3{,}67 \cdot 10^{-3}/°$C der thermische Ausdehnungskoeffizient von Luft bei 15°C bedeutet. Die Brechzahl trockener Luft in Abhängigkeit von der Wellenlänge (kurz: „Dispersion“) ist in Abb. 5.2 für verschiedene Luftdrücke dargestellt. Luftdruckänderungen von 1% bewirken Änderungen von n_{air} um etwa $3 \cdot 10^{-6}$; steigt man z. B. von Meereshöhe auf ca. 2000 m, so verringert sich der Luftdruck um ca. 22,2% und die Brechzahl von Luft entsprechend um ca. $6 \cdot 10^{-5}$. Dies bedeutet, daß man für den Gebrauch präziser Linsensysteme in der Atmosphäre Änderungen der relativen Brechzahl der optischen Gläser berücksichtigen muß. Da bei gegebenem Druck p die Massendichte von Luft mit zunehmender Temperatur geringer wird, erwartet man in Übereinstimmung mit Gleichung (5.4), daß die Brechzahl von Luft ebenfalls geringer wird. Ergebnisse der Brechzahl von Luft bei λ =587,5618 nm in Abhängigkeit von der Temperatur nach Gleichungen (5.3) und (5.4) sind in Abb. 5.3 dargestellt.

5.2.3 Dispersionsformeln

In den Katalogen der Hersteller optischer Gläser sind üblicherweise **Richtwerte der Brechzahlen** für eine Temperatur von 20°C zumeist bezüglich trockener Luft unter Normbedingungen für unterschiedliche Wellenlängen λ_i

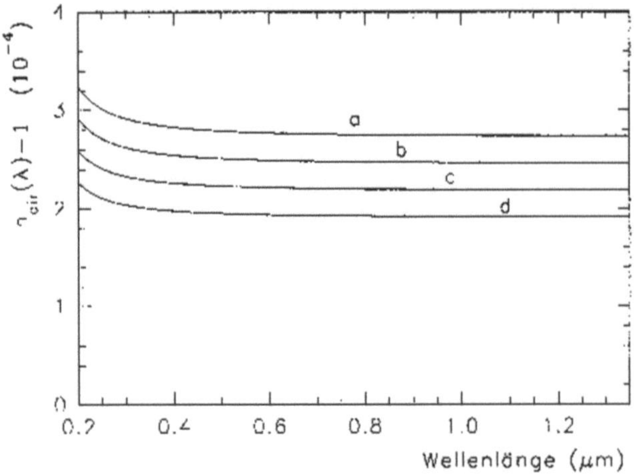

Abb. 5.2. $n_{\text{air}}(\lambda) - 1$ (n_{air}: Brechzahl von trockener Luft mit 0,03 Volumen % CO_2) in Abhängigkeit von der Wellenlänge bei 20°C nach Gleichung (5.3) und Gleichung (5.4) bei unterschiedlichem Luftdruck a) $p_0 = 0{,}101325 \cdot 10^6$ Pa, b) $p = 0{,}9p_0$, c) $p = 0{,}8p_0$, d) $p = 0{,}7p_0$

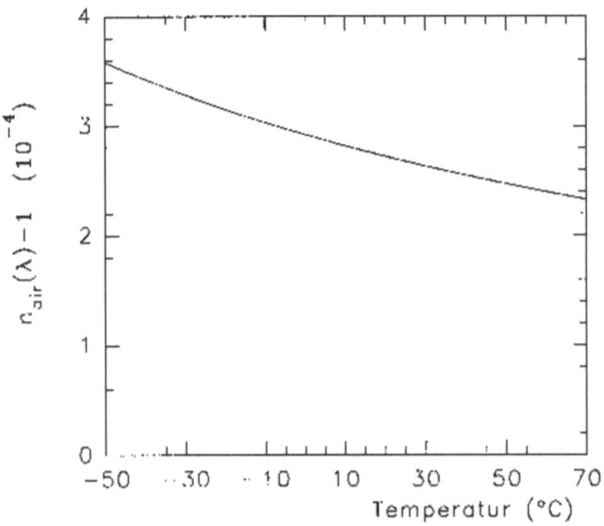

Abb. 5.3. Brechzahl von Luft n_{air} für $\lambda = 587{,}5618$ nm in Abhängigkeit von der Temperatur T bei $p_0 = 0{,}101325 \cdot 10^6$ Pa

angegeben (siehe z. B. [2,3]). Die Wellenlängen λ_i, für die die Brechzahlen optischer Materialien gemessen werden, sind entsprechend bekannter und im Labor leicht verfügbarer Spektrallinien ausgesucht. Traditionell werden einige dieser Wellenlängen zur Abkürzung durch Buchstaben bezeichnet. Tabelle 5.1

Tabelle 5.1. Häufig verwendete Spektrallinien für Brechzahlmessungen

Wellen-länge	Bezeich-nung	verwendete Spektrallinie, Element	Wellen-länge	Bezeich-nung	verwendete Spektral-linie, Element
2325,4200		infrarote Hg-Linie	546,0740	e	grüne Hg-Linie
1970,0900		infrarote Hg-Linie	486,1327	F	blaue H-Linie
1529,5820		infrarote Hg-Linie	479,9914	F′	blaue Cd-Linie
1060,0000		Neodym-Glas-Laser	435,8343	g	blaue Hg-Linie
1013,9800	t	infrarote Hg-Linie	404,6561	h	violette Hg-Linie
852,1100	s	infrarote Cs-Linie	365,0146	i	ultraviolette Hg-Linie
706,5188	r	rote He-Linie	334,1478		ultraviolette Hg-Linie
656,2725	C	rote H-Linie	312,5663		ultraviolette Hg-Linie
643,8469	C′	rote Cd-Linie	296,7278		ultraviolette Hg-Linie
632,8000		He-Ne-Gas-Laser	280,4000		ultraviolette Hg-Linie
589,2938	D	Mitte der gelben Na-Doppellinie	248,3000		ultraviolette Hg-Linie
587,5618	d	gelbe He-Linie			

gibt eine Übersicht der gebräuchlichen Wellenlängen sowie die Elemente, aus deren Spektrum die betreffenden Spektrallinien stammen.

Experimentell können die Brechzahlen sehr genau aus Messungen der Strahlablenkung durch Prismen bestimmt werden. In den Meßlabors der Hersteller optischer Gläser werden die Brechzahlen bis auf einen Fehler von weniger als etwa 10^{-5} experimentell bestimmt. Hiermit müssen die *Änderungen der relativen Brechzahl* aufgrund von Änderungen der Brechzahl von Luft verglichen werden, die im praktischen Gebrauch von Linsen und Linsensystemen durchaus viel größer sein können.

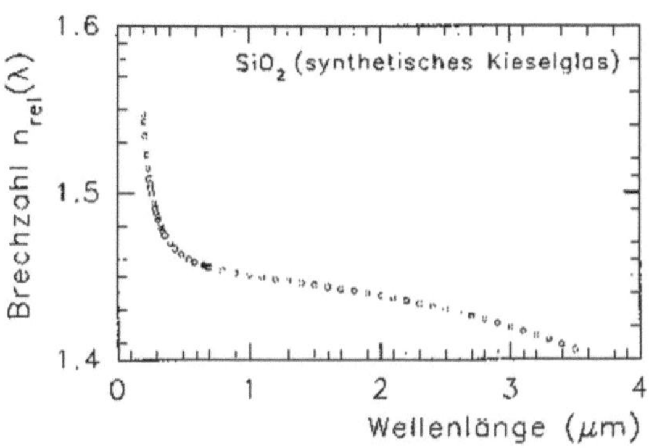

Abb. 5.4. Brechzahl $n_{\mathrm{rel}}(\lambda)$ von synthetischem Kieselglas in Abhängigkeit von der Wellenlänge λ. Daten aus [4]

In Abb. 5.4 ist die Dispersion von Kieselglas (synthetisches „Quarzglas" [4]) dargestellt. Die Dispersion zeigt einen Verlauf, wie er für die im sichtbaren Spektralbereich transparenten Materialien üblich ist (deshalb „normale Dispersion"): Die Brechzahl nimmt mit abnehmender Wellenlänge λ zu.

Um die Brechzahl in Abhängigkeit von der Wellenlänge oder die **Dispersion** optischer Materialien zu beschreiben, werden die für verschiedene Wellenlängen λ_i gewonnenen Meßwerte $n(\lambda_i)$ durch Dispersionsformeln angepaßt. Mit diesen Formeln können die gemessenen Brechzahlen interpoliert und extrapoliert werden. In den älteren Katalogen optischer Gläser (z. B. [2]) wurde als Dispersionsformel

$$n^2(\lambda) = A_0 + A_1\lambda^2 + A_2\lambda^{-2} + A_3\lambda^{-4} + A_4\lambda^{-6} + A_5\lambda^{-8} \tag{5.5}$$

benutzt, wobei die 6 Konstanten A_i Anpaßparameter sind. Da die Dispersion hiermit nur im Bereich zwischen 365 nm und 1014 nm im Rahmen der Meßgenauigkeit beschrieben werden konnte, wurde diese Formel in jüngster Zeit durch eine **Sellmeier-Formel** mit drei Termen

$$n^2(\lambda) - 1 = \sum_{j=1}^{j=3} \frac{B_j\lambda^2}{\lambda^2 - \lambda_j^2} \tag{5.6}$$

ersetzt. Auch in Gleichung (5.6) kommen ebenso wie in Formel (5.5) 6 Anpaßparameter vor: 3 „Amplituden" B_j und 3 „Resonanzwellenlängen" λ_j. Hiermit ist aber eine Anpassung der gemessenen Brechzahlen im größeren Intervall zwischen 365 nm und 2300 nm in der Regel mit Abweichungen von weniger als 10^{-5} möglich. Abbildung 5.5 zeigt für eine Auswahl an Gläsern die Meßdaten, die für spezielle Proben gewonnen wurden (Meßpunkte), und die zugehörigen Dispersionskurven, die durch Anpassung der Meßdaten durch Formel (5.6) gewonnen wurden. Da in dieser Darstellung Abweichungen der

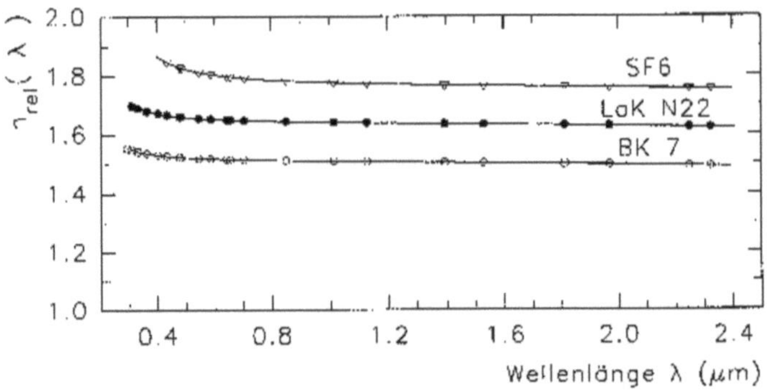

Abb. 5.5. Brechzahl n_{rel} von SF6, LaK N22 und BK7 in Abhängigkeit von der Wellenlänge bei 20°C (bezogen auf trockene Luft bei $0{,}101325 \cdot 10^6$ Pa als umgebendes Medium). Die durchgezogenen Kurven stellen Ergebnisse von Rechnungen zur Anpassung der Meßdaten durch die Dispersionsformel (5.6) dar.

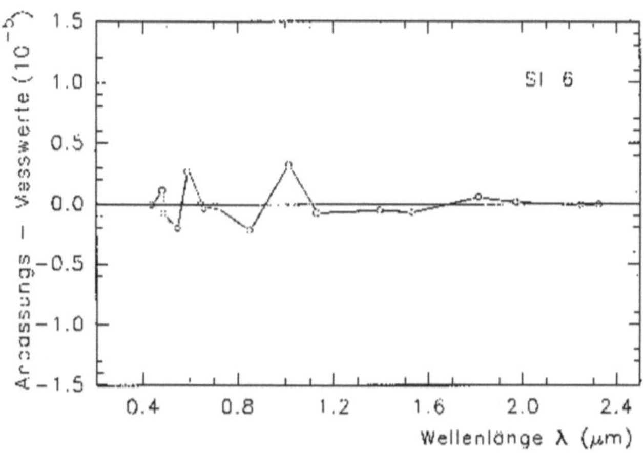

Abb. 5.6. Abweichungen zwischen den Meßdaten der Brechzahl n_{rel} und der angepaßten Dispersionskurve für das Glas SF6 in Abb. 5.5

Meßpunkte von den Dispersionskurven nicht wahrgenommen werden können, sind in Abb. 5.6 die Abweichungen für SF6 als Beispiel direkt dargestellt. Man sieht in dieser Darstellung, daß im Rahmen der Meßgenauigkeit von 10^{-5} eine Anpassung durch eine Sellmeier-Formel mit drei Termen ohne Schwierigkeiten möglich ist. (Falls doch einmal größere Abweichungen vorkommen sollten, so ist das ein Grund nochmals nachzumessen und zu überprüfen, ob nicht ein Meßfehler vorliegt.)

In [3] sind B_j und λ_j^2 als **Richtwerte** für die Dispersion unterschiedlicher Glasarten bei 20°C angegeben. Im konkreten Fall müssen demnach diese Konstanten durch Anpassung an Meßdaten für die jeweilige aktuelle Schmelze bestimmt werden. Die Abweichungen zu den Katalogdaten können durch kleine Brechzahländerungen auf Grund von unvermeidlichen Schwankungen der Schmelzparameter erklärt werden, auf die in einem späteren Abschnitt näher eingegangen wird.

Gleichung (5.6) ist theoretisch nur für Vakuum als umgebendes Medium begründet. Wegen des vergleichsweise geringen Einflusses der Dispersion von Luft (siehe Abb. 5.2) läßt sich Gleichung (5.6) jedoch auch mit sehr guter Näherung zur Beschreibung der Dispersion optischer Materialien relativ zur Atmosphäre verwenden. Der Anwender muß jedoch darauf achten, ob die angegebenen Parameter jeweils für Vakuum oder für Luft als umgebendes Medium bestimmt wurden. Die Parameter der Dispersionsformel in [3] gelten für die Standard-Atmosphäre bei 20°C.

5.2.4 Ausnutzen der Dispersion, Abbe-Zahl, Teildispersion

Die Mehrzahl aller Linsen hat sphärische Oberflächen. Die Brechkraft D oder der Kehrwert der Brennweite f sind bei einer dicken Linse mit sphärischen

Oberflächen durch

$$D = \frac{1}{f} = (n(\lambda) - 1)\left(\frac{1}{r_1} - \frac{1}{r_2} + \frac{(n(\lambda) - 1)\, d}{n(\lambda) r_1 r_2}\right) \tag{5.7}$$

gegeben (d: Mittendicke; r_1 und r_2: Krümmungsradien der ersten und zweiten sphärischen Oberfläche; dabei gilt die in der Technischen Optik übliche Konvention bezüglich der Vorzeichen der Radien [5]). Bei gegebenen Krümmungsradien wächst somit die Brechkraft einer Linse näherungsweise mit $(n(\lambda) - 1)$ an.

Da die Brechzahl von der Wellenlänge λ abhängt, hängt auch die Brennweite f oder die Brechkraft $D = 1/f$ von λ ab (chromatische Aberration). Deshalb ist es prinzipiell nicht möglich, achromatische Einzellinsen aus homogenen optischen Materialien herzustellen. Dies ist für Abbildungen, bei denen ein breitbandiges Spektrum elektromagnetischer Strahlung verwendet wird oder verwendet werden muß, nachteilig. Anhand von Abb. 5.5 kann man sehen, daß die „Stärke" der Brechzahländerung über den sichtbaren Spektralbereich von 400 nm bis 780 nm über 4% betragen kann. Für unterschiedliche Glasarten kann die Brechzahländerung mit der Wellenlänge obendrein durchaus verschieden stark sein. So ändert sich für SF6 die Brechzahl stärker als für BK7. Es liegt nun nahe, zwei Linsen aus unterschiedlichen Materialien so zu kombinieren, daß die Brennweitenänderung mit der Wellenlänge der ersten Linse durch die Brennweitenänderung einer zweiten Linse weitgehend kompensiert wird. Hierzu ist erforderlich, daß eine Sammellinse mit einer Zerstreuungslinse kombiniert wird. Solche Linsen sind einfache **Achromate**. Die Berechnung von Achromaten und Auswahl geeigneter Gläser hierzu wurde durch die Einführung der Abbe-Zahl erleichtert (siehe Lehrbücher über Technische Optik, z. B. [5–7]).

Um die Dispersion optischer Materialien zu charakterisieren, verwendet man den Kehrwert der relativen „Stärke" der Dispersion oder die **Abbe-Zahl**. Allgemein versteht man unter *Abbe*-Zahl das Verhältnis

$$\frac{\text{„Wert der Brechzahl innerhalb eines Wellenlängenintervalls"} - 1}{\text{Unterschied der Brechzahlen in dem Intervall}}\,.$$

Eine große (kleine) *Abbe*-Zahl bedeutet demnach eine geringe (große) Dispersion. Für den sichtbaren Spektralbereich wird die Brechzahl n_d bei der d-Linie (587,5618 nm) in den Zähler eingesetzt und im Nenner wird die Differenz der Brechzahlen bei den Linien F (486,1327 nm) und C (656,2725 nm) verwendet, um die Abbe-Zahl ν_d zu definieren, oder kurz:

$$\nu_d = \frac{n_d - 1}{n_F - n_C}\,. \tag{5.8}$$

Gelegentlich wird für den sichtbaren Spektralbereich neben n_d und ν_d auch n_e und die Abbe-Zahl $\nu_e = \frac{n_e - 1}{n_{F'} - n_{C'}}$ verwendet (siehe z. B. [6,7]). Hierauf könnte aber im Interesse einer Standardisierung verzichtet werden. Für andere Spektralbereiche ist es bisweilen ebenfalls üblich, Abbe-Zahlen entsprechend den Erfordernissen zu definieren. Da die meisten Anwendungen von Linsen im sichtbaren Spektralbereich liegen, werden optische Materialien durch ihre Lage im n_d-ν_d-Diagramm (Abbe-Diagramm) gekennzeichnet. Zur Unterscheidung wird n_d als *Hauptbrechzahl*, ν_d als *Haupt-Abbe-Zahl* und $n_F - n_C$ als *Hauptdispersion* bezeichnet. Abbildung 5.7 stellt die Gebiete unterschiedlicher optischer Glastypen von Schott Glas, Mainz, in einem n_d-ν_d-Diagramm dar. Zur Erklärung der einzelnen Felder in dieser Abbildung sei auf die Literatur hingewiesen [8]. Viele Kristalle liegen in dem Abbe-Diagramm in Bereichen, in denen Gläser erhältlich sind. Es gibt aber auch Kristalle mit Daten von n_d und ν_d, die außerhalb dieser Bereiche liegen. Zu den hervorzuhebenden Ausnahmen gehören einige Fluorid-Kristalle (mit leichten Kationen wie Li^+, Na^+, Mg^{2+}, Ca^{2+}), die eine vergleichsweise geringe Brechzahl und eine hohe Abbe-Zahl haben. Kristalline Materialien, wie z. B. CaF_2, werden tatsächlich in speziellen Linsensystemen verwendet. Wegen ihrer Brechzahlen ebenfalls zu beachtende Kristalle sind der Diamant mit $n_d = 2{,}4173$ und $\nu_d = 55{,}3$ sowie die hauptsächlich im IR eingesetzten Materialien ZnS und ZnSe mit $n(10{,}6\ \mu m) = 2{,}192$ und 2,403. Daten über Kristalle sind z. B. in [5,7,9,10] sowie in Datenblättern der jeweiligen Lieferanten von Kristallen zu finden.

Wichtig ist in diesem Zusammenhang noch, daß organische Materialien (transparente Kunststoffe, Kitte, Kleber und Lösungsmittel) im n_d-ν_d-Diagramm überwiegend im Gebiet unterhalb der Nebendiagonale bzw. rechts unterhalb des Gebiets der optischen Gläser in Abb. 5.7 eingeordnet sind.

Um einfache Achromate aus zwei Linsen herzustellen, bedarf es dieser großen Anzahl an optischen Gläsern, die in Abb. 5.7 repräsentiert sind, nicht. Einfache Achromate konnten schon vor dem Beginn der wissenschaftlich-technischen Entwicklung optischer Gläser hergestellt werden. Bei solchen Systemen kann der Farbfehler nur für jeweils zwei Wellenlängen exakt beseitigt werden. *Zwischen* diesen beiden Wellenlängen ist der Farbfehler nicht korrigiert. Dieses „sekundäre Spektrum“ muß notwendigerweise noch beseitigt werden, um z. B. die volle Leistung von optischen Mikroskopen zu erzielen. Hierzu werden Gläser mit speziellen Teildispersionen benötigt. Dies war der Ansatzpunkt für die bahnbrechende Entwicklung moderner Mikroskope durch Ernst Abbe und für die sehr ergiebige wissenschaftlich-technische Zusammenarbeit mit dem Glas-Chemiker Otto Schott vor über 100 Jahren.

Für die damals bekannten Gläser galt die Regel, daß sich die **relativen Teildispersionen**

$$P_{x,y} = \frac{n(\lambda_x) - n(\lambda_y)}{n(\lambda_F) - n(\lambda_C)} \tag{5.9}$$

in Abhängigkeit von der Abbe-Zahl ν_d näherungsweise durch lineare Beziehungen darstellen lassen:

$$P_{x,y} \approx a_{x,y} + b_{x,y} \cdot \nu_d\,. \tag{5.10}$$

(Die Indices x und y in Gleichung (5.10) stehen als Abkürzung für λ_x und λ_y, da die betreffenden Größen von den ausgewählten Wellenlängen und nicht von der zufälligen Bezeichnung abhängen.) Mit solchen Gläsern kann das sekundäre Spektrum *nicht* beseitigt werden. Um dies zu erreichen, werden Gläser mit hinreichend großen Abweichungen von diesen näherungsweise linearen Beziehungen benötigt (manchmal als Gläser mit **„anomalen" Teildispersionen** bezeichnet). Abbildung 5.8 zeigt als Beispiel die relativen Teildispersionen $P_{g,F}$ in Abhängigkeit von ν_d. Anwendern der optischen Gläser ist damit die Auswahl erleichtert.

Auch zur Behebung anderer Linsenfehler werden Gläser mit unterschiedlichen Eigenschaften benötigt. Kriterien für die Auswahl lassen sich nur teilweise der Literatur entnehmen. Häufig ist die Auswahl aber im Know-how der Entwickler und Konstrukteure von Objektiven und optischen Geräten begründet, da die Eigenschaften der Gläser nicht alleine hinreichend (aber doch notwendig) für hervorragende optische Leistungen sind.

Auswahlkriterien für optische Gläser sind neben den Brechzahlen, der Abbe-Zahl und der Teildispersion u. a. auch der Preis, die Homogenität, die Lichtstreuung, die chemische Beständigkeit, die Bearbeitbarkeit und andere technische Daten der Gläser, wie z. B. die Massendichte, die Temperaturabhängigkeit der Brechzahl oder der Koeffizient für die thermische Ausdehnung.

Die Bezeichnung ähnlicher Gläser unterschiedlicher Hersteller ist nicht einheitlich: Bei Schott Glas sind im Namen teilweise die Glasart und die optischen Eigenschaften sowie bisweilen auch eine besondere Eigenschaft oder ein besonderer Bestandteil codiert; so bedeutet z. B. BK7, daß es sich um ein Bor-Kron-Glas handelt; alle weiteren Eigenschaften sind durch die Zahl 7 (mit den entsprechenden Angaben im Katalogblatt zu BK7) codiert. Andere Hersteller verwenden eine **sechsstellige Codenummer**. Die ersten drei Ziffern kommen von den ersten drei Ziffern der Brechzahl n_d hinter dem Komma, und die nächsten drei Ziffern stellen die ersten drei Stellen der Abbe-Zahl ν_d ohne Komma dar, also:

$$\begin{aligned}\text{Codenummer} = {} & 1000 \cdot \mathit{Integer}[1000 \cdot (n_d - 1) + 0,5] \\ & + \mathit{Integer}[10 \cdot \nu_d + 0,5]\,, \end{aligned} \tag{5.11}$$

wobei mit *Integer* die größte ganze Zahl kleiner oder gleich dem Argument in der eckigen Klammer hinter *Integer* gemeint ist. Rundungen sind dabei zu beachten. Das Glas F2 mit n_d=1,62588 und ν_d=35,70 hat nach dieser Konvention die Codenummer 626357.

Hersteller optischer Gläser teilen die unterschiedlichen Glasarten in *Vorzugs-*, *Standard-* und *Anfragegläser* ein. Vorzugsgläser sind direkt vom Lager erhältlich; Standardgläser werden in regelmäßigen Abständen geschmolzen, so daß hierbei ebenfalls nicht mit langen Lieferzeiten zu rechnen ist. Bei Anfragegläsern hingegen ist die Nachfrage so gering, daß sich erst ab einer hinreichenden Menge an Glas der Aufwand für eine Schmelze lohnt. Um die

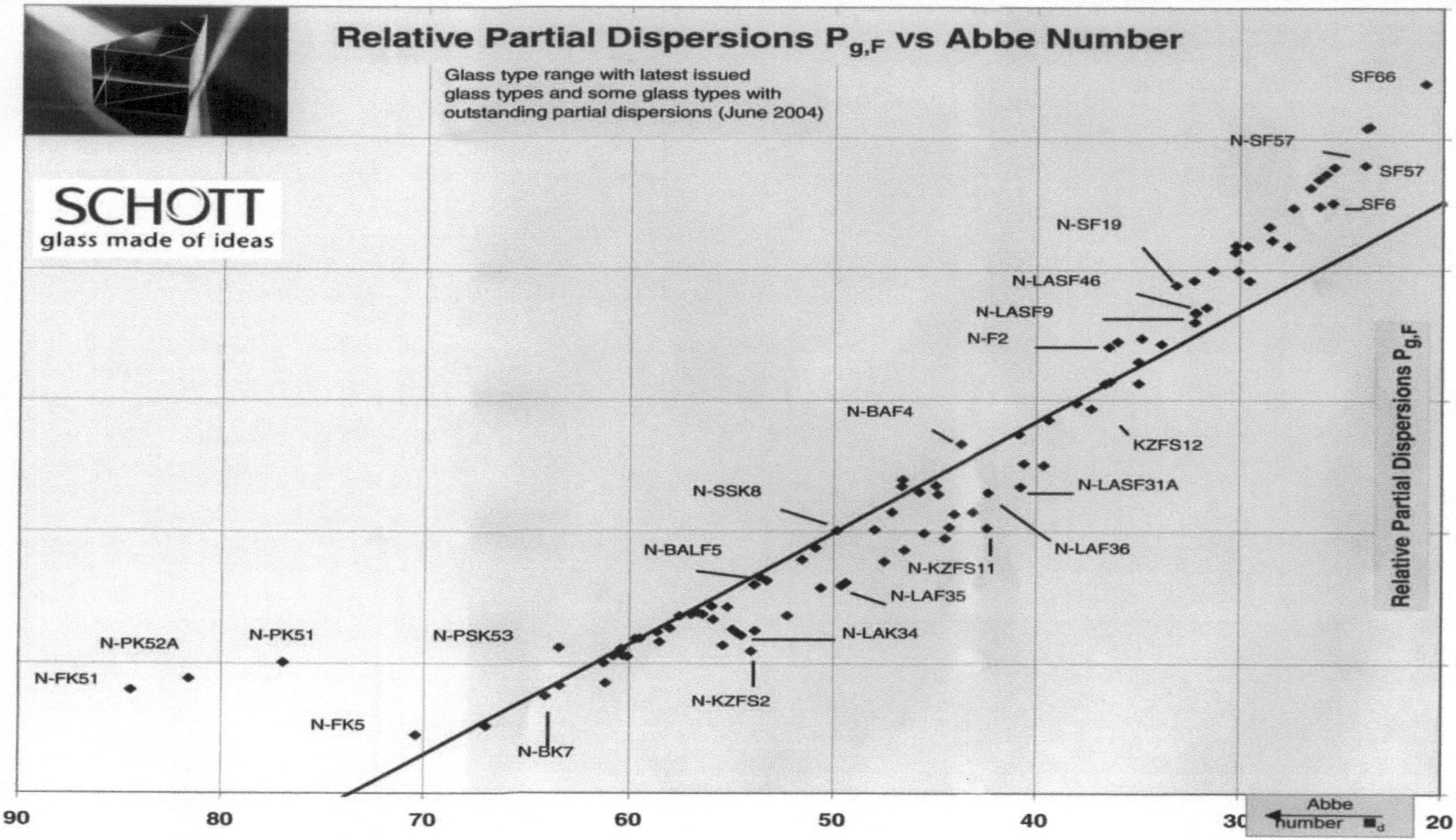

Abb. 5.8. Relative Teildispersion $P_{g,F} = [n(\lambda_g) - n(\lambda_F)]/[n(\lambda_F) - n(\lambda_C)]$ optischer Gläser in Abhängigkeit von der Abbe-Zahl ν_d nach [3]. Wellenlängen g = 435,8343 nm, F = 486,1327 nm, C = 656,2725 nm (Mit freundlicher Genehmigung der SCHOTT AG, Mainz)

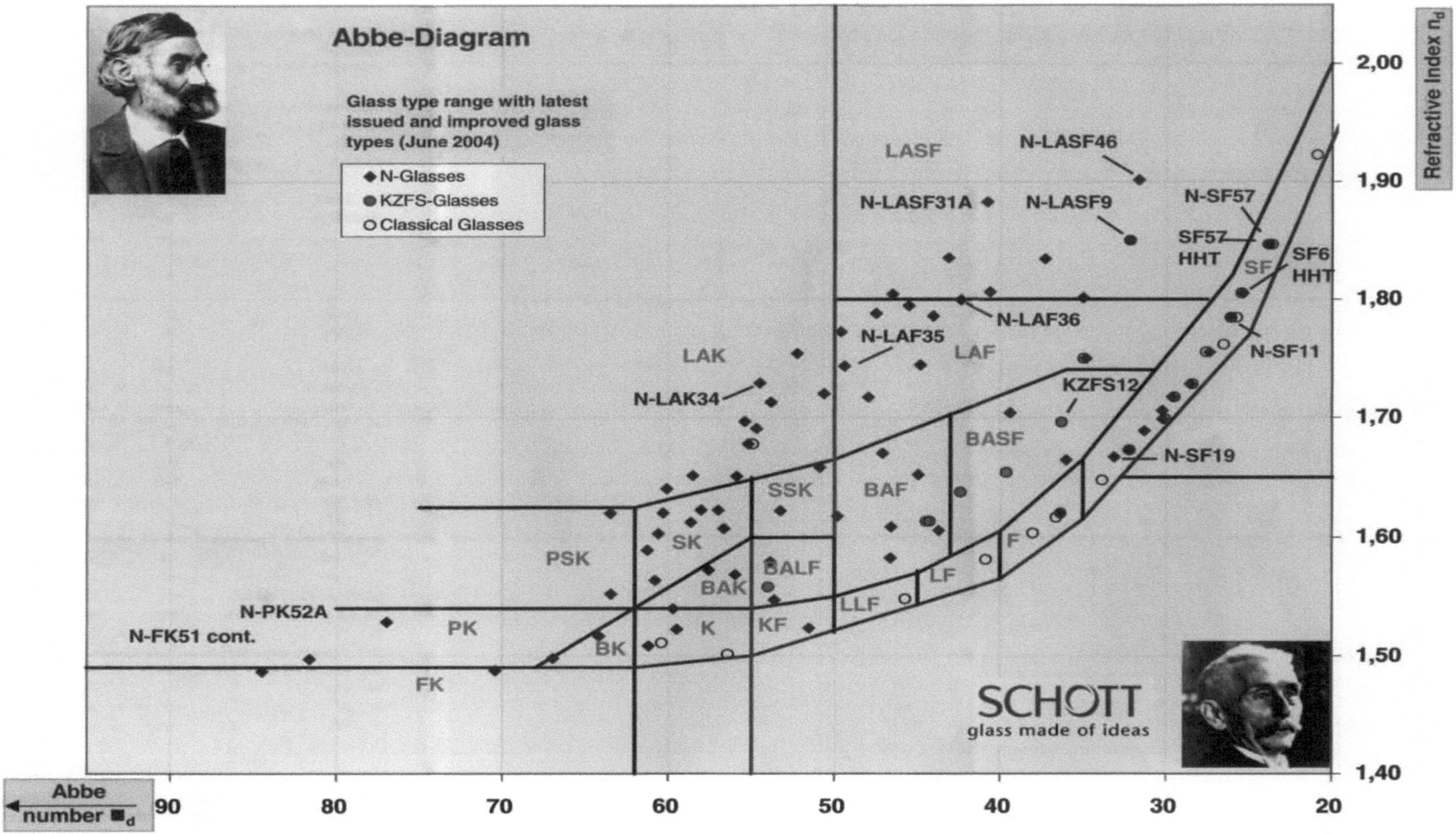

Abb. 5.7. Brechzahl optische Gläser n_d in Abhängigkeit von der Abbe-Zahl ν_d (Abbe-Diagramm) nach [3] bei der Wellenlänge $d = 587{,}5618$ nm (Mit freundlicher Genehmigung der SCHOTT AG, Mainz)

Kosten für die Herstellung und den Vertrieb optischer Gläser niedrig zu halten, besteht daher generell die Tendenz, die Anzahl an unmittelbar lieferbaren Glasarten für optische Anwendungen auf die aus technischen Gründen erforderliche Anzahl zu verringern.

Die zukünftige Glasentwicklung zielt darauf, den Bereich des Abbe-Diagramms, in dem Gläser zur Verfügung stehen, zu erweitern. Dabei ist allerdings zu beachten, daß von Natur aus Grenzen gesetzt sind. Trotz weiterer Entwicklungen bleibt dabei von großem Interesse, die Anzahl an technisch notwendigen Gläsern zu reduzieren.

Eine andere Entwicklungsrichtung zielt auf Flexibilität, d. h. darauf, jeweils bei hinreichend großer Nachfrage Gläser zu erschmelzen, die spezielle Anforderungen der Kunden auch außerhalb der Katalogdaten erfüllen.

5.2.5 Materialien

Anorganische Gläser stellen mit großem Abstand zu anderen Materialien die wichtigste Materialgruppe für die *transmittive Optik* dar. Dies hat mehrere Gründe:

Gläser lassen sich in *großen Volumina*, mit *sehr guter Homogenität* und *kostengünstig* herstellen. Formgebung ist teilweise bereits bei der Herstellung möglich. Gläser sind *isotrop* bezüglich der Brechung, aber auch in Bezug auf die Bearbeitung (Schleifen und Polieren). Die Eigenschaften der Gläser lassen sich über weite Bereiche *variieren* und bei Bedarf *anpassen*.

Während optische Gläser in großen Mengen überwiegend kontinuierlich geschmolzen werden, werden Kristalle in der Regel als Einzelstücke gezogen. Dabei müssen die Kristalle jeweils Kristallebene auf Kristallebene wachsen, um eine befriedigende Homogenität zu erreichen. Jeder Baufehler des Gitters ruft eine Inhomogenität der Brechzahl hervor. In der Regel sind daher für optische Anwendungen Einkristalle erforderlich. (Nur gelegentlich werden *polykristalline* Materialien mit hinreichend kleinen Kristallitdimensionen verwendet). Das Wachstum solcher Kristalle stellt einen sehr langwierigen Vorgang dar, so daß oft nur vergleichsweise kleine Stücke hergestellt werden. Es ist daher zu berücksichtigen, daß bei Kristallen neben den Rohstoffkosten noch erhebliche Produktionskosten anfallen. Aus Gründen der Herstellbarkeit, der Homogenität und der Kosten ist somit sofort einleuchtend, daß Kristalle nur dann sinnvoll verwendet werden, wenn Gläser aus technischen Gründen nicht geeignet sind oder keine befriedigenden Resultate liefern. Nur dann haben Kristalle für optische Anwendungen Vorteile. Dies trifft insbesondere für folgende speziellen Eigenschaften zu:

- **Doppelbrechung** für polarisationsoptische Anwendungen (z. B. Kalkspat, Quarz, $NaNO_3$, Glimmer),
- **spezielle Brechzahlen oder Abbe-Zahlen** (z. B. Flußspat CaF_2 mit n_d=1,43388 und ν_d=95,36, Diamant mit n_d=2,4173 und ν_d=55,3),
- **UV-Transparenz** (z. B. LiF, NaF, CaF_2, MgF_2, SrF_2, BaF_2, Diamant),

- **IR-Transparenz** (Alkalihalogenide, Ge, Si, GaAs, ZnS, ZnSe, CdTe, AgBr, AgCl, TlBr, Tl[Br,I], TlCl, Tl[Cl,Br], Diamant),
- große **Temperaturwechselbeständigkeit** für Anwendungen bei hohen Temperaturen (z. B. MgO, Al_2O_3),
- **akustooptische Eigenschaften** (z. B. $LiNbO_3$, $LiTaO_3$, $PbMoO_4$, TeO_2),
- **Laseraktivität** (z.B. $Y_3Al_5O_{12}$, $YLiF_4$, $LiSrAlF_6$, YVO_4, Rubin, Ti-Saphir),
- **elektrooptische und photorefraktive Eigenschaften** ($LiNbO_3$, $KNbO_3$, $BaNbO_3$, $LiTaO_3$, $BaTiO_3$, $Ba_{0.25}Sr_{0.75}Nb_2O_6$, $Ba_{1-x}Sr_xTiO_3$, $BiSi_{12}O_{20}$, $Bi_{12}TiO_{20}$, PLZT-Keramik),
- **magnetooptische Eigenschaften** (z. B. $Y_3Fe_5O_{12}$:Bi),
- **nichtlineare optische Eigenschaften** (z. B. $NH_4[H_2PO_4]$, KH_2PO_4, KD_2PO_4, $KTiPO_4$, β-BaB_2O_4, LiB_3O_5, $LiIO_3$, $KB_5O_8 \cdot 4H_2O$, $LiNbO_3$, $Ba_2NaNb_5O_{15}$),
- **Szintillation** (z. B. CsI(Tl), NaI(Tl), BaF_2, $ZnWO_4$, $CdWO_4$, $Bi_4Ge_3O_{12}$),
- **Rotationsdoppelbrechung** (Quarz).

Für manche dieser Anwendungen müssen die Kristalle zusätzlich dotiert sein, damit die betreffenden Anwendungen möglich sind (z. B. die Laserkristalle mit Seltenerd-Ionen oder mit Cr^{+3}-Ionen).

Auch **organische Flüssigkeiten und Kunststoffe** haben für manche optische Anwendungen Vorteile oder sind unersetzbar, u. a. als

- Kitte und Kleber für Verbindungstechnik,
- Immersionflüssigkeiten für die Mikroskopie,
- spezielle Moleküle für nichtlineare Effekte,
- Flüssigkristalle für Displays, organische Gläser/Kunststoffe für Leichtgewichtslinsen, gepreßte Linsen (u. a. Asphären), Kontaktlinsen usw.,
- aktive Medien für Farbstofflaser,
- Lichtleiter.

5.3 Differentielle Änderungen der Brechzahl

5.3.1 Allgemeines

Um die große Genauigkeit von 10^{-5} oder besser ausnutzen zu können, muß die Brechzahl bei Anwendungen ebenso stabil bleiben. Es gibt aber eine Reihe von Einflußgrößen, wodurch die Brechzahlen optischer Materialien verändert werden. Durch solche Einflüsse kann die Leistung optischer Geräte herabgesetzt werden. Deshalb sollen in diesem Kapitel die wichtigsten Einflußgrößen beschrieben werden, durch die die Brechzahlen verändert werden.

Im Abschnitt über die Brechzahl von Luft wurde bereits hingewiesen, daß Änderungen der Umgebungsatmosphäre (Luftdruck, Temperatur, Zusammensetzung) die relative Brechzahl verändern. Da solche Änderungen grundsätzlich nicht vermieden werden können, ist bei hochpräzisen optischen Bauteilen eine Justiermöglichkeit vorzusehen, um solche Einflüsse zu kompensieren; andernfalls kann bei den Anforderungen an die Konstruktion eine größere Toleranz zugelassen werden, wodurch in der Regel Kosten eingespart werden.

5.3.2 Schmelzschwankungen

Es wurde schon hingewiesen, daß die Brechzahlen in den Glaskatalogen Richtwerte sind, d. h. daß der Hersteller bemüht ist, jeweils Gläser mit Daten möglichst nahe an den Katalogdaten herzustellen. Dies kann aber aus technischen Gründen nicht exakt erzielt werden. Ein Grund hierfür ist, daß die Zusammensetzung des Glases bei einer Genauigkeit der Brechzahl von 10^{-5} ebenfalls etwa 10^{-5} betragen muß. Das bedeutet aber, daß die Zusammensetzung des Gemenges auf 10^{-5} genau kontrolliert und eingestellt sein muß. Notwendig hierzu ist auch, daß die Reinheit der Rohstoffe für die Hauptkomponenten der Glaszusammensetzung ebenfalls auf mindestens 10^{-5} *bekannt* sein muß. Hinzu kommt, daß die Schmelzführung (Zeiten, Temperaturen) ebenfalls sehr genau sein muß. Die Einhaltung all dieser Forderungen ist schwierig. Daher sind Schmelzschwankungen bei einigen der hochpräzisen Daten der optischen Gläser unvermeidlich. (Entsprechendes gilt in dieser Hinsicht auch für Kristalle!) Die *relative Größe* der Schmelzschwankungen können bei den Brechzahlen bis über 10^{-3} und bei der Abbe-Zahl bis zu 10^{-2} liegen. Bei anderen Größen, die mit geringerer Präzision gemessen werden, ist u. U. der Einfluß von Schmelzschwankungen gar nicht festzustellen.

Um die größere Meßgenauigkeit bei den Brechzahlen für die Konstruktion von Linsen und präzisen optischen Bauteilen ausnutzen zu können, empfiehlt sich daher, mit dem Glas jeweils das zugehörige Meßprotokoll über die Brechzahl anzufordern. In geringem Maß gibt es aber auch noch Korrekturmöglichkeiten für die Brechzahl und die Dispersion, worauf im folgenden Abschnitt näher eingegangen wird.

5.3.3 Einfluß der Kühlgeschwindigkeit, Relaxation

Bei der Herstellung der Gläser wird der statistisch ungeordnete Zustand der Schmelze eingefroren. Energetisch tiefer als der ungeordnete Zustand eines Glases ist bei Festkörpern der wohlgeordnete Kristall. (Bei einem Glas wird auf Grund *kinetischer Behinderung* der ungeordnete Zustand eingefroren.) Aber selbst in dem ungeordneten Zustand gibt es unterschiedliche Grade für die Nahordnung. Dies ist mit Änderungen in der Brechzahl verbunden. Gibt man dem Glas genügend Zeit und hebt die Behinderung durch Temperaturerhöhung auf, so wird das Glas auf einen Zustand mit weniger Energie zustreben oder relaxieren. (Damit ist in der Regel eine Brechzahlerhöhung verbunden.) Hierzu ist erforderlich, daß die Bindungen zwischen den Glas-Ionen auf Grund der thermischen Energie mit hinreichender

Wahrscheinlichkeit aufgebrochen werden. Der Übergang von einer extrem zähflüssigen Schmelze zu einem eher festkörperähnlichen Verhalten läßt sich durch eine Messung des Koeffizienten der thermischen Ausdehnung α gut beobachten; die Übergangstemperatur wird *Transformationstemperatur* T_g genannt. Oberhalb T_g ist α im Vergleich zu Temperaturen unterhalb T_g um einen Faktor von mindestens 2 bis 3 größer. Etwa 50°C bis 100°C oberhalb T_g bauen sich Spannungen innerhalb weniger Minuten ab. Kühlt man ein Glas von Temperaturen oberhalb T_g mit großer Kühlgeschwindigkeit (z. B. 100°C/h) auf Raumtemperatur, so stellt sich von außen nach innen ein Temperaturprofil mit einem Temperaturmaximum im Innern ein. Deshalb verbleiben die inneren Teile des Glases länger bei hohen Temperaturen, bei denen das Glas weiter relaxiert. Eine Konsequenz davon ist, daß die Brechzahl im Innern höher ist als in den Bereichen nahe der Oberflächen. Um dies zu vermeiden, muß man das Glas hinreichend langsam kühlen. Zusätzlich kühlt man noch von Temperaturen oberhalb T_g mit konstanter (langsamer) Kühlgeschwindigkeit. Damit wird erreicht, daß alle Teile des produzierten Glases annähernd die gleiche thermische Vorgeschichte haben und Inhomogenitäten der Brechzahlen durch unterschiedliche Relaxation stark vermindert werden.

Es ist nun aber zu erwarten, daß die Brechzahl von der (langsamen!) Kühlgeschwindigkeit abhängt. Diese Zusammenhänge kann man dazu ausnutzen, die Brechzahlen und in geringerem Maße die Dispersion, bzw. die Abbe-Zahl, zu ändern und an die Erfordernisse der Konstruktion anzupassen. Empirisch wurde gefunden, daß sich die Änderungen der Brechzahl Δn_d und der Abbe-Zahl $\Delta\nu_d$ mit der Kühlgeschwindigkeit v über große Bereiche von v durch logarithmische Gesetze beschreiben lassen:

$$\Delta n_d\left(\frac{v}{v_1}\right) = m_d \log\left(\frac{v}{v_1}\right) \tag{5.12}$$

und

$$\Delta\nu_d\left(\frac{v}{v_1}\right) = m_{\nu_d} \log\left(\frac{v}{v_1}\right) \tag{5.13}$$

In Gleichung (5.12) und (5.13) bedeuten v die neu vorgesehene Kühlgeschwindigkeit und v_1 die vorhergehende Kühlgeschwindigkeit (oder Referenzkühlgeschwindigkeit). Die Konstanten m_d und m_{ν_d} (oder die Steigungen in einer logarithmischen Darstellung der Gleichungen (5.12) und (5.13)) müssen für jede Glasart experimentell bestimmt werden. Beide Gleichungen gelten nicht in den Grenzfällen $v \to \infty$ und $v \to 0$, da die Logarithmusfunktion divergiert. In der Praxis können beide Fälle nicht realisiert werden: Im ersten Fall ist extrem schnelle Kühlung erforderlich, und im zweiten Fall werden nicht realisierbare lange Zeitdauern zur Kühlung benötigt. Beide Grenzfälle sind somit für die Praxis ohne Bedeutung.

Die Abb. 5.9 und 5.10 stellen für einige Beispiele an Gläsern Δn_d und $\Delta\nu_d$ in Abhängigkeit von der Kühlgeschwindigkeit dar. Die Referenzkühlgeschwin-

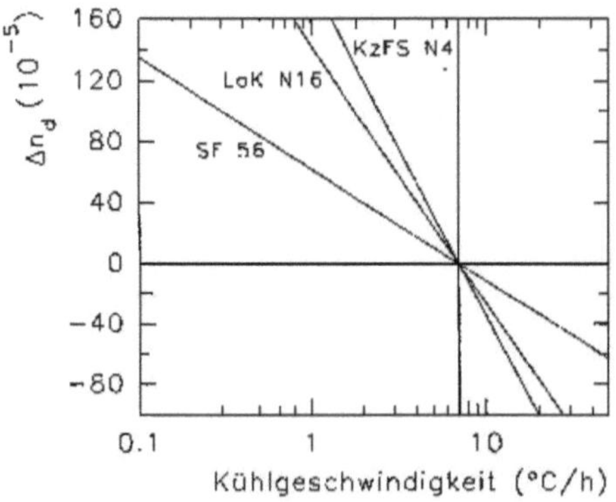

Abb. 5.9. Änderung der Brechzahl Δn_d der Glasarten SF 56, LaK N16 und KzFS N4 in Abhängigkeit von der Kühlgeschwindigkeit v (nach Ref. [3])

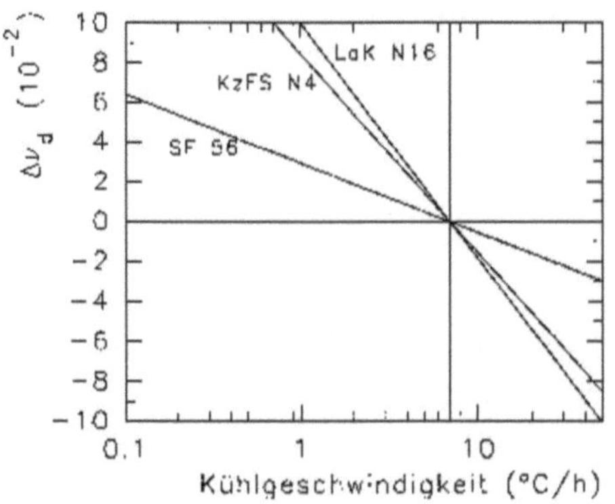

Abb. 5.10. Änderung der Abbe-Zahl $\Delta \nu_d$ der Glasarten SF 56, LaK N16 und KzFS N4 in Abhängigkeit von der Kühlgeschwindigkeit v (nach Ref. [3])

digkeit v_1 beträgt jeweils 7°C/h. Alle bisher bekannten Steigungen m_d sind kleiner als 0, d. h. daß mit zunehmender Kühlgeschwindigkeit die Brechzahlen kleiner werden. Für die Steigungen m_{ν_d} in Gleichung (5.13) hingegen kommen sowohl positive als auch negative Werte vor, d. h. daß die Dispersion bei Zunahme der Kühlgeschwindigkeit für manche der Glasarten größer und für andere Glasarten dagegen kleiner wird.

Auch wenn Gläser nur auf Temperaturen unterhalb T_g erhitzt werden, so dürfen sie nicht schnell gekühlt werden, da sonst ebenso geringe Brechzahländerungen zu beobachten sind. Die Gläser sollten daher vorzugsweise auch in diesen Fall mit der Kühlgeschwindigkeit gekühlt werden, die ursprünglich bei ihrer Produktion eingestellt worden war [11].

5.3.4 Änderung der Umgebungstemperatur

Die Brechzahlen in Katalogen und Tabellen beziehen sich auf feste Temperaturen, meist 20°C. Werden optische Elemente bei anderen oder unterschiedlichen Temperaturen genutzt, so muß man berücksichtigen, daß sich die Brechzahl der Materialien mit der Temperatur ändert. Auch hier muß man zwischen Änderungen der absoluten (bezogen auf Vakuum als Umgebung) und der relativen Brechzahl (bezogen auf trockene Luft mit einem Druck von $p_0 = 0{,}101325 \cdot 10^6$ Pa) unterscheiden. Je nach Umgebung sind demnach verschiedene Temperaturabhängigkeiten der Brechzahlen zu berücksichtigen. Während die Temperaturabhängigkeit von n_{abs} nur vom Material selbst abhängt, hängt n_{rel} auch noch von der Änderung von n_{air} mit der Temperatur ab. Obwohl die Brechzahl von Luft nahe bei 1 (dem Wert von Vakuum) liegt, ändert sich n_{air} mit der Temperatur vergleichsweise stark. Dieser Einfluß wird häufig unterschätzt. Abbildung 5.3 zeigt die Brechzahl von Luft in Abhängigkeit von der Temperatur bei der d-Linie und bei einem Druck von $p_0 = 0{,}101325 \cdot 10^6$ Pa nach Gleichungen (5.3) und (5.4). Demnach muß man Änderungen der Brechzahl von Luft im Bereich von 10^{-5} pro 10°C berücksichtigen.

Da nach Gleichung (5.2) zwischen den relativen und den absoluten Brechzahlen der Materialien die Beziehung

$$n_{\mathrm{abs}}(\lambda, T) = n_{\mathrm{rel}}(\lambda, T) \cdot n_{\mathrm{air}}(\lambda, T) \tag{5.2a}$$

besteht und die Brechzahl von Luft als Funktion der Temperatur durch die Gleichungen (5.3) und (5.4) sehr gut bekannt ist, genügt es, z. B. nur die absoluten Brechzahlen als Funktion der Temperatur zu messen. Die relative Brechzahl kann dann nach Gleichung (5.2) berechnet werden.

Um die Brechzahlen als Funktion der Temperatur durch eine Dispersionsformel zu beschreiben, müßte man alle Parameter in der Dispersionsformel (5.6) als temperaturabhängig ansetzen. Dies erforderte aber eine sehr große Anzahl an zusätzlichen Anpaßparametern. Zur Vereinfachung wird deshalb die Brechzahl auf folgende Weise aufgeteilt:

$$n_{\mathrm{abs}}(\lambda, T) = n_{\mathrm{abs}}(\lambda, T_0) + \Delta n_{\mathrm{abs}}(\lambda, T - T_0)\,. \tag{5.14}$$

Dabei ist $n_{\mathrm{abs}}(\lambda, T_0)$ die Brechzahl bei einer Referenztemperatur T_0 (meist 20°C) und $\Delta n_{\mathrm{abs}}(\lambda, T - T_0)$ die Änderung der Brechzahl gegen ihrem Wert bei T_0. Es genügt somit, nur die geringen Änderungen der Brechzahlen gegen ihre Werte bei der Referenztemperatur von z. B. 20°C zu berücksichtigen und durch eine Dispersionsformel zu beschreiben.

Für $\Delta n_{\mathrm{abs}}(\lambda, T - T_0)$ wurde folgende Dispersionsformel mit nur 6 Anpassparametern (D_0, D_1, D_2, E_0, E_1 und λ_0) entwickelt [12]:

$$\Delta n_{\text{abs}}(\lambda, T - T_0) = \frac{n_{\text{abs}}^2(\lambda, T_0) - 1}{2n_{\text{abs}}(\lambda, T_0)} \left[D_0(T - T_0) + D_1(T - T_0)^2 + D_2(T - T_0)^3 + \frac{E_0(T - T_0) + E_1(T - T_0)^2}{\lambda^2 - \lambda_0^2} \right]. \tag{5.15}$$

Damit lassen sich die Änderungen (Inkremente oder Dekremente) der Brechzahlen $\Delta n_{\text{abs}}(\lambda, T - T_0)$ über einen Wellenlängenbereich von 400 nm bis 1100 nm und einem Temperaturbereich zwischen $-100°$C bis $150°$C im Rahmen der Meßgenauigkeit sehr gut beschreiben. Daten zu einzelnen Glasarten sind in [3] angegeben. Beispiele sind in den Abb. 5.11 und 5.12 zu sehen. Im Vorfaktor vor der Klammer darf mit guter Näherung auch $n_{\text{rel}}(\lambda, T_0)$ anstelle von $n_{\text{abs}}(\lambda, T_0)$ eingesetzt werden, da sich die beiden Werte nur sehr wenig unterscheiden. Die Inkremente (bzw. Dekremente) $\Delta n_{\text{abs}}(\lambda, T - T_0)$ werden zu $n_{\text{abs}}(\lambda, T_0)$ addiert, um gemäß Gleichung (5.14) die *absolute* Brechzahl bei der Temperatur T zu erhalten. Um nun die *relative* Brechzahl zu erhalten, berechnet man noch die Brechzahl von Luft $n_{\text{air}}(\lambda, T)$ für die betreffende Temperatur (und gegebenenfalls auch noch für den betreffenden Luftdruck nach Formeln (5.3) und (5.4)). Einsetzen in Gleichung (5.2) und Ausrechnung liefert dann die relative Brechzahl $n_{\text{rel}}(\lambda, T)$.

In der älteren Literatur (z. B. [2]) werden anstelle der Inkremente oder Dekremente der Brechzahl $\Delta n_{\text{abs}}(\lambda, T - T_0)$ für ausgewählte Wellenlängen λ_k die „mittleren thermooptischen Koeffizienten"

$$\frac{n_{\text{abs}}(\lambda_k, T_{j+1}) - n_{\text{abs}}(\lambda_k, T_j)}{T_{j+1} - T_j} = \frac{\Delta n_{\text{abs}}(\lambda_k, T_{j,j+1})}{\Delta T_{j,j+1}}$$

angegeben. Auch hiermit kann man die Änderungen der Brechzahlen als Funktion der Temperatur berechnen, indem man die thermooptischen Ko-

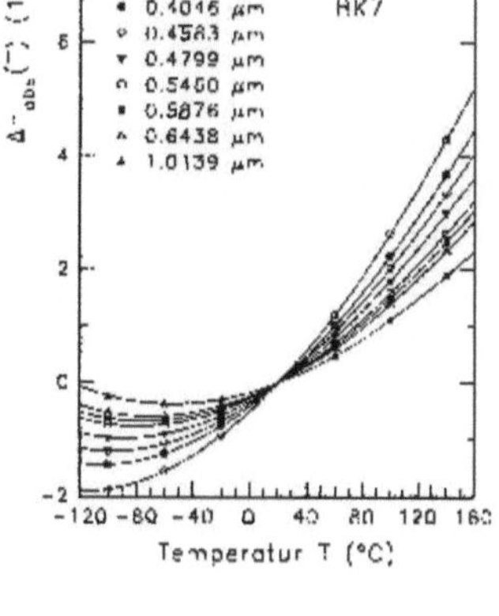

Abb. 5.11. Änderungen der absoluten Brechzahl $\Delta n_{\text{abs}}(\lambda, T - T_0)$ von BK7 in Abhängigkeit von der Temperatur für unterschiedliche Wellenlängen. Die eingezeichneten Kurven stellen das Ergebnis von Anpassungsrechnungen an die Meßdaten mit der Dispersionsformel (5.15) dar.

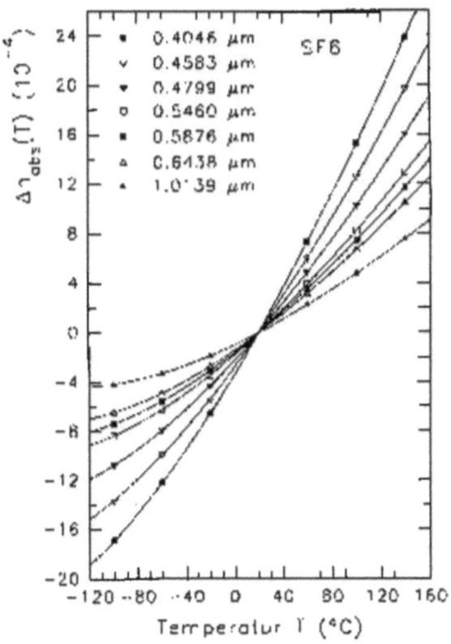

Abb. 5.12. Änderungen der absoluten Brechzahl $\Delta n_{\mathrm{abs}}(\lambda, T - T_0)$ von SF6 in Abhängigkeit von der Temperatur für unterschiedliche Wellenlängen. Die eingezeichneten Kurven stellen das Ergebnis von Anpassungsrechnungen an die Meßdaten mit der Dispersionsformel (5.15) dar

effizienten von der Referenztemperatur T_0 bis zur gewünschten Temperatur T integriert. Das geht allerdings nur für die Wellenlängen λ_k, für die diese Koeffizienten bestimmt wurden. Für andere Wellenlängen muß man die jeweiligen thermooptischen Koeffizienten durch Interpolation bestimmen. In diesem Zusammenhang sei darauf hingewiesen, daß man aus den *absoluten* thermooptischen Koeffizienten auch direkt die mittleren *relativen* thermooptischen Koeffizienten berechnen kann. Differenziert man Gleichung (5.2a) (s. S. 144), so ergibt sich

$$\frac{\mathrm{d}n_{\mathrm{abs}}(\lambda, T)}{\mathrm{d}T} = \frac{\mathrm{d}n_{\mathrm{rel}}(\lambda, T)}{\mathrm{d}T} n_{\mathrm{air}}(\lambda, T) + n_{\mathrm{rel}}(\lambda, T) \frac{\mathrm{d}n_{\mathrm{air}}(\lambda, T)}{\mathrm{d}T} . \tag{5.16}$$

Ersetzt man in dieser Gleichung $\dfrac{\mathrm{d}n_{\mathrm{abs}}(\lambda, T)}{\mathrm{d}T}$ durch die jeweiligen Mittelwerte

$$\frac{\Delta n_{\mathrm{abs}}(\lambda_k, T_{j,j+1})}{\Delta T_{j,j+1}}$$

und setzt ebenso für $n_{\mathrm{air}}(\lambda, T)$ und $\mathrm{d}n_{\mathrm{air}}(\lambda, T)/\mathrm{d}T$ jeweils geeignete Mittelwerte ein, so läßt sich Gleichung (5.16) ohne Schwierigkeit nach $\mathrm{d}n_{\mathrm{rel}}(\lambda, T)/\mathrm{d}T = \Delta n_{\mathrm{rel}}(\lambda_k, T_{j,j+1})/\Delta T_{j,j+1}$ auflösen. Zur Vereinfachung kann man ohne wesentliche Verschlechterung der Genauigkeit $n_{\mathrm{air}}(\lambda, T) \approx 1$ und $n_{\mathrm{rel}}(\lambda, T) \approx n_{\mathrm{abs}}(\lambda, T_0)$ setzen, so daß sich für die thermooptischen Koeffizienten der relativen Brechzahlen ergibt:

$$\frac{\mathrm{d}n_{\mathrm{rel}}(\lambda, T)}{\mathrm{d}T} = \frac{\mathrm{d}n_{\mathrm{abs}}(\lambda, T)}{\mathrm{d}T} - n_{\mathrm{rel}}(\lambda, T_0) \frac{\mathrm{d}n_{\mathrm{air}}(\lambda, T)}{\mathrm{d}T} . \tag{5.17}$$

Umgekehrt erhält man hieraus auch die thermooptischen Koeffizienten der absoluten Brechzahlen, wenn die Koeffizienten der relativen Brechzahlen gegeben sind.

Ein Vergleich zwischen unterschiedlichen Materialien zeigt, daß sich die Brechzahlen bei Kunststoffen und organischen Flüssigkeiten sehr viel stärker mit der Temperatur ändern als bei oxidischen Gläsern.

5.3.5 Mechanische Spannungen, elektrische Felder und Magnetfelder

Wenn auf ein Glas mechanische Spannungen (Dimension: Kraft/Fläche) einwirken, so wird das Glas deformiert. Unter der Einwirkung von Druckspannungen wird das Glas zusammengepreßt und unter Zugspannungen wird es gedehnt. Zur Unterscheidung zwischen Druck- und Zugspannungen haben Zugspannungen positive und Druckspannungen negative Werte.

Aufgrund der Deformation ändern sich die Abstände zwischen den Ionen oder Atomen eines Glases. Dies hat zur Folge, daß sich die Brechzahlen des Glases ändern. Im folgenden sei ein einachsiger Spannungszustand, wie er in Abb. 5.13 dargestellt ist, betrachtet: Auf eine rechtwinkelige Glasplatte wirkt die einachsige Spannung σ. Da elektromagnetische Strahlung aus transversalen Wellen besteht, verändert sich die Brechzahl je nach Orientierung der Schwingungsrichtung bezüglich der Spannungsrichtung. In Abb. 5.13 falle die elektromagnetische Welle senkrecht auf die Glasplatte (in der Skizze senkrecht auf die Papierebene). Dann verändert sich die Brechzahl für die Orientierung der Schwingungsrichtung senkrecht (parallel) zu σ von n in $n_\perp = n + \Delta n_\perp$ (bzw. in $n_\| = n + \Delta n_\|$). Bis zu sehr großen Spannungen nahe der Bruchgrenze von Glas sind die Änderungen der Brechzahlen proportional zur Spannung, d. h. $\Delta n_\perp = K_\perp \cdot \sigma$ und $\Delta n_\| = K_\| \cdot \sigma$. Die Koeffizienten $K_\perp$

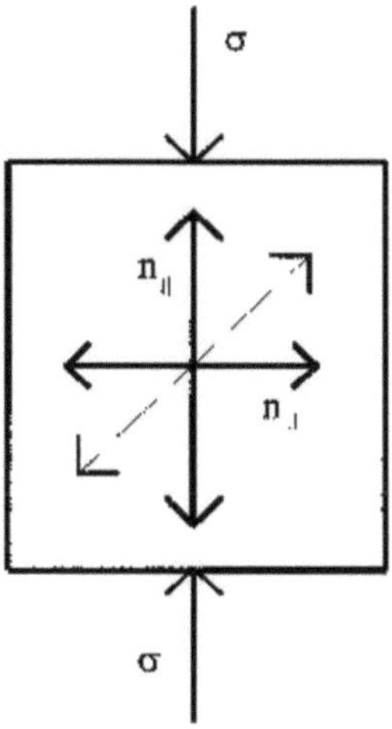

Abb. 5.13. Einachsiger Spannungszustand in einer Glasplatte

und $K_\parallel$ heißen photoelastische Koeffizienten. Sie werden üblicherweise mit Interferometern gemessen [13]. Wegen des vergleichsweise großen Meßaufwands liegen Daten über $K_\perp$ und $K_\parallel$ überwiegend für die D-Linie (589,3 nm) vor [14]. Es kommen Werte zwischen etwa 0 und $9 \cdot 10^{-6}$ mm^2/N vor. Das bedeutet, daß bei Gläsern mit großen Werten von $K_\perp$ und $K_\parallel$ bereits geringe Spannungen von wenigen N/mm^2 Brechzahländerungen von 10^{-5} bewirken.

Da im allgemeinen $K_\perp \neq K_\parallel$, werden isotrope Gläser durch mechanische Spannungen *anisotrop*. Nur in Ausnahmefällen gilt $K_\perp = K_\parallel$. Dann ist ein Glas frei von Spannungsdoppelbrechung. Solch ein Glas wurde bereits um die Jahrhundertwende von Pockels [15] entwickelt. Er beobachtete experimentell, daß bei den Schwerflintgläsern (kurz: SF-Gläser; in der Regel sind dies Gläser mit großem Gehalt an Bleioxid) die Spannungsdoppelbrechung (siehe weiter unten) mit zunehmendem Gehalt an Bleioxid kleiner wird und sogar das Vorzeichen wechselt. Bei einem bestimmten Gehalt an Bleioxid gilt somit $K_\perp = K_\parallel$. Allerdings sind für diese Gläser aber $K_\perp$ und $K_\parallel$ besonders groß, so daß sich die Brechzahlen dieser Gläser durch Spannungen vergleichsweise stark ändern.

Die Anisotropie der Brechzahlen unter einachsiger Spannung hängt von der Differenz $K_\perp - K_\parallel = K$ ab. K ist der *spannungsoptische Koeffizient.* Bei bekannter Spannung σ kann er direkt aus polarisations-optischen Messungen der Anisotropie bestimmt werden. Umgekehrt kann man, wenn K bekannt ist, aus solchen Messungen jeweils die Restspannungen oder durch Temperaturgradienten induzierte Spannungen in einem Glas bestimmen (siehe hierzu Bücher über Spannungsoptik, z. B. [16]). Vor wenigen Jahren wurde die Dispersion des spannungsoptischen Koeffizienten im sichtbaren Bereich experimentell untersucht [17]. Es zeigt sich, daß der spannungsoptische Koeffizient bei vielen Gläsern nur schwach von der Wellenlänge abhängt. Nur bei den Gläsern mit großem Anteil an Bleioxid ist Dispersion bedeutend. Um die Dispersion zu beschreiben, wurde folgende Dispersionsformel hergeleitet [18]:

$$K(\lambda) = \frac{n^2(\lambda) - 1}{2n(\lambda)} \left[A + \frac{B}{\lambda^2 - \lambda_{\text{soc}}^2} \right] . \tag{5.18}$$

In den Vorfaktor $n^2(\lambda) - 1/2n(\lambda)$ darf man im Rahmen der Genauigkeit der Meßdaten von $K(\lambda)$ für $n(\lambda)$ entweder $n_{\text{rel}}(\lambda)$ oder $n_{\text{abs}}(\lambda)$ einsetzen. Die Dispersion dieses Vorfaktors ist gering und kann näherungsweise vernachlässigt werden. Abbildung 5.14 zeigt Meßdaten und die Ergebnisse von Anpassungsrechnungen mit Formel (5.18). Man sieht, daß eine Anpassung durch Gleichung (5.18) sehr gut möglich ist. Für die meisten Gläser darf $B = 0$ gesetzt werden. Nur für die Schwerflinte mit sehr großem Gehalt an Bleioxid gilt $B \neq 0$. Daten über die Parameter für die Dispersionsformel (5.18) sind in [17] angegeben.

Ähnlich wie mechanische Spannungen die Brechzahlen verändern, können auch elektrische Felder (Kerr-Effekt) und Magnetfelder (Faraday-Effekt, Cotton-Mouton-Effekt, Voigt-Effekt) die Brechzahlen ändern [19–22]. Beim Kerr-Effekt tritt Doppelbrechung ähnlich zur Spannungsdoppelbrechung auf (die

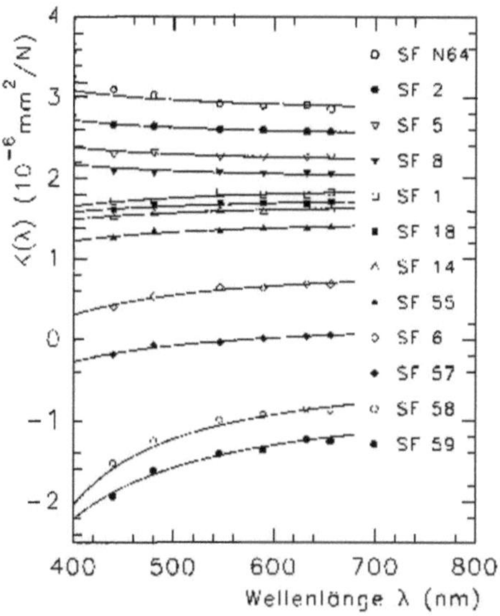

Abb. 5.14. Spannungsoptischer Koeffizient K in Abhängigkeit von der Wellenlänge λ für unterschiedliche SF-Gläser bei 20°C. Die durchgezogenen Kurven stellen die Ergebnisse von Rechnungen zur Anpassung der Meßdaten durch Formel (5.18) dar. (Daten aus Ref. [17])

geometrischen Verhältnisse sind ähnlich denen, die in Abb. 5.13 skizziert sind, allerdings mit einem elektrischen Feld anstelle der mechanischen Spannung). Bei den magnetischen Effekten hat der Faraday-Effekt technische Bedeutung (siehe Abb. 5.15). Dort läuft eine linear polarisierte elektromagnetische Welle parallel zur Richtung des Magnetfelds. Durch das Magnetfeld wird die Polarisationsebene gedreht, unabhängig davon, ob die Welle parallel oder antiparallel zur Richtung des Magnetfelds läuft. In der Lasertechnik wird dieser Effekt ausgenutzt, um optische Isolatoren zu bauen. Sie funktionieren auf folgende Weise (siehe z. B. [22]):

Die elektromagnetische Welle wird vor Eintritt in den *Faraday-Rotator* durch einen Polarisator linear polarisiert. Das Magnetfeld des Faraday-Rotators wird so eingestellt, daß die Polarisationsebene um 45° gedreht wird. Ein Analysator hinter dem Faraday-Rotator ist so eingestellt, daß er die Welle, deren Polarisationsrichtung um 45° gedreht wurde, hindurchläßt. Wird nun an einer Grenzfläche hinter dem Faraday-Rotator bei z. B. senkrechtem Einfall ein Teil der Welle reflektiert, so durchläuft dieser Anteil den Faraday-Rotator noch einmal. Die Polarisationsebene wird daher nochmals um 45° gedreht, so daß der reflektierte Teil der Welle insgesamt um 90° gegenüber der Durchlaßrichtung des Polarisators gedreht ist und somit abgeblockt wird. Man kann empfindliche Laseroszillatoren oder Laserverstärker auf diese Weise vor unkontrollierter Wechselwirkung mit ihrer eigenen intensiven Strahlung schützen.

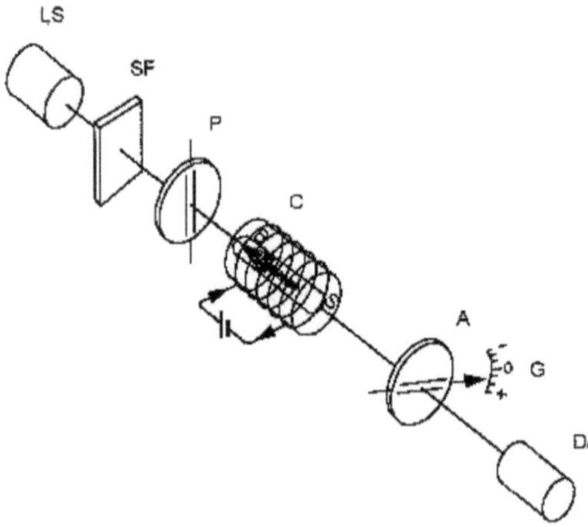

Abb. 5.15. Meßaufbau zur Untersuchung des Faraday-Effekts. LS Lichtquelle, SF Spektralfilter, P Polarisator, C Magnetspule, S Probe in der Magnetspule, A Analysator, G Goniometer, D/E Detektor/Empfänger

Der Drehwinkel α der Polarisationsebene ist proportional zum Betrag der magnetischen Flußdichte B, der Länge ℓ und der Verdet-Konstanten V [19–23]:

$$\alpha = V\ell B\,. \tag{5.19}$$

Die Drehung der Polarisationsebene erfolgt, weil das optische Medium im Magnetfeld doppelbrechend für zirkular-polarisierte elektromagnetische Wellen geworden ist. Die Drehung hängt vergleichsweise stark von der Wellenlänge ab. Die Meßpunkte in Abb. 5.16 stellen experimentelle Daten für die

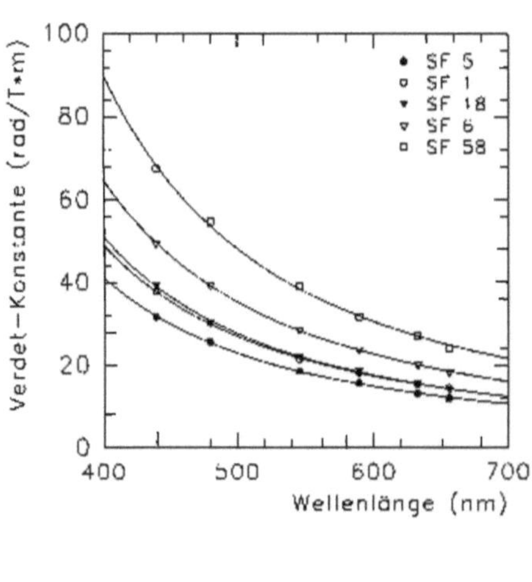

Abb. 5.16. Die Verdet-Konstante einiger SF-Gläser bei 20°C in Abhängigkeit von der Wellenlänge. Die eingezeichneten Kurven stellen die Ergebnisse von Rechnungen zur Anpassung der Meßdaten durch Gleichung (5.20) dar (aus Ref. [23]).

Dispersion von V einiger Gläser dar. Zur Beschreibung der Dispersion von V wurde in den letzten Jahren folgende Dispersionsformel hergeleitet [23]:

$$V(\lambda) = \frac{\pi}{\lambda}\left[\frac{n^2(\lambda)-1}{2n(\lambda)}\right]\left[k_1 + \frac{k_2}{\lambda^2-\lambda_0^2}\right] \tag{5.20}$$

wobei k_1, k_2 und λ_0 Anpaßparameter sind. Mit dieser Formel wurden die in Abb. 5.16 eingezeichneten Anpassungskurven berechnet. Man sieht, daß eine Anpassung der Meßdaten recht gut möglich ist.

Allgemein kann man feststellen, daß Änderungen der Brechzahlen durch elektrische und magnetische Felder bei Gläsern vernachlässigbar gering sind, sofern diese Materialien nicht in Bereiche hoher Feldstärken gebracht werden.

5.4 Glasfehler und Homogenität [3,8]

Die Brechzahlen von optischen Gläsern werden bei *unterschiedlichen Schmelzen* auf etwa $\pm 1 \cdot 10^{-3}$ bezogen auf die Katalogwerte eingehalten. Bei den Abbe-Zahlen gibt es Abweichungen von ca. $\pm 0,8\%$. Bei größerem Aufwand lassen sich diese Toleranzen weiter auf $\pm 1 \cdot 10^{-4}$ bzw. 0,2% einengen [3]. In Sonderfällen sind sogar noch engere Toleranzen möglich. Für den Anwender sind aber Änderungen der Brechzahl innerhalb des gleichen Glasstücks von Interesse, da davon die Abbildungsqualität des optischen Bauteils abhängen kann. Innerhalb einer Schmelze beträgt die Schwankung der Brechzahl n_d höchstens ca. $\pm 1 \cdot 10^{-4}$. Es ist aber möglich, auch höhere Anforderungen an die Homogenität zu erfüllen (5 Homogenitätsklassen) bis hin zu Brechzahlschwankungen im Bereich von $\pm 5 \cdot 10^{-7}$. Dieser Wert liegt etwa bei den mit vertretbarem Präparations- und Meßaufwand nachzuweisenden Inhomogenitäten. Zwischen Preßlingen, aus denen Linsen geschliffen werden, gibt es Streuungen in der Brechzahl bis maximal $\pm 2 \cdot 10^{-4}$. Bessere Qualitäten haben je nach Aufwand im Kühlprogramm geringere Schwankungen zwischen den Presslingen bis $\pm 2 \cdot 10^{-5}$. *Innerhalb* eines Preßlings hingegen sind die Brechzahlinhomogenitäten noch deutlich geringer.

Inhomogenitäten der Brechzahlen aufgrund von Spannungen werden in der Regel durch die Unterschiede der optischen Weglängen für elektromagnetische Strahlung mit Polarisationsrichtung parallel und senkrecht zur Spannungsrichtung angegeben (siehe Abb. 5.13). Diese Unterschiede betragen $\Gamma = K \cdot \sigma \cdot \ell$, wobei K der spannungsoptische Koeffizient, σ die (einachsige) mechanische Spannung und ℓ die Dicke der Glasprobe ist. Die Unterschiede der Weglängen beider Polarisationsrichtungen werden auf die Probenlänge bezogen, also Γ/ℓ. Daher ergibt sich die Einheit nm/cm. Die Werte betragen maximal 10 bis 20 nm/cm; das bedeutet, daß bei einem maximalen spannungsoptischen Koeffizienten von $4 \cdot 10^{-6}$ mm^2/N und einer Weglänge von 1 cm eine Spannung von 0,25 bis 0,5 N/mm^2 vorliegt. Diese Spannungswerte liegen um 1 bis 2 Größenordnungen über den Spannungen, die sich in dicken Glasblöcken aufgrund des eigenen Gewichts ergeben (was in der Praxis die technisch sinnvolle untere Grenze für die Restspannungen wäre). Da die Beträge von $K_\perp$ und $K_\parallel$ zwischen 0 und 10^{-5} mm^2/N liegen, kann man aus den gemessenen maximalen Restspannungen von 0,25 bis 0,5 N/mm^2 die Brechzahlinhomogenitäten auf weniger als 10^{-5} abschätzen. Deshalb ist eine weitere Verringerung der Restspannungen nur für besonders hohe Anforderungen und speziell vorwiegend für Anwendungen von Glas in der Polarisationsoptik erforderlich.

Im Gegensatz zu diesen Inhomogenitäten mit sehr kleinen Gradienten in den Glasproben gibt es Glasfehler mit großen lokalen Gradienten oder sogar Stufen in der Brechzahl. Es handelt sich dabei z. B. um *Schlieren* und um *Blasen* oder *Einschlüsse*. Schlieren sind räumlich begrenzte Inhomogenitäten in der Brechzahl (oft fadenförmige Schlieren). Sie entstehen durch unvollständige Durchmischung der Glasschmelze oder durch Hineinziehen von Bereichen des Schmelzflusses mit geringfügig unterschiedlicher Zusammensetzung (z. B. von der Oberfläche) in das Innere der Schmelze oder auch aus Teilen des Gemenges, die sich erst verspätet in der Schmelze aufgelöst haben. Schlieren können z. B. durch Schattenwurf nachgewiesen werden [8,19]. Sie sind Ursache für geringe Differenzen Γ in der optischen Weglänge für benachbarte Lichtwege; typische Werte von Γ liegen in der Größenordnung von 10 bis 100 nm.

Die Entstehung von Blasen kann während des Schmelzvorgangs nicht vermieden werden, da sich die Rohstoffe beim Aufschmelzen zersetzen und Zersetzungsprodukte dabei teilweise als Gas entweichen (z. B. CO_2, SO_2). Die Bildung von Gasblasen ist bei der Schmelze durchaus erwünscht, da beim Aufsteigen der Blasen die Schmelze durchmischt wird. Nur sehr kleine Blasen benötigen zu lange zum Aufsteigen, so daß sie bisweilen im Glas verbleiben und stören können.

Als Einschlüsse bezeichnet man unaufgelöste Teile des Gemenges, abgespaltene und unaufgelöste Teile des Tiegelmaterials, Kristallite, die im Glas während der Produktion gewachsen sind, und Platin-Teilchen, die sich bei bestimmten Redox-Bedingungen aus Platin-Ionen in der Schmelze gebildet haben. Wenn diese lokalen Inhomogenitäten Dimensionen bis etwa in der Größenordnung der Wellenlänge der elektromagnetischen Strahlung haben, so stören sie in der Regel nicht. Bei der üblichen Prüfung werden daher solche Inhomogenitäten erst ab einem Durchmesser von 0,05 mm erfasst. Es gibt 4 Standard-Klassen für Einschlüsse („Blasenklassen"). Bei der Klasse mit den niedrigsten Anforderungen darf die Summe aller Querschnitte der Einschlüsse in einem Glasvolumen von 100 cm^3 einen Wert von 0,5 mm^2 nicht überschreiten. Bei der Klasse mit den höchsten Anforderungen dagegen liegt die Grenze bei 0,03 mm^2. Falls höhere Anforderungen (z. B. für die Lasertechnik und Meßtechnik) gestellt werden müssen, so empfiehlt sich eine Anfrage beim jeweiligen Hersteller des Materials.

5.5 Transparenzbereiche

5.5.1 Transmissionvermögen von Gläsern, Kristallen und Kunststoffen

Die Verwendung optischer Materialien für unterschiedliche spektrale Bereiche ist durch das *Transmissionsvermögen* oder den *Transmissionsgrad* für die elektromagnetische Strahlung begrenzt. Unter Transmissionsvermögen versteht man das Verhältnis von durchgelassenem (oder übertragenem) zu einfallendem Energiestrom. Beim Durchgang elektromagnetischer Strahlung durch optische Materialien sind vorwiegend drei Verlustmechanismen zu berücksichtigen: *Reflexion* an den Grenzflächen, *Absorption* und *Streuung* (nichtlineare Verlustmechanismen sind nur bei sehr hohen Energiestromdichten wirksam, so daß sie hier nicht berücksichtigt werden sollen). Absorptions- und Streuverluste werden gemeinsam als Extinktionsverluste bezeichnet. Alle diese Größen hängen von der Wellenlänge der elektromagnetischen Strahlung ab. Es ist daher erforderlich, jeweils die *spektralen* Größen (d. h. für jeweils ein kleines Wellenlängenintervall, über das die betreffende Größe konstant ist) zu betrachten. Im folgenden sind daher mit den Bezeichnungen *Transmissions-*, *Absorptions-*, *Streu-* und *Extinktionsvermögen* jeweils die *spektralen* Größen gemeint.

Trifft eine elektromagnetische Welle senkrecht auf eine ebene Grenzfläche zwischen zwei transparenten Medien „1“ und „2“, so wird der Bruchteil

$$R = \frac{(n_{\text{rel}} - 1)^2}{(n_{\text{rel}} + 1)^2} \tag{5.21}$$

des einfallenden Energiestroms reflektiert [20,21]. Dabei ist unter $n_{\text{rel}} = n_2/n_1$ das Verhältnis der Brechzahlen beider Medien zu verstehen. Bei schiefem Auftreffen hängen die Reflexionsverluste vom Einfallswinkel und von der Polarisationsrichtung ab. Sie können mit Hilfe der Fresnel-Formeln berechnet werden (siehe z. B. [19–21]; auf eine Diskussion sei hier verzichtet). Für $n_{\text{rel}} = 1,5$ ergeben sich bei senkrechtem Einfall Reflexionsverluste von 4% pro Grenzfläche. Grundsätzlich lassen sich diese Reflexionsverluste durch entspiegelnde Interferenzschichten vermeiden [19]. Da diese Verluste mit zunehmender Brechzahl ansteigen, sind Entspiegelungsschichten insbesondere für Materialien mit großen Brechzahlen erforderlich. Ebenso sind solche Schichten für Linsensysteme mit vielen Linsen (z. B. Zoom-Linsen) notwendig, damit hinreichende Energieströme noch durchgehen.

Da somit die Reflexionsverluste nicht charakteristisch für ein Material sind, werden sie bei den Transmissionsverlusten herausgerechnet. Bei Berücksichtigung der Mehrfachreflexionen an planparallelen Platten ohne Extinktionsverluste ergibt sich ein Schwächungsfaktor aufgrund der Reflexionsverluste von

$$P = \frac{(1 - R)^2}{1 - R^2} = \frac{2n_{\text{rel}}}{n_{\text{rel}}^2 + 1} \,. \tag{5.22}$$

Dieser Faktor ist bei den Angaben des Transmissionsvermögens häufig herausgerechnet (was aber nur sinnvoll ist, wenn das Transmissionsvermögen hinreichend nahe bei 1 liegt; falls das Transmissionsvermögen sehr viel kleiner als 1 – z. B. 0,1 – beträgt, sollte $P = (1 - R)^2 = 4n_{\mathrm{rel}}/[(n_{\mathrm{rel}} + 1)^2]$ verwendet werden, da in diesem Fall Mehrfachreflexionen nicht berücksichtigt zu werden brauchen). Dann sind Werte des *spektralen Reintransmissionsvermögens* oder des *spektralen Reintransmissionsgrads* angegeben. Die übrigen Verluste (Extinktionsverluste) entstehen im Innern der optischen Materialien und hängen somit von der Dicke ab. Angaben über das (Rein-)Transmissionsvermögen sind daher ohne Angabe der Dicke, für die sie gelten, wertlos. In diesem Kapitel beziehen sich die Angaben des Transmissionsvermögens auf eine Dicke von 2 mm. Wenn das Reintransmissionsvermögen für die Dicke d_1 den Wert τ_1 hat, so ergibt sich der entsprechende Wert des Reintransmissionsvermögens τ_2 für die Dicke d_2 nach

$$\log(\tau_2) = \frac{d_2}{d_1} \log(\tau_1) \quad \text{oder} \quad \tau_2 = (\tau_1)^{d_2/d_1} \ . \tag{5.23}$$

Streuung durch kleine Teilchen (z. B. Blasen oder Platineinschlüsse) führt bei Materialien für transmittive Optiken nur zu vernachlässigbarer geringer Abschwächung der Energieströme. Sie kann zu einer Verringerung des Kontrasts bei Abbildungen führen, was nur bei sehr genauer Messung von Kontrastverhältnissen bemerkt werden kann.

Die Verwendung optischer Materialien im Spektrum elektromagnetischer Strahlung wird jedoch vor allem durch Absorption begrenzt. Folgende *Absorptionsmechanismen* sind besonders zu beachten [24–27]:

(a) Durch die elektromagnetische Strahlung kann ein Elektron von einem Energieniveau auf ein anderes (zuvor unbesetztes) Niveau angehoben werden. Dabei wird Energie absorbiert. Dieser Absorptionsmechanismus ist besonders im ultravioletten Bereich (UV) und bei färbenden Ionen wirksam. Die Stärke dieser Absorption wird jeweils durch die „Oszillatorenstärke" charakterisiert.
(b) Im infraroten Bereich (IR) können Schwingungen (insbesondere auch Oberschwingungen) der Ionen im Netzwerk des Glases oder im Kristallgitter angeregt werden.
(c) Bei Halbleitern kommt noch die Absorption durch freie Ladungsträger (wie in Metallen) hinzu.

Im Interesse eines möglichst großen Transmissionsvermögens sind daher absorbierende Verunreinigungen (wie z. B. Fe, Cr) in den optischen Materialien zu vermeiden (falls nicht gerade die Absorption dieser Verunreinigungen erwünscht ist). Hierauf wird bei der Auswahl der Rohstoffe sehr großer Wert gelegt. Der Transparenzbereich im UV ist bei Gläsern durch Restverunreinigungen mit sehr großer Oszillatorenstärke oder durch die Eigenabsorption des Materials für elektronische Übergänge begrenzt. Bei oxidischen Gläsern gilt ganz grob die Regel: Je größer der Anteil an Bleioxid, desto näher ist die Absorptionskante zum sichtbaren Spektralbereich hin verschoben. Es lassen sich aber oxidische Multikomponenten-Gläser finden, bei denen die UV-Absorptionskante bei Wellenlängen unterhalb von 300 nm liegt. Dies trifft insbesondere auf die Fluorkron-Gläser zu [8]. Unter den Oxidgläsern ist Kieselglas („Quarzglas") im UV besonders weit bis unter 180 nm transparent [4].

Optische Kunststoffe haben Transmissionskanten im UV ähnlich wie die oxidischen Gläser: zumeist zwischen 300 und 400 nm.

Die UV-Absorptionskanten für 2 mm dicke Platten zumeist aus einkristallinen Materialien sind in Abb. 5.17 dargestellt. Besonders hervorzuheben sind die Kristalle LiF, NaF, MgF_2, BaF_2, CaF_2 und Saphir mit ihren großen Transparenzbereichen im UV.

Im IR-Spektralbereich ist bei oxidischen Gläsern bei 2,7 μm eine OH-Schwingungsbande zu beobachten; weitere schwächere OH-Banden liegen bei 2,2 μm, 1,9 μm, 1,35 μm und 1,25 μm. Das Transmissionsvermögen bei diesen Wellenlängenbereichen hängt somit stark vom OH-Gehalt der Gläser ab. Im Bereich von etwa 4 bis 5 μm geht das Transmissionsvermögen auf sehr kleine Werte zurück. Die genaue Lage dieser Grenze hängt ebenfalls vom Gehalt an OH-Ionen ab. Bei Gläsern mit geringem Gehalt an OH-Ionen ist daher die Transmissionsgrenze im IR nach großen Wellenlängen verschoben. Zu solchen Gläsern gehören insbesondere die Chalcogenidgläser, bei denen die Transmissionsgrenze im IR oberhalb von 15 μm liegen kann. Hier gilt die Regel: Je schwerer die Elemente, desto weiter ist die Transmissionsgrenze nach großen Wellenlängen verschoben („je schwerer, umso länger").

Bei Kunststoffen ist der Gehalt an OH-Ionen in der Regel sehr viel größer als bei oxidischen Gläsern. Daher sind die entsprechenden Absorptionsbanden stärker und die Transparenzbereiche sind vergleichsweise enger.

Die Einschränkungen durch OH-Ionen gelten für viele Kristalle nicht, wenn diese Ionen nicht eingebaut werden. Es wirken sich dann die Absorptionsmechanismen durch die Gitterschwingungen der reinen Kristalle und ihrer Oberschwingungen aus. Auch hier gilt die Regel „je schwerer, umso länger". Daher treten insbesondere die schweren Alkalihalogenide – wie CsI mit einer IR-Transmissionsgrenze bei 70 μm – hervor, die auch im sichtbaren Spektralbereich transparent sind. Hinweise auf weitere interessante Materialien mit Angaben über die Transmissionsbereiche können Abb. 5.17 entnommen werden.

5.5.2 Farbgläser [8,28–30]

Die Anwendung von Farbgläsern in der Optik hängt von ihrem Absorptions- und Transmissionsspektrum ab. Über die Dicke des betreffenden Glases können diese Spektren verändert werden. Wenn das Transmissionsspektrum für eine Dicke bekannt ist, so kann es nach den Gleichungen (5.23) auf andere

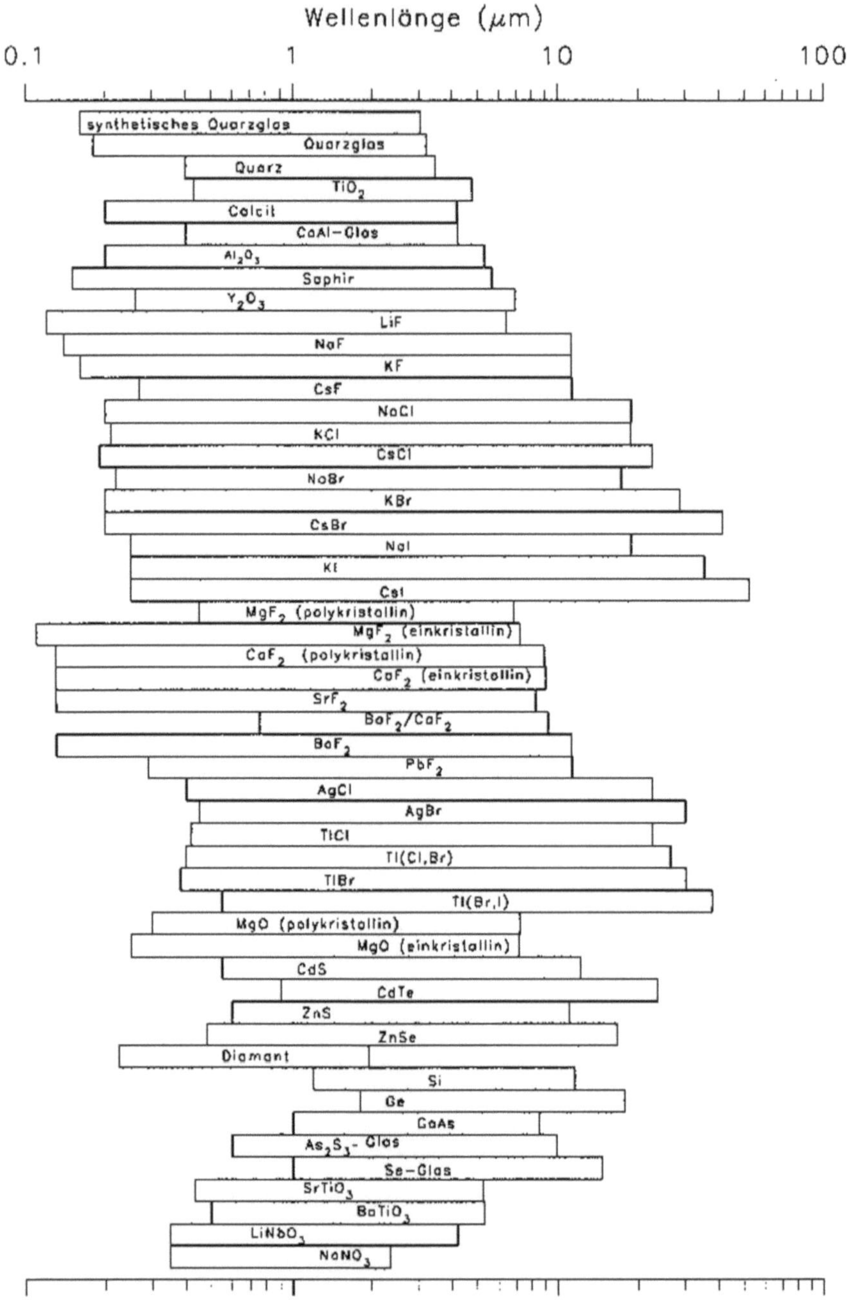

Abb. 5.17. Transparenzbereiche für unterschiedliche optische Materialien. Markiert sind die Intervalle, bei denen das spektrale Transmissionsvermögen größer als 0,1 für eine Dicke von 2 mm beträgt (teilweise nach [10])

Dicken umgerechnet werden. Auf diese Weise läßt sich eine Anpassung eines Transmissionsspektrums für die jeweiligen Anforderungen erzielen. In der Regel sind die Transmissionsspektren von den Herstellern der Farbgläser erhältlich. Sie lassen sich aber auch mit modernen Spektrometern leicht messen, falls das Transmissionsvermögen nicht zu nahe bei 0 liegt.

Der Farbton, den ein Betrachter eines Farbglases empfindet, kommt dadurch zustande, daß im Glas das *komplementäre Farbspektrum absorbiert* wird. Ein Glas erscheint uns „rot", wenn der Spektralbereich „grün" absorbiert wird; oder es erscheint uns „gelb", wenn der Spektralbereich „blau" absorbiert wird, usw.

Elektronischen Übergängen innerhalb der nicht vollständig aufgefüllten 3d-Schale entsprechen breite Absorptionsbanden. Solchen Ionen, bei denen die 3d-Schale nur teilweise mit Elektronen aufgefüllt ist, besitzen obendrein meist mehrere Wertigkeitsstufen. Daher kann man aus den beobachteten Absorptionsbanden dieser Ionen Informationen über die Anzahl an Elektronen in der 3d-Schale und die Wertigkeit des Ions und damit über den Oxidationszustand des Glases gewinnen. Hinzu kommt noch ein starker Einfluß der umgebenden Matrix (Symmetrie infolge der Koordination und Feldstärke der umgebenden Ionen). In Tabelle 5.2 sind u. a. die wichtigsten bekannten Färbungen durch Übergangsmetall-Ionen aufgelistet. Dies stellt nur eine kleine Auswahl aus einem sehr umfangreichen Gebiet der Glas-Chemie und der Farbmetrik dar [28–30]. Es ist in diesem Zusammenhang darauf hinzuweisen, daß der *Farbeindruck* von der spektralen Zusammensetzung des Lichts abhängt und somit durchaus variabel ist. (Wenn der Farbeindruck mit der spektralen Zusammensetzung des Lichts stark variiert, spricht man bisweilen auch vom *Alexandrit-Effekt*, da beim Alexandrit-Kristall diese Erscheinung besonders stark ausgeprägt ist.)

Gläser mit breiten ionischen Absorptionsbanden werden u. a. bei der Korrektur von Farbtemperaturen, als Graugläser (wenn mehrere Ionenarten vorhanden sind) und als Wärmeschutzfilter (Phosphatgläser mit Fe^{2+}-Ionen, die im nahen IR absorbieren) eingesetzt.

Übergängen in Lanthanid- oder Seltenerd-Ionen (außer Ce) sind in Gläsern in der Regel scharfe Absorptionsbanden zuzuordnen. Gläser mit solchen Banden werden als Eichstandards für Spektrometer verwendet.

Nach dem Übergang vom Grundzustand in einen angeregten Zustand können bei den Seltenerd-Ionen die Elektronen auf einen Zustand mit langer Lebensdauer (metastabiler Zustand) wechseln. Wenn von solch einem metastabilen Zustand ein Übergang auf einen anderen energetisch tiefer liegenden Zustand unter Emission von Photonen erfolgt, so ist solch ein Material als aktives Medium für Laser geeignet. Tatsächlich werden Gläser, die mit unterschiedlichen Seltenerd-Ionen dotiert sind, als aktive Medien für Laser verwendet [31]. Der größte Laser auf der Erde, der am Lawrence Livermore National Laboratory in Kalifornien zur Kernfusionsforschung gebaut wurde, hat als aktives Medium Phosphat-Glas, das mit Nd^{3+}-Ionen dotiert ist. Es

Tabelle 5.2. Elemente, ihre Wertigkeit und Farbe einiger Ionen mit nicht vollständig aufgefüllter 3d- oder 4f-Schale (entsprechend Übergangsmetall- und Lanthanid-Ionen)

Übergangsmetalle			Lanthanide		
Ion	Wertigkeit	Farbe	Ion	Wertigkeit	Farbe
Ti	3+	violett, braun	Ce	3+/4+	gelblich
V	3+	grün	Pr	3+	grün
V	4+	blau	Nd	3+	violett
Cr	3+	grün	Sm	2+	grün
Mn	2+	blaßgelb	Eu	2+	braun
Mn	3+	violett	Dy	2+	braun
Fe	2+	grün, blau	Ho	3+	gelb
Fe	3+	gelbbraun	Er	3+	blassrot
Co	2+	blau, rosa			
Ni	2+ tetraedrisch	violett			
Ni	2+ oktaedrisch	gelb			
Cu	2+	blau, türkis			

wäre nicht wirtschaftlich, in diesem Fall den riesigen Bedarf an aktivem Material durch Kristalle zu decken.

Eine weitere Möglichkeit, in Gläsern das Absorptionsvermögen gezielt zu verändern, besteht darin, daß Kolloide in ihnen erzeugt werden. Dazu wird zunächst ein Glas mit den Ionen, die später die kolloidalen Ausscheidungen bilden sollen, erschmolzen. Anschließend wird das Glas einer Temperbehandlung unterzogen, bei der sich dann die gewünschten Kolloide mit Durchmessern von 5 bis 20 nm (also weit unter der Wellenlänge des Lichts, so daß sie nicht stark streuen) bilden. Von technisch großer Bedeutung sind die kolloidalen Ausscheidungen der Zusammensetzung Cd(S,Se,Te). Dabei entstehen sehr scharfe *Absorptionskanten*, die direkten Band-Band-Übergängen in diesen Materialien zuzuordnen sind. Mit der Zusammensetzung der Kolloide läßt sich die Absorptionskante dieser *Anlaufgläser* vom blauen Spektralbereich bis in den IR-Bereich verschieben. [28–30].

Ähnlich wie die Anlaufgläser müssen auch die *photochromen* Gläser einer Temperbehandlung unterworfen werden [8]. Dabei werden in den Gläsern durch die Temperbehandlung kolloidale Ag(Cl,Br)-Ausscheidungen mit Durchmessern von 10 bis 20 nm erzeugt. Durch die Absorption von UV-Strahlung (auch Strahlung aus dem benachbarten blauen Spektralbereich) werden die Kolloide photolytisch zersetzt. Dabei entstehen metallische Ag-Ausscheidungen mit einer Dicke von nur einer oder wenigen Atomlagen, die im sichtbaren Spektralbereich absorbieren. Solch ein Glas wird daher unter Sonnenbestrahlung dunkel. Da die Halogene als Reaktionspartner nahe bei den Ag-Ausscheidungen bleiben, bilden sich nach Beendigung der Bestrahlung durch die Sonne die im sichtbaren Spektralgebiet kaum absorbierenden Ag(Cl,Br)-Kolloide wieder zurück.

Zu den Kolloidfärbungen gehören auch die Färbungen durch „große" (d. h. 10 bis 20 nm im Durchmesser) kugelförmige Ag- und Au-Ausscheidungen. Solche Ag-Kolloide absorbieren im blauen Spektralbereich, so daß das Glas gelb wird („Silbergelb"), während Au-Kolloide bevorzugt im grünen Spektralbereich absorbieren, so daß die Gläser rot („Gold-Rubin-Gläser") erscheinen [29].

5.6 Sonderwerkstoffe für die Optik

Um die Grenzen der Auflösung bei transmittiven optischen Bauelementen zu erreichen, benötigt man mehrere Linsen hintereinander, allein um den Farbfehler bei der Abbildung zu beseitigen. Für große Teleskope in der Astronomie wäre damit der Aufwand zur Herstellung von Linsensystemen sehr groß (große Stücke an homogenen Materialien wären erforderlich und mehrere Oberflächen wären in optischer Qualität und mit interferometrischer Genauigkeit zu bearbeiten). Farbfehler treten bei Spiegeln als abbildende Elemente hingegen nicht auf. Obendrein hat ein Spiegel nur *eine* präzise zu bearbeitende Oberfläche. Es ist somit sofort klar, daß für große Teleskope die Verwendung von Spiegeln vergleichsweise kostengünstiger ist. Es bleibt aber dennoch das Problem, daß sich bei Formänderung der Spiegel die Abbildungsqualität verschlechtert. Formänderungen treten z. B. bei Änderungen der Umgebungtemperatur auf. Damit ist offensichtlich, daß Materialien mit sehr geringen Werten des Koeffizienten α der thermischen Längenausdehnung für Spiegel große Vorteile bieten. Dies war Anlass für die Entwicklung von Materialien mit einem Koeffizienten der thermischen Längenausdehnung α von nahezu 0 in einem Temperaturintervall um Raumtemperatur.

Zur Lösung dieses Problems wurde bei Corning Glass Works das Material *ULE*© (Ultra Low Expansion titanium silicate) entwickelt [32]. Es handelt sich dabei um ein Glas der Zusammensetzung 92,5% SiO_2 und 7,5% TiO_2). Es wird durch Flammenhydrolyse von besonders reinem $SiCl_4$ und $TiCl_4$ in einem Gasbrenner mit hinreichendem Überschuß an O_2 bei 1700°C hergestellt. Dabei bilden sich zunächst kleine $TiO_2 \cdot SiO_2$-Partikel mit einem Durchmesser von weniger als 1 µm. Diese Partikel werden auf einem größeren Stück *ULE*© abgeschieden und damit verschmolzen. Nach Angaben des Herstellers dieses Materials ist der Betrag des Koeffizienten für die thermische Längenausdehnung im Temperaturintervall zwischen 5°C und 35°C kleiner als $3 \cdot 10^{-8}/°C$.

Von Schott Glas wurde die Glaskeramik *Zerodur*© entwickelt [33]. Diesem Material liegt folgende Idee zugrunde: Gläser haben einen positiven Koeffizienten α für die thermische Längenausdehnung. Bei Kristallen kommen auch negative Werte von α vor. Da es Zusammensetzungen von Gläsern gibt, bei denen sich solche Kristalle ausscheiden können, liegt es nahe, solch ein Glas zu schmelzen und dann durch einen geeigneten Keimbildungs- und Kristallwachstumspozeß kleine Kristalle in der Glasmatrix entwickeln zu lassen. Bei geeignetem Anteil an Kristallen in der Glasmatrix kann dann α nahezu 0 sein. Es ist auch für Außenstehende einsichtig, welch großer Aufwand für die Entwicklung solch einer *Glaskeramik* erforderlich ist. Heute wird der Prozeß zur Herstellung von Spiegelrohlingen bis über 8 m im Durchmesser beherrscht. Details über Herstellungstechnik und Anwendungen können [34] entnommen werden. Es werden Beträge für die Werte von α im Temperaturbereich zwischen 0°C und 50°C von weniger als $2 \cdot 10^{-8}$/°C erreicht.

Literatur

1. Joint Commision for Spectroscopy in Rome, September 1952; zitiert auf S. 408 in Vol. 1 F. Kohlrausch (1968) Praktische Physik. Herausgegeben von Günter Lautz und Rolf Taubert, Teubner, Stuttgart
2. Katalog Optisches Glas (1966) Schott Glas, Mainz
3. Katalog Optisches Glas Nr. 10.000 (1992) Schott Glas, Mainz, Neuauflage (2000); http://www.schott.com/optics_devices/
4. Katalog Q-A 1/112.1 Quarzglas und Quarzgut, Heraeus Quarzschmelze GmbH, Postfach 1554, Hanau
5. Schröder, G., Treiber, H. (2002) Technische Optik, 9. Aufl. Vogel, Würzburg
6. Haferkorn, H. (2002) Optik, Wiley/VCH, Weinheim
7. Pforte, H. (1993) Der Optiker, Bd. 1 (Werkstoffe der Augen- und Feinoptik), bearb. von Gerd Reichelt. Gehlen, Bad Homburg vor der Höhe
8. Bach, H., Neuroth, N. (Hrsg.) (1998) The Properties of Optical Glass. Springer, Berlin Heidelberg
9. Naumann, H., Schröder, G. (1992) Bauelemente der Optik, 6. Auflage. Hanser, München
10. Musikant, S. (1985) Optical Materials. Marcel Dekker, New York
11. Hoffmann, H. J., Jochs, W. W., Neuroth, N. M. (1989) Relaxation Phenomena of the Refractive Index Caused by Thermal Treatment of Optical Glasses Below Tg SPIE **970**, 2-9
12. Hoffmann, H. J., Jochs, W. W., Westenberger, G. (1990) A dispersion formula for the thermo-optic coefficient of optical glasses. SPIE **1327**, 219–231
13. Schuster, E., Reitmayer, F. (1961) Die Änderung der Lichtbrechung von Gläsern bei eindimensionaler Druck- bzw. Zugbeanspruchung. Glastechn. Ber. **34**, 130–133
14. Änderungen der Brechzahlen optischer Gläser durch Zug- und Druckbelastungen, Technische Information Nr. 20. (1984) Schott Glas, Mainz
15. Pockels, F. (1902) Über die Änderung des optischen Verhaltens verschiedener Gläser durch elastische Deformation. Ann. Phys. (Leipzig) 7, 745–771
16. Aben, H., Guillemet, C. (1993) Photoelasticity of Glass. Springer, Berlin Heidelberg
17. Der spannungsoptische Koeffizient optischer Gläser, Technische Information Nr. 15 (1984) Schott Glas, Mainz
18. Hoffmann, H. J., Jochs, W. W., Przybilla, G., Westenberger, G. (1992) The Stress-Optical Coefficient and its Dispersion in Oxide Glasses, XVI International Congress on Glass (Madrid). Collected Papers Vol. 4, 187–192
19. Bergmann, L., Schäfer, C. (1993) Lehrbuch der Experimentalphysik, Band III (Optik), 9. Aufl. Herausgegeben von H. Niedrig, de Gruyter, Berlin

20. Fowles, G. R. (1989) Introduction to Modern Optics, 2. Aufl. Dover, New York
21. Hecht, E. (2001) Optics, 4. Aufl. Pearson Addison-Wesley International, Boston
22. Yariv, A. (1991) Optical Electronics, 4. Aufl. Saunders College, Philadelphia
23. Westenberger, G., Hoffmann, H. J., Jochs, W. W., Przybilla, G. (1991) The Verdet Constant and its Dispersion in Optical Glasses, SPIE **1535**, 113–120
24. Burns, G. (1985) Solid State Physics. Academic, Orlando
25. Palik, E. D. (Hrsg.) (1997) Handbook of Optical Constants of Solids. Academic, New York
26. Schröder, H., Neuroth N. (1967) Optische Materialien für den ultravioletten und infraroten Spektralbereich. Optik **26**, 381–401
27. Neuroth, N. (1968) Zusammenstellung der Infrarotspektren von Glasbildern und Gläsern. Glastechn. Ber. **41**, 243–253
28. Weyl, W. A. (1951) Coloured Glasses. Society of Glass Technology, Sheffield
29. Bamford, C. R. (1977) Colour Generation and Control in Glass. Elsevier, Amsterdam
30. Vogel, W. (1992) Glaschemie. Springer, Berlin Heidelberg
31. Stokowski, S. (1982) Glass Lasers, S. 215–264 in Handbook of Laser Science and Technology, Vol. 1 (Lasers and Masers), herausgegeben von M. J. Weber. CRC, Boca Raton
32. Druckschrift: ULE© Corning Code 7971/Titanium Silicate Zero Expansion Material. Corning Glass Works, Corning, New York
33. Petzoldt, J., Pannhorst, W. (1991) Chemistry and Structure of Glass-Ceramic Materials for High Precision Optical Applications. J. Non-Cryst. Solids **129**, 191–198
34. Bach, H. (Hrsg.) (1995) Low Thermal Expansion Glass Ceramics. Springer, Berlin Heidelberg

6 Spezifikation und Fertigung optischer Bauelemente

6.1 Fertigungsverfahren

Die klassischen Optikbearbeitungsprozesse zur Formgebung lassen sich nach den Grundprinzipien Urformen, Umformen und Trennen einteilen [1–3].

Daran schließen sich meist noch die Verfahren zur Beschichtung (Entspiegeln, Verspiegeln, Lackieren) und die Fügeverfahren (Feinkitten, Ansprengen) an.

Die folgenden Ausführungen sind auf Bauelemente mit ebenen oder sphärischen Funktionsflächen beschränkt. Zu Asphären findet man in [4] einen Überblick und weiterführende Literaturhinweise.

6.1.1 Urformen

Die wesentlichen Urformverfahren sind das Pressen aus der Glasschmelze, das Plastspritzen und das Plastgießen. Die meisten optischen Gläser werden von den Glasherstellern auch als Preßlinge angeboten. Die Rauhigkeiten der Glasoberflächen und die Schwankungen der Abmaße erfordern in der Regel eine weitere Bearbeitung zumindest der optischen Funktionsflächen. Beim Plastspritzen und -gießen sind dagegen alle Oberflächen in der notwendigen Qualität herstellbar. Da beim Gießen im Gegensatz zum Spritzen keine druckfesten Stahlformen benötigt werden, können die abzuformenden Werkzeugoberflächen aus Glas hergestellt werden. Dadurch sind höhere Genauigkeiten erreichbar.

6.1.2 Umformen

Innerhalb eines bestimmten Temperaturbereiches lassen sich Gläser umformen, ohne die optischen Eigenschaften zu verlieren. Vielfach werden Preßlinge durch Umformen aus vorgefertigten Halbzeugen hergestellt. Mehrere Firmen haben das Verfahren des Blankpressens für zahlreiche optische Gläser inzwischen sehr weit entwickelt. Dazu werden Glas-Halbzeuge mit polierter Oberfläche (z.B. Rundstäbe oder Kugeln) aufgeheizt und in einer Preßform heiß umgeformt. Die Kunst besteht im wesentlichen darin, den polierten Zustand der Oberfläche des Halbzeuges im späteren Funktionsbereich des Bauelementes in hoher Sauberkeit zu erhalten sowie die thermische Ausdehnung von Bauelement und Preßform exakt vorauszuberechnen. Die Formgenauigkeiten blankgepreßter Bauelemente sind für viele Abbildungsaufgaben ausreichend [5], [6].

6.1.3 Trennen

Neuere Trennverfahren in der Flachglasbearbeitung sind das Laserstrahlschneiden und das Wasserstrahlschneiden. Solche Anlagen sind technisch aufwendig und das klassische Ritzen mit Diamant- oder Hartmetallschneide und anschließendes Knacken (Brechen entlang der Rißlinie) ist kostengünstiger, wenn keine engen Maßtoleranzen gefordert sind.

6.1.4 Trennschleifen

Das Trennschleifen mit gebundenem Diamantkorn ist heute das Standardverfahren in der optischen Bauelementefertigung. Abhängig von der angestrebten Bearbeitungsgeschwindigkeit und Rauhtiefe werden Korngrößen des Diamantpulvers im Bereich von etwa 2 bis 400 µm in unterschiedlich harte Bindungsmaterialien eingemischt und in eine Werkzeugform gegossen, gepreßt oder auf einen Werkzeuggrundkörper aufgebracht. Gebräuchliche Bindungen sind Bronzepulver, Kunststoffe oder auch galvanisch erzeugte Nickelbindungen. Die folgenden Angaben sind aus Werkzeugkatalogen verschiedener Hersteller entnommen [7], [8].

Die Konzentration beziffert den Anteil an Diamant im Schleifbelag (in Volumenprozent). Die Basis der Konzentrationsbezeichnung ist internationaler Standard, nämlich 25 Volumenprozent Diamant werden mit C100 bezeichnet, woraus sich mit der Dichte des Diamanten von $\rho = 3{,}52$ g/cm^3 der Diamantanteil in Karat (1 Karat = 0,2 Gramm) errechnen läßt: C100 = 4,4 Karat/cm^3 Belagvolumen [8] (siehe Tabelle 6.2).

Ausgangspunkt in der optischen Fertigung ist meist Block- oder Plattenglas, das mit sehr unterschiedlichen äußeren Abmessungen vorliegt. Damit die Blöcke vollständig durchtrennt werden können, werden sie auf Glasunterlagen aufgeklebt. Dazu werden Schmelzkleber verwendet, die sich durch Erwärmung wieder lösen lassen und in Reinigungsanlagen wieder entfernbar sind. Mit Trennschleifmaschinen werden Glasblöcke zunächst in Scheiben, und danach in einer anderen Aufspannung weiter in Streifen oder Prismen zerlegt. Moderne Maschinen sind heute in 4 Achsen CNC-gesteuert, wobei 3 orthogonale Achsen mit 1 µm und eine Drehachse mit 0,001 grd als kleinstem Einstellschritt ansteuerbar sind [9].

Die zum Trennschleifen verwendeten Werkzeuge ähneln Kreissägeblättern, sind jedoch nicht geschränkt. Die Zahnung diehnt der besseren Kühlung und Schmierung (siehe Abb. 6.1).

Ausführliche Verfahrensbeschreibungen zum Umfangstrennschleifen, Innentrennschleifen und Drahttrennschleifen findet man in [10].

Tabelle 6.1. Gebräuchliche Bindungsarten [8]

Bindungsgruppe	Bindungsname	Verschleißhärte	Empfehlungen für den Einsatz	Werkzeuge
Metall- oder Bronzebindung (Schleifscheiben)	BZ 488 BZ 486 BZ 457 BZ 444	↑	für profilhaltige Werkzeuge	Schleifscheibe Facettierscheiben
	BZ 387 BZ 366 BZ 335 BZ 309	↑	universelle Bindung	Trennscheibe (eingeengte Bindungspalette
	BZ 560 ST 5314		für große Kontaktflächen universell für den Einsatz auf torischen Flächen	Topfschleifscheibe
Galvanische Metallbindung	G 825		zur Bearbeitung von Kunststoffgläsern	Topfschleifscheiben
Metall- oder Bronzebindung (Pellets)	BT 246 BZ 488 BZ 486 BZ 444 BZ 428 BZ 387 BZ 335 BZ 303 BZ 5017	↑	universell für Brillenoptik universell für härtere Glassorten universell für weichere Glassorten für weiche Flintgläser	Pellets
Kunstharzbindung (Pellets)	K-plus 1001Y SP 2012 SP 2013		bei Körnungsgrößen <D7 bei angesprengten Prismen für torische und asphärische Flächen, für niedrige Schleifkräfte	

Optimale Schneidleistungen bei minimalem Werkzeugverschleiß und guten Rauhigkeitswerten sind nur mit speziell abgestimmten Kühl- und Schmierstoffen erzielbar. Jahrzehntelang wurden dazu Petroleum oder Wasser-Glyzerin-Emulsionen eingesetzt. Heute stehen erheblich verbesserte Produkte zur Verfügung. Mineralöle haben erhebliche Vorteile gegenüber wässrigen

Tabelle 6.2. Gebräuchliche Diamantkonzentrationen [8]

Bezeichnung	Diamantanteil in kt/cm^3 Belagvolumen
C 25	1,10
C 40	1,76
C 50	2,20
C 75	3,30
C 90	3,96
C 100	4,40
C 135	5,95

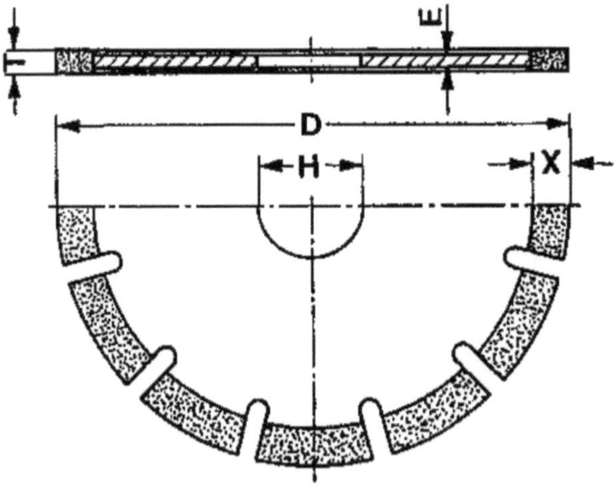

Abb. 6.1. Eine gebräuchliche Trennschleifscheibe [7]

Substanzen hinsichtlich Standzeit, Wiederaufarbeitung und Maschinenkorrosion. Von Nachteil dagegen sind die notwendigen Brandschutzmaßnahmen, da durch Aerosolbildung der Flammpunkt abgesenkt wird. Damit die MAK-Werte eingehalten werden, sind auch aufwendige Absauganlagen erforderlich. Mineralöle können jedoch jahrelang im Kreislauf wiederaufbereitet werden, indem der Glasschlamm separiert wird. Wässrige Systeme müssen wegen des bakteriellen Befalls und der schnellen Veränderung des pH-Wertes häufiger ausgetauscht werden und verursachen dadurch höhere Wartungs- und Entsorgungskosten.

Hohlbohren. Mit Hilfe von Hohlbohrern, deren Stirnkante Diamantbelag trägt, kann man sehr effektiv Linsenrohscheiben aus Planplatten herstellen (siehe Abb. 6.2).

Abb. 6.2. Das Prinzip des Hohlbohrens [8]

Rundschleifen. Alle in der Metallbearbeitung bekannten Rundschleifverfahren werden auch für Glas mit diamantbesetzten Umfangsschleifkörpern eingesetzt. Beim Zentrieren von Linsen soll der Außenzylinder schlagfehlerfrei zu den beiden sphärischen Linsenflächen geschliffen werden. Hierzu wird die Linse zwischen zwei exakt fluchtende Spannglocken aufgenommen. Ist der Tangenten-Neigungswinkel in den Berührungspunkten der Spannglocken groß genug, so richtet sich die Linse selbst aus. Der Reibwert zwischen Linse und Spannglocken begrenzt den Winkelbereich nach unten.

Moderne Zentriermaschinen sind in 2 Achsen CNC-gesteuert und die aus Hartmetall gesinterten präzisionsgeschliffenen Spannglocken erreichen Rundlaufgenauigkeiten von wenigen Mikrometern. Hydrodehn-Spannfutter halten diese Genauigkeiten auch bei häufigem Werkzeugwechsel.

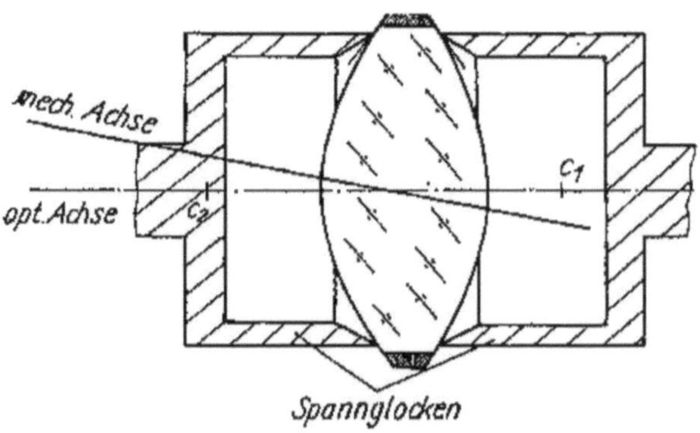

Abb. 6.3. Das Prinzip des Linsenzentrierens zwischen Spannglocken

Flachschleifen. Flachschleifmaschinen arbeiten mit Diamanttopfscheiben. Mit Rundtischmaschinen der Bauart nach [11], die auch zur Wafer-Bearbeitung in der Chip-Produktion eingesetzt werden, erreicht man heute Ebenheiten der Planflächen von 1–2 μm auf Durchmesser bis 600 mm. Werkzeuge, die aus einzelnen Diamantpellets in Tablettenform zusammengesetzt werden, sind ebenfalls gebräuchlich.

Radienschleifen. Zum Radienschleifen werden Diamanttopfscheiben (Ringwerkzeuge) oder mit Pellets besetzte Kugelkalotten eingesetzt. Während Kugelkalotten immer nur an einen exakten Radius angepasst sind, kann man mit einem Ring jeden beliebigen Radius erzeugen. Nur der Ringdurchmesser muß dem Werkstückdurchmesser in bestimmten Grenzen angepaßt sein.

Moderne Radienschleifmaschinen sind in 3 Achsen CNC-gesteuert und ermöglichen eine sehr präzise Einstellung des Schnittpunktes der Drehachsen von Werkstück und Werkzeug genau im Radienmittelpunkt der zu erzeugenden Sphäre (siehe Abb. 6.4). Die optimale Kombination von Schnittgeschwindigkeit, Vorschub, Diamantkorngröße und -konzentration, Bindungsart und Kühl- und Spülmittel ist praktisch für jede Glasart unterschiedlich und außerdem vom Verschleißzustand des Werkzeuges abhängig [12].

Läppen. Das Schleifen mit losem Korn wird in der Regel mit Korund verschiedener Fraktionen und Graugußschleifschalen ausgeführt. Dieses klassische Formgebungsverfahren, bei dem sich Werkzeug und Werkstück gegenseitig in einem zwangsläufig ablaufenden Regelprozeß beeinflussen, hat sich im Verlauf von Jahrhunderten zu einer solchen Präzisionstechnologie entwickelt, daß damit auch heute noch die höchsten Qualitätsanforderungen erfüllt wer-

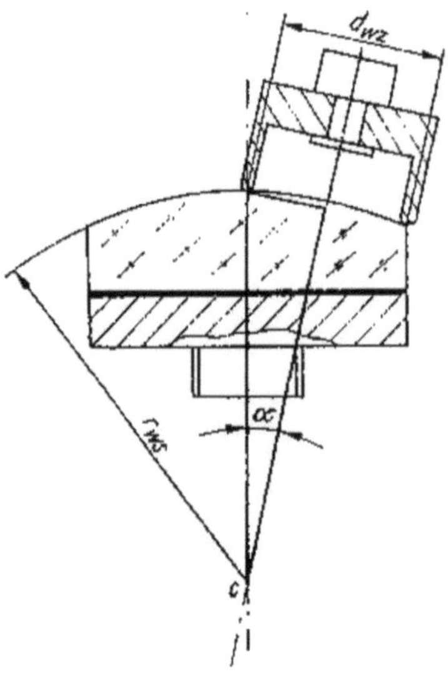

Abb. 6.4. Das Prinzip des Radienschleifens mit Ringwerkzeug

den. Insbesondere in der Muster- und Kleinserienfertigung ist der für den Einsatz moderner CNC-Maschinen notwendige Werkzeugaufwand aus Zeit- und Kostengründen nicht realisierbar. Hier ist der gut ausgebildete Facharbeiter mit Berufserfahrung der entscheidende Faktor für die erreichbare Endqualität.

Polieren. Der Polierprozeß ist ein komplexes Zusammenwirken von chemischen und mechanischen Abtragsprozessen. Glasbestandteile werden durch die Poliersuspension ausgelaugt und gleichzeitig erfolgt ein mechanisches Glätten durch das Poliermittel in Verbindung mit einem Poliermittelträger. Als Poliermittelträger ist das klassische Holzpech heute weitgehend durch Kunststoffe ersetzt worden, die eine wesentlich bessere Formstabilität im Verlaufe des Polierprozesses aufweisen. Die Sollform muß mit Diamantwerkzeugen in den Kunststoff eingeschliffen werden (sog. abrichten).

Um den Polierabtragsvorgang mathematisch zu modellieren, geht man von dem Ansatz aus, daß gleichgroße Flächenelemente dann gleichen Abtrag aufweisen, wenn das Produkt aus Verschleißweg relativ zum Werkzeug, Überdeckungszeit und Druck für alle Elemente gleich groß ist. Je nach Kinematik der verwendeten Maschinen liefert die Berechnung unterschiedlichste Werkzeugformen. Das führt z. B. bei Kugelkalotten zu blütenblattähnlichen Mustern in der Kunststoffoberfläche.

Moderne Poliermaschinen sind drehzahl-, druck- und zeitgesteuert und die Poliersuspension wird permanent hinsichtlich Temperatur, pH-Wert und Dichte überwacht.

Die heute verfügbaren hochauflösenden werkstattauglichen Interferometer mit computergestützter Bildauswertung ermöglichen den Einsatz CNC-gesteuerter Poliermaschinen, die mit sehr kleinen Polierwerkzeugen lokale Restabweichungen von der idealen Sollform gezielt beseitigen. Neben dem klassischen Polierprinzip wird dazu auch die Ionenstrahlbearbeitung eingesetzt. Restabweichungen unter 5 nm werden beherrscht [13].

6.2 Fertigungstoleranzen

Zur Spezifizierung optischer Bauelemente liegt ein umfangreiches Normenwerk vor [14].

Wichtige Grundlagen sind in folgenden Normen enthalten:

DIN 1319	Teil 1–4	Grundlagen der Meßtechnik und Grundbegriffe
DIN 4760		Gestaltsabweichungen; Begriffe, Ordnungssystem
DIN 4762		Oberflächenrauheit; Begriffe, Oberfläche und ihre Kenngrößen

Basis für die Werkstattprüfungen war über 40 Jahre die DIN 3140. „Maß- und Toleranzangaben für Optikeinzelteile“

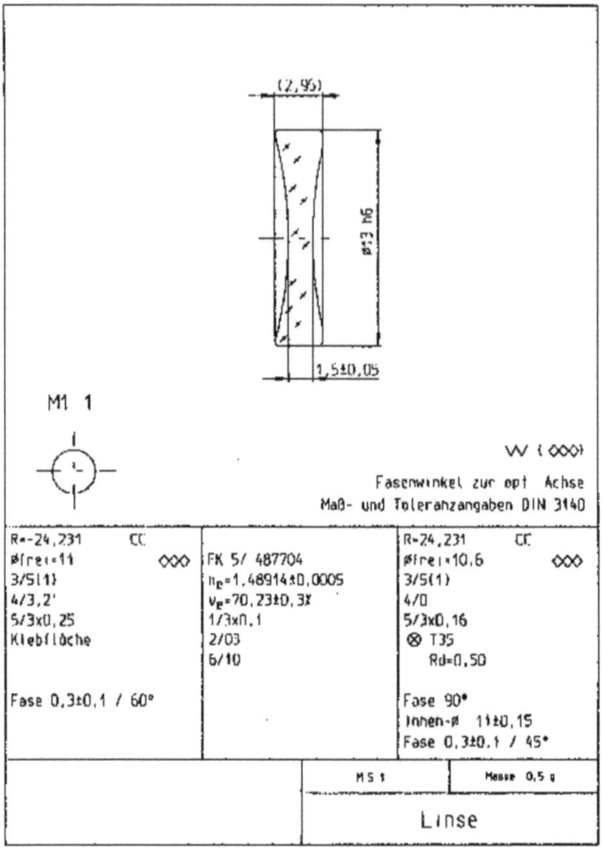

Abb. 6.5. Beispiel einer Linsenzeichnung mit Tolerierungsangaben nach DIN 3140

Seit Februar 2000 ist die DIN ISO 10110 „Erstellen von Zeichnungen für optische Elemente und Systeme“ Teil 1–12 gültige deutsche Norm. Die ISO 10110 wurde bis 2003 bereits auf 17 Teile erweitert.

Teil 1	beschreibt die zeichnerische Darstellung optischer Bauteile.
Teil 2	beschreibt die Tolerierung von Spannungen im Werkstoff. Die infolge von Spannungen hervorgerufenen Änderungen der Brechzahl (Spannungsdoppelbrechung) werden erläutert.
Teil 3	beschreibt die Tolerierung von Blasen und Einschlüssen nach Anzahl und Größe des gestörten Volumens im optischen Bauteil.
Teil 4	beschreibt die Tolerierung von Inhomogenitäten und Schlieren nach Form, Größe und Brechzahlunterschied. Die Störung ebener Wellenflächen durch lokale Brechzahlschwankungen wird erläutert.
Teil 5	beschreibt die Tolerierung von Paßfehlern, wobei die Verwendung von Laser-Interferometern vorausgesetzt wird.

Die klassische Probeglasprüfmethode wird in DIN 58161 Teil 5 ausführlich beschrieben.

Insbesondere bei Formabweichungen unter $\lambda/2$ ist die Probeglasmethode nicht mehr ausreichend genau (siehe Abb. 6.6 und 6.7).

Eine Radienmessung erfolgt im Werkstattbetrieb aus Zeit und Kostengründen indirekt über den Vergleich zu einem Kugelnormal, den sogenannten Probegläsern. Die exakte Bestimmung eines Radius beinhaltet zwei meßtechnische Probleme. Erstens ist die absolute Länge zu bestimmen und zweitens die Regelmäßigkeit dieser Länge über den gesamten betrachteten Kugelausschnitt.

In diesem Zusammenhang sei noch auf folgende Normen verwiesen:

DIN 58161	Teil 2	Radien für Probegläser
DIN 58161	Teil 3	Bestimmung von Krümmungsradien
DIN 58166		Radien für Optikteile

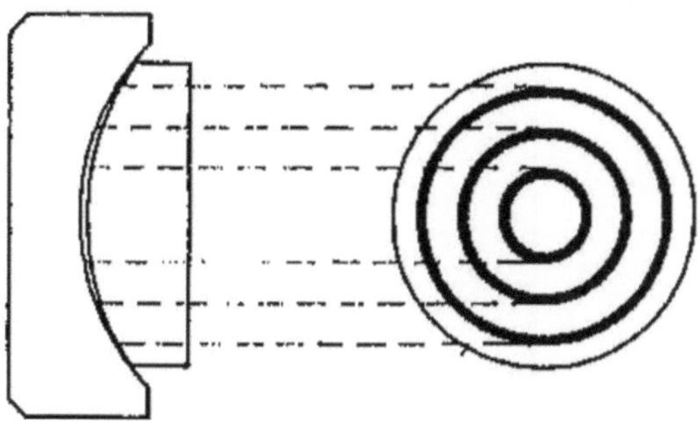

Abb. 6.6. Interferenzmuster bei einer Formabweichung von 3 Ringen

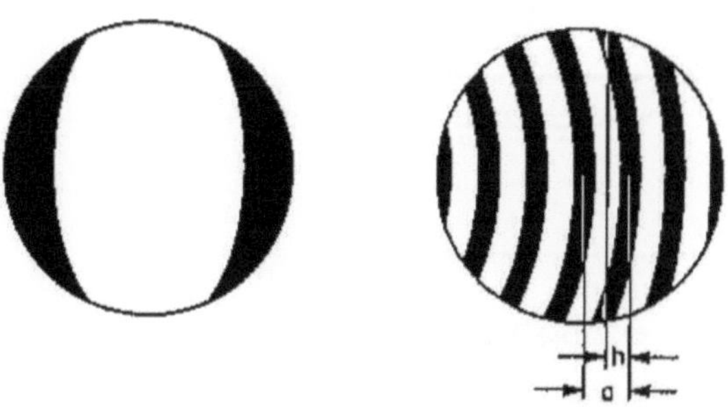

Abb. 6.7. Muster bei einer Formabweichung unter einem Ring. Links das Probeglasbild, rechts das gleiche Bild nach einer definierten Verkippung, die mit dem Probeglas praktisch nicht möglich ist und deshalb ein Interferometer voraussetzt

Der Schleif- und Läpprozeß muß zur Sicherung eines stabilen Polierprozesses Pfeilhöhendifferenzen im Bereich weniger Mikrometer sicherstellen.

Zur Messung polierter Flächen haben sich Laser-Fizeau-Interferometer mit senkrechtem turmförmigen Aufbau im Werkstattbetrieb durchgesetzt (siehe Abb. 6.8).

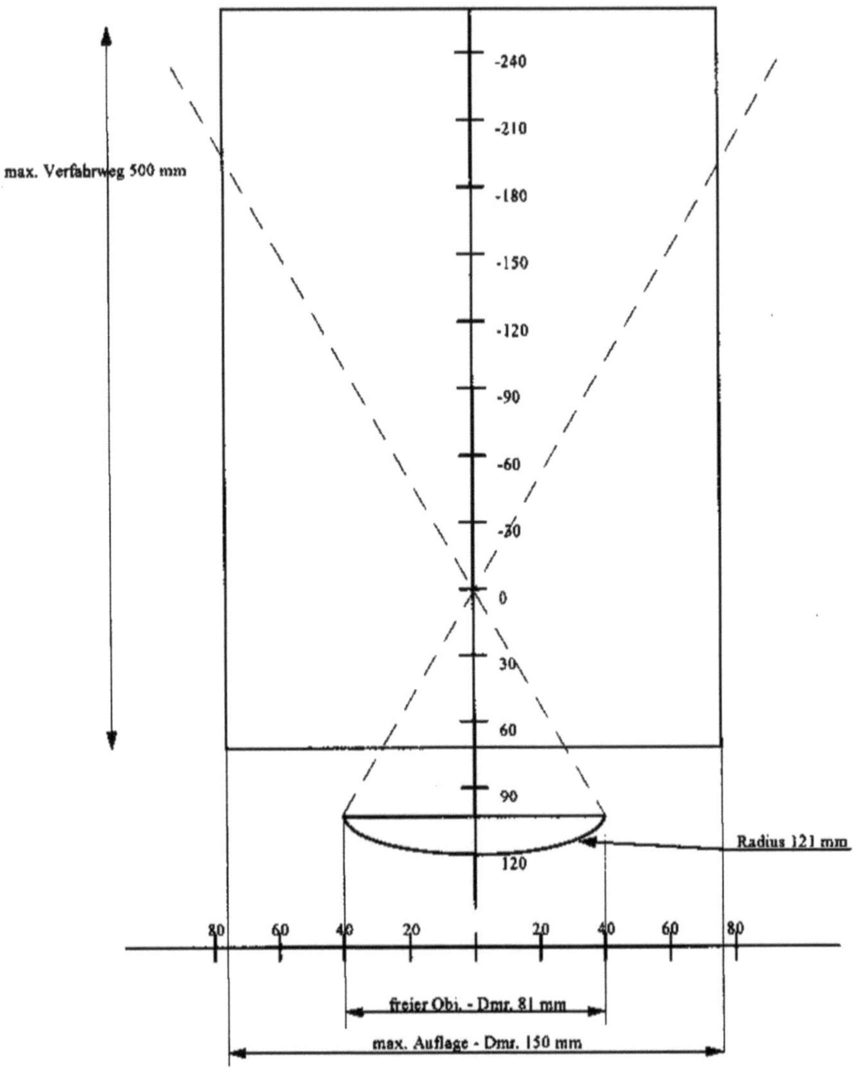

Abb. 6.8. Meßbereich eines Interferometerturms mit 500 mm Verfahrweg bei Verwendung eines Meßobjektives mit einem Öffnungsverhältnis von 1,5 und Referenzradius 121 mm

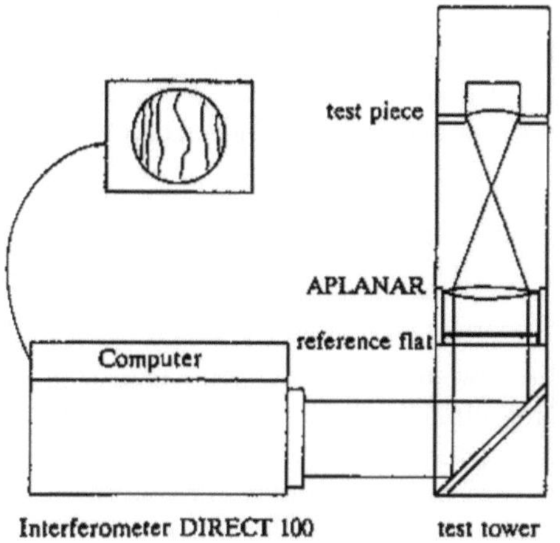

Abb. 6.9. Ein System nach Twyman. Die Anordnung einer ebenen Referenzfläche auf der Eintrittseite des Meßobjektives erspart die komplizierte Herstellung sphärischer Referenzflächen. Zur Kompensation der Systemfehler ist allerdings ein Computer unerlässlich

Die Anpassung an die verschiedenen Radien erfolgt an einem Interferometerturm sehr schnell über das Verschieben des Linsenauflagetisches längst der senkrechten Führung (siehe Abb. 6.9).

Zur Einstellung wird ein Probeglas benutzt. Kriterium für die exakte Geräteeinstellung sind gerade und parallel verlaufende Interferenzstreifen. Zur Messung wird das Probeglas gegen den Prüfling ausgetauscht. Die Interferenzlinien sind wie Höhenlinien einer Landkarte zu interpretieren.

Alle Oberflächenpunkte entlang einer Linie haben gleiche Abstände von der Referenzfläche. Dadurch sind Radien- und Formabweichungen über die gesamte Fläche sofort sichtbar.

Heute stehen Computersysteme zur Verfügung, die diese Interferenzbilder sehr schnell auswerten und die Oberflächenform mathematisch approximieren können. Dazu wird in der Regel die Entwicklung eines Zernicke-Polynoms verwendet. Bei Meßgenauigkeiten von $\lambda/100$ und Reproduzierbarkeiten von $\lambda/1000$ kann man die thermischen Ausgleichsvorgänge im Glasvolumen beobachten, wenn eine Linse mit der warmen Hand aufgelegt wird. Die elastischen Deformationen infolge des Eigengewichtes einer Linse sind ebenfalls exakt meßbar [15].

Weitere Bestandteile der DIN ISO 10110 sind:

Teil 6 beschreibt die Tolerierung von Zentrierfehlern an Linsen.

Teil 7 beschreibt die Tolerierung von Oberflächenfehlern nach Anzahl und Größe der gestörten Fläche oder nach Sichtbarkeit. Beide Prüfmethoden werden erläutert.

Teil 8 beschreibt die Oberflächengüte (Rauheiten) und deren Kennzeichnung auf Zeichnungen. Es wird auf mehrere Fachartikel verwiesen.

Heute kann man die Rauheitskenngrößen polierter Flächen recht genau beschreiben, da serienreife Meßtechnik zur Verfügung steht, die Rauhigkeiten bis 0,1 nm sicher nachweisen kann. Verwiesen sei hier nur auf Nomarski-Interferenzmikroskope und Atomic-Force-Mikroskope als 2 Möglichkeiten von vielen. Heute ist gesichert, daß eine gut auspolierte Glasfläche etwa 5 nm Restrauhigkeit (R_a) hat und z. B. ein streulichtarmer Laserspiegelträger 0,5 nm Rauhigkeit (R_a) einhalten muß [16].

Teil 9 beschreibt optische Schichten und deren Darstellung auf Zeichnungen.

Die Schichtsysteme selbst sind in der Regel Firmen-Know-how, und man sollte unbedingt in Lieferverträgen die anwendungsbezogenen Eigenschaften so klar wie möglich definieren und eine einheitliche Prüfmethode vereinbaren. Selbst eine einfache Entspiegelungsschicht hat eben nicht die gleichen Eigenschaften, wenn man sie auf zwei verschiedenen Anlagen herstellt.

Interessant für die optischen Schichten sind noch die Normen:

DIN 5030 Spektrale Strahlungsmessung.
DIN 5031 Teil 1–10 Strahlungsphysik im optischen Bereich und Lichttechnik.
Teil 10 beschreibt die Möglichkeit der Darstellung in Tabellenform.
Teil 11 beschreibt Allgemeintoleranzen, falls Werte ohne Toleranzangaben auf Zeichnungen eingetragen werden.
Teil 12 beschreibt die Tolerierung gebräuchlicher Asphären.

Beiblatt 1 enthält eine Gegenüberstellung von DIN ISO 10110 zur DIN 3140 mit Stichwortverzeichnis.

Beiblatt 2 enthält mehrere Beispielzeichnungen.

6.3 Qualitätsmanagement (QM)

Qualität steht heute weltweit im Mittelpunkt der Lieferanten-Kundenbeziehungen. Die DIN-ISO 9000ff bietet den Unternehmen die Möglichkeit, ihren Kunden gegenüber die eigene Qualitätsfähigkeit nachzuweisen.

Dazu ist der Prozeßablauf mit allen Verantwortlichkeiten umfassend zu dokumentieren und es sind umfassende Schulungsmaßnahmen fortlaufend durchzuführen. Die Integration der Qualitätssicherungsmaßnahmen in den Prozeßablauf und damit weg von zentralen Prüfabteilungen wird auch als „integrierte Fertigung“ bezeichnet.

Am Beispiel der Carl Zeiss Jena GmbH soll hier gezeigt werden, wie ein QM-System auch in der Optikfertigung praktizierbar ist.

Wesentliche Schritte beim Aufbau der integrierten Fertigung waren:

- Produktion durchgängig nach Fertigungsnestern aufbauen,
- Qualitätsverantwortung integrieren,

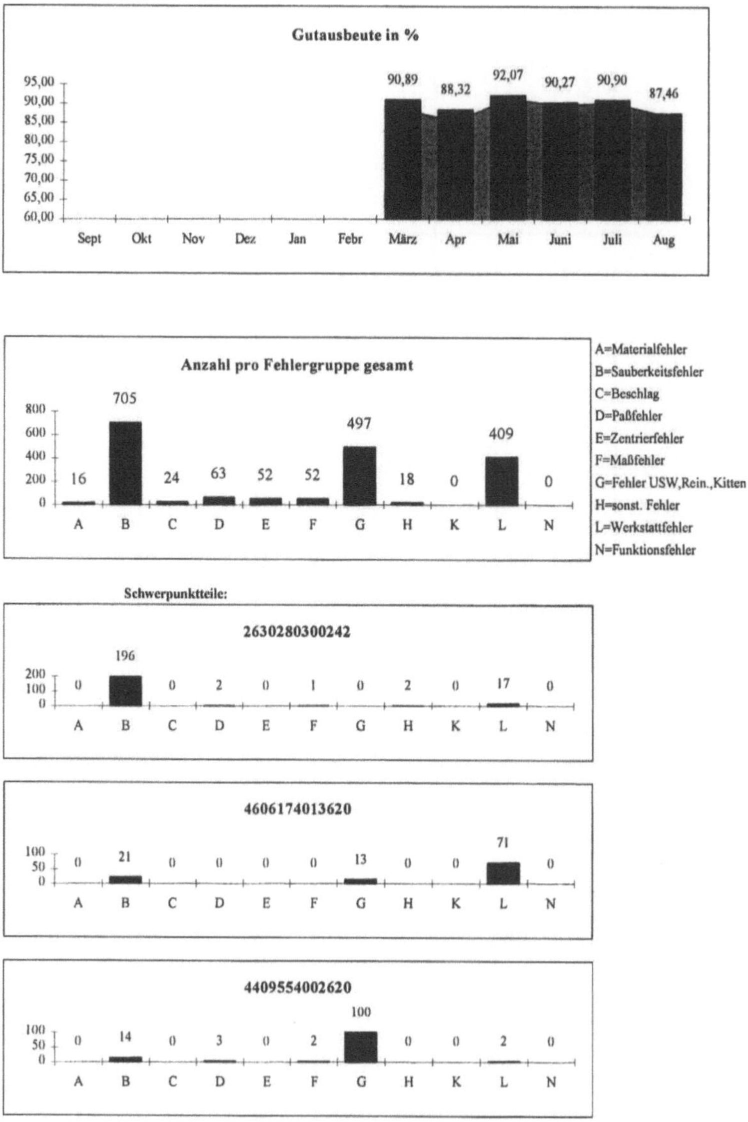

Abb. 6.10. Beispiel einer Monatsauswertung aus der Jenaer Linsenfertigung

- Qualitätsdaten vor Ort erfassen und verdichten,
- Qualitätsdaten prozeßbezogen auswerten,
- öffentliche Diskussion und Gruppenarbeit,
- materielle Stimulierung durch Vorschlagswesen.

Tabelle 6.3. Fehlertabelle für die Optikfertigung in Jena

A Material-Fehler	B Sauberkeits-Fehler	C Beschlag	D Paß-Fehler	E Zentrier-Fehler	F Maß-Fehler	G Fehler USW, Reinigen	H sonstige Fehler	I Schicht- u. Spiegel-Fehler	J Kitt-Fehler	K Pol-Fehler	L Werkstatt-Fehler	M Teilungs-Fehler	N Funktions-Fehler
A1 Blasen, Einschlüsse	B1 Schleifkorr. 1.Seite	C1 Beschlag 1.Seite	D1 Paßfehler 1.Seite,R-opt.	E1 Schlagfehler	F1 Winkelfehler (geometr. Maß)	G1 Fehl. bei Ab-,Auf-kitt.,Reinig.,1.Seite	H1 Transport-fehler	I1 Schicht hält nicht, zu weich	J1 Ansatz	K1 Pol.-fehler	L1 Aussprünge	M1 Längenteil.-fehler	N1 Parallelitäts-fehler
A2 Schlieren	B2 Schleifkorr. 2.Seite	C2 Beschlag 2.Seite	D2 Paßfehler 2.Seite,R-opt.	E2 Ringkratzer 1.Seite	F2 Mittendicke außer Toleranz	G2 Fehl. bei Ab-,Auf-kitt.,Reinig.,2.Seite	H2 fehlende Teile	I2 Transmission, Reflexion auß. Tol.	J2 schief gekittet		L2 Risse	M2 Kreisteil.-fehler	N2 Ablenkungs-fehler
A3 falsches Material	B3 Polierkorr. 1.Seite	C3 Beschlag Planoptik	D3 Paßfehler Planoptik	E3 Ringkratzer 2.Seite	F3 Breite,Länge, Höhe,Dicke a.T.	G3 USW-Fehler	H3 nicht zuordenbare Fehler	I3 Spritzer	J3 Richtfehler		L3 Teile verschmutzt	M3 Strukturdefekte Striche,Kanten	N3 Sterntest-fehler
A4 opt. Parameter auß. Tol.	B4 Polierkorr. 2.Seite			E4 unrund	F4 Fasenfehler			I4 Fehlstellen,Fusseln, Löcher,Lichtpunkte	J4 unsaubere Kittschicht		L4 Rauhigkeit außer Toler.	M4 Effizienz-fehler	N4 Bildgüte Rundopt. (Astigm.,Brennw.)
A5 Struktur Kristalle	B5 matte Teile 1.Seite				F5 Durchmesser außer Toleranz			I5 Kratzer,Wischer	J5 Kittblasen			M5 Abformdefekte	N5 Bildgüte Planopt. (Astigm.,Brennw.)
	B6 matte Teile 2.Seite				F6 Rundlauf, Planlauf außer Tol.			I6 ohne Belag,doppelt belegt,falsche Seite	J6 Lackfehler			M6 Chrompunkte	N6 Spannung
	B7 Oberfläch.-fehl Teilseite				F7 sonst. Maßfehler			I7 Werkzeugfehler	J7 Schichtzersetzung, Klimaschäden			M7 Lichtpunkte (Teilung)	
	B8 Oberfläch.-fehl Rückseite				F8 falscher Radius			I8 Unsauberkeit unter der Schicht				M8 Schlagfehler (Teilung)	
	B9 Belagfehl. nach weit. Bearbeit.							I9 Silberfehler				M9 Mittenversatz (Teilung)	
	B10 Altfehler (Endfertigung)							I10 Grauschleier					
								I11 Schicht verschoben					
								I12 Lackschichtfehler					

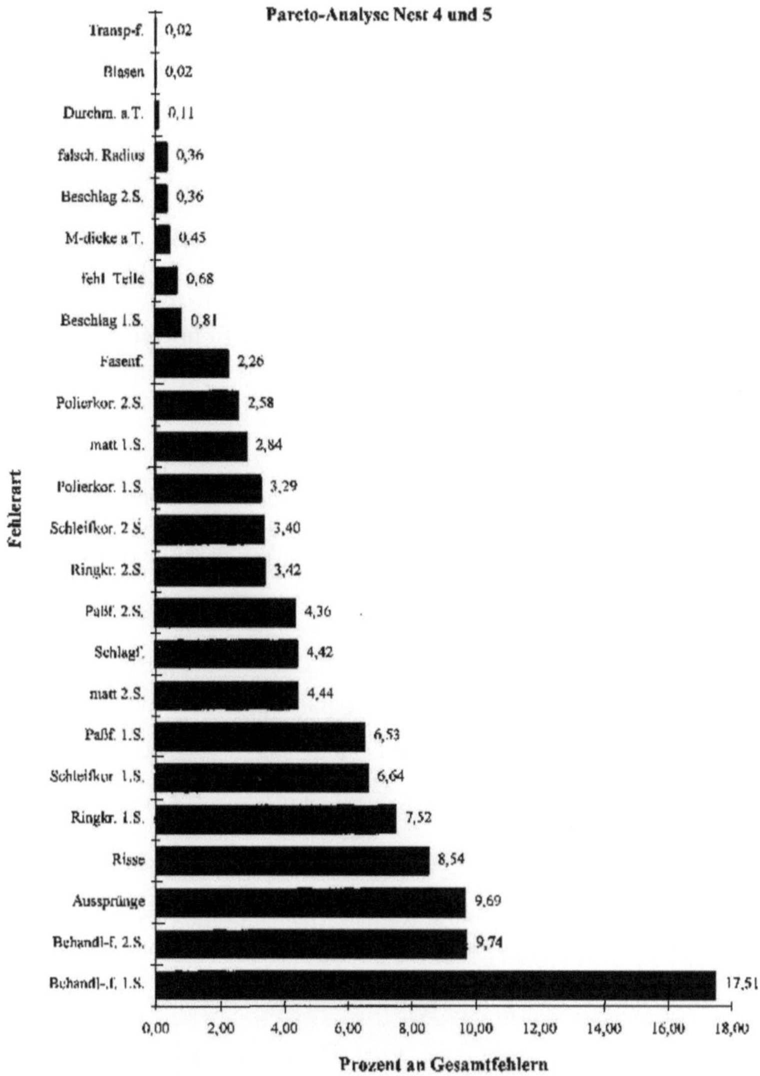

Abb. 6.11. Beispiel einer Paretoanalyse über ein Jahr

Die prozeßbezogene Qualitätsdatenerfassung und -auswertung erfordert umfangreiche Unterstützung durch elektronische Datenverarbeitung, wenn sie effektiv ablaufen soll.

In Jena werden mehrere spezialisierte PC-Netzwerke in hierarchischer Ordnung genutzt, und die Daten über Schnittstellen an ein Host-System zur Information des Managements weitergeleitet.

Statistische Prozeßüberwachung ist seit vielen Jahren Standard in der mechanischen Teilefertigung. Die Besonderheit der Optikfertigung besteht in der Vielzahl von attributiven Qualitätsmerkmalen, die erfaßt und ausgewertet werden müssen. In den wenigsten Fällen können Meßdaten on-line übernommen werden (siehe Tabelle 6.3).

Jeder gefertigte Auftrag wird mit Prüfergebnis in einer Datenbank gespeichert. Die Auswertung erfolgt für jedes Fertigungsnest wöchentlich und monatlich in öffentlicher Form und dient als Diskussionsbasis für regelmäßige Gruppenberatungen. Dargestellt werden sowohl Qualitätsgeschichte als auch Details zu Fehlerarten und Schwerpunktteilen (siehe Abb. 6.10 und 6.11).

Analysiert man die Hauptausfallursachen wie im letzten Bild, so zeigt sich, daß die Fertigungstechnik heutzutage sehr stabil arbeitet. Heute sind die Hilfs- und Nebenprozesse, wie Auf- und Abkitten, Reinigen, Transport und Lagerung, die Arbeitsgänge mit dem höchsten Verbesserungspotential.

Literatur

1. Grünwald, Franz: Fertigungsverfahren in der Gerätetechnik, München: Hanser 1985
2. Gräfe, Kuß, Reichelt (Pforte): Feinoptiker Teil 3, VEB Verlag Technik, Berlin 1989
3. Krause, Werner: Fertigung in der Feinwerk- und Mikrotechnik, München: Hanser 1995
4. König, Koch: Asphärische Glasoberflächen und ihre Fertigungsmöglichkeiten, F&M, Heft 6/90
5. Buschmann, Fischer, Moulded Optics: Fertigpreßlinge mit asphärischen Oberflächen, in: Jahrbuch für Optik und Feinmechanik 1993, Schiele & Schön, Berlin
6. Rodenstock Optische Werke, München, Produktinformation Blankgepreßte Optikbauelemente
7. Diamant-Gesellschaft Tesch GmbH, Ludwigsburg, Katalog Diamantwerkzeuge für die Glasindustrie
8. Fa. Ernst Winter & Sohn, Hamburg, Katalog Diamantwerkzeuge
9. Fa. Meyer & Burger, CH Steffisburg, Maschinenprospekte Trennschleifmaschinen, Ausbohrautomatem, Drahtsägen
10. König, Verlemann, Wagemann: Trennschleifen von Hochleistungskeramik, IDR Heft 3/92
11. Fa. GMN, Nürnberg, Maschinenprospekt Rundtischflachschleifmaschinen
12. König, Sinhoff, Randzonenbeeinflussung optischer Gläser in der Bearbeitungsfolge, in: Jahrbuch für Optik und Feinmechanik 1993, Schiele & Schön, Berlin
13. Hofmann, Leitel, Merkel, Retschke: Möglichkeiten zur Unterdrückung der Wirkung von Oberflächenfehlern optischer Präzisionsbauelemente in Hochleistungsoptik, in: Jahrbuch für Optik und Feinmechanik 1993, Schiele & Schön, Berlin
14. alle DIN-Blätter: Beuth Verlag, Berlin
15. Küchel, Dörband, DIRECT 100 – Ein neuartiges Interferometer für Werkstatt und Labor, in: Jahrbuch für Optik und Feinmechanik 1992, Schiele & Schön, Berlin
16. Schmitt, Optische Oberflächen mit subatomarer Rauhigkeit, in: Jahrbuch für Optik und Feinmechanik 1993, Schiele & Schön, Berlin

7 Optoelektronik-Komponenten

Optoelektronik-Komponenten stellen Wandler dar, die bei optischer Bestrahlung einen elektrischen Strom oder eine elektrische Spannung erzeugen bzw. beeinflussen oder umgekehrt optische Strahlung bei Strom- oder Spannungsbetrieb abgeben bzw. modulieren. Im folgenden werden die Prinzipien [1,2] und Eigenschaften aktueller Lichtemitterdioden, LED- und LC-Displays, Fotodetektoren und CCD-Sensoren betrachtet.

Zu den strahlenden Optoelektronik-Komponenten gehören vor allem die Lichtemitterdioden (LEDs), die in vielfältigen Formen und Farben angeboten werden. LEDs eignen sich zum Aufbau von strahlenden Displays. Displays aus Flüssigkristallen (LCDs) benötigen dagegen eine zusätzliche Lichtquelle.

Fotodetektoren erfassen optische Strahlung und können durch sehr unterschiedliche Halbleiterstrukturen realisiert werden. In Zeilen- und Matrixanordnung stehen für die Bildaufnahme ladungsgekoppelte Bauelemente – CCD-Sensoren – zur Verfügung.

7.1 Lichtemitterdioden

7.1.1 Prinzip

Eine Lichtemitterdiode – auch Lumineszenzdiode, Leuchtdiode oder nur LED nach light emitting diode genannt – ist eine spezielle Halbleiterdiode. Eine elektrische Spannung in Durchlaßrichtung erhöht die Ladungsträgerdichten (Elektronen und Defektelektronen bzw. Löcher) an den Rändern der Sperrschicht der Diode. Diese Ladungsträger rekombinieren in der Nähe der Sperrschicht. Bei LEDs erfolgt die Rekombination unter Abgabe von Photonen, der optischen Strahlung. In Abb. 7.1 wird dieser Vorgang veranschaulicht.

Die Elektronen strömen getrieben von der äußeren Spannung U zur Sperrschicht der Halbleiterdiode und diffundieren in das p-Gebiet. Die Löcher strömen von der anderen Seite auf die Sperrschicht zu und diffundieren in das n-Gebiet der Diode. Beim Aufeinandertreffen von Elektron und Loch kommt es zur Rekombination. Das Ladungsträgerpaar Elektron und Loch verschwindet unter Abgabe eines Photons.

Die strahlende Rekombination liegt bei Halbleitermaterialien vor, bei denen ein direkter Übergang vom Energieband der Elektronen (Leitungsband) zum Energieband der Löcher (Valenzband) möglich ist. Die Wellenlänge der abgegebenen Strahlung (die Leuchtfarbe bei sichtbarer Strahlung) hängt vom

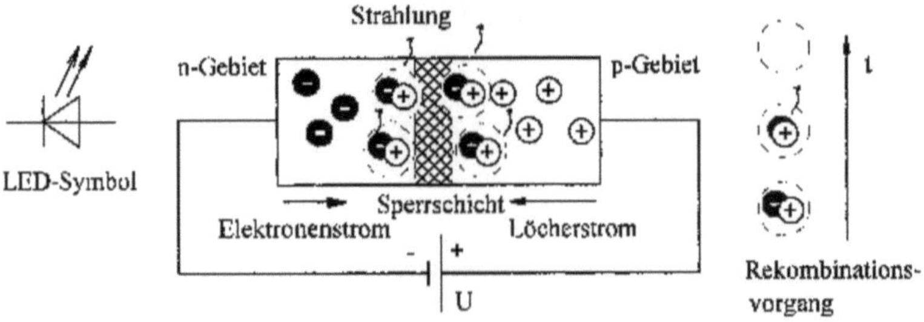

Abb. 7.1. LED-Prinzip

energetischen Abstand dieser beiden Bänder ab. Der Bandabstand ist ebenfalls materialspezifisch.

7.1.2 Materialien

Galliumarsenid (GaAs) ist ein Halbleitermaterial mit direktem Bandübergang. Der Bandabstand E_g beträgt 1,38eV und führt zu Strahlungswellenlängen λ bis 0,9 µm. Diese Strahlung liegt im Infrarotbereich und ist nicht sichtbar. Sie kann aber mit Si-Detektoren empfindlich wahrgenommen werden. GaAs-LEDs besitzen daher in Gemeinschaft mit Si-Dioden als Optokoppler und Lichtschranken große Bedeutung.

Sichtbare Strahlung liefern LEDs auf der Basis von Galliumphosphid (GaP). Aber erst durch den Einbau von sogenannten „isolelektronischen Zentren“ gibt GaP mit indirektem Bandübergang Strahlung ab. Je nach Zugabe von Stickstoff (N) oder Zink-Sauerstoff-Komplexen (Zn,O) emittiert die LED grünes oder rotes Licht wie Abb. 7.2 zeigt.

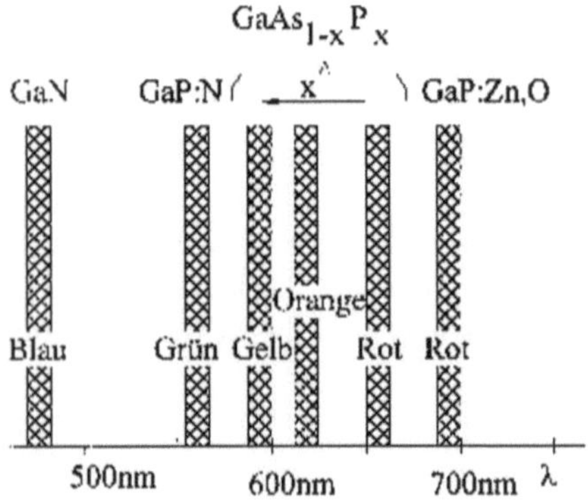

Abb. 7.2. Lage der Emissionsmaxima von LEDs bei 300K

Abbildung 7.2 enthält auch die Lage der Emissionsmaxima vom Mischkristall Galliumarsenidphosphid ($GaAs_{1-x}P_x$), der aus den Halbleitermaterialien GaAs und GaP besteht. x weist den GaP-Anteil aus, deren Variation Farben von Gelb bis Rot ergibt. Aus Galliumnitrid (GaN) können blaue LEDs gefertigt werden [3].

Neben GaAsP gibt es weitere geeignete und verbreitete III-V-Mischkristallsysteme [1]. So weist Galliumaluminiumarsenid ($Ga_{1-x}Al_xAs$) technologische Vorteile auf und gestattet den Aufbau sehr effektiver LED-Strukturen.

7.1.3 Aufbau und Eigenschaften

Der LED-Aufbau bestimmt neben den Materialeigenschaften maßgeblich die Strahlungsqualität des Bauelements. Der Diodenstrom soll zum einen mit hohem Wirkungsgrad in Strahlung umgesetzt werden. Zum anderen muß diese Strahlung das Bauelement auch verlassen können. Spezielle Heterostrukturen konzentrieren die Ladungsträgerrekombination in einer schmalen aktiven Schicht und liefern schmalbandige Strahlung hoher Leistung.

Abbildung 7.3 zeigt den prinzipiellen Aufbau einer GaAlAs-Heterosperrschicht-LED. Der aktive pn-Übergang wird durch n-leitendes und p-leitendes GaAlAs auf GaAs-Substrat gebildet. Die Elektroneninjektion erfolgt über die Sperrschicht aus dem n- in das p-Gebiet, wo die Elektronen strahlend rekombinieren. Der Bandabstand im n-Gebiet ist größer als im p-Gebiet. Aus der Rekombination im p-Gebiet mit geringerem Bandabstand resultiert eine Strahlungswellenlänge, die zur Ladungsträgergeneration und damit Strahlungsabsorption im breitbandigeren n-Gebiet nicht mehr ausreicht. Die Strahlung kann das n-Gebiet verlustarm durchdringen und zur Halbleiteroberfläche gelangen. Etwa die Hälfte der Strahlung gelangt aber in das Substrat und wird dort absorbiert. Doppelheterostrukturen vermeiden auch diesen Verlust und führen zu sogenannten Super-LEDs.

Der Schichtaufbau bedingt Reflexionen der Strahlung an den Schichtgrenzen. Die sogenannte Fresnelsche Reflexion entsteht, wenn die Schichten unterschiedliche Brechzahlen besitzen. Der Übergang vom Halbleiter zur Luft reflektiert ca. 30% der Strahlung. Kunststoffbelege reduzieren die Brechzahldifferenzen und damit die Reflexionsverluste um mehr als 10%.

Die größten Verluste entstehen jedoch durch Totalreflexion der Strahlungsanteile, die zu flach auf die Halbleiteroberfläche auftreffen. In Abb. 7.4

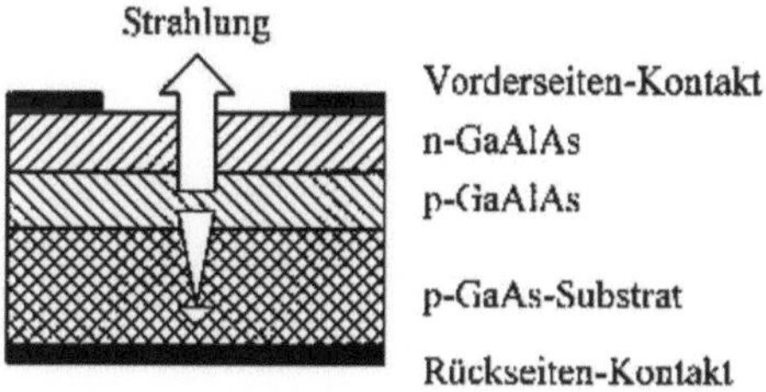

Abb. 7.3. GaAlAs-LED

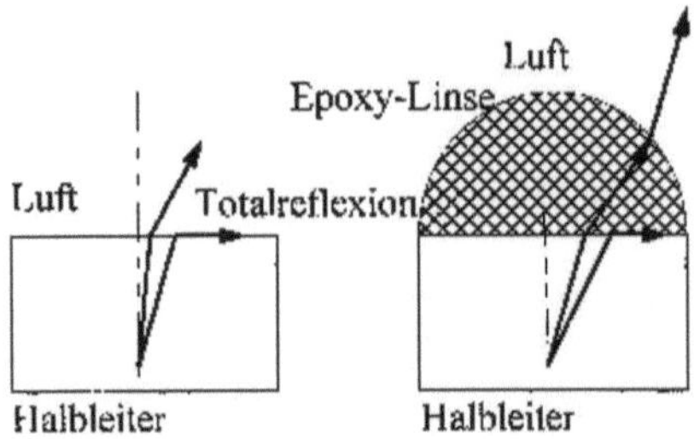

Abb. 7.4. LED-Strahlengänge

werden charakteristische Strahlengänge dargestellt. Der kritische Winkel beträgt bei einer Halbleiter-Brechzahl von 3,5 nur 17°. Damit ist die Strahlung in einem Raumwinkel von nur etwa 2% des Halbraumes nutzbar. Die Form des Kunststoffbelags, des Kristalls und eingebaute Reflektoren werden zur Verringerung der Strahlungsverluste genutzt. Mit neuen „Non-Resonant-Microcavity"-LEDs sind besonders hohe Wirkungsgrade erzielbar [4].

Abbildung 7.5 zeigt eine LED-Bauform mit Epoxydharz-Linse und Reflektor vor dem Diodenchip. Mit dieser Bauform lassen sich Abstrahlwinkel von ca. 30 bis 90° realisieren. Für kleinere Abstrahlwinkel von z. B. 4 bis 18° wird die Linse stärker gekrümmt. Sehr flache Linsen ergeben Abstrahlwinkel von 140 bis 180°. LEDs werden ebenfalls in Formen zur Symboldarstellung, zum Aneinanderreihen und als Arrays gefertigt. Sie stehen bedrahtet und zur Oberflächenmontage zur Verfügung. Die Größe der LEDs reicht dabei von ca. 1 mm bis zu 25 mm mit mehreren Chips. Die Lichtstärken (ausgesandter Lichtstrom je Raumwinkel) sind mit typischen 0,1 cd gering gegenüber Glühlampen (220 V/40 W: 35 cd). Produktentwicklungen zeigen [5,6], daß die Leistungsfähigkeit der LEDs noch deutlich steigerbar ist. Rote und gelbe Super-LEDs erreichen die höchsten Lichtstärken, wie z. B. eine rotorange LED von Hewlett-Packard mit 6 cd. Dann folgen die grünen LEDs. Blaue LEDs stehen ebenfalls mit immer höhere Lichtstärken (z. B. 2,5 cd) zur

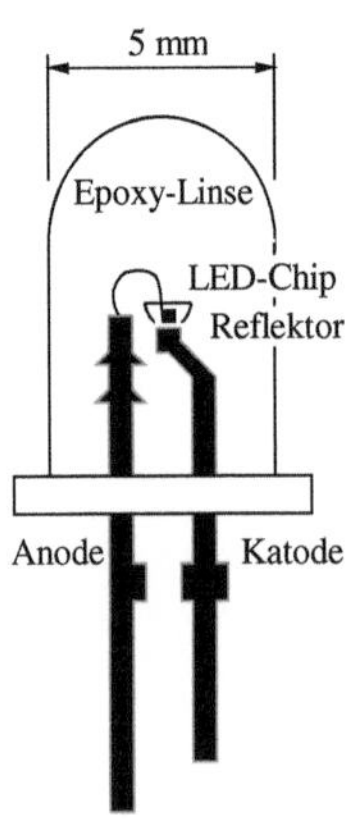

Abb. 7.5. LED-Bauform

Verfügung. Mit Duo-LEDs, die eine rote und eine grüne LED enthalten, kann neben Rot und Grün bei Ansteuerung beider LEDs die Farbe Gelb erzeugt werden. Alle Farben liefern „RGB"-LEDs von Lumex, die aus je einem roten und grünen sowie zwei blauen LED-Chips bestehen. Blaue LEDs bilden die Basis der LUCOLED (Lumineszenz-Konversions-LED) [2,7], die weißes Licht abstrahlt. Ein Teil des blauen Lichts wird dabei mit Hilfe von Lumineszenzfarbstoffen, die in einer Epoxidharz-Vergußmasse vor dem blauen LED-Chip eingebettet sind, zu längeren Wellenlängen (um 500 nm und über 600 nm) umgesetzt. Das weiße Licht (0,4 cd) resultiert aus der Summe dieser Spektralanteile.

Hohe Lebensdauer, geringer Stromverbrauch, Farbigkeit, automatische Bestückbarkeit und die Formflexibilität von LEDs haben zur vollständigen Verdrängung der Glühlampen im Anzeigebereich geführt. Auch bei Innenbeleuchtungen sind LEDs vertreten. Derzeit deutet sich der Angriff auf die Glühfadenlampen im äußeren Beleuchtungsbereich an [8]. LED-Arrays als Autorückleuchten und Verkehrsanzeigen [9], wobei für helle LEDs zwischen Gelb und Rot AlInGaP und zwischen Grün und Blau InGaN eingesetzt werden, gehören heute schon zum Straßenbild. Einen weiteren Anwendungsaspekt bilden die kurzen Schaltzeiten (ca. 0,1 µs) von LEDs.

IR-LEDs für den nahen Infrarot-Strahlungsbereich mit hohen Strahlungsleistungen (z. B. 175 mW bei 880 nm im cw-Betrieb von Opto Diode Corp.) werden für Sensoren und in Verbindung mit Lichtleitern angewandt. Die Schaltzeiten liegen im ns-Bereich. Ihre Bauformen sind ebenfalls vielfältig und einsatzspezifisch. Für das mittlere Infrarot stehen LEDs zur Verfügung, die vor allem in der Spektroskopie Anwendung finden. So bietet z. B. Vistek LEDs für 2,5 bis 4,7 µm mit Strahlungsleistungen von nur ca. 50 µW im cw-Betrieb und 5 mW im Pulsbetrieb an.

Ultraviolette Strahlung von 370 nm mit Leistungen um 1 mW kann auf einfache Weise mit UV-LEDs erzeugt werden [10].

7.1.4 Grundschaltungen

Die Strom-Spannungscharakteristik von Halbleiterdioden ist temperaturabhängig. LEDs werden daher zur Erzeugung einer konstanten Lichtstärke mit einem konstanten Strom betrieben.

Abbildung 7.6 zeigt drei einfache Schaltungen. In Abhängigkeit der LED-Flußspannung U_{F0} und der Betriebsspannung U_B kann mit dem Widerstand R der Diodenstrom eingestellt werden. Eine höhere Stromkonstanz liefert die Transistorschaltung mit Zenerdiode (Zenerspannung U_Z und Basis-Emitter-spannung U_{BE}). LEDs lassen sich auch mit digitalen Schaltungen steuern. Das NAND-Gatter mit open collector-Ausgang nimmt beim Low-Pegel U_{Lo} den Strom I auf. Die LED strahlt. Beim High-Pegel verlischt die LED. Typische LED-Ströme liegen im Bereich von 10 bis 20 mA. Die LED-Flußspannungen betragen bei roten und gelben LEDs 1,8 bis 2,4 V, bei grünen LEDs 2,1 bis 2,7 V und bei blauen LEDs 3 bis 4 V.

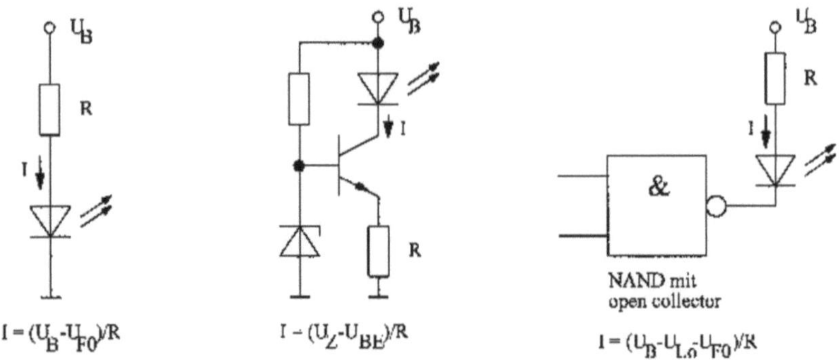

Abb. 7.6. LED-Schaltungen

Es stehen LEDs mit integrierten elektronischen Komponenten wie Vorwiderstand, Konstantstromquelle oder Ansteuerung zur Verfügung. Blink-LEDs enthalten z. B. einen 100 kHz-Oszillator und einen Frequenzteiler, so daß die Versorgung mit 5 V genügt, um die LED mit ca. 3 Hz blinken zu lassen.

7.2 Displays

7.2.1 LED-Displays

Die LED-Displays sind die hellsten selbstleuchtenden Displays mit hoher Lebensdauer. Sie bestehen aus mehreren LEDs in 7-Segment- oder -Matrixanordnungen. Abbildung 7.7 zeigt die 7-Segment-Anordnung zur Zifferndarstellung und die 5×7 Matrix für alphanumerische Zeichen.

Zur Anzeige von alphanumerischen Zeichen stehen ebenfalls 16-Segment-Anordnungen zur Verfügung. Mit einer 9×12 Punkte-Matrix lassen sich fein aufgelöste Zeichen darstellen.

Die Displays werden monolithisch für mehrstellige Ziffernanzeigen in Größen von 1,5 bis 2,5 mm gefertigt. Das Substrat bildet eine gemeinsame Elektrode – Anode bzw. Katode – für alle LEDs des Displays. Die LED-Anordnung wird über die Maskierung beim Dotierungsprozeß festgelegt. Jede LED besitzt einen weiteren individuellen oberen Katoden- bzw. Anodenanschluß (s. a. Abb. 7.8). Die gemeinsame Elektrode entscheidet über die

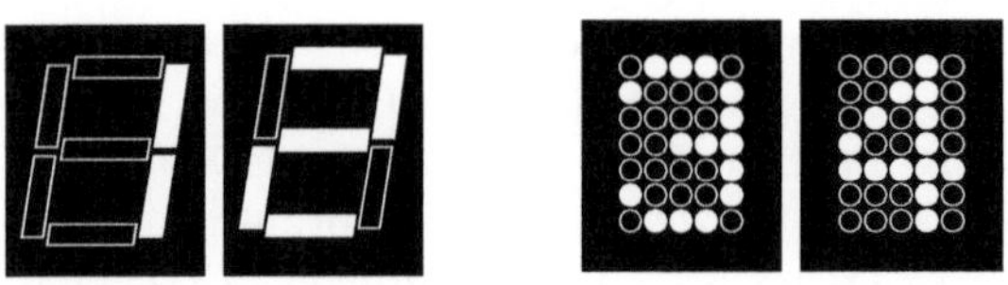

Abb. 7.7. LED-Displays

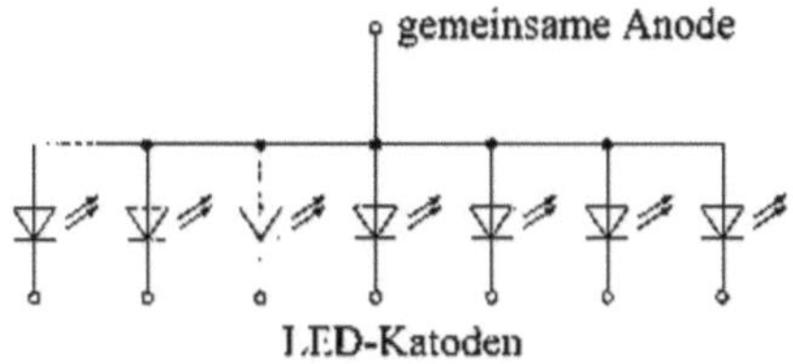

Abb. 7.8. LED-Anordnung mit gemeinsamer Anode

anzuwendende elektronische Ansteuerschaltung. Rote und grüne Instrumentenanzeigen bilden die wichtigsten Anwendungen von monolithischen LED-Displays.

Hybride LED-Displays bestehen aus einem Keramik- oder Kunststoffsubstrat, auf dem sich das metallische Kontaktmuster befindet. Die LED-Chips werden darauf gebondet. Ein Draht verbindet die oberen Kontakte der LEDs zur gemeinsamen Elektrode. Die punktförmigen LEDs erhalten eine Abdeckung mit eingebetteten Reflektoren der gewünschten Leuchtflächenform. Die Größe der Displays reicht bis zu 220 mm. Für Bahnhofs- oder Sportanzeigen werden z. B. LED-Displays mit 40 Zeichen pro Zeile und 16 Zeilen angeboten, die noch aus 90 m Entfernung ablesbar sind.

Neben dem umfangreichen Sortiment der LED-Displays zur Zeichendarstellung stehen auch Zeilen zur Verfügung, die vor allem der quasianalogen Wertanzeige dienen.

7.2.2 Ansteuerschaltungen für LED-Displays

Die Ansteuerung von 7-Segment-Anzeigen erfolgt über integrierte Dekoder- und Treiberschaltkreise. Binärkodierte Daten werden zur Zifferndarstellung mit einem BCD-7-Segment-Dekoder (z. B. SN74247) umgesetzt. Die Trägheit des Auges und die kurze Ansprechzeit von LEDs erlauben den Multiplexbetrieb von mehrstelligen Anzeigen. Die Ziffern werden im Zeitmultiplex nacheinander getaktet (>60 Hz) betrieben, um die Anzahl der notwendigen Anschlüsse zu reduzieren (z. B. ICM7218 von Harris oder Maxim für 8 Stellen). Abbildung 7.9 zeigt die prinzipiellen Schaltungen für ein- und mehrstellige LED-Displays.

Bei LED-Matrixdisplays werden Treiber mit seriellen Eingängen, Schieberegistern und Einzelausgänge (z. B. TC9404/5 von Teledyne) benötigt.

Die Treiberausgänge der Ansteuer-ICs liefern für jede LED Ströme im Bereich von 20 bis 50 mA. Die Strombegrenzung durch Widerstände kann bei Stromquellenausgängen entfallen. Zur Helligkeitssteuerung dient dann häufig ein Ausblendeingang, über den die Leuchtdauer verkürzbar ist.

LED-Displays werden auch mit integrierter Elektronik angeboten. Dazu gehören Digitalvoltmeter- und Zählerfunktionen (z. B. ICL7137 bzw. ICL7217 von Harris oder Maxim). LED-Reihen gibt es mit Ansteuerschaltungen für eine lineare oder logarithmische Quasianaloganzeige. Sogenannte intelligente

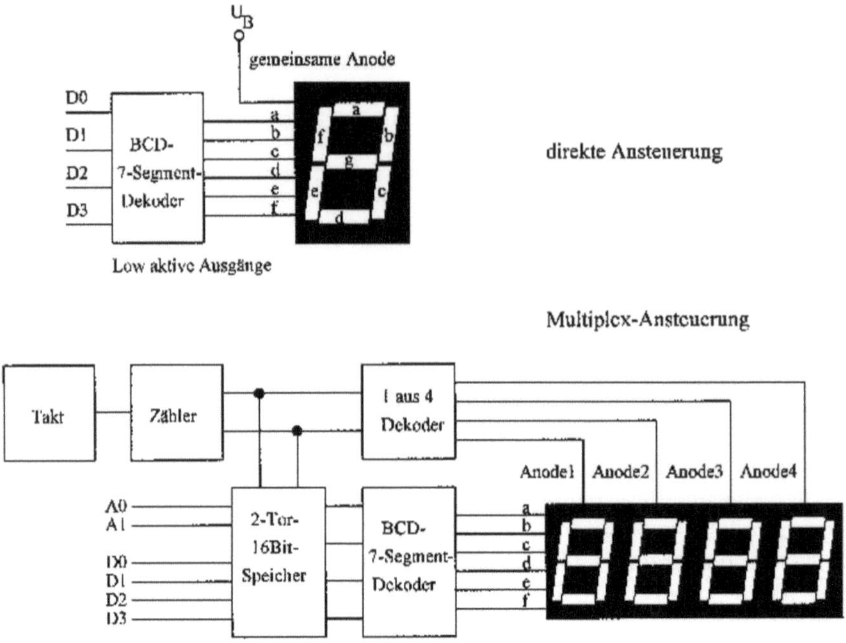

Abb. 7.9. Ansteuerschaltungen für LED-Displays

Anzeigen sind LED-Displays mit eingebautem CMOS-Schaltkreis zur LED-Ansteuerung bei freier Programmierung von Zeichensatz und Helligkeit (z. B. HDSP 250X von Hewlett-Packard). Sehr kleine Displays eröffnen Anwendungen als Taschen-Lesegerät für Chipkarten und als Anzeigemedium bei tragbaren Kommunikationsgeräten. Eine im Anzeigemodul integrierte Linse liefert virtuelle Bilder, die z. B. der Betrachtung eines 18-Zoll-Monitors aus 1,5 m Abstand entsprechen. Ein LED-Matrix-Display [11] von Motorola auf einem $5{,}8 \times 3{,}85\,\text{mm}^2$ großen GaAs-Chip besitzt 34 560 LEDs in 144 Zeilen mit 240 Pixeln. Die LED-Displays für Großanzeigen werden mit Feldbus-Schnittstelle (z. B. von Schauf mit dem InterBus-S) angeboten.

7.2.3 LC-Displays

Flüssigkristall-Displays – auch LCDs nach liquid crystal displays genannt – sind passive Anzeigen. Sie benötigen fremdes Licht, das sie mit sehr geringen Steuerleistungen modulieren. Vor allem diesem Aspekt haben die LCDs ihre große Verbreitung zu verdanken. Reflexionsanzeigen werden von der Vorderseite beleuchtet. Transmissionsanzeigen erfordern eine Rückseitenbeleuchtung.

In Kristallen sind die Atome bzw. Moleküle über große Entfernungen geordnet. Die Molekülordnung in Flüssigkeiten erstreckt sich nur über wenige Moleküldurchmesser, so daß die Moleküle frei verschoben werden können. Be-

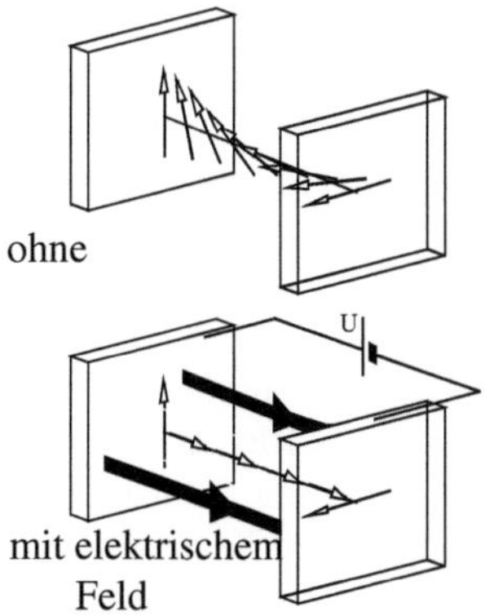

Abb. 7.10. Molekülorientierung im Flüssigkristall

stimmte organische Flüssigkeiten bilden nahe dem Schmelzpunkt sogenannte Flüssigkristalle, deren Ordnung über einige Mikrometer reicht.

Der LCD-Grundaufbau setzt sich aus zwei parallelen Glasplatten, die mit einem leitfähigen Belag bedeckt sind, zusammen. Zwischen den Glasplatten befindet sich eine 5 bis 10 μm dicke Flüssigkristallschicht. Die Moleküle der Flüssigkristallschicht orientieren sich untereinander und zur Glasfläche. Angestrebt wird die in Abb. 7.10 dargestellte Orientierung (nematisches Material). Ein elektrisches Feld ausreichender Stärke verändert diese Orientierung und richtet die Moleküle in Feldrichtung aus.

Wird ein polarisierter Lichtstrahl durch den feldfreien Flüssigkristall geschickt, so erfährt der Lichtstrahl eine Änderung der Polarisationsrichtung von 90°. Mit elektrischem Feld bleibt die Polarisationsrichtung erhalten. Die LC-Displays nutzen diesen Effekt mit Hilfe von Polarisationsfiltern aus.

Abbildung 7.11 zeigt den prinzipiellen Aufbau einer LCD-Zelle (sog. TN-Zelle, twisted nematic). Das Polarisationsfilter vor der Flüssigkristallzelle polarisiert das einfallende Licht vertikal. Ohne äußere Spannung und inneres elektrisches Feld drehen die Flüssigkristalle die Polarisation des Lichts in die

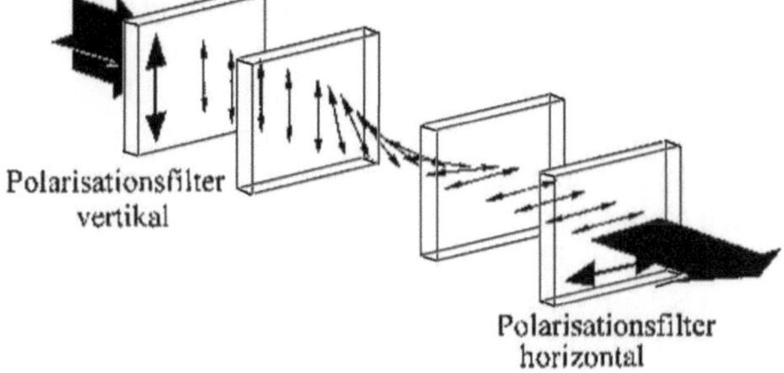

Abb. 7.11. Prinzip der LCD-Zelle

horizontale Ebene, in der das nachgeordnete Polarisationsfilter mit horizontaler Orientierung Licht passieren läßt. Die LCD-Zelle ist transparent. Mit äußerer Spannung bleibt die vertikale Polarisation des Lichtes in der Zelle erhalten. Das Licht kann das zweite Polarisationsfilter nicht passieren. Die LCD-Zelle ist lichtundurchlässig. Das führt zu schwarzen Zeichen auf weißem Grund. Diese TN-LCDs sind bei einfachen Anwendungen wie in Uhren, Taschenrechnern, Meßinstrumenten usw. stark verbreitet.

Die Polarisationsfilter führen zu Verlusten (bis zu 70%) und reduzieren den Kontrast zwischen den beiden Schaltzuständen auf ca. 10:1. STN-LCDs (super twisted nematic) arbeiten mit 180 bis 270°-Drehung (meist 240°) der Polarisationsebene und liefern bei größerem Blickwinkel, Kontrastwerte um 20:1. Durch Interferenz entstehen anstelle von Schwarz und Weiß meist Blautöne wie Dunkel- und Hellblau, die mit Hilfe einer weiteren komplementären STN-Zelle kompensiert werden können. Das ist insbesondere für den Aufbau von Farb-LCDs erforderlich. In Farb-LCDs besitzt jede Zelle ein eigenes Farbfilter. Ein farbiger Bildpunkt besteht dann aus drei Zellen mit den Filtern für Rot, Grün und Blau.

Bei kleineren LCDs genügt es, nur eine Elektrodenseite zu strukturieren und die Gegenelektrode ganzflächig auszubilden. Komplexe Anzeigen werden beidseitig strukturiert.

LCD-Anzeigemodule werden in einer großen Palette von numerischen, alphanumerischen und Matrix-Standardformaten, wie z. B. die der Reihe DV-1610 von Data Vision mit 16 Zeichen von 8 mm Größe oder die 128 × 16 Punkte-Matrix für Betrachtungsabstände bis zu 40 m von Seikhosha, sowie als kundenspezifische Varianten angeboten. Die Betriebsspannungen betragen meist nur wenige Volt bei Leistungsaufnahmen ohne Hintergrundbeleuchtung im µW-Bereich. Die Ansprechzeiten von STN-LCDs sind mit typisch 300 ms recht groß und begrenzen die Multiplexrate. Der Multiplexbetrieb ist bei LCDs wesentlich komplizierter als bei LEDs.

LCD-Grafikmodule besitzen eine Matrixstruktur, deren Auflösung z. B. 800 × 600 Bildpunkte betragen kann. Derartige STN-LCDs sind für low-cost-Notebooks in Größen von 10,4 bis 13 Zoll gebräuchlich.

LCDs stellen ein Schlüsselelement für Multimedia-Anwendungen dar. Dazu müssen Geschwindigkeit, Auflösung, Farbanzahl, Kontrast und Blickwinkel bei geringeren Preisen weiter verbessert werden. In Notebooks und PCs dominieren aktive TFT-LCDs mit 800 × 600 und 1024 × 768 RGB-Bildpunkten [12]. Die typische Ansprechzeit unterschreitet 50 ms. Aktive LCDs besitzen abschaltbare TN-Zellen. Das Schalten muß sehr hochohmig und unmittelbar an jeder Zelle erfolgen, um die Ladung auf den Zellelektroden, das elektrische Feld und den Zellzustand solange zu erhalten, bis die LCD-Zelle wieder angesprochen wird. In TFT-LCDs (thin film transisitor) finden Dünnfilmtransistoren als Schalter Anwendung. Eine Farb-TFT-LCD mit einer Auflösung von 640 × 480 RGB-Punkten besitzt 921 600 Transistoren und ebenso viele LCD-Zellen. Die hohen Anforderungen an die Fertigung begrenzen die Ausbeute und führen zu hohen Kosten.

Die Rückseitenbeleuchtung der transflexiven LCDs kann mit LEDs, EL (Elektrolumineszenz) oder CCFLs (Kaltkathoden-Fluoreszenzlampen) erfolgen. Batteriebetriebene Geräte mit Farb-TFT-LCDs werden aufgrund der hohen Lichtdämpfung mit besonders heller CCFL-Hintergrundbeleuchtung (typisch $>100\,\mathrm{cd/m^2}$) bei geringer Leistungsaufnahme (3 bis 6 W) ausgestattet. In Videoprojektoren finden TFT-LCDs mit einem Kontrast bis zu 400:1, 1024×768 Punkten und 16,7 Millionen Farben Anwendung.

Kleine aktive LC-Displays mit 0,25 Zoll Bilddiagonale bietet Kopin corp. an [13].

Im Bereich der großen Flachdisplays [14] bieten alle namhaften Hersteller (Sharp, Hitachi, NEC, Toshiba usw.) von aktiven LCDs z. B. 16,1 Zoll-TFT-LCDs als $1280 \times 1024 \times 3$-Matrix an. Ein Highlight bildet das 20,1 Zoll-Display gleicher Auflösung von Sharp mit einem Kontrast von 300:1 und einer Helligkeit von $300\,\mathrm{cd/m^2}$. 28,0 Zoll werden bei VGA-Auflösung erreicht.

Passive Farb-LCDs sind ohne Hintergrundbeleuchtung als Reflexionsanzeigen verfügbar. Diese LCDs kommen ohne lichtabsorbierende Farbfilter aus, da die Farben spannungsabhängig durch die Flüssigkristalle selbst erzeugt werden.

LCDs zeichnen sich neben der geringen Leistungsaufnahme durch eine sehr geringe Bauhöhe von einigen Millimetern und hohe Lebensdauer aus. Die Betriebstemperatur ist auf den Bereich oberhalb des Schmelzpunktes und unterhalb des Klärpunktes (LC-Schicht wird flüssig) mit typisch 0 bis 50°C oder −20 bis 70°C begrenzt. Darstellungen mit LCDs sind flimmerfrei, strahlungsfrei und „abhörsicher“.

7.2.4 LCD-Ansteuerung

Der Aufbau des elektrischen Feldes in der LCD-Zelle könnte durch Anlegen einer Gleichspannung gemäß Abb. 7.10 erfolgen. Die damit verbundenen elektrolytischen Vorgänge würden aber die Flüssigkristallschicht verändern. LCDs werden daher grundsätzlich mit einer Wechselspannung betrieben, die auch aus den allgemein verfügbaren Gleichspannungen erzeugbar ist. Abbildung 7.12 veranschaulicht das prinzipielle Vorgehen und zeigt zwei digitale Ansteuerschaltungen.

Durch Einsatz eines Negators werden die Umschalter vermieden. Das EXOR-Gatter arbeitet beim High-Pegel am Dateneingang wie ein Negator, wodurch die LCD-Zellelektrodenspannung mit der Frequenz (10 bis 100 Hz) der Taktspannung U_{Takt} umgepolt wird. Beim Low-Pegel von U_{Daten} erhalten beide LCD-Zellelektroden U_{Takt} mit gleicher Phasenlage. Die Differenzspannung über den Elektroden ist in diesem Fall Null. Diese Direktansteuerung der Zellen kann nur bei einfachen LC-Displays, wie z. B. einer 7-Segment-Anzeige mit 4 Stellen durch den Schaltkreis ICM7211(A) von Harris, angewandt werden.

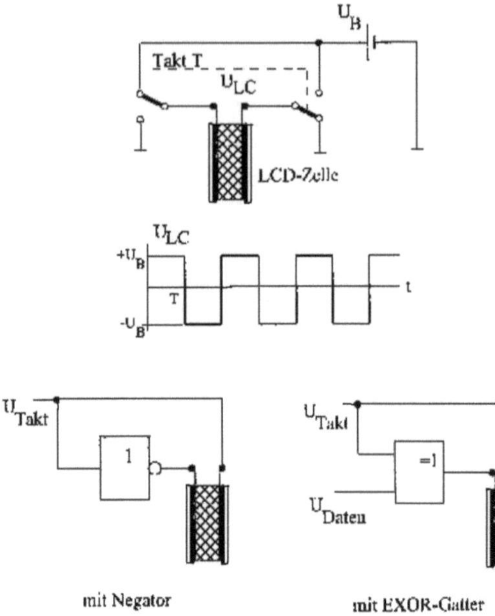

Abb. 7.12. LCD-Ansteuerung

LCDs mit einer großen Anzahl von Zellen in Segment- oder Matrix-Anordnung arbeiten im Multiplexbetrieb. Dazu stehen Schaltkreise wie MAX7232 von Maxim für eine 7-Segment-Anzeige mit 10 Stellen zur Verfügung. Die Ansteuerung erfolgt meist nach dem Triplex-Verfahren, wodurch sich die Anzahl der Anschlüsse und Leitungen mehr als halbiert. Die Rückseitenelektrode wird dazu aufgeteilt. Eine 7-Segment-Stelle besitzt dann 3 Rückelektroden, denen je 2 Segmente gegenüberstehen. Segmente mit unterschiedlichen Rückelektroden können dann auf der Vorderseite verbunden und gemeinsam angesteuert werden. Die zyklischen treppenförmigen Spannungsverläufe an den Elektroden führen beim Überschreiten der erforderlichen Differenzspannung zur Aktivierung der entsprechenden Segmente [15].

Große LCDs enthalten die sehr komplexe Ansteuerelektronik. Sie werden als komplette Module z. B. in Chip-on-Glas-Technologie angeboten. Bei Matrixanordnungen sind Zeilen- und Spaltentreiber enthalten. In der Prinzipschaltung von Abb. 7.13 erfolgt die Aufladung jeder LCD-Zelle kurzzeitig über einen Feldeffekttransitor (TFT-FET) und die Spaltenleitung. Die Daten werden über die Spalten bereitgestellt und zeilenweise eingegeben. Dazu werden die Transistoren einer Zeile über die Zeilenleitung aufgesteuert. Bei gesperrtem Transistor bleibt die Elektrodenspannung der LCD-Zelle längere Zeit erhalten.

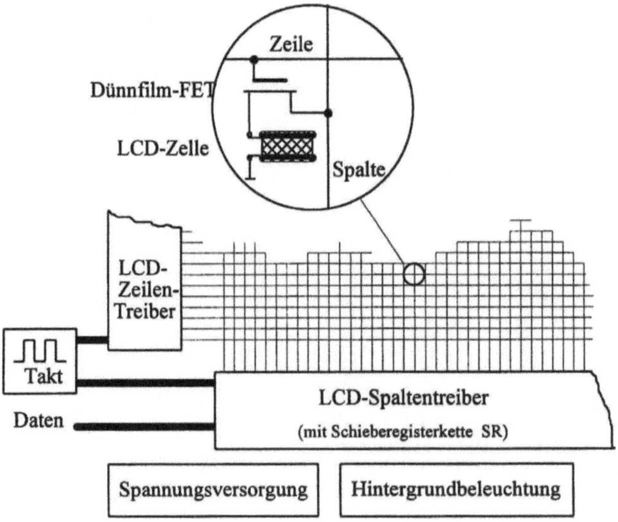

Abb. 7.13. LCD-Matrix

7.3 Detektoren

7.3.1 Fotoleiter

Der innere Fotoeffekt ermöglicht den Aufbau von Detektoren (Quantendetektoren), die optische Signale in elektrische Signale umwandeln. Im Halbleiter werden Photonen (Lichtquanten) ausreichender Energie absorbiert. Bei der Strahlungsabsorption entstehen Ladungsträger, die die Leitfähigkeit des Halbleiters erhöhen. Derartige homogene Halbleiter sind die Fotoleiter oder Fotowiderstände (s. Abb. 7.14). Ihr Anwendungsfeld ist begrenzt. Sie sollen hier vor allem der Erläuterung der optoelektronischen Zusammenhänge in Detektoren dienen.

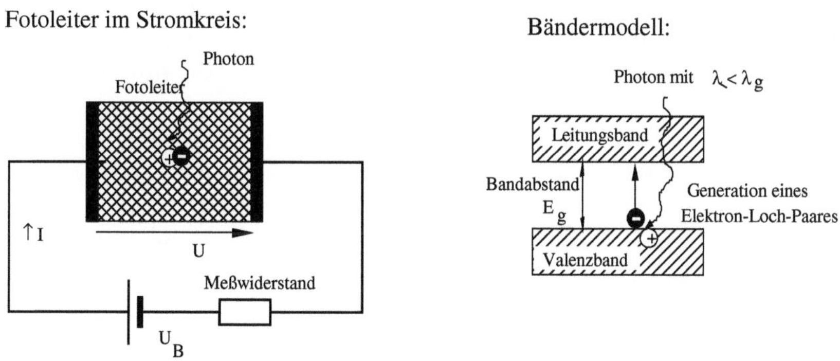

Abb. 7.14. Fotoleiter

Im undotierten Halbleiter (Eigenhalbleiter, intrinsisch) werden durch die Photonen Elektronen aus den Valenzbindungen – Valenzband – des Kristalls befreit. Sie stehen im Kristall – Leitungsband – als bewegliche Ladungsträger zur Verfügung. Im Valenzband hinterläßt jedes Elektron ein Loch, das ebenfalls einen beweglichen Ladungsträger darstellt. Ein Photon muß mindestens die Energie E_g des Abstandes zwischen Leitungs- und Valenzband besitzen, um ein Elektron-Loch-Paar zu erzeugen. Die Photonenenergie E_{Photon} nimmt mit steigender Strahlungswellenlänge λ ab:

$$E_{\text{Photon}} = \frac{\hbar \cdot c}{\lambda} \geq E_g \tag{7.1}$$

$\hbar$: Plancksches Wirkungsquantum
c: Lichtgeschwindigkeit.

Eigenhalbleiter mit großem Bandabstand können daher nur zur Detektion von kurzwelliger Strahlung durch Eigen-Fotoleitung eingesetzt werden. Bei Si-Detektoren beträgt die Grenzwellenlänge λ_g, bei der E_g gerade überwunden wird, ca. 1,1 μm. Für größere Wellenlängen kommen Halbleiter mit geringerem Bandabstand wie Indiumantimonid (InSb) oder Quecksilbercadmiumtellurid (HgCdTe) in Frage. Diese schmallückigen Fotoleiter werden meist gekühlt (z. B. 77 K) betrieben, um die thermische Ladungsträgergeneration zu reduzieren.

Durch die Dotierung des Halbleiters mit Störatomen können zwischen dem Leitungs- und Valenzband besetzbare Energieniveaus gelegt werden. Es sind die Energieniveaus der Valenzelektronen der Störstellenatome. Für die Ionisierung der Störstellen – Elektronenabgabe oder Elektronenaufnahme – genügt eine Photonenenergie, die dem Abstand zum benachbarten Energieband des Halbleiters entspricht. Auch Photonen wesentlich größerer Wellenlängen sind damit detektierbar. Sie rufen die Störstellen-Fotoleitung hervor, bei der im wesentlichen nur eine Ladungsträgerart die Leitfähigkeit bestimmt. Diese Fotoleiter müssen extrem stark gekühlt (z. B. 4,2 K) werden, damit keine thermische Störstellenionisation auftritt.

Je mehr Ladungsträger bei gleicher empfangener Strahlungsleistung P_e generiert werden, desto empfindlicher reagiert der Detektor. In Richtung kürzerer Wellenlängen werden die Photonen energiereicher, so daß bei gleicher Strahlungsleistung weniger Photonen weniger Ladungsträger pro Zeiteinheit (N/t) erzeugen,

$$\frac{N}{t} = \frac{P_e}{E_{\text{Photon}}} = \frac{P_e}{\hbar \cdot c} \cdot \lambda \,. \tag{7.2}$$

Unter Berücksichtigung des Quantenwirkungsgrades η, mit dem der Detektor Photonen in Ladungsträger mit der Ladung q umwandelt, gilt dann für den Fotostrom I_F (ohne Reflexionsverluste):

$$I_F = \eta \cdot \frac{N}{t} \cdot q = \frac{\eta \cdot P_e \cdot \lambda \cdot q}{\hbar \cdot c} \,. \tag{7.3}$$

Mit fallender Wellenlänge nimmt die Empfindlichkeit ab. Der Detektorparameter Stromempfindlichkeit R_I (Responsivity) wird als Verhältnis von strahlungsbedingtem Fotostrom I_F zur empfangenen Strahlungsleistung P_e definiert:

$$R_I = \frac{I_\mathrm{F}}{P_\mathrm{e}} = \frac{\eta \cdot \lambda \cdot q}{\hbar \cdot c} \,. \tag{7.4}$$

Der typische Verlauf der spektralen Empfindlichkeit $R_I(\lambda)$ von Si-Quantendetektoren ist in Abb. 7.15 dargestellt.

Der Stromfluß I resultiert aus der Spannung U über dem Fotoleiter mit dem Leitwert G, der sich bei Bestrahlung um ΔG ändert:

$$\Delta G = I_\mathrm{F} \cdot \frac{\tau \cdot \mu}{l^2} = R_\mathrm{I} \cdot P_\mathrm{e} \cdot \frac{\tau \cdot \mu}{l^2} \tag{7.5}$$

l: wirksame Fotoleiterlänge
τ: Ladungsträgerlebensdauer
μ: Ladungsträgerbeweglichkeit.

Bei Fotoleitern lassen sich hohe Empfindlichkeiten nicht mit guten dynamischen Eigenschaften vereinbaren. Die Zeitkonstante liegt meist im Mikro- bis Millisekundenbereich. Sehr empfindliche Fotoleiter besitzen Dunkelwiderstände bis zu 100 MΩ. Bei Bestrahlung kann deren Widerstand unter 1 kΩ sinken.

Neben der Empfindlichkeit ist die Detektivität D^* eines Fotodetektors bedeutsam. Sie berücksichtigt das Detektorrauschen. Es wird als rauschäquivalente Strahlungsleistung NEP am Detektoreingang beschrieben (häufig auch auf die Quadratwurzel der Bandbreite bezogen). Ein optisches Eingangssignal mit der Leistung NEP würde am Detektorausgang gerade das Signal/Rauschverhältnis von Eins erzeugen.

$$D^* = \frac{\sqrt{B} \cdot \sqrt{A}}{NEP} \tag{7.6}$$

B: Bandbreite
A: Detektorfläche.

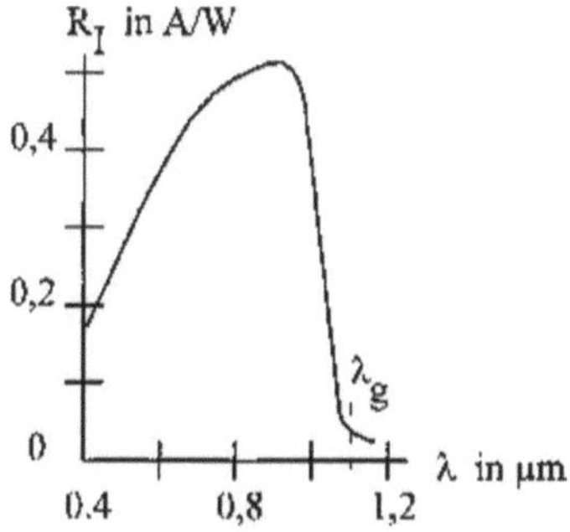

Abb. 7.15. Spektrale Empfindlichkeit von Si-Quantendetektoren

Ein sehr guter Fotoleiter aus z. B. Kadmiumsulfid (CdS) weist eine maximale Detektivität von ca. $10^{11}\,\mathrm{cm}\cdot\mathrm{Hz}^{1/2}\cdot\mathrm{W}^{-1}$ auf.

Für die Anwendung von Fotoleitern sprechen der einfache Aufbau, Stromrichtungsunabhängigkeit und die hohe Empfindlichkeit. Bedeutung haben sehr einfache Detektoren im Bereich der Elektronik (z. B. in Dimmerschaltungen und Belichtungsmessern). Die Daten des Fotoleiters NSL19-M51 (CdS) seien beispielhaft genannt: maximale Empfindlichkeit bei 550 nm, 20 MΩ Dunkelwiderstand, 20 bis 100 kΩ bei 10 lx, 5 kΩ bei 100 lx, Zeitkonstanten um 50 ms bei 100 lx und eine maximale Spitzenspannung von 100 V. Die Beleuchtungsstärke an einem Büroarbeitsplatz beträgt vergleichsweise einige 100 lx.

Der Detektion von IR-Strahlung bis 3,5 bzw. 5 μm dienen z. B. Fotoleiter aus Bleisulfid (PbS) bzw. Bleiselenid (PbSe), die bei Raumtemperatur und gekühlt bis 77 K betrieben werden. Typische Detektivitäten von PbS-Fotoleitern betragen $10^{11}\,\mathrm{cm}\cdot\mathrm{Hz}^{1/2}\cdot\mathrm{W}^{-1}$ und von PbSe-Fotoleitern $10^{10}\,\mathrm{cm}\cdot\mathrm{Hz}^{1/2}\cdot\mathrm{W}^{-1}$. Um dem $1/f$-Rauschen der Fotoleiter zu entgehen, sollte die Strahlung moduliert werden. Die großen Zeitkonstanten begrenzen die mögliche Modulationsfrequenz auf einige hundert Hertz. Diese Detektoren finden in der Gasmeßtechnik, IR-Spektroskopie, Branderkennung und in Wärmebildsystemen Anwendung.

Die Schaltungstechnik baut meist auf dem Prinzip des Spannungsteilers (s. Abb. 7.14) mit optimalem Meßwiderstand (Anpassung bei kleinen Signalen und Leitwertänderungen) auf. Die Leitwertänderung kann als Spannungsänderung über einen Impedanzwandler oder kapazitiv ausgekoppelt werden.

7.3.2 Fotodiode

Fotodioden werden von allen Fotodetektoren am häufigsten angewandt. Hohe Detektivität, gute Empfindlichkeit und ausgezeichnetes dynamisches Verhalten zeichnen diese optischen Wandlerbauelemente aus.

Das Prinzip der Fotodiode soll anhand des Schemas von Abb. 7.16 erläutert werden. Im Gegensatz zur LED wird der pn-Übergang der Foto-

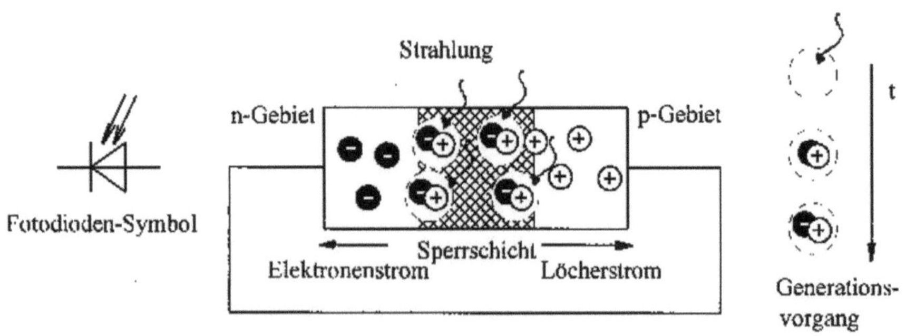

Abb. 7.16. Prinzip der Fotodiode

diode meist in Sperrichtung betrieben. Im thermischen Gleichgewicht hat sich zwischen n- und p-Gebiet eine ladungsträgerfreie Raumladungszone – die Sperrschicht – ausgebildet. In der dünnen Sperrschicht herrscht aufgrund der Raumladung eine hohe Feldstärke. Ein bewegliches Elektron (d. h. es befindet sich im Leitungsband des Halbleiters) würde in diesem Feld mit großer Kraft in das n-Gebiet gedrängt werden. Ein Loch müßte auf Grund seiner positiven Ladung der Kraft in Richtung p-Gebiet weichen. Fotodioden nutzen wie Fotoleiter den inneren Fotoeffekt. Die Bestrahlung der Sperrschicht führt bei Photonenabsorption zur Generierung von Elektron-Loch-Paaren, die sofort der beschriebenen Kraftwirkung unterliegen. Das elektrische Feld in der Sperrschicht bewirkt die Trennung von Elektronen und Löchern. Es fließt ein Fotostrom. Ohne Bestrahlung fließt kein bzw. ein nur geringfügiger Dunkelstrom.

Abbildung 7.17 zeigt die typische Strom/Spannungs-Kennlinie einer Fotodiode mit und ohne Bestrahlung. Im Kurzschluß (wie in Abb. 7.16) ist die Diodenspannung Null. Bei Bestrahlung wird durch die Photonen der Kurzschlußfotostrom I_F gemäß Gleichung (7.3) generiert. Im Leerlauf entsteht bei Bestrahlung über der Diode die Spannung U_F. Der Strom rekrutiert sich direkt aus den durch Photonenabsorption generierten Elektron-Loch-Paaren. Er ist daher proportional zur empfangenen Strahlungsleistung. Die Diodenspannung ist über die Diodengleichung logarithmisch vom Strom und damit von der Bestrahlung abhängig,

$$I_\mathrm{F} = I_S \cdot \left(\exp \frac{U_\mathrm{F}}{U_T} - 1\right) \qquad (7.7)$$

I_S: Sperrstrom
U_T: Temperaturspannung (ca. 25 mV bei 300 K).

Bei Detektoren im sichtbaren und nahen Infrarotbereich dominiert der Kurzschlußbetrieb mit dem linearen Zusammenhang von Fotostrom und Bestrahlung. Die spektrale Stromempfindlichkeit R_I gemäß Gleichung (7.4) berücksichtigt die Abhängigkeit des Quantenwirkungsgrades und der Photonenenergie von der Wellenlänge. Ein hoher Quantenwirkungsgrad wird er-

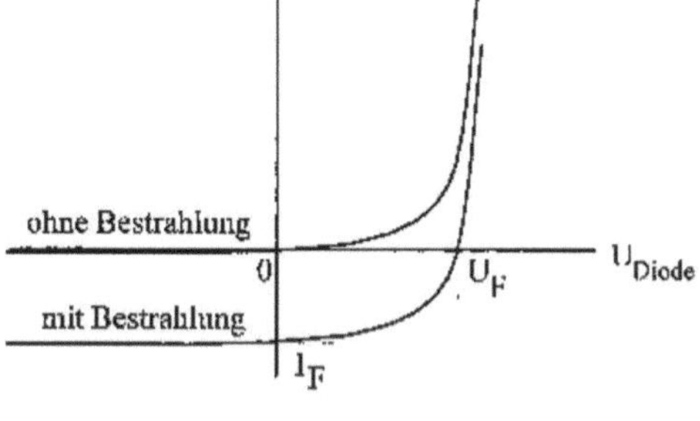

Abb. 7.17. I/U-Kennlinie

zielt, wenn die Photonen die an Ladungsträgern verarmte Sperrschicht erreichen und dort absorbiert werden. Die Photonenabsorption in Bereichen mit höherer Rekombination verringert den Wirkungsgrad ebenso wie Reflexionsverluste an der Detektoroberfläche.

Eine pin-Fotodiode mit Antireflexschicht, deren prinzipieller Aufbau in Abb. 7.18 dargestellt wird, besitzt einen hohen Quantenwirkungsgrad und sehr gute dynamische Eigenschaften. Die Photonen gelangen durch die Antireflex- und die dünne p-Si-Schicht in den breiten eigenleitenden i-Halbleiterbereich. Dort erfolgt die Absorption. In dem sehr homogenen elektrischen Feld der ladungsträgerarmen i-Schicht werden die gebildeten Elektron-Loch-Paare getrennt und mit hoher Geschwindigkeit transportiert. Mit Hilfe einer äußeren Sperrspannung sind sehr starke elektrische Felder und Grenzfrequenzen im GHz-Bereich erzeugbar.

Bei genügend freier Weglänge sowie hoher Sperrspannung (nahe der Durchbruchsspannung) können die Ladungsträger sehr hohe Energien aufnehmen und selbst zur Ladungsträgergeneration beitragen ($> 1{,}5\ E_g$). Dieser Effekt wird bei der Lawinen-Fotodiode (Avalanche Photodiode, APD) zur Verstärkung des Fotostroms ausgenutzt. Heterostrukturen erlauben den Aufbau von APDs, bei denen die photonenbedingte Ladungsträgergeneration räumlich getrennt von der Ladungsträgervervielfachung erfolgt, um nur den Fotostrom zu verstärken. Der Multiplikationsfaktor ist von der Temperatur und stark von der Sperrspannung abhängig. Es werden Stromverstärkungen von bis zu vier Größenordnungen erreicht (typisch um 10^2).

Fotodioden werden aus verschiedensten Halbleitermaterialien und mit unterschiedlichen optisch empfindlichen Flächen hergestellt. Entsprechend vielfältig fallen die Bauformen, zu denen auch Arrays gehören, aus.

Silizium-Fotodioden eignen sich für den Wellenlängenbereich von 0,2 (Siliziumkarbid) bis 1,1 µm [16]. Die spektrale Stromempfindlichkeit einer typischen Si-Fotodiode erreicht ihr Maximum von 0,6 A/W oberhalb 0,9 µm.

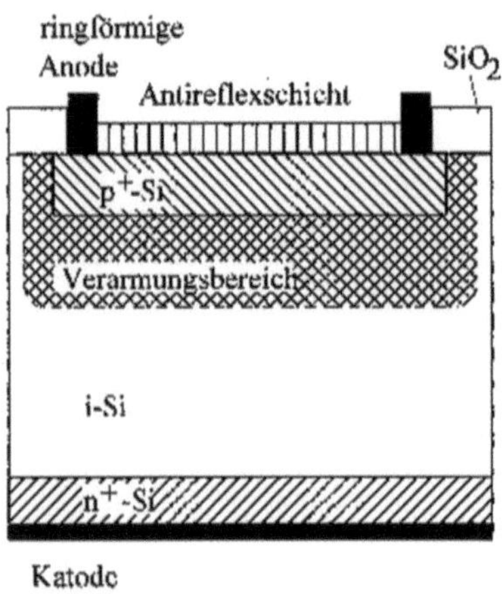

Abb. 7.18. pin-Fotodiode

Der Verlauf entspricht dem von Abb. 7.15. Die Schaltzeiten sind flächenabhängig. Mit einer 100 mm^2-Diode lassen sich z. B. 33 µs, aber auch 10 ns (pin-Fotodiode) Anstiegszeit realisieren [17]. Großflächige Detektoren finden in der Sensortechnik (z. B. Positionserfassung) Anwendung. Bei der Multispektral-Fotodiode MSD4902 vom IHE kann das Maximum der spektralen Empfindlichkeit mit Hilfe der Diodenspannung von Blau bis Rot verschoben werden.

Zur Strahlungsdetektion im nahen Inrarotbereich oberhalb 1,1 µm eignen sich Fotodioden aus den III-V-Halbleitern wie InGaAs auf InP-Substrat. Diese Dioden werden vor allem für die Lichtleiter-Nachrichtentechnik bei 1,3 und 1,55 µm gefertigt. Geringe Flächen und Kompromisse beim Quantenwirkungsgrad erlauben Arbeitsfrequenzen im GHz-Bereich, wie z. B. GaAs-Pin-Fotodioden für 850 nm bei 5 V Sperrspannung von ABB Hafo. Fotodioden der PX-Serie von Newport besitzen bei Zeitkonstanten von 7 ps Bandbreiten bis zu 60 GHz.

Detektoren für das mittlere und ferne Infrarot werden für die Temperaturmeßtechnik und für die vor allem lasergestützte Spektroskopie benötigt. Hier kommen PbS (bis 4,5 µm), InSb (bis 5,5 µm), PbSe (bis 7 µm) und HgCdTe ($>$ 12 µm) zum Einsatz. Bei 12 µm Wellenlänge können nur noch Detektivitäten um $10^{10}\,\mathrm{cm}\cdot\mathrm{Hz}^{1/2}\cdot\mathrm{W}^{-1}$ erzielt werden, da hier ein Hintergrund von 300 K sein Strahlungsmaximum besitzt und einen entsprechend hohen signalunabhängigen Fotorauschstrom erzeugt.

Die Signale von Fotodetektoren müssen meist verstärkt werden. Die optimale Schaltungsauslegung stützt sich auf die dynamische Ersatzschaltung der Fotodiode (s. Abb. 7.19). Ein weiteres Entwurfskriterium bildet das Rauschverhalten des Detektors. Die Ersatzschaltung wird dazu durch entsprechende Rauschquellen ergänzt.

Für sehr schwache Strahlung werden thermoelektrisch gekühlte Fotodioden mit integriertem Vorverstärker, wie z. B. Si-Detektoren für 200 bis 1100 nm und InGaAs-Detektoren für 850 bis 1700 nm von HTE, angeboten. Die Kühlung von Fotodioden für den längerwelligen Bereich erfolgt auch mit flüssigem Stickstoff oder mit kleinen Sterlingkühlern, wie z. B. bei einem schnellen 1MHz-HgCdTe-Detektor von 1mm^2 Fläche für 2 bis 11 µm mit 10 000 Stunden Betriebszeit.

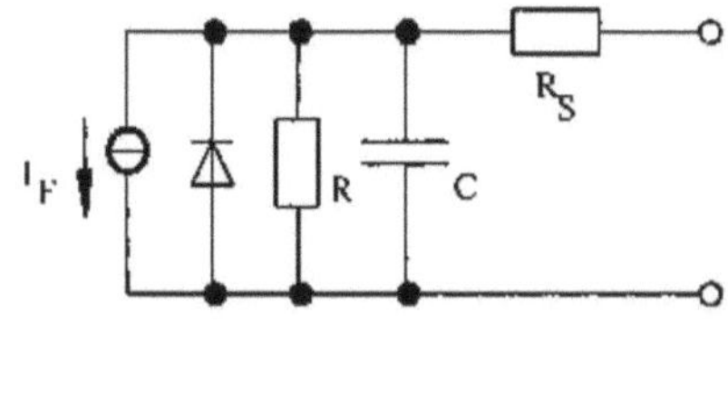

Abb. 7.19. Ersatzschaltung

7.3.3 Fototransistor

Neben der APD gehört der Fototransistor zu den verstärkenden Detektoren. Hier soll der bipolare Fototransistor behandelt werden. Den prinzipiellen Aufbau zeigt Abb. 7.20.

Der gesperrte Kollektor-Basis-Übergang des Bipolartransistors ist großflächig als Fotodiode ausgebildet. Die Basis bleibt unbeschaltet. Photonen generieren im Sperrschichtbereich des Kollektor-Basis-Übergangs Elektron-Loch-Paare. Beim npn-Transistor werden die Elektronen vom Kollektor abgesaugt. Die Löcher erreichen die Basis. Die Neutralität der Basis bleibt nur erhalten, wenn vom Emitter über den in Durchlaß gepolten Emitter-Basis-Übergang Elektronen in die Basis injiziert werden. Nur ein kleiner Teil dieser Elektronen rekombiniert in der Basis mit den Löchern. Der Hauptteil kommt in den Einflußbereich des Basis-Kollektor-Übergangs und wird zum Kollektor transportiert. Zur Rekombination der durch Photonen generierten Löcher ist daher ein vielfach (Stromverstärkungsfaktor B) höherer Elektronenstrom vom Emitter erforderlich. Der mit dem Faktor B verstärkte Fotostrom fließt zwischen Kollektor und Emitter.

Die Stromempfindlichkeit eines Fototransistors ist hoch und kann in einer 2-Transistor-Anordnung in Darlington-Schaltung mit Stromverstärkungen um 1000 weiter gesteigert werden. Die Stromverstärkung eines Bipolartransistors in der genutzten Emitterschaltung sinkt schnell mit der Frequenz. Die höchsten erzielbaren Grenzfrequenzen können im Kurzschlußbetrieb erreicht werden. Sie bleiben aber meist unter 100 kHz, wie z. B. ca. 40 kHz beim Si-Fototransistor OP802WSL von Optek. Für höhere Frequenzen sind spezielle Schaltungsanordnungen wie die Kaskodeschaltung erforderlich. Die Dunkelströme von Fototransistoren sind mit 50 bis 500 nA deutlich höher als bei Fotodioden.

Die Sensortechnik bildet den wichtigsten Anwendungsbereich von bipolaren Fototransistoren.

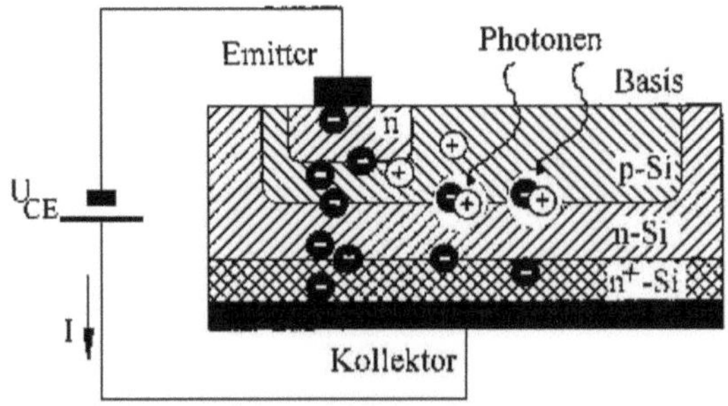

Abb. 7.20. Bipolarer Fototransistor

7.3.4 Detektorschaltungen

Die Detektorschaltung soll den Fotostrom oder die Fotospannung des optischen Detektors ohne wesentlichen Rauschzusatz mit guten dynamischen Eigenschaften verstärken. Die Wahl und Optimierung der Schaltung hängt maßgeblich vom Detektor und dem Anwendungsfall ab. Hier sollen am Beispiel der Fotodiode zwei grundsätzliche Schaltungskonzepte beschrieben werden.

Der Low-Impedanz-Verstärker verfügt über einen niederohmigen Eingang und findet Anwendung, wenn der Detektor als Signalstromquelle arbeiten soll. Dabei kann die Fotodiode ohne Vorspannung als Element oder mit Vorspannung als Diode betrieben werden. Abbildung 7.21 zeigt zwei entsprechende Diodenschaltungen mit Operationsverstärker (OPV) als Transimpedanzverstärker. Der Fotostrom fließt durch den Rückkopplungswiderstand R_F und ruft die strahlungsproportionale Ausgangsspannung $I_F \cdot R_F$ hervor. Der Transimpedanzverstärker besitzt den niedrigen Eingangswiderstand R_F/v, wobei v die hohe Verstärkung des OPV ist (z. B. > 100 dB). Selbst mit einem Rückkopplungswiderstand von 1 MΩ der 1 µA Fotostrom in 1 V Signalspannung umsetzt, ergibt sich ein Eingangswiderstand unter 100 Ω, der mit der Sperrschichtkapazität C der Fotodiode für eine kleine Zeitkonstante sorgt. Der große R_F-Wert führt zu einem geringen Rauschbeitrag des Widerstandes. Da Fotodioden selbst meist hochohmig sind, muß bei der OPV-Auswahl auf geringes Stromrauschen geachtet werden (OPV-Eingangsstufen mit Feldeffekttransistoren). Eine Reihe von Fotodioden wird mit integriertem Transimpedanzverstärker angeboten. Die Empfindlichkeitsangabe erfolgt dann in V/W bzw. flächenunabhängig in V/(W·cm^2) und bezieht sich auf die Ausgangsspannung des Verstärkers. Als Beispiel für den Wellenlängenbereich von 400 bis 1100 nm soll der OSI1-300K/10M von Centronics mit 1500 V/W bei 900 nm, 1 mm^2 Fläche, 300 kΩ Transimpedanz und 10 MHz Bandbreite aufgeführt werden. Das Modell KMPV11-1-J1 von Kolmar Technologies steht als Beispiel für einen HgCdTe-Detektor mit Transimpedanzvorverstärker bis zu Wellenlängen oberhalb von 11 µm mit bis zu 1 mm^2 Fläche, 20 MHz Bandbreite und einer Empfindlichkeit von 40 000 V/W.

Der High-Impedanz-Verstärker besitzt einen großen Eingangswiderstand. Er ist größer als der wirksame Innenwiderstand der Fotodiode, so daß die

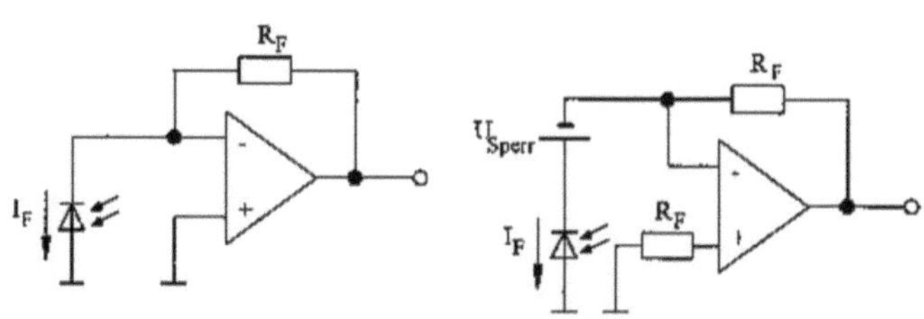

Abb. 7.21. Detektor mit Transimpedanzverstärker

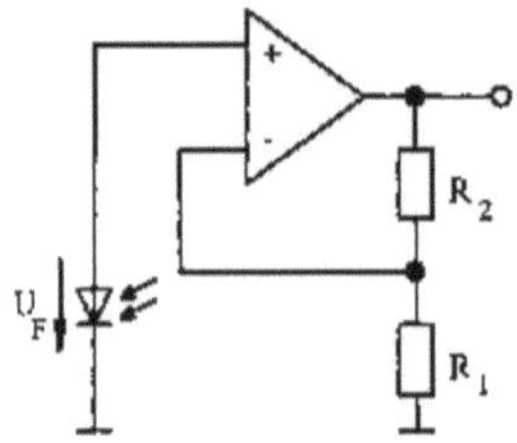

Abb. 7.22. Detektor mit Elektrometerverstärker

Fotodiode im Leerlauf als Spannungsquelle arbeitet. In der Schaltung von Abb. 7.22 wird die Fotodiode ohne Vorspannung als Element und der OPV als Elektrometerverstärker betrieben. Es stehen OPV mit sehr geringen Eingangsströmen zur Verfügung. Die Ausgangsspannung resultiert aus $U_F \cdot (R_2 + R_1)/R_1$, wobei U_F gemäß Gleichung (7.7) logarithmisch von der Bestrahlung abhängt.

Die Detektorsignale können auch unmittelbar speziellen integrierten AD-Umsetzern zugeführt werden. So erlaubt z. B. der DDC110 von Burr-Brown die direkte rauscharme 21-Bit-AD-Umsetzung von kleinsten Strömen hochohmiger Pin-Fotodioden mit einer Auflösung, die besser als 1 fA ist.

7.4 CCD-Sensoren

7.4.1 MOS-Kondensator

CCD-Sensoren (CCD = charge coupled device) [18] bestehen aus einem Array von MOS-Kondensatoren (Metall-Elektrode, SiO_2 und Si-Substrat), die durch Bestrahlung erzeugte Ladungen speichern und transportieren können. Die Bestrahlung von der Oberseite setzt transparente Elektroden voraus. Bei der Rückseitenbestrahlung muß das Si-Substrat sehr dünn (15 bis 30 µm) sein.

Abbildung 7.23 veranschaulicht die optoelektronischen Vorgänge am MOS-Kondensator mit transparenter Elektrode.

Die obere transparente Elektrode wird gegenüber dem p-dotierten Si-Substrat positiv vorgespannt. Es baut sich unter der SiO_2-Isolationsschicht ein an Ladungsträgern verarmter Bereich („Potentialtopf") mit elektrischem Feld auf. Bei Bestrahlung werden durch die eindringenden Photonen Elektron-Loch-Paare generiert. Im Bereich des elektrischen Feldes driften die Elektronen zur Isolationsschicht (im Topf) und die Löcher in das feldfreie p-Si-Substrat.

Weitere Photonen sorgen für weitere Elektronen, die vom Verarmungsbereich eingesammelt werden und diesen gleichzeitig abbauen. Der Verarmungsbereich ist fast abgebaut (der Topf voll), wenn nahezu soviele Elektronen generiert und an der SiO_2-Grenzschicht eingesammelt wurden, wie ihnen positive Ladungen auf der oberen Elektrode gegenüber stehen. Die Elektronen im Topf stellen ein Bestrahlungsäquivalent dar, solange die Anzahl der durch

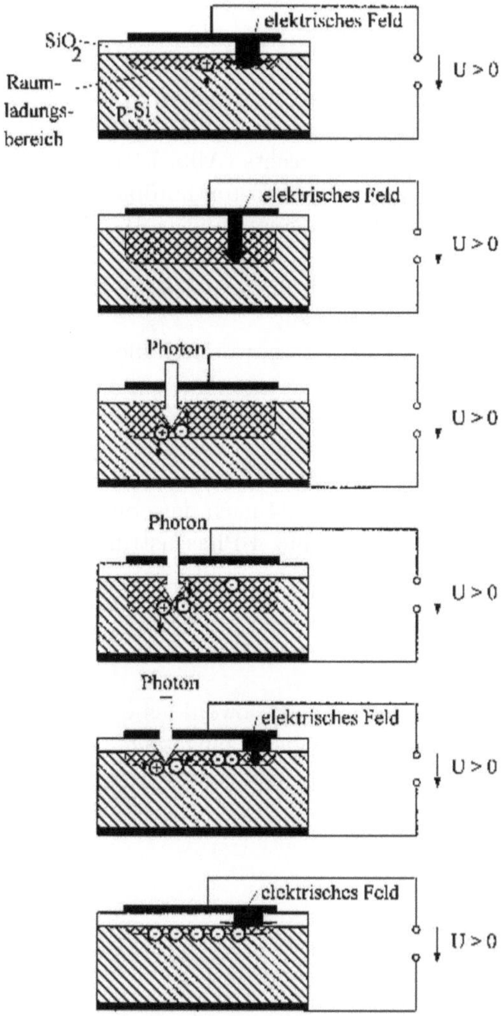

Abb. 7.23. Optoelektronische Vorgänge am MOS-Kondensator

thermische Generation erzeugten Elektronen und die Anzahl der als Minoritätsladungsträger herandiffundierenden Elektronen vernachlässigbar ist. Die Zeit zum Sammeln von strahlungsgenerierten Elektronen im Topf ist demnach begrenzt (... ms).

Ein weiteres Problem stellen die Bindungskräfte der Halbleiteroberfläche gegenüber den eingesammelten Elektronen dar. Der Einbau einer dünnen n-dodierten Schicht direkt unter der SiO_2-Schicht zieht den Potentialtopf von der Si-Oberfläche weg in den Halbleiter hinein (BCCD = buried channel ...).

7.4.2 CCD-Ladungstransport

Bei der grundlegenden CCD-Struktur sind die MOS-Kondensatoren in einer Reihe angeordnet. Ein 3-Phasentakt der Elektrodenspannungen sorgt für den Ladungstransfer von Potentialtopf zu Potentialtopf. Die gespeicherten Ladungen verschieben sich dabei von links nach rechts (Abb. 7.24).

In der 1. Phase sind die unterschiedlich gefüllten Potentialtöpfe durch die Bereiche unter den Elektroden mit der geringen Spannung (z. B. Elektrode C) voneinander getrennt.

Wird U_A verringert und U_C erhöht, dann verschieben sich die Ladungen um einen Elektrodenbereich nach rechts (2. Phase).

In der 3. Phase sinkt U_B und U_A steigt wieder an, wodurch die Ladungen weiter nach rechts fließen.

Nach einem weiteren Phasentakt befinden sich die Töpfe wieder wie in der Anfangsposition unter den Elektroden A und B.

Das Auslesen der Ladungen am Ende der MOS-Kondensatorkette kann über einen gesperrten pn-Übergang wie in Abb. 7.24 nach data out erfolgen.

Neben der 3-Phasenanordung sind auch 2- und 4-Phasenstrukturen gebräuchlich.

7.4.3 CCDs

In CCD-Fotosensoren werden die MOS-Zellen meist sowohl als optoelektronische Wandler wie auch als Ladungs-Schieberegister eingesetzt. Zunächst

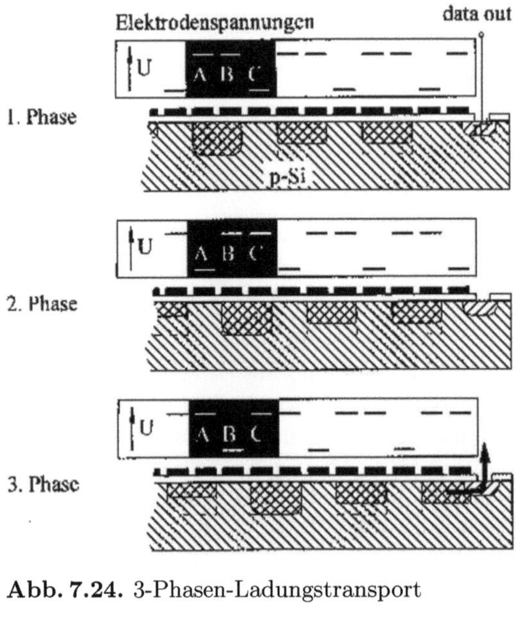

Abb. 7.24. 3-Phasen-Ladungstransport

erfolgt die Belichtung der Zellen, dann der Ladungstransport durch die Zellen. Die Schiebezeit sollte dabei wesentlich kürzer als die Bestrahlungszeit (gleich Ladezeit) sein, um große Ladungsmengen akkumulieren zu können und „Verschmierungen" des Ladungsbildes während des Transports in vertretbaren Grenzen zu halten. Die Trennung von fotoempfindlichen MOS-Flächen und abgedeckten MOS-Transportzellen löst das Problem.

CCDs stehen als Zeile und Matrix zur Verfügung. Abbildung 7.25 zeigt den typischen Aufbau eines CCD-Zeilensensors.

Der Ladungstransport erfolgt über zwei CCD-Ketten. Die fotoempfindlichen Elemente (bei CCD-Zeilen oft auch Fotodioden) sammeln die durch Bestrahlung generierten Ladungen fast ohne Unterbrechung, da die CCD-Ketten gleichzeitig die übernommenen Ladungen zur Ausgangselektronik verschieben. Für die Ladungsübernahme in die CCD-Ketten genügt ein Verschiebetakt.

Abbildung 7.26 veranschaulicht die Frame-Transfer-Struktur und die Interline-Transfer-Struktur von CCD-Matrixsensoren.

Bei der Frame-Transfer-Struktur sind die Flächen für die Bildwandlermatrix und die Bildspeichermatrix getrennt. Mit dieser Struktur können relativ große fotoempfindliche Flächen realisiert werden. Die fotoempfindlichen CCD-Ketten müssen jedoch auch zum Ladungstransport genutzt werden. Die Interline-Transfer-Struktur besitzt für die Transferfunktion separate CCD-Ketten. Die CCD-Matrix mit Interline-Transfer-Struktur setzt sich im Prinzip aus CCD-Zeilen zusammen. Die Komplexität ist größer und die fotoempfindlichen Flächen fallen kleiner aus, die aber durch Lens-on-Chip-Technik effizient nutzbar sind [19]. Für die Ladungsintegration in den MOS-Kondensatoren steht bei beiden Strukturen fast die gesamte Bildperiode zur Verfügung. Der Integrationswirkungsgrad erreicht bei der Interline-Transfer-Struktur nahezu den Wert Eins.

Die Si-MOS-Kondensator-Strukturen sind im gesamten sichtbaren Spektralbereich fotoempfindlich und damit prinzipiell für den Aufbau von CCD-Farbsensoren geeignet.

Den typischen spektralen Empfindlichkeitsverlauf von Si-CCDs und die RGB-Farblage zeigt Abb. 7.27. Die Empfindlichkeit im nahen IR-Bereich kann durch IR-Sperrfilter gesenkt werden.

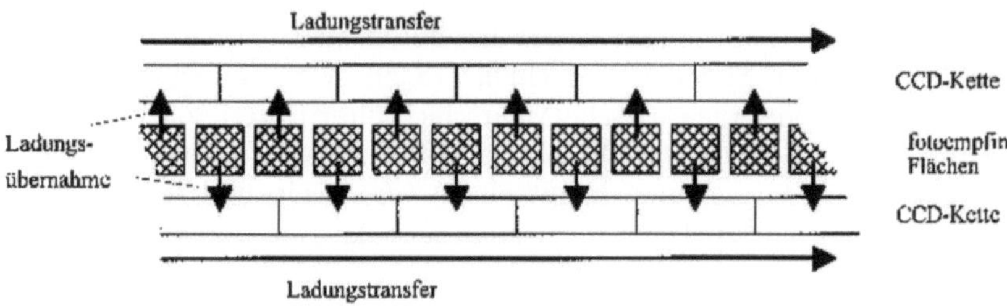

Abb. 7.25. CCD-Zeile

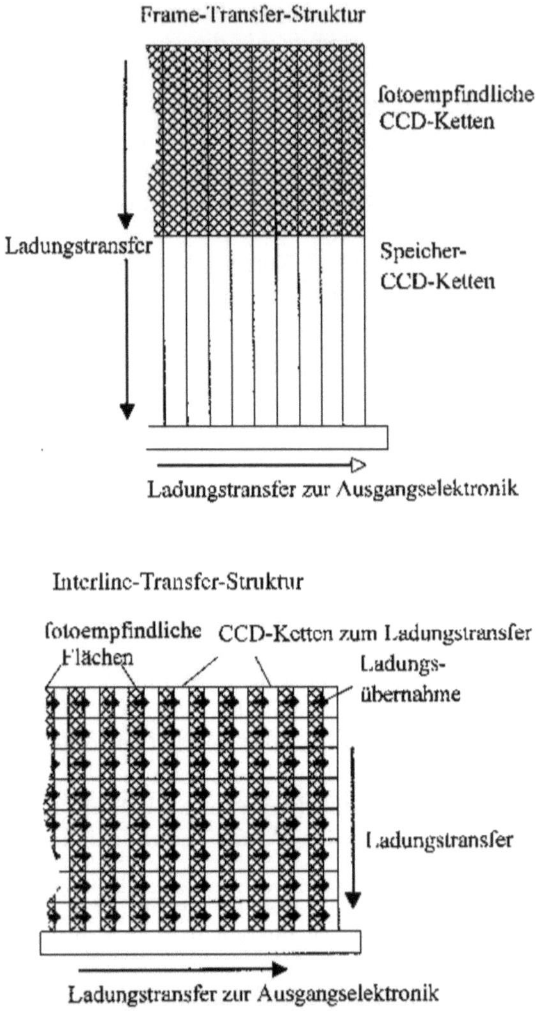

Abb. 7.26. CCD-Matrix-Strukturen

Anstelle der Farben Blau und Rot werden praktisch mit höherer Effektivität die Farben Gelb und Zyan herausgefiltert und bei der Signalverarbeitung in das RGB-Signal umgerechnet [18,20]. Verwendung finden chemische Farbstoff- oder dielektrische Mehrschichtfilter (Interferenzfilter). Für jede Farbe kann ein eigener CCD-Chip vorgesehen werden. Kompaktere und preiswertere Sensoren lassen sich mit einem CCD-Chip und streifen- oder mosaikartigen Farbfilterbelegen realisieren. Das Ausgangssignal enthält die Farbinformationen dann im Zeitmultiplex.

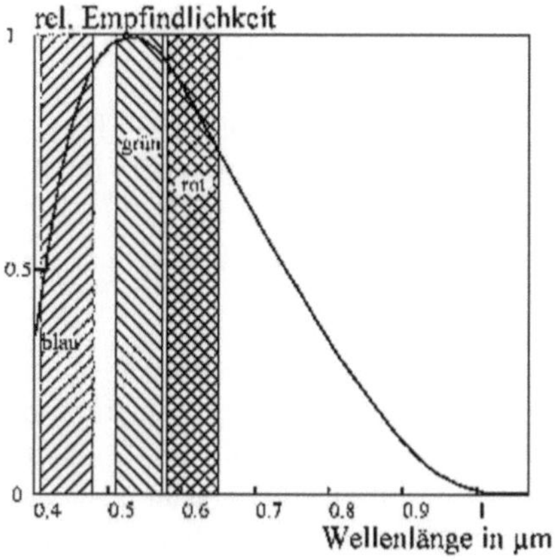

Abb. 7.27. Spektrale Empfindlichkeit von Si-CCDs

Jedes CCD-Pixel (Bildpunkt) kann nur eine begrenzte Ladungsmenge speichern (Sättigungswert). Die Potentialtopfgröße und damit der Sättigungswert hängt direkt von der Pixelfläche ab (ca. 10^4 Elektronen/μm^2).

Da sich das Rauschen des fotoempfindlichen Elements nur mit der Quadratwurzel der Pixelladung vergrößert, kann das erreichbare Signal/Rauschverhältnis durch Flächenvergrößerung verbessert werden (ebenso mit der Quadratwurzel der Fläche). Für einen hohen Dynamikbereich ist gleichfalls eine große Pixelfläche erforderlich, wobei aber die geometrische Bildauflösung sinkt.

Bei zu hoher Bestrahlung bzw. zu geringem Dynamikbereich fließen die Ladungen zu benachbarten Bildpunkten (blooming) und führen zu Fehlern. Antiblooming-Gates, die streifenweise neben jedem Pixel angeordnet werden, verhindern diesen Effekt, in dem sie die überschüssige Ladung absaugen. Sehr effektives vertikales Antiblooming findet bei Interline-Transfer-CCDs Anwendung, wenn Empfindlichkeitsverluste im langwelligen Bereich vertretbar sind.

Auch ohne Bestrahlung sammeln sich temperaturabhängig Ladungen in den Potentialtöpfen. Dieser „Schwarzpegel“ wird durch einige abgedeckte CCD-Zellen erfaßt und später zur elektronischen Kompensation benutzt.

Typische Parameter von CCDs sind [20] (vgl. [21] CMOS-APS, -activ pixel image sensors):

Pixelfläche	$50 \ldots 200\ \mu m^2$,
mittlere Pixelladung	10^4 Elektronen,
Rauschäquivalent	<20 Elektronen,
Dynamikbereich	>1:1000.

CCDs besitzen sehr unterschiedliche Pixelanzahlen (z. B. von Dalsa Inc.):

CCD-Zeile	256, 1024, 2048, 4096 (...6000),
CCD-Matrix	256^2, 512^2, 1024^2, 2048^2 ($\ldots 5000^2$)

bei Taktfrequenz von 15 ... 60 MHz.
TV-kompatible CCDs stehen ebenfalls (z. B. von Philips) als

SDTV-Format (4:3, 1/2")	754 × 580 (CCIR) bzw. 754 × 490 (EIA),
HDTV-Format (16:9, 1")	1920 × 1152
und in extrem kleiner Bauform (Sony) ⊘(1/6")	582 × 500

zur Verfügung.

Spezielle CCDs, wie z. B. die von Scientific Imaging Technologies Inc. (SITe) für Princeton Instrument entwickelten, gestatten hohe Intensitätsauflösungen (bis 16 bit) und hohe Taktfrequenzen, um mehr als 1000 Spektren pro Sekunde zu ermitteln. Thermoelektrisch gekühlte CCDs werden z. B. von Hitachi in hochempfindlichen Kameras, die Bilder ab 0,05 lx liefern, eingesetzt.

Breitenanwendung finden CCD-Zeilen vor allem in FAX-Geräten und Scannern. Der Videobereich stellt die Domäne der CCD-Matrixsensoren dar.

7.4.4 CCD-Kameras

CCD-Kameras werden mit CCD-Zeilen als Zeilenkameras für wissenschaftliche sowie industrielle Anwendungen angeboten. Die größte Verbreitung haben CCDs als CCD-Matrix aber ihrem Einsatz in Videokameras zu verdanken. Hier erstreckt sich der Bereich von der Familienkamera über die Hochgeschwindigkeitskamera bis zur IR-Kamera. Die Kameras bauen auf den CCD-Eigenschaften auf. Gegenüber Vidicons mit besserer spektraler Empfindlichkeit sind CCDs preiswert, geometrietreu und schnell.

Die prinzipiellen Bestandteile einer digitalen CCD-Kamera werden in Abb. 7.28 dargestellt.

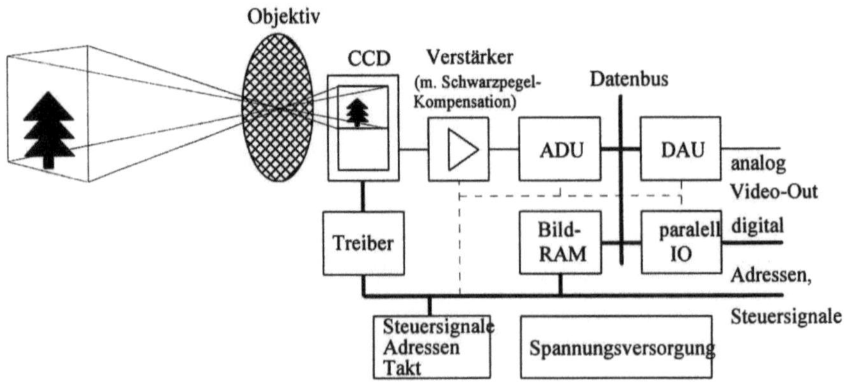

Abb. 7.28. Digitale CCD-Kamera

Der CCD-Chip erhält die Steuersignale mit den erforderlichen Phasenlagen und Pegeln über Treiber. Die zeilenweise ausgelesenen Pixelladungen werden unter Berücksichtigung des Schwarzpegels verstärkt und digitalisiert. Damit ist das Bild speicherbar und über den digitalen Ausgang bearbeitbar. Das analoge Videosignal steht am Ausgang des DA-Umsetzers zur Verfügung.

Videokompatible CCD-Bildkameras im interlaced-Betrieb liefern abwechselnd zwei Halbbilder. Ein Halbbild setzt sich im Frame-Integration-Mode aus den ungeradzahligen Zeilen und das andere aus den geradzahligen Zeilen zusammen, wogegen der Field-Integration-Mode je zwei benachbarte Zeilen (wechselnde Zeilenpaare) zusammenfaßt. Der Frame-Integration-Mode liefert die höhere vertikale Auflösung, der Field-Integration-Mode die höhere zeitliche Auflösung.

Im noninterlaced-Betrieb wird das Bild immer aus den gleichen Zeilen gebildet.

Kameras mit Progressiv-Scan-CCDs [22] arbeiten im noninterlaced-Betrieb und nutzen die volle Bildauflösung von z. B. 640×480 oder 1280×1024 Pixeln [19]. Bei einem Dynamikbereich bis zu 12 bit erlauben sie extrem kurze (100 ns) und lange Belichtungszeiten (1000 s) sowie Mehrfachbelichtungen (z. B. von PCO und Kappa opto-electronics). Diese Eigenschaften machen CCD-Kameras im Bereich anspruchsvoller industrieller und wissenschaftlicher Anwendungen interessant.

CCD-Kameras finden insbesondere in der berührungslosen Objekterfassung Einsatz, wobei neben der Geometrie je nach Kameraauslegung auch Bewegung (einige 1000 Bilder pro Sekunde) und thermischer Zustand (einige 100°C) erfaßt werden können.

Die Leistungsfähigkeit moderner digitaler Kameras resultiert aus den Fortschritten im Bereich schneller elektronischer Bausteine zur Bilderfassung und -verarbeitung. Dazu gehören Bildsensoren, -prozessoren, schnelle Speicher und AD-Umsetzer. CMOS-Bildsensoren mit integriertem ADU und Bildprozessor werden in smart-Kameras, z. B. von IVP, eingesetzt. Abbildung 7.29 zeigt eine mögliche Struktur. Derartig aufgebaute Kameras können effektiv an industrielle Aufgabenstellungen angepaßt und in Produktionsabläufe ein-

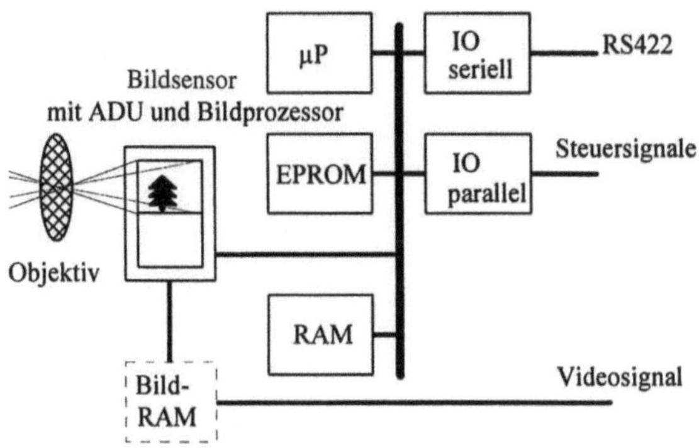

Abb. 7.29. Smart-Kamera

gebunden werden. Neue Lösungsmöglichkeiten eröffnen auch Kameras auf einem Chip mit CMOS-Bildsensor (s. z. B. [6]).

Qualitativ hochwertige Farb-CCD-Kameras mit drei CCD-Chips werden künftig aufgrund günstigerer Preise für ein breiteres Anwendungsfeld zur Verfügung stehen.

Literatur

1. Paul, R. (1992) Optoelektronische Halbleiterbauelemente. Teubner, Stuttgart
2. Wagemann, H.-G., Schmidt, A. (1998) Grundlagen der optoelektronischen Halbleiterbauelemente. Teubner, Stuttgart
3. Nakamura, S., Fasol, G. (1997) The Blue Laser Diode. Springer, Berlin, Heidelberg
4. Frisch aus IMECs Hexenküche. Elektronik (1999) **2**, 16
5. Neu auf dem Markt. Markt&Technik (1995) **29**, 34–35
6. Kamera auf einem Chip. Design&Elektronik (2000) **5**, 38
7. Die weiße LED ist da. Elektronik Industrie (1997) **6**, 46–47
8. Thiele, P. (1995) Was die hellste Leuchtdiode der Welt leistet. F&M 103 **1–2**, 63–66
9. Ins Gelbe zielen. Elektronik Journal (1997) Juni, 46–50
10. UV-LED. Photonik (1999) **3**, 50
11. Lemme, H. (1997) Mäusekino auf Gallium-Arsenid. Elektronik **5**, 54–56
12. Rossman, J. (1994) Farb-Matrix-LCDs: STN oder TFT?. Elektronik **7**, 90–94
13. Kleinstes Flachdisplay. Elektronik Industrie (1997) **8**, 23
14. Waldmann, J. (1997) Neuigkeiten und Trends bei Flachdisplays. Elektronik Industrie **6**, 53–54
15. Lemme, H. (1993) Display-Treiber – ein weites Spektrum. Elektronik **4**, 74–79
16. Katalog Silicon Sensor. 2000
17. Katalog Si Photodiode. Hamamatsu Photonics K.K., 2002
18. Theuwissen, A.J.P. (1999) Solid-State Imaging with Charge-Coupled Devices. Kluwer Academic Publisher, Dordrecht, Netherland
19. Ott, E. (1997) Wissenswertes über CCD-Kameras – D-05/95, PCO
20. Göpel, W., Hesse, J., Zemel, J.N. (1992) Sensors. Vol. **6**, VCH, Weinheim
21. Baltes, H., Göpel, W., Hesse, J., Zeiss, C. (1998) Sensors Update. Vol. **4**, Wiley-VCH, Weinheim
22. Hofmeister, R.A. (1995) Catching the Action with Progressiv-Scan CCDs. Photonics Spectra July 1995, 132–136

8 Fasern und Sensorik

8.1 Mechanismus der Wellenleitung

8.1.1 Geometrisch-optische Grundlagen

Lichtbrechung und Totalreflexion. Die in Kap. 1.3 bereits dargestellten Zusammenhänge bei Brechung und Reflexion von Lichtstrahlen sollen einleitend hier nochmals kurz wiederholt werden. Danach entstehen beim Auftreffen eines Lichtstrahls auf die Grenzfläche zwischen zwei optischen Medien mit unterschiedlichen Brechzahlen ein reflektierter und ein gebeugter Strahl (Abb. 8.1).

Für den *reflektierten* Strahl gilt die Regel „Einfallswinkel = Ausfallswinkel"; die Zusammenhänge für den *gebrochenen* Strahl werden durch das Snelliussche Brechungsgesetz beschrieben

$$n_2 \cdot \sin\varepsilon_2 = n_1 \cdot \sin\varepsilon_1\,. \tag{8.1}$$

Kommt der Strahl aus dem optisch dünneren Medium ($n_2 < n_1$), so wird er zum Lot hin gebrochen; kommt er aus dem optisch dichteren Medium ($n_2 > n_1$), so wird er vom Lot weg gebrochen. Fällt im letzteren Fall der Einfallsstrahl flach genug auf die Grenzfläche, so tritt Totalreflexion auf, d. h. es gibt keinen gebrochenen Strahl mehr. Somit tritt auch keine Energie mehr in das angrenzende Medium über. Für den Grenzwinkel der Totalreflexion erhält man aus Gleichung (8.1) – siehe auch Gleichung (1.17) –

$$\sin\varepsilon_G = \frac{n_1}{n_2}\,. \tag{8.2}$$

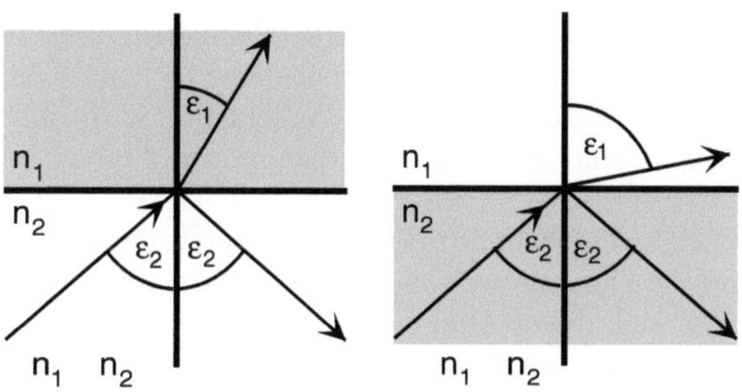

Abb. 8.1. Zum Snelliusschen Brechungsgesetz

Lichtleitung im Schichtwellenleiter. Die oben betrachtete Geometrie läßt sich um eine zweite Grenzfläche erweitern, die das Medium mit der höheren Brechzahl nun auch nach der zweiten Seite gegen ein niedriger brechendes Medium begrenzt (Abb. 8.2). Ein einmal mit ausreichend flachem Winkel eingekoppelter Strahl erfährt jetzt bei jedem Auftreffen auf die Grenzfläche Totalreflexion, d. h. seine optische Energie wird ohne Verluste parallel zu den Grenzflächen geführt: Die Anordnung wird damit zum Wellenleiter. In der Theorie der Wellenleiter ist es üblich, die lichtführende Region als Kern und die umgebende als Mantel zu bezeichnen. In Anlehnung daran wurde in Abb. 8.2 die dafür übliche Nomenklatur ($n_2 \rightarrow n_{\mathrm{K}}$ sowie $n_1 \rightarrow n_{\mathrm{M}}$) eingezeichnet.

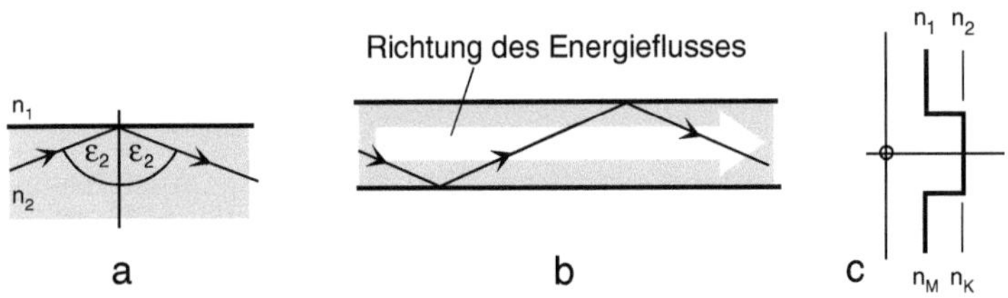

Abb. 8.2. Totalreflexion und Wellenleitung
(**a**) Totalreflexion; (**b**) Wellenleiter; (**c**) Brechzahlprofil

Akzeptanzwinkel und Numerische Apertur. Die Existenz des Grenzwinkels der Totalreflexion hat zur Folge, daß beim Einkoppeln von Licht in den Wellenleiter nur solche Strahlen zu geführten Strahlen werden, die steil genug auf die Frontfläche fallen. Man kann anhand des Schemas von Abb. 8.3a leicht nachrechnen, daß für den größten hierfür zulässigen Winkel – den sog. Akzeptanzwinkel – gilt

$$\theta = \arcsin \sqrt{n_{\mathrm{K}}^2 - n_{\mathrm{M}}^2}\,. \tag{8.3}$$

Die bisherigen Betrachtungen bezogen sich auf eine Geometrie, bei der die Breite des Wellenleiters (Maß senkrecht zur Zeichenebene in Abb. 8.3a) groß ist im Vergleich zu seiner Dicke. Ein solcher Wellenleiter wird auch als Schichtwellenleiter bezeichnet und stellt die Grundkomponente integriert optischer Schaltungen dar.

Vom *Schicht*wellenleiter läßt sich leicht zur *Zylinder*geometrie einer Glasfaser übergehen, indem man die Darstellung von Abb. 8.3a um ihre Symmetrieachse rotiert. Damit ergibt sich die in Abb. 8.3b dargestellte Anordnung. Mit dieser Geometrie führt die Einschränkung bezüglich des Einkoppelwinkels zu einem Akzeptanz*kegel*, dessen Öffnung durch den oben eingeführten Akzeptanz*winkel* θ definiert wird. Es ist üblich, bei optischen Fasern anstelle

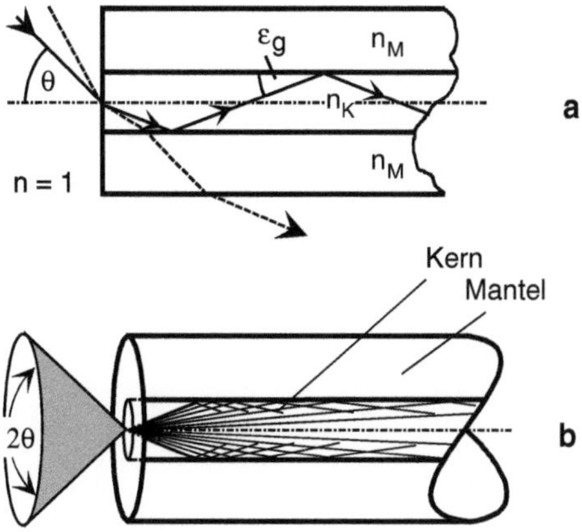

Abb. 8.3a,b. Schichtwellenleiter und Glasfaser

von θ selbst dessen Sinus, die sog. numerische Apertur A_{N} anzugeben, die definiert ist als

$$A_{\mathrm{N}} = \sqrt{n_{\mathrm{K}}^2 - n_{\mathrm{M}}^2} = \sin\theta \,. \tag{8.4}$$

Unter Einführung der relativen Brechzahldifferenz

$$\Delta = \frac{n_{\mathrm{K}} - n_{\mathrm{M}}}{n_{\mathrm{K}}} \tag{8.5}$$

läßt sich unter der Annahme $\Delta \ll 1$ die numerische Apertur auch schreiben

$$A_{\mathrm{N}} = n_{\mathrm{K}} \cdot \sqrt{2\Delta} \,. \tag{8.6}$$

Alle Strahlen, die innerhalb des Kegels mit dem durch θ definierten Öffnungswinkel verlaufen, werden von der Faser geführt. Steiler auftreffende Strahlen werden, wie in Abb. 8.3a für die Schichtgeometrie strichliert angedeutet, zu sog. Strahlungsmoden (zum Modenbegriff s. Kap. 8.1.2). Bei der in Abb. 8.3b zugrundegelegten Situation sind alle Strahlen innerhalb der Faser sog. Meridionalstrahlen. Dies bedeutet, sie verlaufen in Ebenen, die die optische Achse enthalten. Der Vollständigkeit halber soll erwähnt werden, daß es auch spiralförmig verlaufende Strahlen gibt (engl.: skew rays). Diese werden z. B. dadurch angeregt, daß der eingekoppelte Strahlkegel nicht exakt die Fasermitte trifft.

8.1.2 Der Modenbegriff aus wellenoptischen Betrachtungen

Interferenz bei der Überlagerung zweier zueinander geneigter ebener Wellen. Die obige Darstellung der Lichtausbreitung läßt noch einen wesentlichen Aspekt außer acht: die Wellennatur von Licht. Wellen können

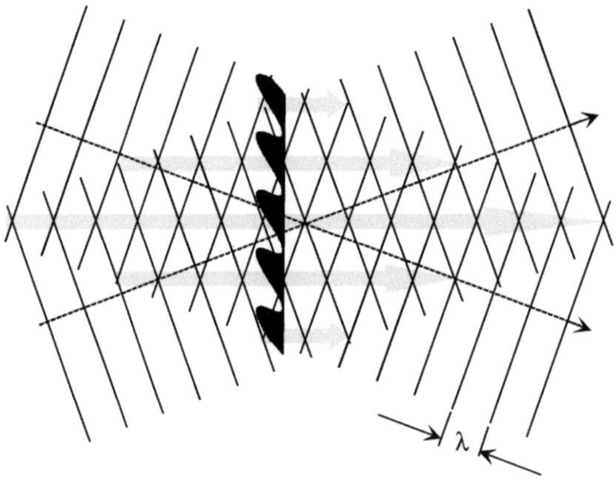

Abb. 8.4. Interferenz zweier kreuzender ebener Wellen

interferieren, und dies hat weitreichende Konsequenzen für die Lichtausbreitung in Wellenleitern. Interferenz tritt u. a. dann auf, wenn sich zwei ursprünglich aus einer Lichtquelle stammende ebene Wellen, wie in Abb. 8.4 dargestellt, unter einem Winkel schneiden.

Den Bezug zum obigen Strahlenbild stellen die strichliert dargestellten Ausbreitungsrichtungen her; das Phänomen Welle wird durch die darauf senkrecht stehenden Phasenfronten im Abstand jeweils einer Wellenlänge λ dargestellt.

Für diese Betrachtung sollen die Phasenfronten jeweils die Lage eines Wellenberges ausdrücken. An den Stellen, an denen sich die gezeichneten Phasenfronten schneiden, treffen somit jeweils zwei Wellenberge aufeinander. Sie verstärken sich zu Interferenzmaxima, d. h. es ergibt sich als Resultat ein Maximum an lokaler Intensität. Beide Wellenfelder bewegen sich mit Lichtgeschwindigkeit in der durch unterbrochene Pfeile dargestellten Richtung. Als Folge bewegen sich die Interferenzmaxima in Richtung der grauen Pfeile. Entlang der Mittellinien zwischen zwei grauen Pfeilen treffen jeweils zwei gegenphasige Wellenanteile aufeinander. Dies führt dort zu völliger Auslöschung. Der Verlauf der resultierenden, über dem Ort $\cos^2$-förmig verlaufenden Intensität ist in einer pseudo-3D-Darstellung in der Symmetrieebene der Anordnung dargestellt. Von der Mitte nach rechts bzw. links nimmt die Anzahl der Intensitätsmaxima ab, bis schließlich jenseits des Überschneidungsbereichs der Wellenfelder gar keine Interferenz mehr auftritt.

Wellenleitung als Interferenzphänomen. Die Tatsache, daß sich in Abb. 8.4 eine Anzahl von bis zu 5 Intensitätsmaxima ergab, war eine Folge der lateralen Ausdehnung der Wellenfelder. Könnte man die laterale Ausdehnung beider Wellenfelder auf den schmalen Bereich zwischen den beiden inneren Intensitätsminima begrenzen – es müßte dazu verhindert werden, daß sie wie oben auseinanderlaufen, d. h. sie müßten immer wieder in die

Mitte zurückgelenkt werden –, so würde nur eines, nämlich das innerste Intensitätsmaximum verbleiben, und dieses bliebe über eine beliebige Strecke erhalten.

Genau dies leistet ein Wellenleiter, wie aus dem Vergleich der folgenden Abb. 8.5 mit Abb. 8.4 hervorgeht. Die Darstellung verknüpft das Wellenbild mit dem Strahlenbild. Als Beispiel ist der Verlauf der von links unten nach rechts oben laufenden Wellenfront durch Einzeichnen der Wellenorthogonalen (Strahlrichtung) ab dem Einkoppelende verdeutlicht. Deutlich wird auch die Umlenkung des Wellenverlaufs durch Reflexion des Strahls beim Erreichen der Wellenleiter-Seitenfläche. Eine Folge des Übergangs vom Strahlen- zum Wellenbild ist, daß die Umlenkung nun nicht mehr nur an einem diskreten Punkt stattfindet (dort wo der Strahl auf die Berandung trifft), sondern aufgrund der lateralen Ausdehnung der Welle kontinuierlich längs des gesamten Leiterverlaufs.

Damit sich der Energietransport auf den Kernbereich beschränkt, muß in Abb. 8.5 die Neigung der Wellenfronten so sein, daß an der Kern-Mantel-Grenze jeweils ein Wellenberg gerade auf ein Wellental der gegenlaufenden Welle trifft. In diesem Fall tritt an der Kern-Mantel-Grenze destruktive Interferenz auf, und die Intensität fällt dort genau auf Null ab. Eine andere Neigung der Wellenfronten würde diese Bedingung nicht erfüllen. In diesem Fall würde Intensität in den Mantelbereich gelangen, und der Leitungsmechanismus wäre mit Verlusten verknüpft.

In Abb. 8.5 ist ein spezieller Verlauf der Phasenfront dick ausgezeichnet und dadurch besonders hervorgehoben. Man kann anhand der eingezeichneten Punkte nachzählen, daß bis dorthin jene Wellenanteile, die schon von der Einkopplung an die Laufrichtung links unten → rechts oben hatten (das sind die, die unten beginnen) genau $10 \cdot \lambda$ brauchten. Sie eilen damit denjenigen um genau eine Periode voraus, die oben begannen, dadurch zweimal umgelenkt werden mußten, um nach $11 \cdot \lambda$ in der Bezugsebene dann wieder die gleiche Neigung zu haben wie die erstgenannten. Wegen der Verschiebung um genau eine Wellenlänge können beide jedoch konstruktiv zusammenwirken, um wieder eine gemeinsame Wellenfront in der ursprünglichen Richtung aufzubauen. Entsprechendes gilt für die Wellenrichtung links oben → rechts unten.

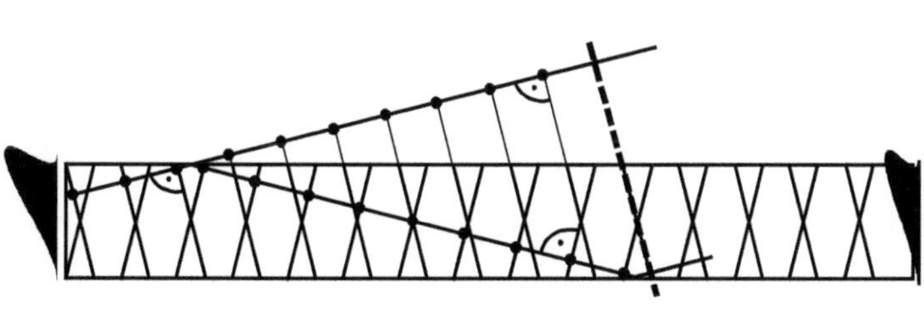

Abb. 8.5. Wellenleitung als Interferenzphänomen I

Modenstruktur als Folgerung aus den Wellenleitungs-Randbedingungen. Im allgemeinen ist Wellenleitung nicht auf den in Kap. 8.1.2.2 dargestellten Fall eines einzigen zentralen Intensitätsmaximums über dem Wellenleiterquerschnitt beschränkt. Eine zweite Möglichkeit ist in Abb. 8.6 dargestellt. Hier ist die Neigung der Wellenfronten relativ zur Wellenleiterlängsachse so gewählt, daß sich nach dem oben beschriebenen Mechanismus 2 Maxima ergeben. Zählt man wieder die Perioden aus, die die Entfernung von der Einkopplung bis zur dick ausgezogenen Referenzlinie markieren, so ergeben sich 7 auf direktem und 9 auf indirektem Weg (d. h. unter Einbeziehung zweier Reflexionen). Die Differenz beträgt also $2 \cdot \lambda$ entgegen $1 \cdot \lambda$ im obigen Fall.

Entsprechend lassen sich Fälle mit noch größeren Neigungswinkeln, demgemäß größeren Wegdifferenzen und mehr transversalen Intensitätsmaxima konstruieren. Kriterium für einen zulässigen Neigungswinkel der Phasenfronten ist stets die Forderung, daß zwischen direktem und indirektem Weg der Welle ein *ganzzahliges Vielfaches* der Wellenlänge als Wegdifferenz liegen muß, so daß beide Wellenanteile wieder in konstruktiver Interferenz eine gemeinsame fortschreitende Welle aufbauen können. Diese Forderung beschränkt die Anzahl ausbreitungsfähiger Moden auf eine diskrete Vielfalt.

Die ausbreitungsfähigste Mode der höchsten Ordnung ist durch jenen größten Neigungswinkel gekennzeichnet, der einerseits die besprochene Interferenzbedingung erfüllt und der andererseits gerade noch unterhalb des Wertes des Grenzwinkels der Totalreflexion liegt.

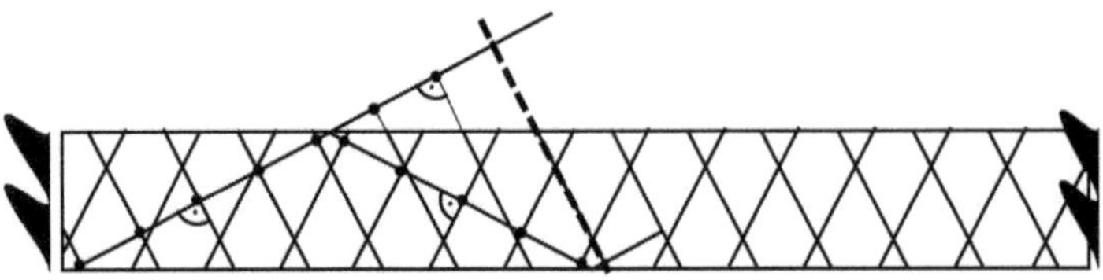

Abb. 8.6. Wellenleitung als Interferenzphänomen II

Die normierte Frequenz. Ein für die nachfolgenden Betrachtungen wichtiger Parameter ist die sogenannte normierte Frequenz V. Dieser Parameter fasst die geometrischen Daten der Faser und die Wellenlänge der betrachteten Strahlung zusammen in der Form

$$V = \frac{2\pi}{\lambda} \cdot a \cdot n_{\mathrm{K}} \cdot \sqrt{2\Delta} = \frac{2\pi}{\lambda} \cdot a \cdot A_{\mathrm{N}} \,. \tag{8.7}$$

Die einzelnen Parameter haben die Bedeutung

λ = Wellenlänge der Strahlung,

a = Kernradius,

n_K = Kernbrechzahl,
Δ = normierte Brechzahldifferenz, siehe Gl. (8.5).
A_N = numerische Apertur, siehe Gl. (8.4) und Gl. (8.6).

Mit Hilfe der normierten Frequenz V lassen sich viele Probleme der Wellenausbreitung elegant ausdrücken; u.a. kann damit auch die Anzahl ausbreitungsfähiger Moden in der Glasfaser bestimmt werden (s.u.).

8.2 Fasertypen

8.2.1 Multimode-Glasfasern

Stufenprofil. Das im vorigen Kapitel der Beschreibung der Ausbreitungsphänomene zugrundegelegte Modell einer Glasfaser, bei der Kern- und Mantelbereich durch einen abrupten Brechzahlsprung (sog. Stufenprofil) getrennt sind, kann als die Standardausführung einer optischen Glasfaser bezeichnet werden. Stufenprofilfasern werden i. d. R. mit einem Kerndurchmesser gefertigt, der ein Vielfaches der Lichtwellenlänge beträgt. Gängige Werte für Kern- (Mantel-) Durchmesser sind 50 µm (125 µm), 62,5 µm (125 µm), 100 µm (140 µm), 200 µm (230 µm), 400 µm (430 µm). Diese Werte beziehen sich auf Ausführungsvarianten aus Quarzglas, wie sie z. B. für kurze Nachrichtenübertragungsstrecken oder auch zur Leistungsübertragung bei Bearbeitungslasern eingesetzt werden. Zwar kann noch bis zu einem Kerndurchmesser von 1000 µm auch der Mantel aus Quarzglas bestehen, bei größeren Durchmessern (etwa ab Kerndurchmesser 200 µm) sind aber eher die Ausführungen PCS, HCS (plastic-clad-silica, hard-clad-silica, d. h. Quarzglaskernfasern mit Kunststoffmantel) oder Vollkunststoffasern POF (polymer optical fibers) gebräuchlich, bei denen sowohl Kern als auch Mantel aus Kunststoff bestehen. POF mit 980 µm Kern- und 1000 µm Manteldurchmesser haben sich als Übertragungsmedium für die Multimedia-Vernetzung in Kraftfahrzeugen durchgesetzt [1].

Vorteile der Stufenindexfasern sind niedrige Kosten durch einfache Herstelltechnologie, hoher Einkoppelwirkungsgrad aufgrund der großen Querschnittsfläche und der meist großen numerischen Apertur, sowie Übertragbarkeit großer optischer Leistungen durch die große Fläche und damit geringe Leistungsdichte.

Für die Beschreibung der Lichtausbreitung in der Stufenindexfaser kann das Strahlenbild herangezogen werden. Abbildung 8.7 soll die Situation bei der Übertragung eines Lichtpulses verdeutlichen.

Die Quelle möge einen Lichtpuls mit dem links unten dargestellten Zeitverlauf in die Faser einstrahlen. Da die Ausbreitung zum Faserende über verschiedene Moden und damit Wege unterschiedlicher Länge erfolgt, werden die in den einzelnen Moden propagierenden Leistungsanteile zu verschiedenen Zeiten am Detektor ankommen: Es erfolgt ein Auseinanderziehen des

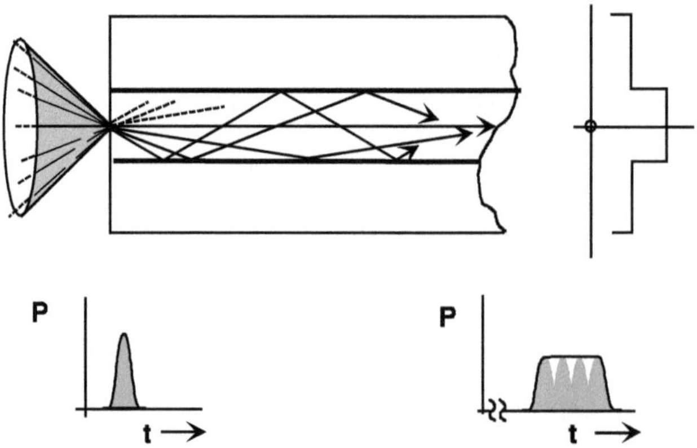

Abb. 8.7. Modendispersion in der Stufenindexfaser

Pulses, verbunden mit einer Abnahme der Pulshöhe. Diese Eigenschaft der Glasfaser wird als Modendispersion bezeichnet.

Auf die Dispersionseigenschaften der Faser muß bei der Modulation der Quelle Rücksicht genommen werden: Wird die Faser z. B. als Übertragungsmedium in einem digitalen Nachrichtensystem eingesetzt, so muß die Pulsfolgefrequenz hinreichend klein sein, damit in jedem Fall eine Unterscheidung der einzelnen Pulse am Detektor noch möglich ist. Das Phänomen der Impulsverbreiterung begrenzt damit die übertragbare Datenrate bzw. bei der Übertragung analoger Signale die Bandbreite des elektrischen Signals.

Gradientenprofil. Eine Lösung für die aus Modendispersion resultierende Bandbreitenproblematik bietet die sog. Gradientenfaser. Bei diesem Fasertyp ist die Brechzahl des Kerns nicht über dem gesamten Querschnitt konstant, sondern sie nimmt von ihrem Maximalwert auf der Kernachse in Form einer Parabel nach außen ab (Abb. 8.8):

$$n(r) = n_1 \cdot \sqrt{1 - 2\Delta \cdot \left(\frac{r}{a}\right)^2} = \sqrt{n_1^2 - A_{\mathrm{N}}^2 \cdot \left(\frac{r}{a}\right)^2} \tag{8.8}$$

Im Fall eines parabelförmigen Profilverlaufs muß die oben gegebene Definition von Δ modifiziert werden. Δ bezeichnet nun die größte vorkommende normierte Brechzahldifferenz nach Gleichung (8.5); sie tritt zwischen der Achse und dem Mantel auf. Aus der kontinuierlichen Abnahme der Brechzahl in radialer Richtung resultiert anstelle des abrupten Reflektierens der Lichtstrahlen beim Erreichen der Kern-Mantel-Grenze ein kontinuierliches Umlenken. Dies ist eine Folge des Fermatschen Prinzips (Kap. 1), nach dem Lichtstrahlen sich so ausbreiten – hier z. B. zwischen zwei aufeinanderfolgenden Überquerungen der Faserachse –, daß ihr optischer Weg ein Minimum wird.

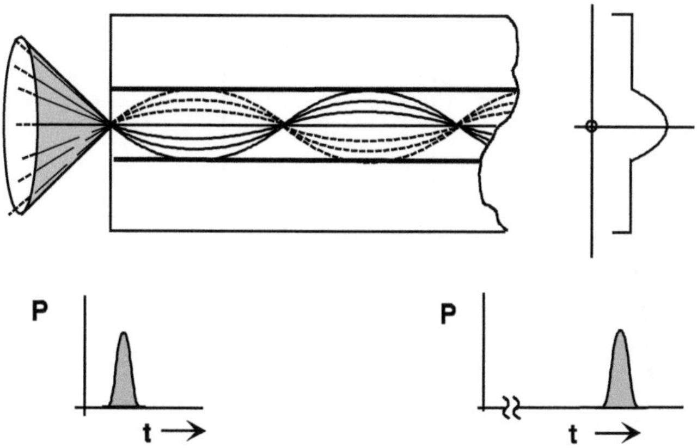

Abb. 8.8. Modendispersion in der Gradientenfaser

Entscheidend für die Lichtausbreitung in der Faser ist jedoch die Tatsache, daß nun die Phasengeschwindigkeit der Lichtstrahlen radiusabhängig ist: Die Lichtgeschwindigkeit in einem Medium mit der Brechzahl n beträgt nach Abschn. 8.1

$$c_n = \frac{c_0}{n} \tag{8.9}$$

(c_0 = Vakuum-Lichtgeschwindigkeit).

Wegen der nach außen abnehmenden Brechzahl nimmt die Geschwindigkeit in den Außenbereichen des Kerns zu. Die Folge ist, daß eine weiter außen verlaufende Mode zwar mit einem größeren geometrischen Weg verknüpft ist, dieser aber in der gleichen Zeit zurückgelegt wird wie der einer innen verlaufenden Mode. Dadurch erreichen die in den verschiedenen Moden propagierenden Energieanteile gleichzeitig das Faserende, und es tritt keine bzw. eine gegenüber der Stufenprofilfaser drastisch verringerte Pulsverbreiterung auf.

Voraussetzung für diese Kompensation ist der zugrundegelegte quadratische Brechzahlverlauf. Schon geringste Abweichungen vom idealen, nahe bei 2 liegenden Exponenten (sog. Profilparameter) führen zu spürbarer Verringerung des Kompensationseffektes und damit der Übertragungsbandbreite. Einen Eindruck von den Anforderungen gibt Abb. 8.9.

Die Modenanzahl bei Multimodefasern. Für die Anzahl ausbreitungsfähiger Moden in einer Multimodefaser werden die Beziehungen angegeben [2] (exakt für große Werte von V bzw. N, annähernd genau für kleine Werte):

$$N = \frac{V^2}{2} \qquad \text{(Stufenindexfaser)}\,, \tag{8.10}$$

$$N = \left(\frac{V}{2}\right)^2 \qquad \text{(Gradientenfaser)}\,. \tag{8.11}$$

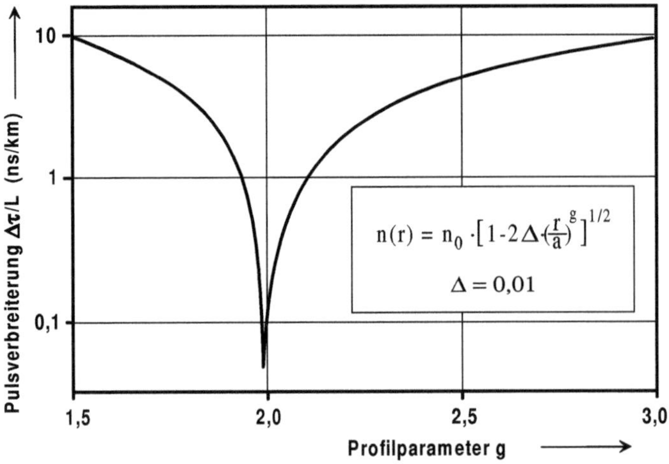

Abb. 8.9. Beispiel für die Abhängigkeit der Pulsverbreiterung bei der Gradientenfaser (GeO_2-SiO_2, $\lambda = 820$ nm) vom Profilparameter g. Der optimale Wert von g liegt bei $g = 2 - 2\Delta$ [2]

Die Anzahl ausbreitungsfähiger Moden ist bei typischen Multimodefasern aus Quarzglas sehr groß; zwei Beispiele sollen dies für eine Wellenlänge von 840 nm verdeutlichen:

- Stufenindex, Durchmesser $2a = 200$ µm, $2\theta = 60° \mathrel{\hat{=}} A_N = 0,5 \Rightarrow$ $N = 70\,000$,
- Gradientenindex, Durchmesser $2a = 62{,}5$ µm, $2\theta = 29° \mathrel{\hat{=}} A_N = 0,25 \Rightarrow$ $N = 850$.

Es ist zu beachten, daß die Modenanzahl vom Verhältnis a/λ bestimmt wird (siehe V nach Gleichung (8.6)). N hängt also also nicht nur von der Faser, sondern auch von der Lichtwellenlänge ab.

8.2.2 Monomode-Glasfasern

Konventionelle, polarisationsneutrale Fasern. Die hohen Anforderungen an die Exaktheit des Profilverlaufs bei der Gradientenfaser sind technologisch nur sehr schwer zu erfüllen. Aus diesem und weiteren Gründen bleibt bei der Verwendung als nachrichtentechnisches Übertragungsmedium auch hier die übertragbare Bandbreite begrenzt. Für viele Anwendungen ist außerdem ein Problem, daß bei allen Vielmodenfasern an Faser/Faser- oder Faser/Detektor-Koppelstellen störende Interferenzerscheinungen auftreten können (sog. Modenrauschen). Deshalb wurde ein weiterer Fasertyp entwickelt, der nur noch eine Mode überträgt und deshalb Einmode- oder Monomode-Faser genannt wird. Die schon bei der Gradientenfaser hohe Übertragungsbandbreite (in Abb. 8.10 ist dafür das Bandbreiten-Längenprodukt angegeben) kann so nochmals enorm gesteigert werden.

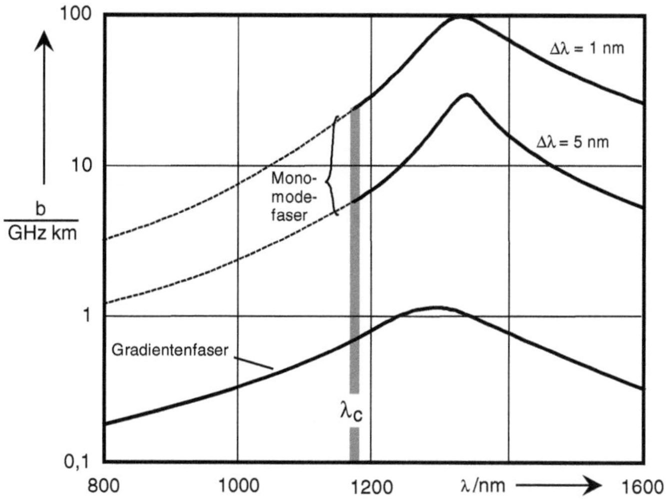

Abb. 8.10. Bandbreiten von Gradienten- und Monomodefasern im Vergleich
$\Delta\lambda$ = spektrale Breite der Quelle
λ_c = Cutoff-Wellenlänge der Monomodefaser

Die Monomodefaser war schon in Kap. 8.1.2 (ohne allerdings so bezeichnet zu werden) vom prinzipiellen Funktionsmechanismus her diskutiert worden.

Um von einer Vielmoden- zu einer Wenigmoden-Faser zu gelangen, ist nach dem in Abschn. 8.1 Gesagten V zu verringern. Für die spezielle (Einmoden-)Wahl $n < 2$ liefern die Gleichungen (8.10) und (8.11) Werte von $V < 2$ (Stufenindexprofil) bzw. $V < \sqrt{8}$ (Gradientenprofil). Die genaue wellentheoretische Rechnung liefert für eine Monomodefaser mit Stufenprofil die Forderung

$$V < 2{,}405\,. \tag{8.12}$$

Wegen $V \sim a/\lambda$ bedeutet dies, daß eine Grenzwellenlänge λ_c für Monomodenbetrieb existiert (Abb. 8.10): Wird die Faser mit einer Wellenlänge $\lambda < \lambda_c$ betrieben, so wird die Forderung (8.12) verletzt, und es können sich mehrere Moden ausbreiten. Damit entfallen aber sämtliche Vorteile des Monomodebetriebs wieder, z. B. hohe Übertragungsbandbreite durch geringe Dispersion, Erhaltung der Kohärenz des übertragenen Lichts, ggf. Polarisationserhaltung.

Polarisationserhaltende Fasern. Bei den bisherigen Betrachtungen war nicht berücksichtigt worden, daß Licht als elektromagnetische Welle Vektorcharakter hat. Dies kommt nun bei der Monomodefaser deutlich zum Tragen und soll anhand Abb. 8.11 diskutiert werden.

Ein Lichtpuls des dort angegebenen Zeitverlaufs $P(t)$ werde bei $z = 0$ in eine Monomodefaser eingekoppelt. Das den Puls darstellende elektromagnetische Feld besteht – da vektorförmig – aus je einer Komponente in x- und y-Richtung. Ist der Faserkern exakt kreisrund, so breiten sich beide gleich

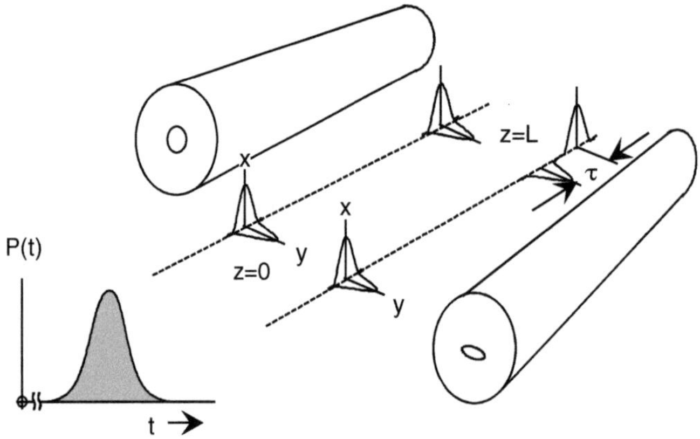

Abb. 8.11. Polarisationsdispersion in einer Monomodefaser

schnell aus und erreichen das Faserende gleichzeitig. Ist der Faserkern elliptisch deformiert, so zerlegt die Faser das Feld in seine Komponenten entlang der großen und kleinen Hauptachse der Ellipse; beide laufen unterschiedlich schnell durch die Faser und erreichen das Ende zu unterschiedlichen Zeiten (Zeitdifferenz τ): Es entsteht eine Pulsverzerrung durch sog. Polarisationsmodendispersion (PMD).

Für die Hochgeschwindigkeits-Nachrichtentechnik stellt die beschriebene Pulsverbreiterung das Hauptproblem dar. Für Sensoranwendungen ist ein anderes hiermit verknüpftes Problem dominierend: Die Feldkomponenten am Faserende überlagern sich aufgrund der aufgetretenen Zeit- bzw. Phasendifferenz nicht mehr zur gleichen Polarisationsform wie sie am Anfang eingekoppelt worden war. Manche Anwendungen (z. B. interferometrische) sind jedoch extrem polarisationsempfindlich und erfordern einen genau definierten und zeitlich stabilen Polarisationszustand.

Bei der Suche nach einer Lösung auch dieses Problems hat man aus der konventionellen Monomodefaser die polarisationserhaltende entwickelt. Bei den konventionellen Monomodefasern ist die erwähnte, technologisch nahezu unvermeidbare Kernelliptizität äußerst gering (führt aber nichtsdestoweniger zu obigem Problem). Die Orientierung der Kernellipse ist deshalb kaum zu erkennen und bei der Ankopplung zu berücksichtigen; entscheidender ist aber, daß sie sich durch Torsion und sonstige Umwelteinflüsse längs der Faser i.d.R. zufällig ändert, auch über der Zeit. Deshalb unterliegt bei einer Standardfaser die Ausgangspolarisation einer ständigen zeitlichen Fluktuation.

Zu einer Lösung gelangt man durch eine absichtliche besonders stark ausgeprägte Elliptizität des Kerns (Abb. 8.12): Koppelt man hier eine linear polarisierte Strahlung so ein, daß die Polarisationsrichtung mit einer der beiden Hauptachsen der Kernellipse zusammenfällt, so breitet sich nur diese Polarisationsform längs der Faser aus, und am Faserende tritt wieder linear

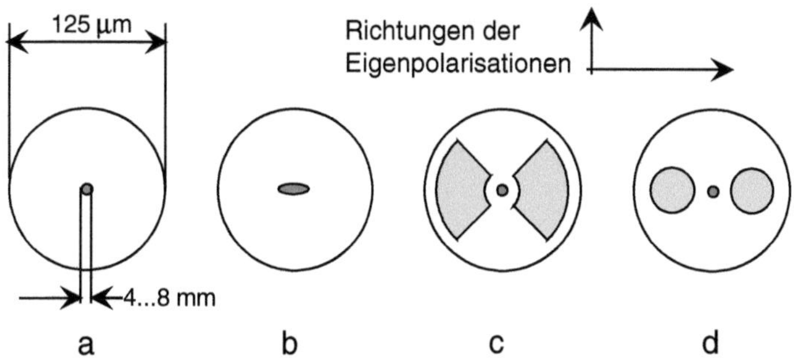

Abb. 8.12. Ausführungsformen polarisationserhaltender Fasern: (**a**) Standard-Monomodefaser, (**b**) Ausführung mit elliptischem Kern, (**c**) Ausführung mit viertelkreisförmigen Spannungselementen (sog. Bow-Tie-Faser), (**d**) Ausführung mit kreisförmigen Spannungselementen (sog. PANDA-Faser)

polarisiertes Licht aus, unabhängig davon (!), ob die Polarisation mit der großen oder kleinen Achse der Kernellipse zusammenfiel. Eine solche klar ausgeprägte Richtungspräferenz kann anstelle einer rein geometrischen Deformation der Kernellipse (Abb. 8.12b) auch mit elastischer Deformation der Faser erreicht werden, vorzugsweise durch seitlichen Einbau von Glasanteilen mit stark unterschiedlichem thermischem Dehnungsverhalten in die Mantelregion (Abb. 8.12c,d).

Die beschriebenen Fasertypen wirken ausschließlich dann polarisationserhaltend, wenn lineare Polarisation parallel zu einer der beiden Symmetrieebenen eingekoppelt wird. Andere Polarisationsformen oder lineare Polarisation, die unter einer anderen Winkelorientierung eingekoppelt wird, werden nicht stabil übertragen. In diesen Fällen unterliegt die Ausgangspolarisation sogar wesentlich stärkeren Fluktuationen als bei einer Standardfaser.

Polarisierende Fasern. Von polarisations*erhaltenden* Fasern streng zu unterscheiden sind sog. *polarisierende* Fasern, die eine nochmalige Weiterentwicklung darstellen. Die Funktion der polarisationserhaltenden Fasern beruhte darauf, daß durch die absichtliche Geometriestörung für eine der beiden Eigenpolarisationen eine große, für die andere eine kleine Brechzahldifferenz zwischen Kern und Mantel wirksam wurde. Dies führte zu starken Geschwindigkeitsunterschieden beider Polarisationen, was letztlich den Effekt der gewünschten Polarisationserhaltung hatte.

Es ist nun sogar möglich, die Faser so zu gestalten, daß für eine der beiden Eigenpolarisationen die Brechzahldifferenz nahezu verschwindet. Diese wird dadurch nur noch äußerst schlecht geführt, und schon geringe Störungen wie z. B. eine absichtliche Biegung der Faserachse, heben die Führung vollständig

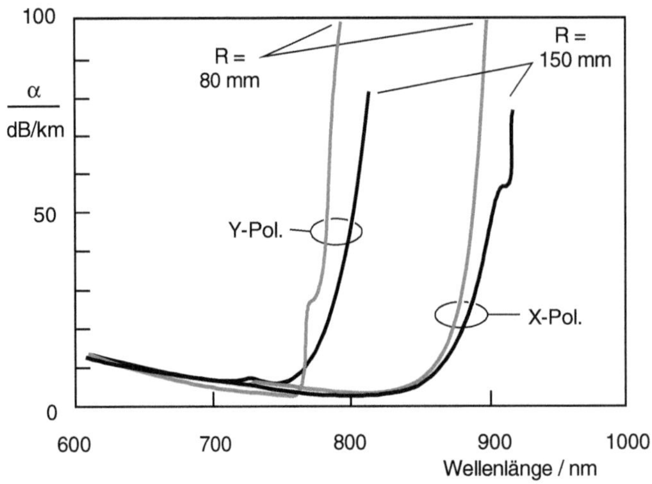

Abb. 8.13. Biegungsdämpfung einer polarisierenden Faser über der Wellenlänge, R = Biegeradius

auf (Abb. 8.13): Die Komponente des elektromagnetischen Feldes in dieser Polarisation wird dann abgestrahlt und nicht mehr übertragen. Damit verhält sich die Faser genauso wie ein herkömmlicher Polarisator. Bei der in Abb. 8.13 dargestellten Faser ist offensichtlich eine Wellenlänge im Bereich 800 . . . 850 nm die optimale Betriebswellenlänge. In diesem Bereich hat die x-Polarisation noch nahezu keine Dämpfungszunahme durch die Biegung erfahren, während für die y-Polarisation schon ein starker Dämpfungsanstieg auftritt.

8.2.3 Faserbündel

Für Beleuchtungszwecke z. B. in der Mikroskopie zum Zwecke sog. Kaltlichtbeleuchtungen oder für Zwecke der Bildübertragung werden häufig auch Faser*bündel* eingesetzt. Dabei handelt es sich um Anordnungen vieler einzelner Multimode-Stufenindexfasern, die in einem gemeinsamen Kunststoffschlauch geführt werden. Für reine Beleuchtungsaufgaben spielt die Anordnung der Fasern im Bündel keine Rolle (Bezeichnung: *Licht*leiter), bei der Bildübertragung in sog. *Bild*leitern kommt es dagegen gerade darauf an, da ja die Lichtverteilung bei der Bildentstehung auf der Empfängerseite wieder exakt wiedergegeben werden muß.

Ein Beispiel, bei dem beide genannten Arten von Faserbündeln zum Einsatz kommen, ist das in der Medizin oder bei der visuellen Inspektion schlecht zugänglicher Teile von Maschinen verwendete Endoskop (Abb. 8.14): Beleuchtet wird mit einem Lichtleiter, beobachtet mit Hilfe eines Bildleiters.

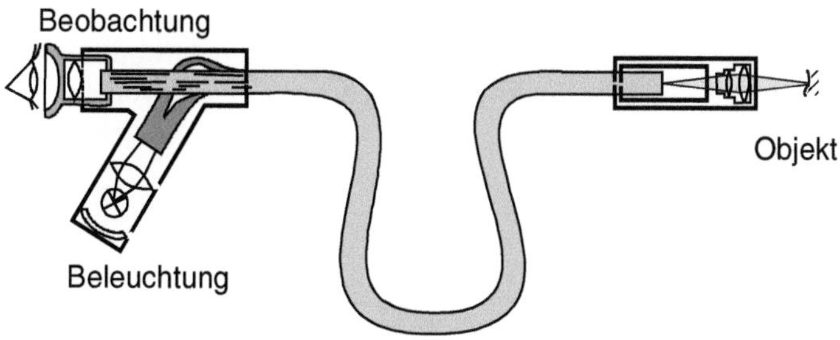

Abb. 8.14. Verwendung von Faserbündeln in einem Endoskop

8.3 Dämpfungseigenschaften von Fasern

8.3.1 Quarzglasfasern

Quarzglas ist das bei weitem am meisten verwendete Ausgangsmaterial für Glasfasern, vor allem wegen seiner äußerst geringen Dämpfung, aber auch der technologischen Beherrschbarkeit. Eine typische Kurve des Dämpfungsverlaufs über der Wellenlänge ist in Abb. 8.15 dargestellt. Für die Anwendung in der Nachrichtentechnik sind vor allem drei Wellenlängenbereiche interessant: der 800 nm-Bereich mit ca. 2 dB/km (entsprechend einer Leistungsabnahme auf 50% pro 1,5 km), der Bereich um 1,3 μm mit ca 0.6 dB/km (entsprechend einer Abnahme auf 50% pro 5 km Streckenlänge) und der Bereich um 1,5 μm mit ca. 0,2...0,3 dB/km (entsprechend einer Abnahme auf 50% pro 10...15 km Streckenlänge). Die erste Generation optischer Nachrichten-

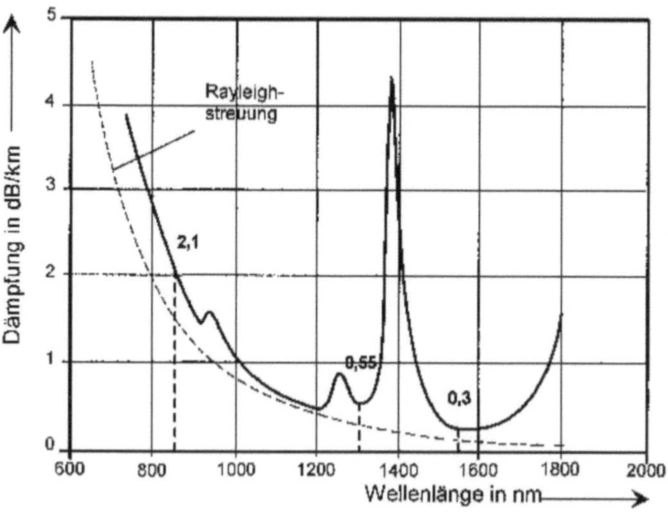

Abb. 8.15. Dämpfungsverlauf von Quarzglasfasern

systeme arbeitete im 800 nm-Bereich, heutige Systeme arbeiten überwiegend bei 1,5 mm. Dies gilt nicht für meßtechnische bzw. sensorische Anwendungen von Glasfasern, bei denen der 800 nm-Bereich nach wie vor der vorrangige Wellenlängenbereich ist.

8.3.2 Kunststoffasern

Aus Quarzglas lassen sich sämtliche oben vorgestellten Fasertypen herstellen. Dies gilt nicht für Kunststoffasern. Aus Kunststoff sind zur Zeit lediglich Stufenindexfasern kommerziell erhältlich; Fasern mit Gradientenprofilen befinden sich noch in der Entwicklung. Damit ist die Realisierung weder von besonders breitbandigen noch von dämpfungsarmen Weitverkehrssystemen möglich. Trotz der hohen Dämpfung von Kunststoffasern (s. Abb. 8.16) sind diese für viele Anwendungen interessant, siehe z. B. die bereits oben erwähnten Entwicklungstendenzen im Kfz-Bereich [1]. Kriterien für ihren Einsatz können die Kombinationsmöglichkeit mit billigen LED (einfache Ankopplung durch große numerische Apertur und Querschnittsfläche) oder auch die leichte Konfektionierbarkeit (Herstellung von Steckern) sein.

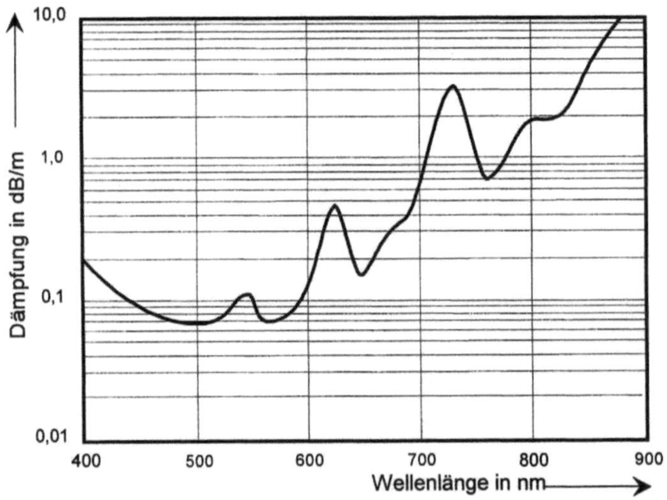

Abb. 8.16. Dämpfungsverlauf von Kunststoffasern

8.4 Koppeltechnik

8.4.1 Vorbetrachtungen

Bei der Ankopplung von Lichtquellen an Fasern und teilweise auch bei Faser-Faser-Verbindungen besteht das Problem, daß die Strahlungscharakteristika des Sendeelementes (Fläche A und Divergenzwinkel Θ) auf die entsprechenden Werte des Empfangselementes umgesetzt werden müssen. Dies kann teilweise durch optische Abbildung erreicht werden. Die Situation ist in Abb. 8.17 dargestellt.

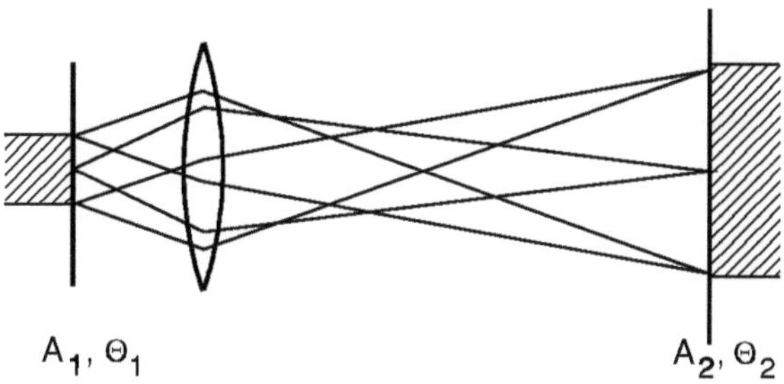

Abb. 8.17. Optische Abbildung

Der Vergleich der Flächen und Divergenzwinkel macht deutlich, daß nach einem allgemeinen Prinzip der Optik bei optischen Abbildungen das Produkt aus Raumwinkel und strahlender Fläche unverändert bleibt:

$$A \cdot \Theta = \text{const.} \tag{8.13}$$

Dies bedeutet, daß bei der Abbildung eines Sendeelements auf eine Glasfaser zum Zwecke der Verbesserung der optischen Ankopplung die Wirkung auf den Divergenzwinkel ($\rightarrow$ numerische Apertur) nicht außer acht gelassen werden darf. Mit anderen Worten: Es reicht nicht aus, durch eine Linse den möglicherweise zu großen Strahlquerschnitt eines Sendeelementes auf den geringeren Kerndurchmesser der Faser zu bündeln; es ist dabei auch zu prüfen, ob die dadurch zwangsläufig vergrößerte Konvergenz der Strahlung (= Sende-A_N) nicht den Akzeptanzwinkel (=Einkoppel-A_N) der Faser überstrahlt.

8.4.2 Ankopplung Quelle-Faser

Kopplung LED-Faser. Dies wird bei der Ankopplung einer LED an eine Glasfaser sofort deutlich. Die LED ist ein Lambertstrahler. Dies bedeutet, daß jeder Punkt ihrer strahlenden Fläche mit einer Winkelverteilung der Intensität $\sim \cos\phi$ strahlt; somit tritt Strahlung bis zu einem Winkel von 90° aus. Dies soll durch die in Abb. 8.18 eingezeichneten Antennencharakteristika

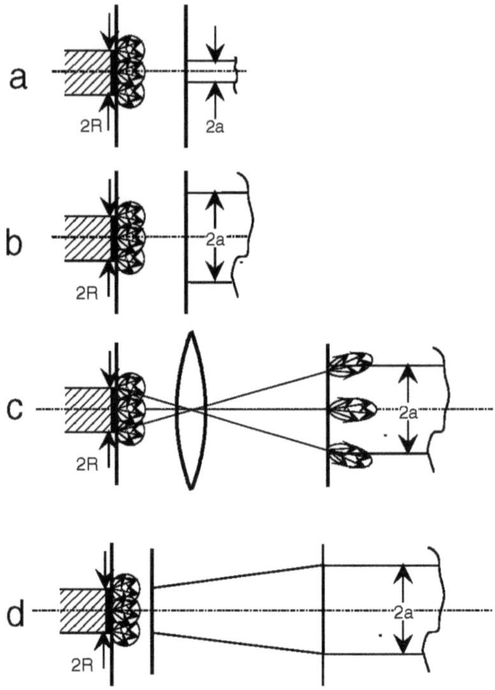

Abb. 8.18a–d. Zur Ankopplung LED-Faser

verdeutlicht werden. Setzt man nach Abb. 8.18a eine Faser mit dem (kleineren) Kerndurchmesser $2a$ vor eine LED mit dem (größeren) Durchmesser der strahlenden Fläche $2R$, so erreicht ein Anteil von

$$\eta_0 = \frac{A_{\text{Faser}}}{A_{\text{LED}}} = \frac{a^2}{R^2} \tag{8.14}$$

die Faser. Davon wird wiederum nur der Anteil in geführte Moden eingekoppelt, der die aus der numerischen Apertur folgende Randbedingung erfüllt. Die Rechnung zeigt, daß sich unter Berücksichtigung auch der numerischen Apertur der Faser ein Wirkungsgrad ergibt von

$$\eta = \frac{a^2}{R^2} \cdot A_{\text{N}}^2 \quad (R > a) \,, \tag{8.15a}$$

$$\eta = A_{\text{N}}^2 \quad (R \leq a) \,. \tag{8.15b}$$

Gleichung (8.15a) gilt für den meist vorliegenden Fall, daß die strahlende Fläche der LED größer ist als die Faserfläche ($R > a$, s. Abb. 8.18a). In diesem Fall wird die Faserfläche überstrahlt, und es tritt eine Einbuße im Koppelwirkungsgrad entsprechend dem Verhältnis der Flächen auf. Gleichung (8.15b) zusammen mit Abb. 8.18b betrifft den umgekehrten Fall ($R \leq a$, Abb. 8.18b), wo keine Abhängigkeit vom Flächenverhältnis a^2/R^2 mehr auftreten kann, da die gesamte von der LED abgestrahlte Leistung zunächst auch tatsächlich in den Kern eingekoppelt wird. (Wenn auch nur der Anteil tatsächlich propagiert, der die von der A_N vorgegebene Randbedingung erfüllt.)

Ist die LED-Fläche kleiner als die Faserfläche, so läßt sich eine Erhöhung des Einkoppelwirkungsgrades erreichen, indem die Faser durch eine geeignete Abbildung auf der vollen Fläche ausgeleuchtet wird. Dabei verringert sich die Strahldivergenz der Quelle, und ein größerer Anteil wird in geführte Moden eingekoppelt. Diesen Fall zeigt Abb. 8.18c (siehe auch Abb. 8.20).

Eine entsprechende Verbesserung erreicht man auch, indem man das Faserende nach Abb. 8.18d zu einem sog. Taper auszieht, d. h. den Durchmesser kontinuierlich verringert. Man kann zeigen, daß sich damit die numerische Apertur am Faserfrontende erhöht und somit auch der Koppelwirkungsgrad. In diesem Fall wirkt die Faser durch ihre geänderte Geometrie (Taper) selbst wie ein abbildendes Element.

Kopplung Laser-Faser. Bei der Ankopplung von Lasern an Glasfasern geht es wieder um die Beherrschung des Problemkreises Flächen/numerische Aperturen. Die Situation hier unterscheidet sich jedoch insofern von der bei der LED-Faser-Kopplung, als Laser aufgrund ihrer nahezu idealen Strahlgeometrie durch das Strahlenbild nicht mehr adäquat beschrieben werden. Das geeignetere Modell zur Beschreibung der Feld- bzw. Intensitätsverteilung von Laserstrahlung ist das in Kap. 9 dargestellte Bild des Gaußstrahls. Wie im Inset von Abb. 8.19 gezeigt, folgt deren radiale Abhängigkeit einer Gaußfunktion. Ein Vergleich mit Abb. 8.5 zeigt, daß eine weitgehende Übereinstimmung mit der dort aus plausiblen Überlegungen gefundenen Intensitätsverteilung einer Monomodefaser vorliegt. Demzufolge muß sich ein guter Ankoppelwirkungsgrad für einen Laser an eine Monomodefaser erreichen lassen. Die folgenden Darstellungen beziehen sich auch auf diese Aufgabenstellung, die bei vielen Nachrichtensystemen und Fasersensoren auftritt.

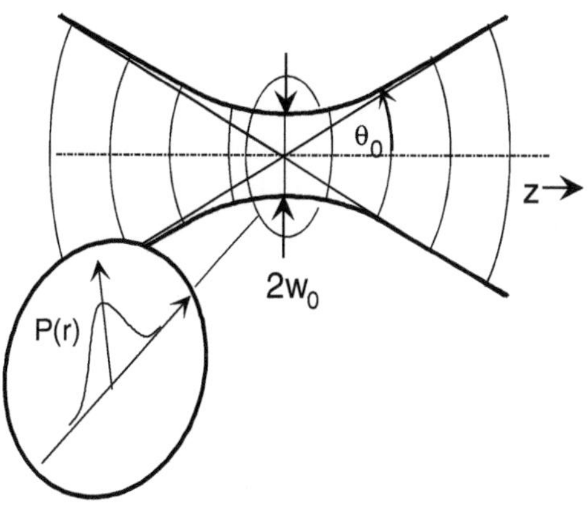

Abb. 8.19. Gaußstrahl

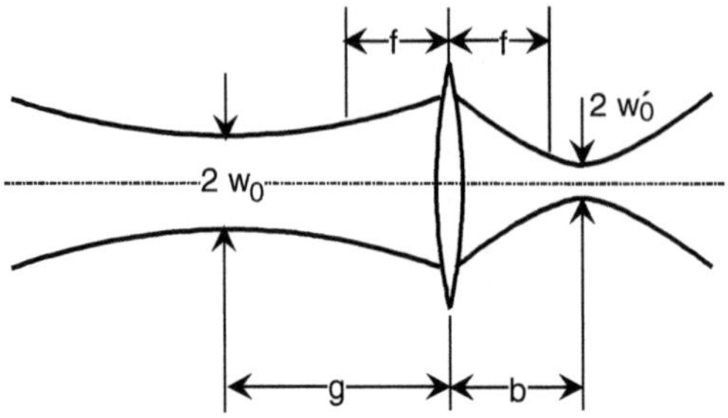

Abb. 8.20. Abbildung eines Gaußstrahls

Wie oben bei LED und Multimodefaser muß dazu wieder eine geeignete Abbildung durchgeführt werden, die den Strahldurchmesser an den Durchmesser der Grundmode anpaßt. Die Abbildung erfolgt nach dem in Abb. 8.20 dargestellten Schema wieder mit einer Linse. Dabei ist interessant, daß die charakteristischen Parameter Strahltaille (w_0) und Divergenzwinkel (Θ_0) wieder über eine Beziehung zusammenhängen, die bei einer optischen Abbildung ebenfalls die Rolle einer Invarianten spielt:

$$w_0 \cdot \Theta_0 = \frac{\lambda}{\pi} . \tag{8.16}$$

Entsprechend der oben diskutierten Situation bei der geometrischen Optik führt demzufolge eine Verkleinerung der Strahltaille (z. B. zur besseren Anpassung an eine Glasfaser) zu einer Vergrößerung des Divergenzwinkels. In Abb. 8.20 sind die Verhältnisse bei der Abbildung eines Gaußstrahls dargestellt. Relevant für die Faserankopplung ist hier die Größe der Strahltaille. Dafür gilt z. B. nach [3]

$$w_0' = w_0 \cdot \frac{f}{\sqrt{(f-g)^2 + (\pi w_0^2/\lambda)^2}} . \tag{8.17}$$

Die Bedeutung der einzelnen Parameter geht aus Abb. 8.20 hervor. Der Fleckradius des Ausgangsstrahls kann entweder direkt aus Herstellerangaben entnommen werden oder – bei Angabe der Strahldivergenz, wie meist bei He-Ne-Lasern der Fall – mittels Gleichung (8.16) errechnet werden. Natürlich lassen sich beide Parameter auch durch Messung bestimmen.

Die Ankopplung eines Laserstrahls an eine Monomodefaser ist damit kein Problem mehr, wie Abb. 8.21 zeigt. Unter üblichen Betriebsbedingungen hat das geführte Feld in der Faser den gleichen Durchmesser wie der Faserkern. Somit ist die Abbildung so zu wählen, daß der Fleckradius hinter der Linse mit dem Kernradius der Monomodefaser übereinstimmt ($w_0' = a$). Dies erfordert bei vorgegebener Geometrie des Ausgangsstrahls einen bestimmten Wert der Linsenbrennweite f, die u. U. nicht beliebig fein gestuft verfügbar ist. In diesem Fall muß man mit Linsenkombinationen arbeiten. Die Berechnung ist mit Hilfe der Gleichungen (8.16) und (8.17) möglich.

Es soll noch erwähnt werden, daß bei der Ankopplung von Halbleiterlasern das Abbildungsproblem auch noch dadurch erschwert sein kann, daß Halblei-

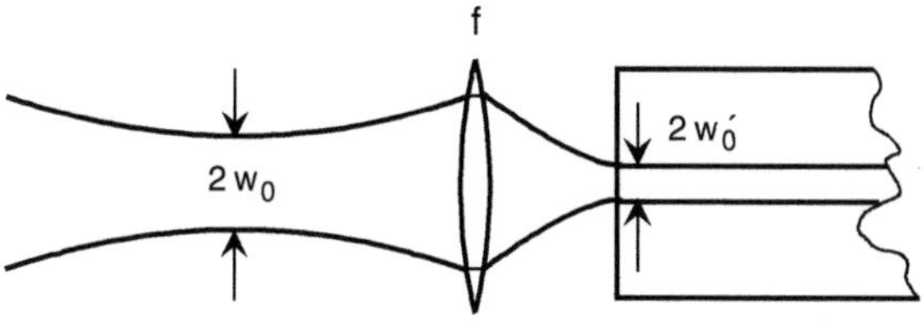

Abb. 8.21. Zur Ankopplung eines Halbleiterlasers an eine Monomodefaser

terlaser i.a. astigmatische Strahlen mit elliptischem Querschnitt abstrahlen. Vielfach toleriert man die hieraus folgende Fahlanpassung des Laserfeldes an das der Faser; zur Erreichung einer optimalen Koppeleffizienz müssen jedoch beide Fehler korrigiert und eine ideale kreissymmetrische Strahlgeometrie erzeugt werden. (Das Problem besteht nicht allein bei der Ankopplung an Glasfasern, sondern auch bei vielen Freiraum-Anwendungen von Halbleiterlasern.) Als Korrekturmaßnahmen kommen in den Strahlengang eingebrachte Zylinderlinsen in Frage. In vielen Fällen reicht dazu eine quergelegte Glasfaser aus. Abhilfe kann auch mit einem sog. anamorphotischen System erreicht werden, wie es in Abb. 8.22 dargestellt ist.

Eine optimale Abbildung des Laserstrahls kann statt durch Einsatz diskreter Optiken auch durch eine geeignete Behandlung des Glasfaserendes erreicht werden. Ein Beispiel war die in Abb. 8.18d bereits vorgestellte Deformation des Faserendes zu einem Taper, mit der ein ähnlicher Effekt wie mit einer Sammellinse erreicht worden war. Andere Maßnahmen betreffen die Ausgestaltung des Faserendes selbst zu einer Linse z. B. durch geeignetes Rundschmelzen unter dem Lichtbogen, durch Anätzen, Bearbeiten mit einem Leistungslaser u.ä. Diese Techniken werden bei Sendemodulen für die Nachrichtentechnik angewandt. Vorteile sind z. B. geringere Kosten und höhere mechanische Stabilität bei nahezu identischen Werten der Koppeleffizienz. Erreichbar sind Werte von über 90 Prozent. Ein typischer Aufbau eines Sendermoduls im DIL-Gehäuse für die Nachrichten- und Sensortechnik ist in einer Schnittzeichnung in Abb. 8.23 gezeigt.

An der linken Seite enthält das Modul ein Peltier-Element, mit dem die Verlustleistung des Halbleiterlasers an den Montageflansch gepumpt werden

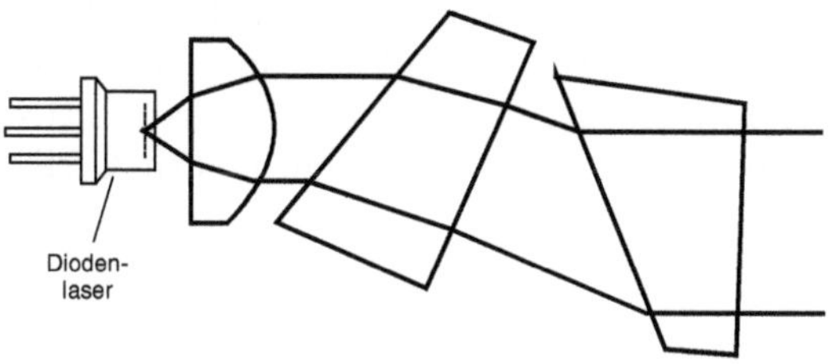

Abb. 8.22. Anamorphotisches System zur Korrektur eines Halbleiterlaserstrahls

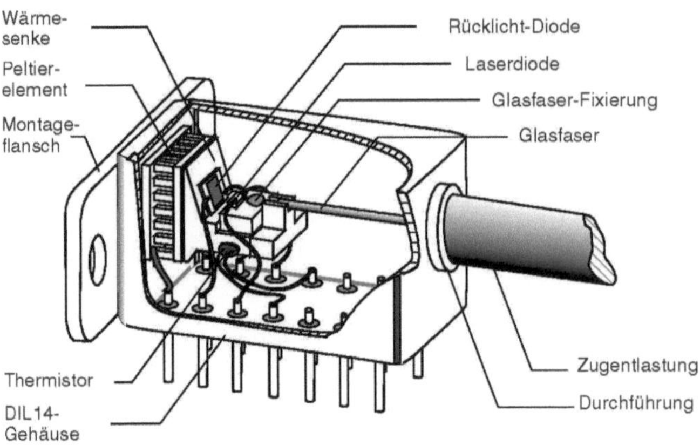

Abb. 8.23. Lasermodul mit angekoppelter Faser, Rücklichtdiode, Peltierkühler und Montageflansch

kann. Mit einem unter der Wärmesenke montierten Temperaturfühler wird die Temperatur gemessen, die dann mit Hilfe des Peltierelementes geregelt wird. In leichter Schräglage (zur Vermeidung unerwünschter Reflexionen in den Laserkristall) befindet sich hinter der Laserdiode eine Photodiode zur Messung der Laserleistung am rückwärtigen Austrittsfenster. Deren Ausgangssignal kann zur Regelung der Laserleistung über den Laserstrom genutzt werden. Das von der Frontseite austretende Laserlicht wird in das zur Miniaturlinse präparierte Faserende eingekoppelt. Die Faser selbst wird von der Gehäusedurchführung bis zu dem T-förmigen Lager in Gehäusemitte in einer Kapillare geführt. Zur Fixierung der Faser vor dem Laser sind verschiedene Methoden gebräuchlich, z. B. Laserschweißen oder Löten der vorher metallisierten Faser, Kleben mit einem UV-härtenden Kleber u. a.

Neben Modulen mit *fest* angekoppelter Faser sind heute auch Module erhältlich, die über einen Glasfaserstecker eine *lösbare* Verbindung zu einer Glasfaser ermöglichen. Das Modul beinhaltet dann eine makroskopische Optik, die den Laserstrahl auf das Einkoppelende der anzuschließenden Glasfaser fokussiert. Dabei ist die Strahlgeometrie auf die jeweils spezifizierte Glasfaser (Multimode, Monomode) angepaßt.

Darüber hinaus gibt es für Laboreinsatz oder OEM-Zwecke in der Meßtechnik Koppelmodule, die den Anschluß von Glasfasern an He-Ne-Laser (bzw. kollimiertes Licht von Halbleiterlasern) ermöglichen und dabei über Kippmechanismen die laterale Positionierung und über integrierte GRIN-Linsen die optische Abbildung auf die Glasfaser vornehmen. (Zu GRIN-Linsen siehe auch Kap. 8.4.4.)

8.4.3 Verbindung Faser-Faser

Lösbare Verbindungen (Stecker). Bei der Behandlung lösbarer Verbindungen interessieren in erster Linie Verbindungen zwischen jeweils gleichen Fasern, d. h. solchen mit gleichen Durchmessern und numerischen Aperturen. Für die verschiedenen Fasertypen gibt es entsprechend den unterschiedlichen Anforderungen Steckerformen in unterschiedlicher Präzision, von preiswerten Kunststoffausführungen für Kunststoffasern bis zu Ausführungen höchster Präzision für Monomodefasern. Speziell bei Monomodefasern sind die Anforderungen extrem hoch. Der kritischste Parameter ist dabei der seitliche Versatz der beiden Fasern zueinander; hier liegen die Präzisionsanforderungen bei deutlich unter 1 μm, und das reproduzierbar! Moderne Stecker werden diesen Anforderungen ohne weiteres gerecht.

Ein Beispiel für eine lösbare Steckverbindung mit ihren wesentlichen Elementen ist in Abb. 8.24 dargestellt. Die Hauptelemente sind die mit hoher Genauigkeit in Faserendhülsen zentrierten Fasern sowie die Präzisionsführung, die die Faserendhülsen von beiden Seiten aufnimmt. Anpressfedern sorgen für physikalischen Kontakt zwischen den Faserendflächen. Angedeutet sind schließlich noch die beiden Steckergehäuse, normalerweise mit Schraubgewinde oder mit Bajonettverschluß ausgeführt, sowie der (nicht bei jeder Ausführung vorhandene) Montageflansch, mit dem der Stecker an einem Gerätegehäuse verschraubt werden kann.

Abbildung 8.25 zeigt zwei Lösungsvarianten für Faserendhülsen und Führungen. Bei Steckerhülsen kommt es darauf an, daß die zu verkoppelnde Faser möglichst exakt im Zentrum der zylinderförmigen Hülse geführt wird. Deren Durchmesser hat seinerseits Toleranzanforderungen im Sub-μm-Bereich zu erfüllen. Bei Variante a) wird hierzu die Faser in eine Präzisionshülse aus Stahl oder Keramik mit einer nahezu spielfreien, hochpräzise zentrierten Bohrung eingeklebt; anschließend wird die Frontfläche geschliffen und poliert. Bei Variante b) wird die Faser zunächst in eine mäßig tolerierte Hülse eingeklebt; die Präzision gewinnt man dann dadurch, daß man anschließend die Faser von der Rückseite beleuchtet und bei gleichzeitiger Messung des austretenden Lichtstrahls einen zum Strahl exakt konzentrischen Schliff ausführt. Die

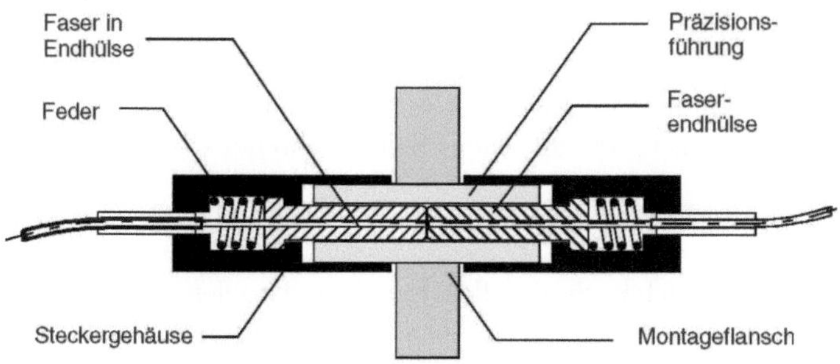

Abb. 8.24. Montagezeichnung eines Fasersteckers

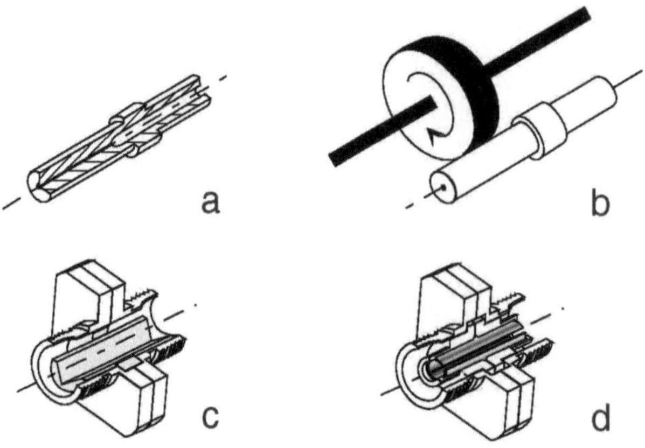

Abb. 8.25. Ausführungen von Faserendhülsen und Führungen: (**a**) Präzisionshülse aus Edelstahl oder Keramik (Schnittbild), (**b**) konzentrisch zum Faserkern geschliffene Hülse, (**c**) geschliffene V-Nut-Führung, (**d**) spielfreie Führung aus Federstahl

Führung der Faserendhülse hat naturgemäß die selben hohen Toleranzanforderungen zu erfüllen. Bei Darstellung c) werden beide Faserhülsen hierzu federnd in eine präzisionsgeschliffene V-Nut eingepreßt; bei der billigeren Variante d) wird die Führung von einer C-förmigen Stahlfeder erbracht.

Nichtlösbare Verbindungen (Spleiße). Die Vorgehensweise bei der Herstellung von nichtlösbaren Faserverbindungen (Spleißen), für die heute überwiegend die Technologie des Schmelzspleißens unter dem Lichtbogen angewendet wird, ist in Abb. 8.26 dargestellt. Die Teilbilder verdeutlichen die einzelnen Arbeitsschritte:

a) Entfernen von primärem und sekundärem Kunststoffcoating beider zu verschmelzenden Faserenden; gründliches Reinigen.
b) Sorgfältiges Brechen (Cleaving) der Faser. Die Rechtwinkligkeit und Ebenheit des Bruchs sind entscheidende Parameter für eine niedrige Spleißdämpfung.
c) Ausrichten beider Faserenden zueinander, möglichst unter dem Mikroskop.
d) Verschmelzen unter dem Lichtbogen.
e) Überzug mit einer dünnen elastischen Kunststoffschicht.
f) Aufcrimpen eines (i. d. R. metallischen) Schutzröhrchens.

8.4.4 Faserkoppler

Unter Kopplern im eigentlichen Sinn sollen hier Faserbauelemente verstanden werden, die mindestens 3 Ein- bzw. Ausgangstore besitzen (i.d.R. sind es 4): Sie dienen dem Aufteilen von Licht auf einen oder mehrere Ausgangsarme, aber auch dem Zusammenführen von Licht aus verschiedenen

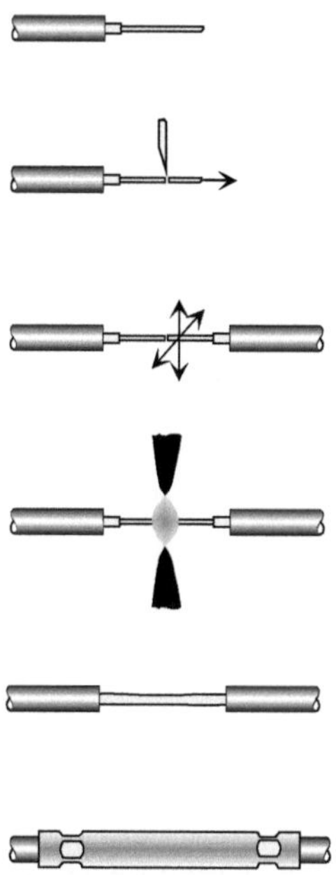

Abb. 8.26. Schmelzspleißen von Lichtwellenleitern

Quellen auf einen gemeinsamen Ausgang. Für Multimodefasern werden solche Bauelemente i.d.R. mit abbildenden Optiken ausgeführt. So wird in Abb. 8.27a die eingekoppelte Intensität zunächst mit einer Linse kollimiert, dann an einem teildurchlässigen (bei konventionellen Kopplern) oder an einem wellenlängenselektiven Spiegel (z. B. in Wellenlängenmultiplexsystemen) auf zwei Ausgangsarme aufgeteilt, wo sie mit Hilfe zweier Linsen in die beiden Ausgangsfasern eingekoppelt wird.

Die in Abb. 8.27a mit konventionellen Linsen dargestellte Bauform läßt sich in kompakterer und der Fasergeometrie besser angepaßter Bauform realisieren. Dazu wird die in Abb. 8.27b gezeichnete Lichtausbreitung in einem Stab mit parabelförmigem Verlauf des Brechungsindex ausgenutzt, bei der sich eine eingestrahlte Intensitätsverteilung nach einer Länge P (engl.: pitch) wiederholt. Nach der Länge $P/2$ erscheint die eingestrahlte Intensitätsverteilung auf die gegenüberliegende Stabseite gespiegelt (Abb. 8.27b unten). Plaziert man aber bei $P/4$ einen Spiegel, so wird die eingestrahlte Intensität symmetrisch zur optischen Achse auf die Einkoppelfläche zurückgespiegelt. Bauelemente der beschriebenen Form heißen Gradientenlinsen (Handelsnamen: GRIN-Linsen, Selfoc-Linsen). Sie nutzen exakt das als Grundlage der Gradientenfasern früher besprochene Prinzip der Lichtausbreitung, jedoch in makroskopischer Form. Die Ausnutzung der beschriebenen Eigenschaften führt zu der Kopplerbauform nach Abb. 8.27c.

Bauelemente mit Monomodefasern basieren dagegen meist auf dem Prinzip der Oberflächenkopplung über evaneszente Felder.

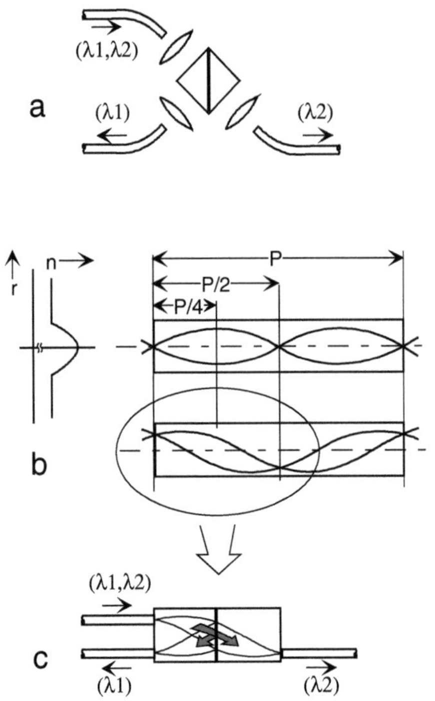

Abb. 8.27a–c. Faseroptische Koppler: Multimode-Ausführungen mit teildurchlässigen Spiegeln

Dabei wird das Feld der Ankoppelfaser gezwungen, teilweise seitlich aus dem Kern auszutreten, um dann von der zweiten parallelgelegten Faser aufgenommen werden zu können. Bei der in Abb. 8.28a dargestellten Bauform werden beide Fasern unter dem Lichtbogen verschweißt. Eine Reduzierung des gemeinsamen Durchmessers in der Verschweißungsregion bewirkt das Überkoppeln. Bei der Bauform b) werden die zu verkoppelnden Fasern in Glasblöcke eingegossen und die Oberfläche bis in Kernnähe angeschliffen.

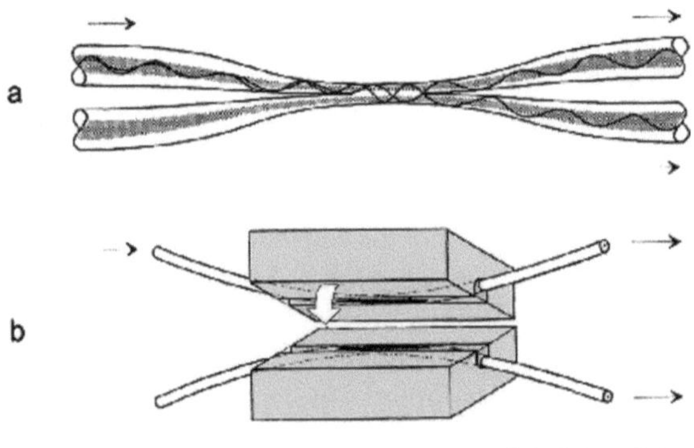

Abb. 8.28. Monomode-Faserkoppler. (**a**) Schmelzkoppler, (**b**) Anschliffkoppler

Dadurch können die auftretenden Leckwellen von der angekoppelten Faser aufgenommen werden. Der Überkopplungsgrad läßt sich mittels Anpreßdruck und lateraler Justage einstellen.

8.5 Nichtsensorische Anwendungen von Glasfasern

8.5.1 Vorbemerkung

Glasfasern werden heute in einer Vielzahl von Anwendungen eingesetzt, die nach verschiedensten Kriterien klassifiziert werden können. Die folgende Darstellung orientiert sich zunächst an der Unterscheidung Faserbündel/Einzelfaser. Dabei ist die Verwendung von Einzelfasern sicherlich wesentlich variantenreicher, deshalb wurde hier nochmals in zwei Klassen unterteilt, nämlich die Verwendung von Fasern zur Übertragung optischer Energie und zur Übertragung von Information. Unter die letzte Klasse fällt auch die Anwendung von Fasern in Meß- und Sensorsystemen, die im nächsten Kapitel besprochen wird.

8.5.2 Anwendungen von Faserbündeln für Beleuchtung und Bildübertragung

Diese Anwendungen wurden bei der Besprechung der Fasertypen (Abschn. 8.2.3) bereits diskutiert, deshalb soll hier nur noch kurz darauf eingegangen werden. Weitere Details siehe z. B. [4].

Für Beleuchtungszwecke lassen sich Faserbündel mit Vorteil einsetzen, wenn es z. B. auf eine flexible Lichtführung ankommt und eine Beleuchtung des Betrachtungsobjekts auf direktem Wege mit Nachteilen verbunden ist. Der Vorteil des Beleuchtungsbündels beim Endoskop (Abb. 8.12) ist offensichtlich. Häufig werden Faserbündel auch für Beleuchtungszwecke in der Mikroskopie verwendet (sog. Kaltlichtquellen). Die Fasern (ggf. mit zusätzlichen Wärmefiltern) verhindern dabei die Übertragung von Wärmestrahlung; dadurch wird eine Aufheizung mit ihren in der Mikroskopie u. U. negativen Begleiterscheinungen vermieden. Für Beleuchtungszwecke lassen sich *ungeordnete Faserbündel* verwenden, da die räumliche Verteilung der Strahlung keine Rolle spielt.

Für die ebenfalls bereits erwähnte Übertragung räumlicher Bilder steckt dagegen die gewünschte Information gerade in der räumlichen Lichtverteilung, deswegen ist es notwendig, daß die Anordnung der Fasern im Lichtleiterkabel sich über die ganze Länge nicht ändert. Dies wird mit *geordneten Faserbündeln* erreicht.

Faserdurchmesser liegen bei Faserbündeln typisch bei 50–70 μm. Bei allen Anwendungen von Faserbündeln kommt es darauf an, daß die Summe der Kernflächen einen möglichst großen relativen Anteil ausmacht. Deshalb haben die in Bündeln verwendeten Einzelfasern immer ein großes Kern-/Mantel-Durchmesserverhältnis. Faserbündel werden auch im industriellen Bereich eingesetzt, z. B. in Reflexionslichtschranken zur Teilekontrolle oder zur Erweiterung des Arbeitsbereiches von CCD-Kameras.

8.5.3 Anwendungen von Einzelfasern zur Energieübertragung

Optische Fernspeisung. Statt ein Objekt für rein visuelle Betrachtung zu beleuchten, wie es im obigen Fall unterstellt wurde, läßt sich die übertragene optische Strahlung auch zur Energieversorgung z. B. von Sensoren oder Fernsprechapparaten nutzen [5,6]. Dies bietet etwa dann Vorteile, wenn eine elektrische Energiezufuhr aus Gründen des Explosionsschutzes vermieden werden muß. Auch aus anderen Gründen ist man manchmal bestrebt, eine rein optische Lösung für einen Sensor zu erreichen. Das Aufbauschema für eine „Power-by-Light"-Anordnung ist in Abb. 8.29 dargestellt: Die von einem Halbleiterlaser gelieferte optische Energie wird über eine Multimodefaser übertragen und dann von einer Solarzelle in elektrische Energie gewandelt. Damit kann dann der Verbraucher versorgt werden. Für die Informations-Rückübertragung sind verschiedene Wegge möglich: so kann z. B. ein Teil des gesendeten Lichts wieder (über die gleiche oder eine zweite Faser) zurückübertragen werden, nachdem seine Intensität mit einem leistungsarmen Modulator mit der gemessenen Information moduliert wurde. Bei Systemen dieser Art lassen sich Gesamtwirkungsgrade im 10%-Bereich erreichen.

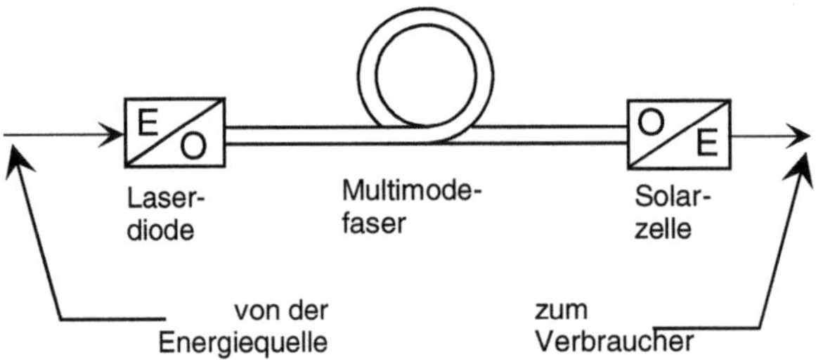

Abb. 8.29. Optische Fernspeisung mit Glasfaser

Bearbeitungslaser. Ein großer Nachteil beim Einsatz von Bearbeitungslasern (hierunter sollen auch medizinische „Materialbearbeitungen" verstanden werden) ist die Notwendigkeit, den Bearbeitungsstrahl mittels Abbildungsoptiken auf das Objekt zu lenken. Das System wird dadurch u. U. sehr unhandlich, was z. B. bei medizinischen Anwendungen problematisch sein kann. Abhilfe kann der Einsatz von Glasfasern anstelle konventioneller Optiken schaffen [7], die ja eine besonders flexible Strahlführung erlauben. Zu beachten ist, daß die übertragbare optische Leistung nicht beliebig gesteigert werden kann; damit ist die Anwendung von Fasern auf Laser niedriger bis mittlerer Leistungsklassen beschränkt. Der Grund ist, daß wegen der Leistungskonzentration auf den sehr kleinen Kernbereich der Faser dort sehr hohe Leistungsdichten auftreten. Zu hohe optische Leistung kann aber in der Glasfaser zu unerwünschten nichtlinearen Effekten führen – bis hin zu einer Zerstörung des Glases selbst durch zu hohe Felder. Der naheliegendste Zerstörungsmechanismus ist das „Verbrennen" der Faser auf der Einkoppelfläche. Aus diesem Grund muß die Präparation der Faserendfläche mit besonders hoher Sorgfalt erfolgen.

Die Lichtführung bei Bearbeitungslasern erfolgt wegen der o.a. Problematik mit Multimodefasern mit großem Kerndurchmesser, tlw. auch mit Faserbündeln. Heute sind Nd-YAG-Laser am Markt erhältlich, die bis zu 2000 W über Glasfasern übertragen. Das Ziel ist, zukünftige Lasersysteme mit 400 µm-Fasern auszustatten, die bis zu 5000 W übertragen. Die optische Leistungsdichte im Faserkern liegt dann bei ca. 4 MW/cm^2 [8].

Das Problem hoher Leistungsdichten kann sich bei Anwendungen von Monomodefasern schon bei wesentlich geringeren Leistungen stellen, da wegen der dort sehr kleinen Kernfläche schon bei der Übertragung kleinerer Leistungen kritische Werte der Leistungsdichte erreicht werden können. Ein Beispiel ist der Einsatz von Monomodefasern in Laser-Doppler-Anemometern zur Messung von Strömungsgeschwindigkeiten. Die dort übertragenen Leistungen (Ar-Laser-Licht zur interferometrischen Erzeugung des Meßstreifensystems) liegen bei ca. 100...400 mW.

8.5.4 Anwendungen von Einzelfasern zur Informationsübertragung

Das vom Volumen her mit Abstand bedeutendste Marktsegment für den Einsatz von Glasfasern stellen die optischen Nachrichtensysteme dar. Anders als bei den bisher besprochenen Applikationen spielt hier bei der Übertragung nicht der Parameter Leistung die Hauptrolle, sondern hier wird Licht als Träger für eine Information genutzt. Die empfangene Leistung kann dabei u.U. extrem klein sein und bis zu 12...15 Größenordnungen (!) unter der bei Leistungsübertragungsanwendungen liegen. Beispiele für die umfangreiche Fachliteratur sind [2,9,10].

Das Grundprinzip eines optischen Nachrichtenübertragungssystems in Direktempfangstechnik (auf Systeme in sog. Überlagerungsempfangstechnik soll hier nicht eingegangen werden) ist in Abb. 8.30 dargestellt: Die Leistung einer optischen Quelle (LED oder Laserdiode) wird mit der zu übertragenden In-

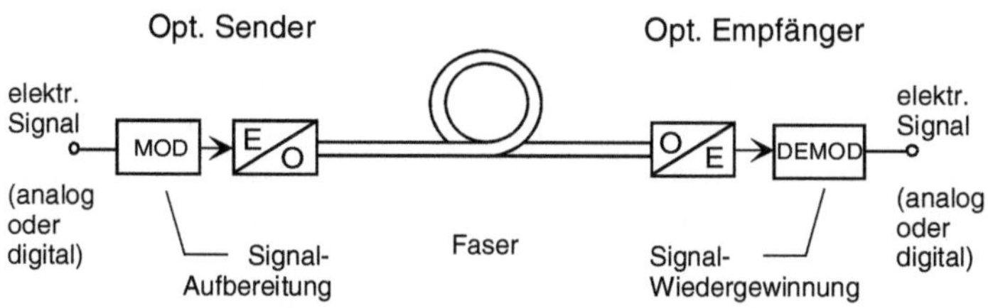

Abb. 8.30. Optisches Nachrichtenübertragungssystem

formation moduliert, ggf. nach geeigneter elektrischer Aufbereitung wie etwa Aufmodulieren auf einen Subträger, Digitalisierung, Codierung, Scrambling, etc. Nach Übertragung durch die Glasfaser wird das optische Signal mit einer Photodiode gewandelt, elektrisch vorverstärkt, gefiltert und dem umgekehrten Prozeß des Sendevorgangs unterzogen. Schließlich steht das Originalsignal wieder zur Verfügung.

Die optische Nachrichtentechnik bietet eine Reihe von Vorteilen gegenüber rein elektrischen Verfahren. Dazu zählen u.a. die hohe Bandbreite optischer Systeme (bis zu 40 GBit/sec bereits heute realisiert) bei gleichzeitig extrem niedrigen Streckendämpfungen, die Störstrahlungsfreiheit (aktiv und passiv), die Einsatzmöglichkeit auch in explosionsgefährdeten Bereichen, die unbegrenzte Verfügbarkeit und geringen Kosten des Werkstoffs Quarzglas im Vergleich zu Kupfer. Die Palette optischer Übertragungssysteme ist extrem breit gefächert; einige Beispiele sind

- Kurzstreckensysteme mit Kunststoffasern als Bussysteme im Automobilbereich,
- Kurzstreckensysteme als Punkt-zu-Punkt-Verbindungen sowie als Bussysteme. Einsatz
  - in industriellen Steuerungen,
  - in der Datenverarbeitung,
  - in der Eisenbahntechnik,
  - in der Montanindustrie, bei Energieversorgungsunternehmen,
- Campusweite Breitband-Bussysteme in Hochschulen,
- Rein optische Bussysteme in Flugzeugen,
- Teilnehmeranschlußleitungen in der Telekommunikation,
- Weitverkehrsverbindungen bis hin zu transatlantischen Untersee-Übertragungssystemen.

8.6 Meßtechnische und sensorische Anwendungen von Glasfasern

8.6.1 Klassifizierung faseroptischer Meß- und Sensorsysteme

Unter Einsatz von Glasfasern lassen sich auch Meß- und Sensorsysteme aufbauen, wobei hier die Palette der Ausführungsvarianten noch vielgestaltiger ist als die der optischen Übertragungssysteme [11–14].

Eine mögliche grundsätzliche Systematik faseroptischer Sensoren ist in Abb. 8.31 dargestellt. Danach kann ein optischer Sensor aus der Kombination eines konventionellen elektronischen Sensors (z. B. Druckwandlers, Temperaturwandlers, etc.) mit einer faseroptischen Übertragung der Meßgröße bestehen, wobei der Sensor selbst seine Betriebsenergie entweder a) konventionell elektrisch oder b) mittels optischer Fernversorgung zugeführt bekommen kann.

Ein rein optisches Konzept kann wiederum nach zwei Varianten gestaltet sein: Bei c) findet die Wechselwirkung mit der Meßgröße außerhalb der Faser

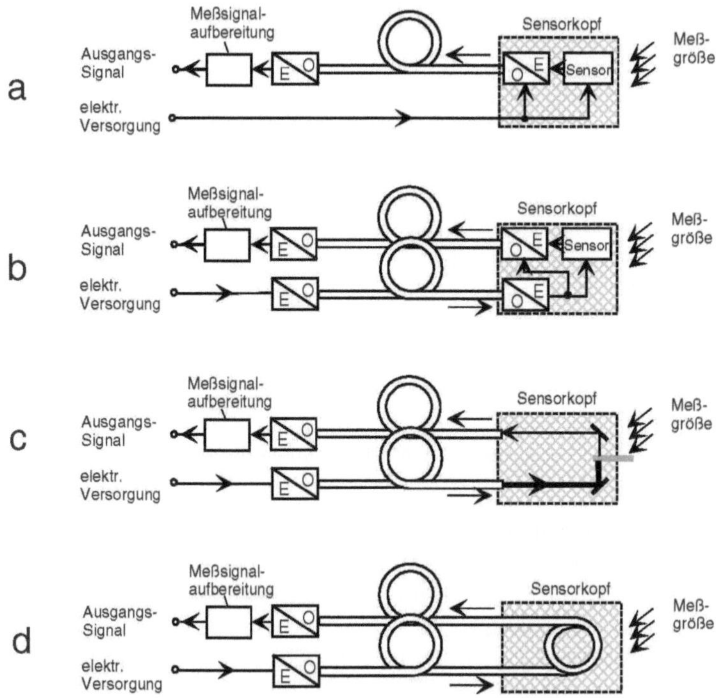

Abb. 8.31a–d. Klassifizierung faseroptischer Meß- und Sensorsysteme

statt, bei d) wirkt die Meßgröße direkt auf die Ausbreitungseigenschaften der Faser ein und verändert dadurch bestimmte Charakteristika der übertragenen Lichtwelle. Solche Charakteristika können sein: Intensität, Phase, Polarisation und Spektrum. Die rein optische Lösung c) wird als *extrinsischer*, die Lösung d) als *intrinsischer* Fasersensor bezeichnet. Das letztgenannte Konzept ist charakteristisch für Fasersensoren im eigentlichen Sinne. Da die Übertragung in einer Faser von einer sehr großen Anzahl physikalischer und chemischer Parameter beeinflußt werden kann, läßt sich mit intrinsischen Sensoren eine große Vielfalt von Meßgrößen erfassen. Dazu gehören z. B.

Ereignisse	Druck	Temperatur	Magnetfelder, Ströme
Beschleunigung	Kraft	Strahlung	elektr. Felder
Rotation	Schall	Flüssigkeitsstand	chem. Eigenschaften

8.6.2 Intensitätsmodulierte Sensoren

Eines der einfachsten Konzepte faseroptischer Sensoren beruht auf der Modulation der Intensität. Zwei Beispiele sollen angegeben werden [15]: Abb. 8.32 zeigt die Anordnung eines Unterbrechungssensors, bei dem die zwischen zwei Fasern übergekoppelte Intensität von einer undurchsichtigen Blende modu-

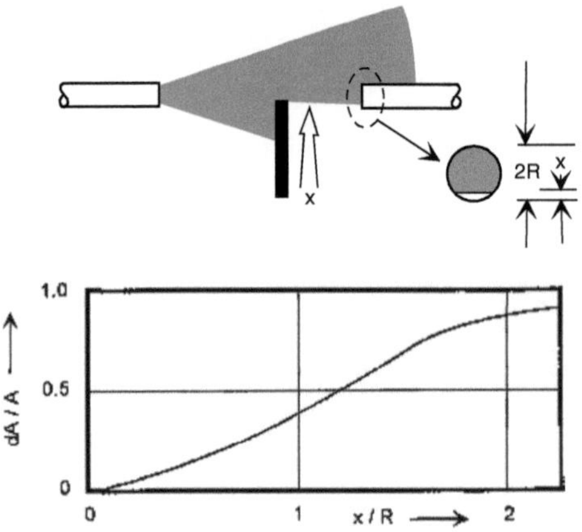

Abb. 8.32. Prinzip eines faseroptischen Unterbrechungssensors

liert wird. Der Kurvenverlauf gibt den Zusammenhang zwischen abgeschatteter Fläche (und damit Leistungsabsorption) und lateraler Position der Blende an. Wird der Meßstrahl mit einem Linsenpaar aufgeweitet, so läßt sich der Meßweg entsprechend vergrößern.

Während die obige Anordnung als Transmissionsanordnung zu bezeichnen ist, handelt es sich bei dem in Abb. 8.33 gezeigten Konzept um eine Reflexionsanordnung, bei der Sende- und Empfangsfasern parallel nebeneinander angeordnet sind. Die Zeichnung stellt neben dem prinzipiellen Funktionsschema die Kennliniencharakteristika für verschiedene Arten von Faserbündeln (in der Praxis wird der Sensor meist mit Faserbündeln ausgeführt) dar, bei denen Sende- und Empfangsfasern zufällig, in zwei Halbkreisflächen bzw. in einem radialsymmetrischen Schema angeordnet sind. Allen drei An-

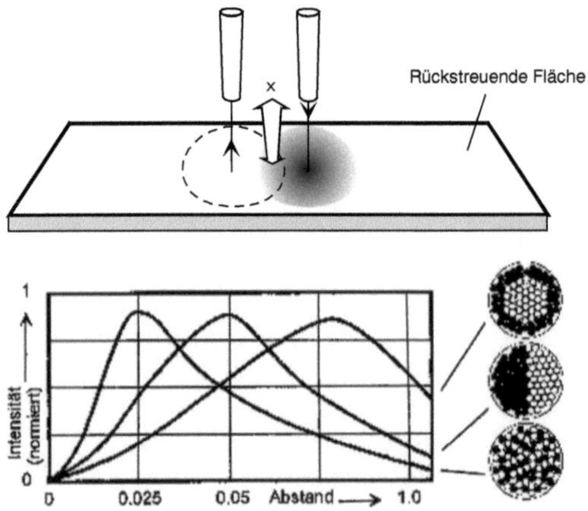

Abb. 8.33. Prinzip eines faseroptischen Reflexionssensors

ordnungen ist gemeinsam, daß zunächst ein Anstieg der detektierten Intensität mit dem Abstand bis zu einem Maximum auftritt. Der Anstieg ist in einem weiten Bereich linear und damit gut als Sensorkennlinie geeignet.

Dieser Sensor wird häufig für die Messung von vibrierenden Flächen eingesetzt; durch das optische Meßkonzept hat er den Vorteil, daß er die Fläche nicht mechanisch belastet und damit die Vibration nicht verfälscht.

8.6.3 Polarisationsmodulierte Sensoren

Eine Möglichkeit zur Messung von Strom ergibt sich aus der Tatsache, daß die Orientierung linearer Polarisation sich in einer Monomodefaser dreht, wenn längs der Faserachse eine magnetische Feldstärke auftritt. Damit kann über den Verdrehungswinkel am Faserende auf die Stärke eines einwirkenden Magnetfeldes oder, wenn dieses auf das Wirbelfeld um einen stromdurchflossenen Leiter zurückgeht, auf die Stromstärke im Leiter geschlossen werden (Abb. 8.34). Der zugrundeliegende Faraday-Effekt ist in Quarzglas zwar nur sehr schwach ausgeprägt; trotzdem lassen sich große Drehwinkel erreichen, da man eine große Längen Faserlänge der Wechselwirkung mit dem Magnetfeld aussetzen kann; man braucht die Meßspule nur mit genügend vielen Windungen auszuführen. Die besten Ergebnisse erreicht man, wenn man eine Spezialfaser verwendet, die durch technologische Maßnahmen doppelbrechungsfrei gemacht wurde (sog. „spun“ fibre); dadurch wird der eigentliche Meßeffekt nicht durch Störungen überlagert.

Der beschriebene Sensor hat den Vorteil einer völligen galvanischen Trennung von Meß- und Auswerteort und kann damit gut in Energieversorgungsanlagen eingesetzt werden.

8.6.4 Interferometrische Sensoren

Die empfindlichsten faseroptischen Sensoren, z. B. für statischen Druck, Schall, Beschleunigung und Drehgeschwindigkeit basieren auf interferometrischen Anordnungen. Dabei wird ausgenutzt, daß die Phasenverzögerung

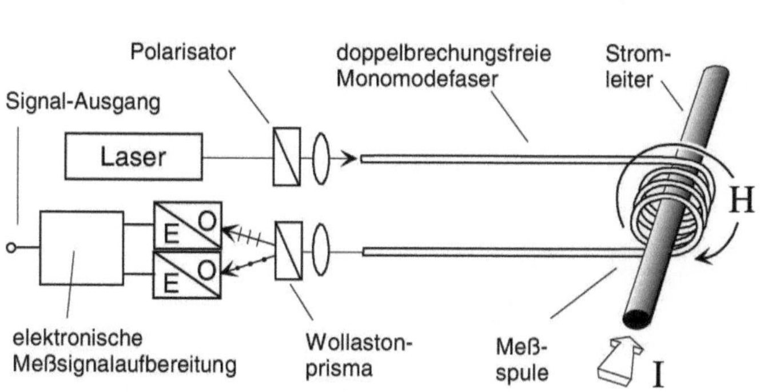

Abb. 8.34. Faseroptischer Stromsensor unter Ausnutzung des Faraday-Effektes

in einer Glasfaser durch eine Reihe von Einflußgrößen verändert wird. Dazu gehören Temperatur, Druck, Biegung und der relativistische Sagnac-Effekt. Phasenänderungen lassen sich grundsätzlich nur mit Interferometern detektieren.

Als Beispiel für eine mögliche Ausführungsform eines faseroptischen Interferometers ist in Abb. 8.35 das Sagnac-Interferometer dargestellt [16].

Das Funktionsprinzip geht aus Teilabbildung a) hervor: Die eingestrahlte Lichtwelle wird am zentralen Strahlteiler in zwei Wellen jeweils gleicher Intensität aufgeteilt, die den als Ring dargestellten geschlossenen Lichtweg in entgegengesetzter Richtung durchlaufen. Beide Wellen treffen jeweils zum gleichen Zeitpunkt wieder am zentralen Strahlteiler ein, überlagern sich ohne Phasendifferenz in konstruktiver Interferenz und laufen den Weg zurück zum Detektor. Dies gilt, solange die gesamte Anordnung sich nicht in einer Rotationsbewegung um die vertikale Achse befindet. Tritt dagegen eine Rotation auf - in der Darstellung mit ihrer Winkelgeschwindigkeit oder „Drehrate“ Ω bezeichnet, so wird die Symmetrie der Anordnung durch den Sagnac-Effekt gestört: Beide Wellen erfahren nun eine unterschiedliche Phasenverzögerung, je nachdem ob sie gleich- oder gegensinnig mit der azimutalen Bewegung des Ringes laufen. Dieser Effekt führt zu einer Abkehr von der konstruktiven Interferenz und damit zu einer Verkleinerung des Detektorausgangssignals. Daraus läßt sich die Drehrate ermitteln. Eine mögliche Form der Realisierung als faseroptischer Sensor ist in Teilabbildung b) dargestellt. Beide Strahlteiler sind hier als Faseroptische Koppler (siehe Abschn. 3.3) ausgeführt. Die Faser selbst muß, wie bei einem Faserinterferometer generell, einen definierten Po-

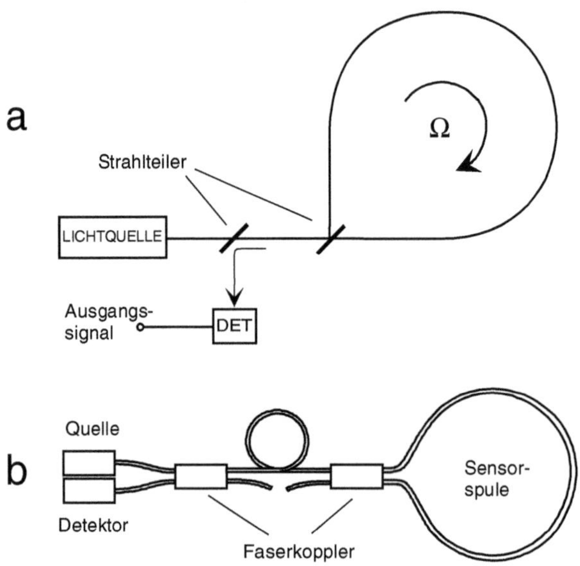

Abb. 8.35. Faseroptisches Gyroskop. Als Faserkoppler werden meist Bauformen nach Abb. 8.28a verwendet

larisationszustand sicherstellen, damit die gewünschte Interferenz zuverlässig auftreten kann. Sie wird deshalb üblicherweise als polarisationserhaltende Faser ausgeführt. Mit Anordnungen der beschriebenen Art lassen sich Drehraten bis in die Größenordnung von 0,1...0,001 Grad/h detektieren, ausreichend für Stabilisierungsaufgaben in der Flugtechnik und für Navigationssysteme.

Zu den Schwerpunkten der derzeitigen Fasersensor-Entwicklungsaktivitäten zählen Deformationssensoren, bei denen in die Fasern Beugungsgitter (sog. Bragg-Gitter) „eingebrannt" werden, die bei einer Längsdehnung der Faser ihre Periodenlänge ändern [17]. Dies führt zu einer Änderung der spektralen Reflexionseigenschaften, welche meßtechnisch ausgewertet wird und damit Rückschlüsse aus die Deformation der Umgebung der Faser erlaubt. Damit lassen sich sogenannte Smart Structures ausstatten, oder es kann der Deformationszustand von Flugzeug-Tragflächen, Maschinen, Tanks oder Bauwerken wie Brücken oder Dämmen überwacht werden.

Literatur

1. Tappe, R., Thiel, C., König, R. (2000) MOST – Media Oriented Systems Transport. Elektronik **14**, 54–59
2. Gowar, J. (1993) Optical Communication Systems. Prentice-Hall, New York
3. Donges, A., Noll, R. (1993) Lasermeßtechnik. Hüthig, Heidelberg
4. Schröder, G. (1990) Technische Optik. Vogel, Würzburg
5. siehe z. B. Kuntz, W., Mores, E. (1991) Electrically insulated smart sensors: Principles for Operation and Supply. Sensors and Actuators A, **25–27**, 497–505
6. Dahlmann, H., Hoferer, G. (1995) Optische Energie- und Signalübertragung für Meßsonden. Elektronik **23**, 86–93
7. Fortin, M. R. (1992) Choosing Fibers for Medical Beam Delivery. Lasers & Optronics, Jan. 1992
8. Beck, T., Reng, N., Richter, K. (1993) Fiber Type and Quality Dictate Beam Delivery Characteristics. Laser Focus World, Oct. 1993, 111–114
9. Grau, G., Freude, W. (1991) Optische Nachrichtentechnik. Springer, Berlin, Heidelberg
10. Agrawal, G.P. (1997) Fiber-Optic Communication Systems. J. Wiley & Sons
11. Culshaw, B. (1984) Optical fibre sensing and signal processing. Peregrinus, Stevenage
12. Andonovich, I., Uttamchandani, D. (1989) Modern Optical Systems. Artech House
13. Grattan, K.T.V., Meggitt, B.T. (1995) Optical Fiber Sensor Technology. Chapman & Hall, London
14. Hecht, J. (1999) Fiber sensors capture environmental changes. Laser Focus World, Oct., **85**
15. Grattan, B.V. (s.o.) Abschn. 5.4.1
16. Burns, W.K. (1994) Optical Fiber Rotation Sensing. Academic Press, London
17. Kersey, A.D. et al. (1997) Fiber Grating Sensor. J. Lightware Technology **15**, 1442–1463

9 Laser

Das Kunstwort *Laser* ist eine Abkürzung für den physikalischen Prozeß seiner Lichterzeugung: *l*ight *a*mplification by *s*timulated *e*mission of *r*adiation (ins Deutsche übersetzt: Lichtverstärkung durch induzierte Aussendung von Strahlung). Mit dem Bau der ersten Laser zu Beginn der sechziger Jahre entstand eine neue Lichtquelle, die aufgrund ihrer besonderen Strahleigenschaften vielfältigste Verwendung findet. Mittlerweile ist Laser zu einem Begriff für Zukunftstechnologie, Präzision, Schnelligkeit, Schärfe und Leistung geworden.

9.1 Eigenschaften der Laserstrahlung

Die Strahlung aus Lasern unterscheidet sich ganz erheblich von der anderer Lichtquellen. In gewöhnlichen Lichtquellen strahlen einzelne Atome spontan, d. h. statistisch und unkorreliert, Licht in unterschiedlichen Richtungen. Dagegen werden beim Laser durch den Prozeß der induzierten Emission die angeregten Atome dazu veranlaßt, Licht synchronisiert, d. h. in gleicher Phase und Richtung, abzustrahlen. Dieses kohärente Licht eines Lasers zeichnet sich durch folgende Eigenschaften aus:

- **Kohärenz:** Laserlicht besitzt eine extrem große Kohärenzlänge, über die die speziellen Effekte der Beugung und Interferenz beobachtet werden können. Dies wird besonders bei Anwendungen des Lasers in der Holographie und Meßtechnik ausgenutzt. Die Kohärenzlängen von Lasern betragen je nach Lasertyp einige Meter bis über 10^7 m. Im Vergleich dazu besitzt Sonnenlicht eine Kohärenzlänge von ca. 1 µm und auch bei einer Spektrallampe liegt die Kohärenzlänge unterhalb von 1 m.
- **Monochromasie:** Laser können Licht aus einem sehr engen spektralen Bereich aussenden, d. h. Laserlicht besitzt i.a. nur eine Farbe. So weist z. B. der frequenzstabilisierte He-Ne-Laser Modell 117A der Firma Spectra-Physics eine Wellenlängenstabilität von $\pm 0,0000007$ nm bei der Laserlinie mit der Wellenlänge 632,8 nm auf. Die extrem schmale Bandbreite der Laserstrahlung führt zu zahlreichen Anwendungen, insbesondere in der Wissenschaft.
- **Divergenz:** Der Laserstrahl breitet sich nahezu parallel mit einem sehr kleinen Divergenzwinkel aus im Gegensatz z. B. zu einer Glühlampe,

Tabelle 9.1. Vergleich der Laserstrahlung mit der Sonnenstrahlung (fokussierende Linse: Durchmesser 4 cm, Brennweite 10 cm)

	Leistung	Fokusdurchmesser	Leistungsdichte
Sonnenstrahlung	1 W	0,80 mm	0,002 kW/mm^2
Laserstrahlung	10000 W	0,05 mm	5000 kW/mm^2

die fast in den vollen Raumwinkel 4π sr Licht aussendet. Typische Öffnungsraumwinkel der Laserstrahlung liegen bei 10^{-8} sr.

- **Intensität:** Es werden Laser mit immer höheren Ausgangsleistungen entwickelt. So werden heute z. B. CO_2-Laser mit einer kontinuierlichen Ausgangsleistung von 45 kW kommerziell vertrieben (Firma UTIL). Zusammen mit der extrem guten Fokussierbarkeit der Laserstrahlung erreicht man somit Intensitäten (= Leistung / Fläche), die von konventionellen Lichtquellen nicht erreicht werden. Vergleicht man die Sonnenstrahlung, die bei gutem Wetter auf eine Linse mit einem Durchmesser von 4 cm trifft, mit der Strahlung eines 10 kW CO_2-Lasers [3], dessen Strahlung durch eine Linse mit gleichen optischen Kenndaten fokussiert wird, so erreicht der Laser eine um den Faktor 10.000 höhere Leistung und eine um den Faktor 2.500.000 höhere Intensität (siehe Tabelle 9.1). Das gebündelte Sonnenlicht vermag Papier in Brand zu setzen, mit Hilfe der Laserstrahlung lassen sich Stahlplatten von 120 mm Dicke schneiden [2].
- **Pulse:** Die Laserstrahlung kann in sehr kurzen Pulsen bis zu Pulsdauern von nur 0,25 Femtosekunden ($= 0{,}25 \cdot 10^{-15}$ s $= 0{,}00000000000000025$ s) [8] erzeugt werden. Allerdings besteht ein solcher Laserpuls nur noch aus etwa drei Wellenzügen und besitzt deshalb eine spektrale Breite von über 200 nm.

  Da im gepulsten Laserbetrieb die Laserenergie in einer sehr kurzen Zeit freigesetzt wird, ergeben sich kurzzeitig ernorm hohe Leistungen von Mega- (10^6 W) über Giga- (10^9 W) bis Petawatt (10^{15} W). Kurze Laserpulse sind für die optische Informationsübertragung, die Untersuchung schneller Vorgänge in Natur und Technik, die Lasermaterialbearbeitung, das Pumpen von Röntgenlasern und für die Kernfusion von Bedeutung.

9.2 Erzeugung von Laserstrahlung

Um Laserstrahlung zu erzeugen, muß ein Medium durch Energiezufuhr aus einem thermodynamischen Gleichgewichtszustand in einen laseraktiven Zustand überführt werden, welcher den Lasereffekt erst ermöglicht (siehe Abb. 9.1). Dieses Medium nennt man dann ein laseraktives Medium. Es kann ein Gas (zumeist im Plasmazustand), eine Flüssigkeit (organischer Farbstoff in flüssiger Lösung) oder ein Festkörper (Isolator, Halbleiter, Polymer) sein. Nach der Art des aktiven Mediums werden auch die Lasertypen eingeteilt (siehe Kap. 9.6). Die Anregung dieses Mediums kann optisch z. B. durch Blitzlampen oder Pumplaser oder durch Elektronen in einer Gasentladung (Gleichstrom oder Hochfrequenz) oder eines Elektronenbeschleunigers geschehen. Ein Teil der Anregungsenergie wird durch den Lasereffekt in elektromagnetische Strahlung umgewandelt.

Mittels eines Resonators, der im einfachsten Falle aus einem totalreflektierenden und einem teildurchlässigen Spiegel besteht, wird eine stehende elektromagnetische Welle im Resonator aufgebaut und ein Teil dieser Strahlung durch den teildurchlässigen Spiegel ausgekoppelt. Im Teilchenbild der elektromagnetischen Strahlung (wie es auch in der Abb. 9.1 benutzt wird) bedeutet dies, das sich bestimmte spontan emittierte Lichtteilchen (Photonen) durch den Prozeß der induzierten Emission vermehren (es entstehen zusätzliche Photonen mit identischen Eigenschaften). Die Photonen werden zwischen den beiden Spiegeln hin und her reflektiert und immer wieder durch das laseraktive Medium geschickt. Die durch die Verstärkung erzeugten Photonen werden zum Teil über den teildurchlässigen Spiegel ausgekoppelt.

Laser-Resonatoren lassen sich in zwei Klassen einteilen: stabile und instabile Resonatoren. Die meisten Laser arbeiten mit stabilen Resonatoren, bei denen das Licht stets in den Resonator zurückgespiegelt wird. Die Auskopplung des Laserstrahls erfolgt dann wie oben beschrieben durch den Einsatz eines teildurchlässigen Spiegels. Instabile Resonatoren werden oft bei großen aktiven Medien, wie sie bei Hochleistungslasern auftreten, eingesetzt. Dabei wird die Strahlung teilweise aus dem Resonator hinausgespiegelt, wodurch die Auskopplung des Laserstrahls erfolgt.

Im Resonator können durch wellenlängenselektive Komponenten, wie z. B. Gitter als Spiegel, unterschiedliche Laserlinien eines aktiven Mediums ausgewählt werden.

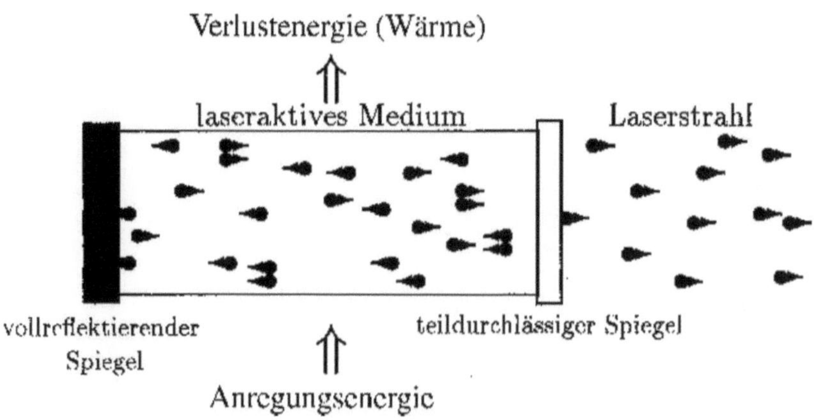

Abb. 9.1. Schematischer Aufbau einer Laserstrahlquelle

Die Eigenschaften der erzeugten Laserstrahlung (Wellenlänge, Leistung, Strahlqualität, ...) hängen sowohl vom laseraktiven Medium, als auch von der Anregungstechnik und dem Resonator ab, wobei die Abhängigkeiten zwischen diesen strahlbestimmenden Elementen sehr vielfältig sind.

Die einfachste Möglichkeit, kurze und intensive Laserpulse zu erzeugen, besteht darin, die Anregungsleistung des Lasers zu pulsen. Eine andere Möglichkeit besteht darin, im aktiven Medium Anregungsenergie zu speichern und diese Energie dann schlagartig in Form eines kurzen, intensiven Lichtpulses herauszuholen. Dies läßt sich durch eine zeitliche Änderung der Güte des Resonators realisieren, wonach dieses Prinzip auch als Gütemodulation bezeichnet wird. Auch durch die Kopplung mehrerer axialer Moden (siehe Abschn. 9.3) lassen sich Laserpulse im Pikosekundenbereich (10^{-12} s) mit extrem hohen Pulsspitzenleistungen erzeugen.

9.3 Moden

Die Lichtausbreitung in Laser-Resonatoren wird nur verständlich, wenn man berücksichtigt, daß Licht eine elektromagnetische Welle ist. Das zwischen den Spiegeln des Lasers hin- und herlaufende Licht bildet stehende Wellen, die bestimmte räumliche Verteilungen der elektrischen Feldstärke zeigen. Die Verteilungen nennt man *Moden*.

Zunächst soll zur Vereinfachung ein Resonatorsystem mit zwei planparallelen Spiegeln betrachtet werden, wie es in Abb. 9.2 skizziert ist, wobei das aktive Medium vernachlässigt wird. An den Spiegeln des Resonators muß die elektrische Feldstärke der Welle gleich Null sein. Daraus folgt, daß in die Länge des Resonators L eine ganze Anzahl p von halben Lichtwellenlängen $\lambda/2$ passen muß (siehe Abb. 9.2). Diese Resonanzbedingung läßt nur gewisse Wellenlängen, die Resonanzwellenlängen λ_p zu:

$$\lambda_p = \frac{2L}{p}. \tag{9.1}$$

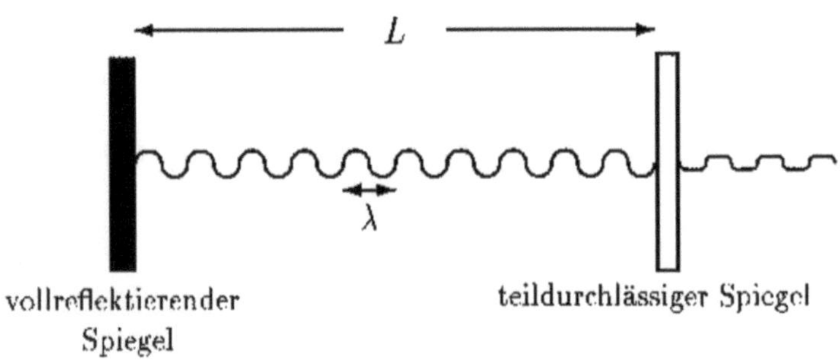

Abb. 9.2. Ein optischer Resonator besteht im einfachsten Fall aus zwei planparallelen Spiegeln, zwischen denen sich im Resonanzfall eine stehende Welle ausbildet

Man bezeichnet sie als *axiale Moden.* Der Frequenzabstand $\Delta\nu$ zweier axialer Moden beträgt damit

$$\Delta\nu = \frac{c}{2 \cdot L}, \tag{9.2}$$

wobei c die Lichtgeschwindigkeit ist.

Die Wellenlänge λ_p muß innerhalb der verstärkungsfähigen Laserlinienbreite liegen, wodurch die Zahl p festgelegt wird. Es können beim Laser mehrere axiale Moden gleichzeitig auftreten, sobald der Frequenzabstand der axialen Moden kleiner ist als die laserfähige Bandbreite. In Abb. 9.3 wird als Beispiel ein $L = 0.5$ m bzw. 1.5 m langer CO_2-Laser mit einem Lasergasdruck von 10 kPa behandelt, bei dem nur 1 axiale Mode anschwingt bzw. 4 axiale Moden gleichzeitig anschwingen können. Anhand Abb. 9.3 kann man insbesondere für frequenz- und leistungsstabile Laser erkennen, daß die optische Resonatorlänge bis auf Bruchteile der Laserwellenlänge genau passiv oder sogar aktiv stabilisiert werden muß.

Die beiden Spiegel, die den optischen Resonator des Lasers bilden, sind i. a. nicht planparallele Spiegel. Die Justierung der Spiegel ist viel unkritischer, wenn Hohlspiegel verwendet werden. Tatsächlich werden die meisten Laser-Oszillatoren mit Hohlspiegel betrieben. Die Resonanzwellenlängen sind dann nicht mehr durch Gl. (9.1) gegeben, sondern hängen jetzt von drei In-

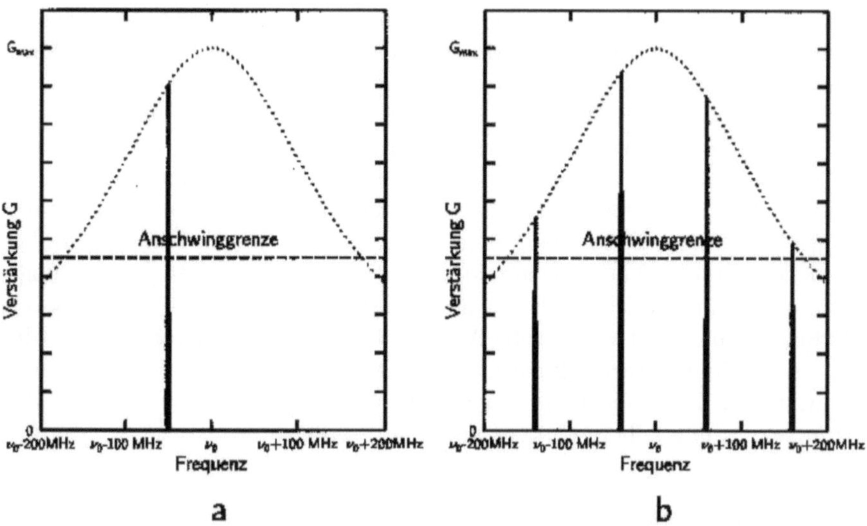

Abb. 9.3. Verstärkungsprofil eines CO_2-Lasers bei einem Lasergasdruck von 10 kPa und einer Resonatorlänge von (**a**) 0.5 m bzw. (**b**) 1.5 m [3]. Im Fall (**a**) beträgt der Frequenzabstand zweier axialer Moden $\Delta\nu = 300$ MHz, so daß nur eine axiale Mode anschwingt. Im Fall (**b**) beträgt hingegen der Modenabstand $\Delta\nu =$ 100 MHz, so daß in diesem Fall drei bis vier axiale Moden anschwingen können

Abb. 9.4. Zylindrische transversale Moden. Der erste (zweite) Index gibt die Zahl der radialen (azimutalen) Nullstellen an; 01* bedeutet eine Überlagerung zweier um 90° gedrehter 01-Moden

dizes ab. So gilt z. B. für unendlich ausgedehnte sphärische Spiegel mit den Krümmungsradien R_1 und R_2

$$\lambda_{mnp} = \frac{2L}{1 + p + \frac{m+n+1}{\pi} \cdot \arccos\sqrt{(1 - \frac{L}{R_1})(1 - \frac{L}{R_2})}} . \tag{9.3}$$

In diesem Fall und auch aufgrund der Beugung an den Rändern von nicht unendlich ausgedehnten Spiegeln bilden sich bestimmte Intensitätsverteilungen quer zur Ausbreitungsrichtung aus. Diese *transversalen Moden* werden durch die Symbolik TEM_{mn} klassifiziert, wobei TEM für *transversal-elektromagnetisch* steht. Für den rotationssymmetrischen Fall gibt m die Zahl der Nullstellen in radialer und n in azimutaler Richtung an. In Abb. 9.4 sind die am häufigsten auftretenen zylindrischen Modenstrukturen skizziert. In einem rechteckigen System werden durch m und n die Zahlen der Nullstellen in vertikaler und horizontaler Richtung angezeigt. Falls keine Maßnahmen zur Anregung bestimmter Moden getroffen werden, ergibt sich im Laser eine Überlagerung verschiedener transversaler Moden. In diesem sogenannten *Multimode-Betrieb* kann die Intensitätsverteilung über das Strahlprofil unregelmässig und evtl. auch zeitlich nicht stabil sein.

Bei den meisten Lasern wünscht man sich die sogenannte Grundmode TEM_{00} ohne Nullstellen, da ein solcher Laserstrahl die höchste Strahlqualität aufweist (siehe auch Abschn. 9.5). Da der Strahlradius im Fall des TEM_{00}-Mode kleiner als bei den höheren Moden ist, erzeugt man diese Schwingungsform durch eine Modenblende mit dem TEM_{00}-Strahldurchmesser, die in den Resonator eingesetzt wird (siehe Abschn. 9.4). Bei Hochleistungslasern wird i.a. durch diese Einschränkung nicht das gesamte aktive Laservolumen ausgenutzt und damit nicht die gewünschte Ausgangsleistung erreicht, so daß dann sehr häufig höhere Moden zugelassen werden.

9.4 Ausbreitung der Grundmode

Wie schon eben erwähnt, kommt der TEM_{00}-Grundmode eine besondere Bedeutung zu, da sie von allen Moden die geringste Divergenz, den kleinsten Strahlradius und damit die höchste Strahlqualität besitzt. Die radiale Intensitätsverteilung ist durch eine Gauß-Verteilung

$$I(r) = I_{\max} \cdot \mathrm{e}^{-2r^2/w^2} \tag{9.4}$$

gegeben (siehe Abb. 9.5), wobei w den Strahlradius beschreibt, bei dem die Intensität auf $\mathrm{e}^{-2} \approx 13{,}5$ % der maximalen Intensität $I_{\max}$ im Zentrum des Laserstrahls abgefallen ist. Der Anteil a der Laserstrahlung der z. B. auf einen optimal justierten Spiegel mit dem Radius r_0 trifft, läßt sich zu

$$a = \frac{\int_0^{r_0} 2\pi r \cdot \exp\left(-\frac{2r^2}{w^2}\right) \, \mathrm{d}r}{\int_0^{\infty} 2\pi r \cdot \exp\left(-\frac{2r^2}{w^2}\right) \, \mathrm{d}r} = 1 - \exp\left(-\frac{2r_0^2}{w^2}\right) \tag{9.5}$$

berechnen. Damit ergibt sich auch, daß innerhalb des Strahlradius w, daß in der Strahlfläche πw^2, 86,5 % der gesamten Laserleistung enthalten sind. Innerhalb der Fläche $\pi \cdot (1.5w)^2$ sind nach Gl. (9.5) 98,9 % der Laserleistung enthalten. Um jedoch sicher zu sein, daß sich durch Beugung des Laserstrahls am Rand von Optiken die Laserleistung und insbesondere auch die Strahlqualität nicht verschlechtern, sollte die benutzte Optik einen Durchmesser besitzen, der zumindestens das Vierfache des Strahlradius an dieser Stelle ausmacht.

Zwischen Leistung und maximaler Intensität eines Laserstrahls besteht die folgende Beziehung:

$$P = \frac{\pi}{2} \cdot I_{\max} \cdot w^2 \, . \tag{9.6}$$

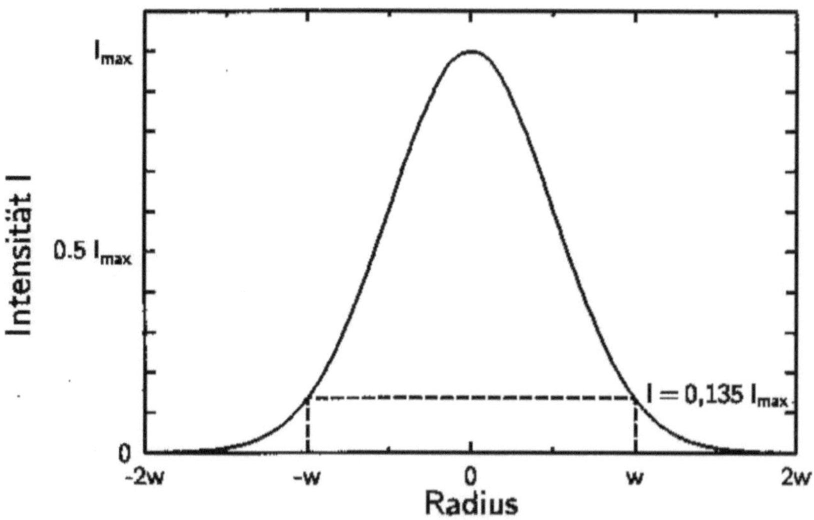

Abb. 9.5. Radiale Intensitätsverteilung des TEM_{00}-Grundmodes senkrecht zur Ausbreitungsrichtung

Ob ein Laser einen Laserstrahl im TEM_{00}-Mode erzeugt, läßt sich in etwa an der Fresnel-Zahl des Resonators erkennen:

$$F = \frac{d_0^2}{4\lambda L}, \tag{9.7}$$

wobei für d_0 der kleinste Durchmesser eingesetzt wird, der den Strahl vor den Spiegeln begrenzt. Der Laserstrahl kann z. B. durch Blenden, durch das aktive Medium selbst oder durch die Spiegel begrenzt werden. Liegt die Fresnel-Zahl deutlich unter 1 und ist die Verstärkung im aktiven Medium homogen, so bildet sich ein TEM_{00}-Grundmode aus.

Mit den Spiegelparametern, die sich aus der Resonatorlänge L und den Spiegelradien R_1 und R_2 zu

$$g_1 = 1 - \frac{L}{R_1}, \tag{9.8}$$

$$g_2 = 1 - \frac{L}{R_2} \tag{9.9}$$

berechnen, läßt sich im Laserresonator die Stelle mit dem kleinsten Strahlradius lokalisieren (siehe Abb. 9.6):

$$L_0 = L \cdot \frac{(1-g_1)g_2}{g_1 + g_2 - 2g_1g_2}. \tag{9.10}$$

Die Strahltaille, die sich an diesem Ort befindet, hat den Radius w_0

$$w_0 = \sqrt{\frac{\lambda z_R}{\pi}} \tag{9.11}$$

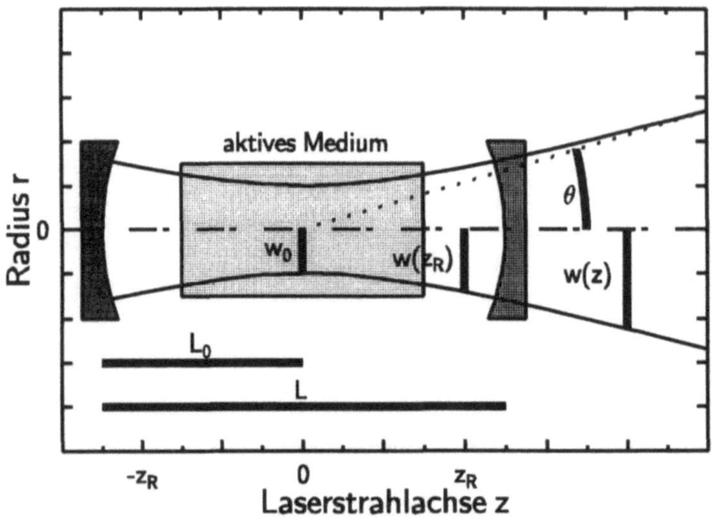

Abb. 9.6. Der TEM_{00}-Grundmode in einem Laserresonator mit sphärischen Spiegeln

und eine Rayleigh-Länge (Schärfentiefe) z_R von

$$z_R = \frac{L \cdot \sqrt{g_1 g_2 (1 - g_1 g_2)}}{g_1 + g_2 - 2 g_1 g_2}. \tag{9.12}$$

In einem beliebigen Abstand z zur Strahltaille berechnet sich der Strahlradius w zu

$$w(z) = w_0 \cdot \sqrt{1 + \left(\frac{z}{z_R}\right)^2}. \tag{9.13}$$

Der Öffnungswinkel des Grundmodes im Fernfeld ergibt sich als Winkel zwischen Asymptote und der z-Achse zu

$$\theta = \lim_{z \to \infty} \frac{w}{z} = \frac{\lambda}{\pi w_0} \tag{9.14}$$

und ist der prinzipiell kleinste Öffnungswinkel eines Laserstrahls mit der Strahltaille w_0.

Das Produkt aus Strahlradius an der Taille und Öffnungswinkel ist für einen gegebenen Laserstrahl konstant, d. h. je größer die Strahltaille ist, desto geringer ist die Divergenz. Deshalb ist es sinnvoll, Laserstrahlen vorher aufzuweiten, bevor man sie über weite Strecken ohne Zwischenabbildung transportiert.

Durch die Abbildung eines TEM_{00}-Laserstrahls z. B. durch eine Linse mit einer Brennweite f transformiert sich der Gaußstrahl mit einer Strahltaille w_0 wieder in einen Gaußstrahl aber mit einer neuen Strahltaille $\overline{w_0}$

$$\frac{1}{\overline{w_0}^2} = \frac{1}{w_0^2}\left(1 - \frac{d}{f}\right)^2 + \frac{1}{f^2}\left(\frac{\pi w_0}{\lambda}\right)^2, \tag{9.15}$$

wenn die Strahltaille w_0 den Abstand d von der Linse hat (siehe Abb. 9.7). Die neue Strahltaille $\overline{w_0}$ liegt dann die Strecke $\overline{d}$

$$\overline{d} = f + \frac{f^2 (d - f)}{(d - f)^2 + \left(\pi w_0^2 / \lambda\right)^2} \tag{9.16}$$

hinter der Linse.

Mit den Formeln (9.4)–(9.16) läßt sich die Ausbreitung und die Intensität eines Gaußstrahls an jedem Ort berechnen.

Dieser Gauß-Strahl läßt sich gegenüber anderen Laserstrahlmoden am besten fokussieren (siehe Abschn. 9.5). Dies spielt in der Lasermaterialbearbeitung eine entscheidende Rolle. Laserstrahlen mit Grundmode-Qualität sind aufgrund der geringstmöglichen Divergenz auch am besten geeignet für die Lichtübertragung über weite Strecken, wie dies z. B. oft in der Nachrichtentechnik und Meßtechnik benötigt wird.

9.5 Strahlqualität

Charakterisiert wird die Strahlqualität eines Laserstrahls durch eine sogenannte Strahlqualitätskennzahl K. K kann Werte zwischen 0 und 1 annehmen; je kleiner K ist, um so geringer ist die Strahlqualität. Die maximale Strahlqualität ($K = 1$) erreicht der TEM_{00}-Laserstrahl. Die Kennzahl steht im direkten Zusammenhang mit der Art der Intensitätsverteilung im Strahl. Da aus der Art der Strahlverteilung insbesondere bei Hochleistungslasersystemen nur selten eine exakte Kennzahl angegeben werden kann, empfiehlt sich eine experimentelle Ermittlung [1]. Hierzu müssen bei rotationssymmetrischen Intensitätsverteilungen nur zwei Größen gemessen werden:

- der Durchmesser des fokussierten Laserstrahls $2\overline{w_0}$ am Ort der Strahltaille,
- der Durchmesser des unfokussierten Laserstrahls D am Ort der fokussierenden Optik (siehe Abb. 9.7).

Die Strahlqualitätskennzahl K ergibt sich dann zu:

$$K = \frac{4\lambda}{\pi} \cdot f \cdot \frac{1}{D \cdot 2\overline{w_0}} \, . \tag{9.17}$$

Es ist ebenfalls möglich, die Strahlqualitätskennzahl K über die Meßung der Fokustiefe (Rayleigh-Länge) z_R zu ermitteln:

$$K = \frac{\lambda \cdot z_\mathrm{R}}{2\pi(\overline{w_0})^2} \, . \tag{9.18}$$

Stellt man die Gln. (9.17) und (9.18) nach Fokusdurchmesser und Rayleigh-Länge um

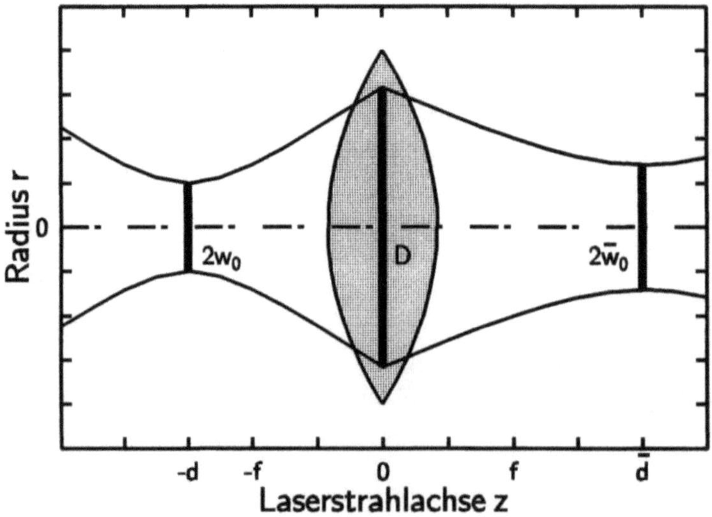

Abb. 9.7. Fokussierung eines Gaußstrahls mit Hilfe einer Linse

$$2\overline{w_0} = \frac{4\lambda}{\pi} \cdot \frac{f}{D} \cdot \frac{1}{K}, \tag{9.19}$$

$$z_{\mathrm{R}} = \frac{\pi \cdot \overline{w_0}^2}{\lambda} \cdot K, \tag{9.20}$$

so entsprechen diese Formeln der den Gln. (9.15) (näherungsweise) bzw. (9.11) für einen TEM_{00}-Laserstrahl ($K = 1$). Man erkennt, daß der erreichbare Fokusdurchmesser umgekehrt proportional und die Fokustiefe proportional zur Strahlqualitätskennzahl sind.

9.6 Lasertypen

Es gibt eine Vielzahl von Lasern mit sehr unterschiedlichen Eigenschaften. Sie lassen sich nach der Art des laseraktiven Mediums gruppieren:

- Gaslaser,
- Farbstofflaser,
- Festkörperlaser,
- Halbleiterlaser,
- Freie-Elektronenlaser,
- Plasma-Superstrahlungslaser.

Typische Eigenschaften dieser Laser-Systeme sind in Tabelle 9.2 zusammengestellt. Die Lasersysteme überdecken einen Wellenlängenbereich, der vom weichen Röntgenbereich bis ins ferne Infrarot reicht.

Tabelle 9.2. Zusammenstellung verschiedener Gruppen von Lasersystemen

Lasersystem	Aktives Medium	Typ. Länge	Anregung	Wellenlänge
Gaslaser	Edelgase, Molekülgase Metalldämpfe	1 m	Gasentladung, Chemische Anregung	0,1–1000 µm
Farbstofflaser	Organische Farbstoffe in Lösungsmitteln	0,05 m	Blitzlampen, Laser	0,3–1,3 µm
Festkörperlaser	Dotierte Kristalle, Polymere und Gläser	0,1 m	Blitzlampen, Bogenlampen, Halbleiterlaser	0,3–2,8 µm
Halbleiterlaser	p-n-Übergang	0,001 m	elektrischer Strom	0,4–30 µm
Freie-Elektronen-laser	Elektronenstrahl im periodischen Magnetfeld	5 m	Elektronen-beschleuniger	0,5–1000 µm
Plasma-Super-strahlungslaser	expandierendes Plasma	0,01 m	Laser	0,004–0,1 µm

Tabelle 9.3. Die wichtigsten Laser mit typischen Werten für die Ausgangsleistung und Anwendungsbereichen

Laser	Wellenlänge	gepulste Leistung	mittlere Leistung	Anwendungen
Gaslaser				
CO_2-Laser	9,1–11,0 μm	10^9 W	10^5 W	Materialbearbeitung, Medizin, Lidar
Excimerlaser	0,193–0,351 μm	10^8 W	10^3 W	Materialbearbeitung, Pumplaser, Medizin, Photochemie
Cu-Dampflaser	0,51/0,58 μm	10^6 W	10^2 W	Pumplaser, Medizin
He-Ne-Laser	0,63/1,15/3,39 μm	—	10^{-1} W	Meßtechnik, Holographie, Leitstrahl
Ar^+-Laser	0,35–0,53 μm	10^4 W	10^2 W	Pumplaser Medizin, Holographie
Farbstofflaser				
Farbstofflaser	0,3–1,3 μm	10^7 W	10^2 W	Medizin, Spektroskopie
Festkörperlaser				
Nd:YAG-Laser	1,064 μm	10^9 W	10^3 W	Materialbearbeitung, Medizin, Meßtechnik
Ti-Saphir-Laser	0,65–0,9 μm	10^8 W	10 W	Meßtechnik, Lidar
Halbleiterlaser				
GaAlAs-Laser	0,65–0,9 μm	10^3 W	10 W	DVD, CD, Drucker, Meßtechnik
InGaAsP-Laser	1,2–1,6 μm	1 W	1 W	Nachrichtenübertragung über Glasfasern

Exoten unter den Lasersystemen sind bisher aufgrund ihrer Größe und des Preises die zwei letztgenannten Gruppen. Der Freie-Elektronenlaser benutzt als aktives Medium freie Elektronenstrahlen, wobei die Elektronen in einem periodischen Magnetfeld oszillieren und dabei Energie abstrahlen. Der große Vorteil dieser Lasersysteme liegt in der weiten Abstimmbarkeit der Laserstrahl-Wellenlänge und der Nachteil ist, daß man einen Elektronenstrahlbeschleuniger benötigt.

Der Plasma-Superstrahlungslaser ist gar kein richtiger Laser, da er keine oder nur einen Laserresonatorspiegel besitzt. Denn mit dieser Art von Lasern gelingt es, kohärente Strahlung im weichen Röntgenbereich zu erzeugen. Da leistungsfähige Spiegel (insbesondere transmittierende) für Röntgenstrahlung gegenwärtig noch nicht hergestellt werden können, wurden bisher nur Vorstufen der Röntgenlaser entwickelt, sogenannte Superstrahler, die aufgrund ihrer länglichen Geometrie kohärente, nahezu parallele Strahlung aussenden.

Von den vielen Lasersystemen haben nur wenige eine praktische Bedeutung erlangt. Die wichtigsten Lasertypen sind in Tabelle 9.3 zusammengestellt. Besonders zu erwähnen sind die leistungsstarken CO_2- und Nd:YAG-Laser mit kontinuierlichen Ausgangsleistungen von bis zu 135 kW bzw. 6 kW, die im wesentlichen in der Materialbearbeitung eingesetzt werden. Zur Zeit werden für die Materialbearbeitung leistungsfähige, kompakte und effektive CO_2-Laser [4], Yb:YAG-Laser [5,9] und Halbleiterlaser [6] entwickelt. Der große Vorteil der Farbstofflaser, Polymerlaser und der vibronischen Festkörperlaser (z. B. der Ti-Saphir-Laser) liegt darin, daß die Wellenlänge in relativ weiten Bereichen kontinuierlich eingestellt werden kann. Dabei ist der Polymerlaser die jüngste Entwicklung [7]. Den größten Marktzuwachs verzeichnen die Halbleiterlaser, wobei dies durch den weiteren Wachstum im Bereich der Kommunikationstechnik stimuliert wird.

Literatur

1. Deutscher Verband für Schweißtechnik e.V., Qualitätssicherung von CO_2-Laserstrahl-Schweißarbeiten – Prüfen von Schweißparametern, Merkblatt DVS 3203 Teil 2 (1988)
2. J. Franke, D. Petring, E. Beyer, 120 mm dicke Stahlplatten geschnitten – ein neuer Rekord im Laserstrahlschneiden, Laser Magazin 1/95, 13
3. W. Viöl, Gütegeschaltete Niederdruck-CO_2-Laser, Köster, Berlin 1994
4. S. Wieneke, S. Born, W. Viöl, Sealed-off CO_2 lasers excited by an all-solid-state 0.6 MHz generator, J. Phys. D: Appl. Phys. **33** (2000), 1282–1286
5. G. Hollemann, R. Koch, E. Hergenhan, A. Giesen, A. Voß, M. Karszewski: Effiziente diodengepumpte Scheibenlaser mit nahezu beugungsbegrenzter Strahlung, Laser und Optoelektronik **29** (1997), 76–83
6. F. Bachmann, Modular Diodenlaser, Strahlwerkzeuge, Laser und Optoelektronik **30** (1998), 71–74
7. U. Lemmer, C. Kallinger, J. Feldmann, Laserlicht aus Polymeren, Physikalische Blätter **56** (2000), 25–30

8. Baltuska et al., Stabilized short laser pulses achieved, absolute phase can be fixed, Nature 421 (2003) 611
9. C. Budzinski, Hochleistungsscheibenlaser hoher Brillanz, Laser Magazin 3 (2002)

10 Neue Laser

Mehr als 40 Jahre Entwicklung haben Festkörperlaser XE zu attraktiven Strahlquellen für Forschung und Industrie gemacht. Ihr Anwendungsbereich erstreckt sich von der Grundlagenforschung über Life Science und Metrologie bis in die industrielle Fertigung. Die meisten der heutigen Anwendungsfelder erfordern kompakte Laserquellen mit hohem Wirkungsgrad, exzellenter Strahlqualität und geringem Wartungsaufwand. Diese Anforderungen können in idealer Weise mit diodengepumpten Festkörperlasern erfüllt werden.

Die häufigsten aktiven Materialien für diodengepumpte Festkörperlaser sind Neodym bzw. Ytterbium dotierte Granate, wie Nd:YAG mit einer Emissionswellenlänge von 1064 nm und Yb:YAG mit einer Emissionswellenlänge um 1030 nm. Neben diesen gebräuchlichsten aktiven Materialien wurden zahlreiche andere Lasermaterialien für den Laserbetrieb im nahen und mittleren Infrarot entwickelt (Tabelle 10.1).

Typischerweise werden Laserstäbe als aktives Material verwendet. Diese Geometrie lässt sich am einfachsten fertigen und liefert ein rundes Strahlprofil, wie es für die meisten Anwendungen bevorzugt wird. Andere Geometrien, wie zum Beispiel Slabs mit rechteckigem Querschnitt, sind ebenfalls gebräuchlich.

Konventionelle Festkörperlaser verwenden Blitz- bzw. Bogenlampen zur Anregung des Laserprozesses. Jedoch führt der geringe Überlapp des breiten Emissionsspektrums der Lampen mit den schmalen Absorptionslinien des aktiven Materials zu einem geringen Wirkungsgrad. Typisch werden weniger als 3% der elektrischen Anschlussleistung eines lampengepumpten Festkörperlasers in Laserstrahlung umgewandelt [1].

Ferner wird durch die Stokes-Shift, der Energiedifferenz zwischen Anregungs- und Emissionswellenlänge, Wärme im aktiven Material deponiert, was die maximal erzielbare Ausgangsleistung und Strahlqualität eines Lasers beeinträchtigt. Da die Wärme im gesamten Volumen des Laserkristalls entsteht, die Wärmeableitung aber nur über die Mantelflächen erfolgen kann, entsteht innerhalb des Kristalls ein Temperaturgradient von innen nach außen, welcher aufgrund der Temperaturabhängigkeit des Brechungs-

Tabelle 10.1. Emissions und Anregungswellenlängen für einige der gebräuchlichsten Lasermaterialien

Laser Material	Emissionswellenlänge	Anregungswellenlänge
Nd:YAG, Nd:YVO	1064 nm	808 nm
Yb:YAG	1030 nm	940 nm
Tm:YAG	2.1 µm	780 nm
Er:YAG	3.0 µm	795 nm, 975 nm

index zu einem Brechzahlgradienten uns somit zu einer thermischen Linse führt. Ferner führt der Temperaturgradient zu mechanischem Stress, der zum einen über den fotoelastischen Effekt zum Brechzahlgradienten beiträgt und zum anderen Spannungsdoppelbrechung hervorruft. Thermische Linsenwirkung und Spannungsdoppelbrechung führen zur Verschlechterung der Strahlqualität bzw. zur Depolarisation der erzeugten Laserstrahlung. Ein wichtiges Kriterium beim Design moderner Festkörperlaser ist daher das Reduzieren bzw. die Kontrolle thermischer Effekte.

Im Vergleich zur Anregung mit Lampen wird bei der Anregung mit Diodenlasern nur etwa ein Viertel der Wärme ins aktive Material eingebracht, da ihr Emissionsspektrum perfekt auf das Anregungsspektrum des aktiven Ions angepasst werden kann. Das führt zu deutlichen Verringerung der thermooptischen Effekte. Die hohe elektrisch zu optische Effizienz von bis zu 50% und eine Lebensdauer von mehr als 10 000 Stunden sind weitere Vorteile bei der Verwendung von Diodenlasern als Pumpquelle für Festkörperlaser.

Diese Vorteile haben zusammen mit der guten Verfügbarkeit von Hochleistungsdiodenlasern in den letzten Jahren die Entwicklung verschiedener neuer Konzepte für diodengepumpte Festkörperlaser ausgelöst.

10.1 Konzepte für diodengepumpte Festkörperlaser

Beim Aufbau von diodengepumpten Festkörperlasern lassen sich zwei unterschiedliche Konzepte realisieren: Transversal und longitudinal angeregte Systeme.

Bei longitudinal bzw. endgepumpten Lasern wird die Strahlung der Laserdioden in einen kleinen Spot durch einen der Resonatorspiegel auf die Endfläche des aktiven Materials fokussiert (Abb. 10.1). Auf die Weise ist es auch möglich, das Volumen des optisch angeregten Materials an das Modenvolumen des Lasers anzupassen um einen hohen optischer Wirkungsgrad zu

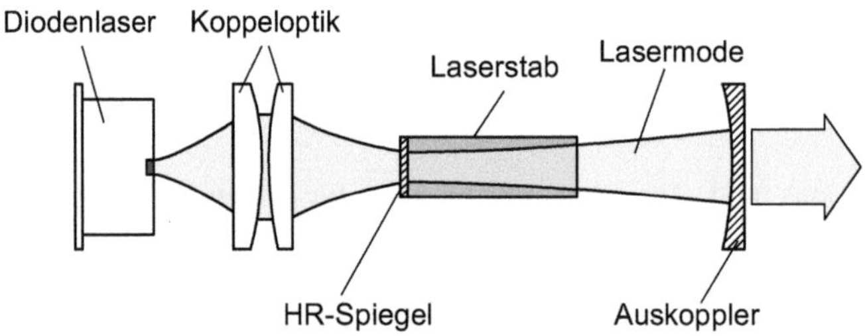

Abb. 10.1. Endgepumpter Laser. Das Pumplicht wird durch einen der Resonatorspiegel in das aktive Medium eingekoppelt. Durch Anpassen des angeregten Volumens an das Modenvolumen der Fundamentalmode lässt sich eine hervorragende Strahlqualität erreichen

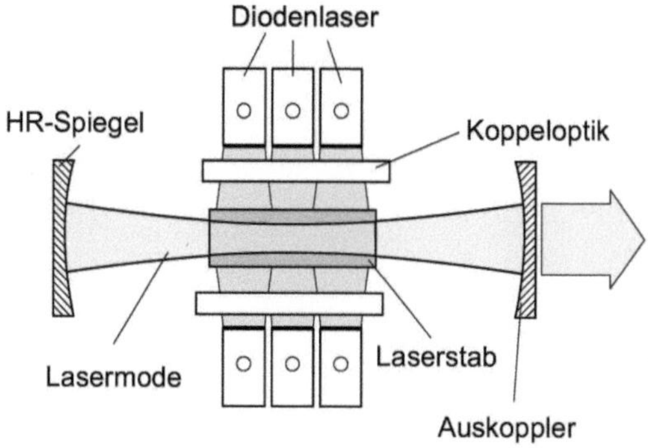

Abb. 10.2. Seitengepumpter Laser. Die Pumpdioden, gewöhnlich Barren oder Stacks, sind neben dem aktiven Material angeordnet und ihre Strahlung wird durch die Mantelflächen des Laserstabs oder Slabs eingekoppelt

erreichen [2–4]. Ferner kann durch sorgfältiges Design des Laserresonators stabiler und effizienter transversaler Grundmodebetrieb erreicht werden [5].

Als Nachteil dieses Konzepts erweist sich jedoch, dass durch die Endfläche nur eine begrenzte Leistung eingekoppelt werden kann. Aufgrund thermischer Spannungen an den Endflächen von longitudinal gepumpten Festkörperlasern, kann beispielsweise mit einen endgepumpten Nd:YAG Laser nur eine maximale Ausgangsleistung von 60 W erreicht werden [6].

Daher wird für höhere Ausgangsleistungen das Pumplicht durch die Mantelflächen des Laserstabs eingekoppelt (Abb. 10.2). Innerhalb gewisser Grenzen kann somit die Ausgangsleistung des transversal gepumpten Lasers erhöht werden, indem der Laserkristall verlängert wird und somit mehr Fläche zur Verfügung steht, in die Pumpleistung eingekoppelt werden kann.

Dennoch bleibt das Problem, dass durch die optische Anregung des Laserprozesses zum einen aufgrund der Energiedifferenz zwischen Pump- und Laserphoton und zum anderen aufgrund nichtstrahlender Übergänge Wärme im aktiven Material deponiert wird. Auch wenn die ins aktive Material eingebrachte Wärmemenge bis zu viermal kleiner ist als bei lampengepumpten Lasern gleicher Leistung [7], so begrenzt sie letztendlich doch die erzielbare Ausgangsleistung. Nd:YAG Stäbe beispielsweise können nur bis zu einer Pumpleistung von 300 W/cm Stablänge sicher betrieben werden [8]. Höhere Pumpleistung führt zur Zerstörung des Kristalls aufgrund thermischer Spannungen.

10.2 Neue Konzepte

Neue Konzepte für diodengepumpte Festkörperlaser zielen vor allem auf die Umgehung thermischer Effekte. Die vielversprechendsten Ansätze dazu sind der Scheibenlaser und der Faserlaser [9].

Scheibenlaser verwenden als aktives Material eine dünne Scheibe aus einem gängigen Lasermaterial, wie z.B. Yb:YAG. Die Dicke der Scheibe liegt in

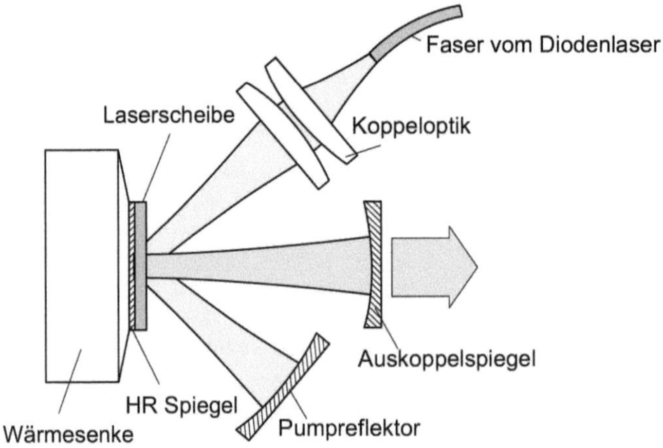

Abb. 10.3. Scheibenlaser. Der mit dem HR-Spiegel versehene Laserkristall ist auf einer Wärmesenke montiert und wird von der gegenüberliegenden Seite gepumpt

der Größenordnung von 200 µm, wogegen der Durchmesser größer als 10 mm sein kann. Eine Seite der Scheibe ist mit einem hochreflektierenden Spiegel versehen und wird auf eine Wärmesenke montiert (Abb. 10.3). Das Pumplicht wird auf der gegenüberliegenden Seite eingekoppelt. Auf dieser Seite befindet sich auch der Auskoppelspiegel. Diese Anordnung führt zu einem homogenen, eindimensionalen Temperaturgradienten entlang der Kristallachse und damit parallel zur Lasermode. Dadurch ergeben sich minimale thermisch bedingte Einflüsse auf den Laserbetrieb und eine hervorragende Strahlqualität kann erreicht werden.

Der Nachteil der Scheibenlaser ist jedoch die geringe Pumplichtabsorption aufgrund des dünnen Kristalls. Eine hohe Dotierungskonzentration und Mehrfachdurchgänge des Pumplichts lösen jedoch das Problem und erlauben effizienten Laserbetrieb [10].

Im Gegensatz zu Scheibenlasern, die ein kurzes aktives Medium mit großem Durchmesser zur Verminderung thermischer Effekte verwenden, basieren Faserlaser auf einem aktiven Medium mit nur wenigen Mikrometern Durchmesser aber mehreren Metern Länge. Die Strahlqualität des Faserlasers wird dabei allein von der Brechzahlstruktur bestimmt, die durch die Faserherstellung vorgegeben wird. Brechzahländerungen durch thermische Effekte sind vergleichsweise klein gegenüber den durch die Glaszusammensetzung eingestellten Brechzahlen und haben somit keinerlei Einfluss auf die Strahlqualität. Zusätzlich sorgt das große Verhältnis von Oberfläche zu aktiven Volumen für eine gute Wärmeabfuhr, so dass selbst bei hohen Ausgangsleistungen keine aktive Kühlung der Faser erforderlich ist [11].

Für den Hochleistungslaserbetrieb wird das Doppelkernkonzept angewendet, um genügend Pumpleistung in die Faser einkoppeln zu können (Abb. 10.4) [12]. Dabei ist der aktive Kern der Faser von einem Multimo-

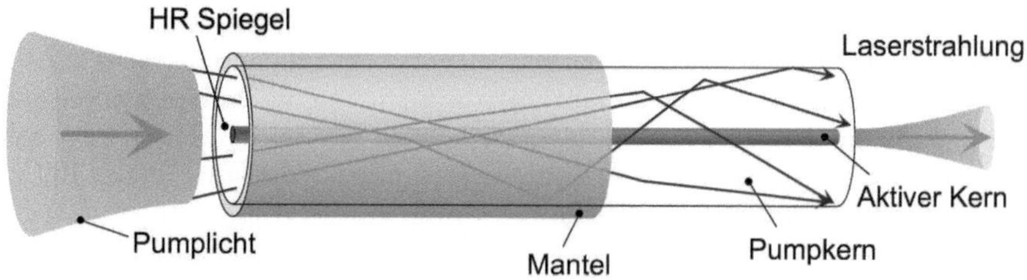

Abb. 10.4. Faserlaser. Die koaxiale Doppelkernstruktur mit einem Monomodekern für die erzeugte Laserstrahlung und einem Multimodekern für das Pumplicht erlaubt transversalen Grundmodebetrieb bei Verwendung von Hochleistungs-Multimode-Diodenlasern als Pumpquelle

dekern umgeben, der in Durchmesser und numerischer Apertur an gängige Hochleistungsdiodenlaser angepasst ist. Das Pumplicht propagiert in diesem Pumpkern, wird im Verlauf der Faser im aktiven Kern absorbiert und regt dort den Laserprozess an. Eine besonders effiziente Pumplichtabsorption lässt sich erhalten, indem die Zylindersymmetrie des Pumpkerns gebrochen wird [13, 14]. Besonders geeignet dazu sind rechteckige, D-förmige und sechseckige Querschnittsflächen des Pumpkerns.

Die Wellenleiterstruktur des aktiven Faserkerns hat einen Durchmesser von typisch 10 µm. Das führt bei hohen Laserleistungen zu extrem hohen Leistungsdichten im Faserkern, die einen Wert von $100\,\mathrm{MW/cm^2}$ überschreiten können. Hierdurch können zum einen störende nichtlineare Effekte auftreten, zum anderen besteht bei solch hohen Leistungsdichten die Gefahr, dass die Faserendflächen zerstört werden. Um die Leistungsdichte zu verringern, wurden Fasern mit großem Modenfelddurchmesser entwickelt, sogenannte Large Mode Area (LMA) Fasern [15], die Modenfelddurchmesser von 20–30 µm haben. Mit solchen Fasern wurden Ausgangsleistungen um 0,5 kW im Grundmodebetrieb [16] demonstriert. Im Multimodebetrieb wurde 1 kW erreicht.

Die große Länge der aktiven Fasern führt in Verbindung mit der geringen Querschnittsfläche des Faserkerns zu einer sehr hohen Durchgangsverstärkung, die im Bereich von 30–40 dB liegen kann. Sie wird zur Verstärkung sowohl von kontinuierlichen als auch von gepulsten Signalen ausgenutzt. Spektrale und zeitliche Eigenschaften von Laseroszillatoren mit geringer Leistung können mit solchen Master Oscillator Fiber Power Amplifier (MOFPA) Systemen in den Hochleistungsbereich übertragen werden [17, 18]. Im schmalbandigen Einfrequenzbetrieb konnten Leistungen von über 100 W mit sehr geringem Amplitudenrauschen erreicht werden, im Pulsbetrieb wurden 2 mJ bei einer mittleren Leistung von 100 W bei 50 ns Pulsdauer demonstriert.

Ferner stellen Faserverstärker eine einfache Lösung zur Erzeugung von kurzen Pulsen mit hoher Energie und großer Repetitionsrate dar [19]. Dabei wird das Prinzip der Chirped Pulse Amplification (CPA) angewendet [20], bei dem die Pulse vor der Verstärkung zeitlich gestreckt und anschließend wieder auf ihre ursprüngliche Dauer komprimiert werden, um die Pulsspitzenleistung im inneren des Faserverstärkers klein zu halten. Mit solchen Faser CPA Systemen lassen sich bei hohen Repetitionsraten mittlere Leistungen um 100 W und Pulsdauern um 80 fs erreichen.

10.3 Upconversion Faserlaser

Die hohe Intensität und große Wechselwirkungslänge zwischen Licht und Lasermaterial im aktiven Kern von Faserlasern erlaubt das Ausnutzen der Excited-State-Absorption zur einfachen und effizienten Erzeugung sichtbarer Laserstrahlung. Dieser Effekt tritt zwar auch in konventionellen Festkörperlasern auf, hat dort aber nur eine geringe Effizienz.

Im Upconversion Faserlaser kann ein aktives Ion bei geeigneter Dotierung und Wirtsglas ein Pumplichtphoton mit der Energie $\hbar\omega_1$ absorbieren und wird in den Zustand $\langle 3\rangle$ angeregt (Abb. 10.5). Nach einer Relaxation gelangt das Ion in den metastabilen Zustand $\langle 2\rangle$ mit der Lebensdauer τ_2. Wird ein zweites Photon $\hbar\omega_2$ aus dem angeregten Zustand $\langle 2\rangle$ absorbiert, wird der hochangeregte Zustand $\langle 5\rangle$ besetzt. Nach einer Relaxation in den metastabilen Zustand $\langle 4\rangle$ kann Upconversion-Fluoreszenz $\hbar\omega_3$ auftreten, deren Wellenlänge kürzer als die der Anregung ist. Voraussetzung für einen effektiven Upconversionprozess ist eine lange Lebensdauer des Zwischenniveaus $\langle 2\rangle$ und ein hinreichend großer Photonenfluss. Letzter ergibt sich aus großer Pumpleistung und kleinem Faserkerndurchmesser von typisch 3–5 µm. Die Lebensdauer des Zwischenniveaus hängt von der Phononenenergie des Wirtsmaterial ab. Besonders geeignet als Wirtsgläser sind Schwermetallfluoridgläser, wie z. B. ZBLAN (Zirkonium, Barium, Lanthan, Aluminium, Natrium-Fluorid) deren Phononenenergie mit 600 cm^{-1} nur etwa halb so groß sind, wie die von Quarzglas [21].

Upconversion Prozesse sind von besonderem Interesse, wenn die Anregungswellenlänge mit der Emissionswellenlänge von Laserdioden überein-

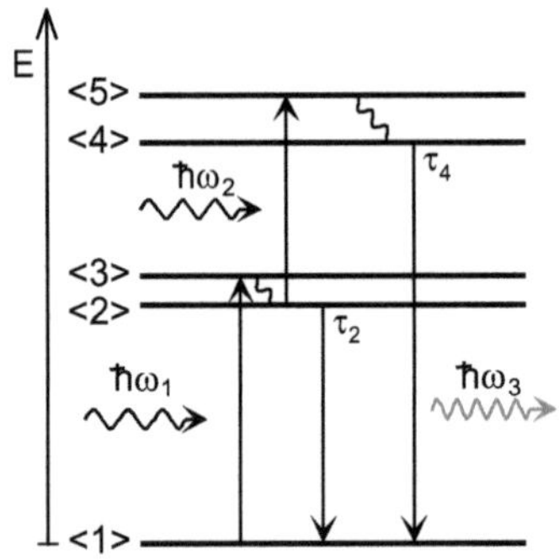

Abb. 10.5. Upconversion Prozess. Zwei langwellige Photonen werden nacheinander am aktiven Ion absorbiert und bringen es in einen hochangeregten Zustand. Die Wellenlänge der erzeugten Fluoreszenz bzw. Laserstrahlung ist dadurch kürzer als die Anregungswellenlänge

stimmt. Das erlaubt die einfache Erzeugung sichtbarer Laserstrahlung. Ein Beispiel für einen solchen diodengepumpten Upconversion Faserlaser ist der Erbium Faserlaser bei 546 nm [22]. Er wird normalerweise mit einer Laserdiode um 972 nm, wie sie aus der Telekommunikation bekannt ist, angeregt. Die Ausgangsleistungen, die mit solchen Lasern erreicht werden, liegen typisch um 20 mW, in Laboraufbauten sind bis 0.5 W demonstriert worden. Von besonderem Interesse sind auch Praseodym-Ytterbium Faserlaser, da sie bei der Anregung mit einer Wellenlänge um 850 nm zahlreiche Emissionslinien im blauen, grünen und roten Spektralbereich haben. Hier konnte im Labor eine Ausgangsleistung von 2 W demonstriert werden [23].

Upconversion Faserlaser stellen aufgrund ihrer Eigenschaften eine kompakte und effiziente alternative zu luftgekühlten Argon-Ionenlasern dar.

Literatur

1. Koechner, W. (1999) Solid State Laser Engineering. Springer Verlag New York
2. Fan, T. W., Sanchez, A. (1990) Pump Source Requirements for End-Pumped Lasers. IEEE Journal of Quantum Electronics **26**, p. 311
3. Salin, F., Squier, F. (1991) Geometrical Optimization of Longitudinally Pumped Solid State Lasers. Optics Communications **86**, p. 397
4. Chen, Y. F., Kao, C. F., Huang, T. M., Wang, C. L., Wang S. C. (1997) Influence of Thermal Effects on Power Optimization in Fiber-Coupled Laser-Diode End-Pumped Lasers. IEEE Journal of Selected Topics in Quantum Electronics **3**, p. 29
5. Laporta, P., Brussard M. (1991) Design Criteria for Mode Size Optimization in Diode Pumped Solid State Lasers. IEEE Journal of Quantum Electronics **27**, p. 2319
6. Tidwell, S. C., Seamans, J. F., Bowers, M. S., Cousins A. K., (1992) Scaling cw Diode-End-Pumped Nd:YAG Lasers to high Average Powers. IEEE Journal of Quantum Electronics, **28**, p. 997
7. Brauch, U., Schubert M. (1995) Comparison of Lamp and Diode Pumped cwNd:YAG Slab Lasers. Optics Communications **117**, p. 116 ff.
8. Takada, A., Akiyama, Y., Takase, T., Yuasa, H., Ono A., (1999) Diode Laser-Pumped cw Nd:YAG Lasers with more than 1 kW Output Power. Advanced Solid State Lasers 1999, OSA Tech. Digest Series, paper MB 18 p. 69
9. Tünnermann, A., Zellmer, H., Schöne, W., Giesen, A., Contag K., (2000) New Concepts for Diode Pumped Solid State Lasers. in R. Diehl (Ed.) High-Power Diode Lasers Topics in Applied Physics Vol. 78, P. 369–408 Springer Verlag, Heidelberg 2000
10. Erhard, S., Giesen, A., Karszewski, M., Rupp, T., Stewen, C., Johannsen, I., Contag K. (1999) Novel Pump Design of Yb:YAG Thin Disk Laser for Operation at Room Temperature with improved Efficiency. OSA Trends in Optics and Photonics Series TOPs **26**, p. 38 ff.
11. Limpert, J., Schreiber, T., Liem, A., Nolte, S., Zellmer, H., Peschel, T., Guyenot, V., and Tünnermann A. (2003) Thermo-optical properties of air-clad photonic crystal fiber lasers in high power operation. Optics Express, Vol. 11, No. 22, p. 2982–2990

12. Snitzer, E., Po, H., Hakimi, F., Tumminelli, R., McCollum, B.C. Double clad, offset coreNd fiber laser. Optical Fiber Sensors, New Orleans, January 27-29, 1988, Postdeadline Paper PD5 (1988)
13. Zellmer, H., Tünnermann, A., Welling, H., Reichel V., Double-Clad Fiber Laser with 30 W Output Power. Trends in Optics and Photonics TOPs Vol. 16, p. 137–140 (1997)
14. Liu, A., Ueda, K., (1996) The Absorption Characteristics of Rare Earth Doped Circular Double-Clad Fibers. Optical Review **3**, 4, p. 276–281
15. Alvarez-Chavez, J. A., Offerhaus, H. L., Nilsson, J., Turner, P. W., Clarkson, W. A., Richardson D. J. (2000) High-energy, high-power ytterbium-doped Q-switched fiber laser Optics Letters, **25**, 1, p. 37–39
16. Limpert, J., Liem, A., Zellmer, H., Tünnermann A., (2003) 500 W continuous-wave fibre laser with excellent beam quality. Electronics Letters Vol. 39, No. 11, p 645-647
17. Liem, A., Limpert, J., Zellmer, H., Tünnermann A. (2003) 100-W single-frequency master-oscillator fiber power amplifier. Optics Letters Vol. 28, No. 17 p. 1537–1539
18. Limpert, J. Höfer, S. Liem, A. Zellmer, H. Tünnermann, A. Knoke, S. Voelckel, H. (2002) 100 W average power high energy nanosecond fiber amplifier. Applied Physics B, **75**, p. 477–479
19. Galvanauskas, A., Cho, G. C., Hariharan, A., Fermann, M. E., Harter D. (2001) Generation of high-energy femtosecond pulses in multimode-core Yb-fiber chirped-pulse amplification systems. Optics Letters **26**, 12, p. 935–937
20. Strickland, D., Mourou, G. (1985) Compression of Amplified Chirped Optical Pulses. Optics Communications **56**, 3 p. 219–221
21. Reisfeld R., Jørgensen C. K. (1987) Excited State Phenomena in Vitreous Materials, Ch. 58. Hand Book on the Physics and Chemistry of Rare Earths, Vol. 9. Edited by K. A. Gschneider Jr., and L. Eyring, Elsevier Science Publishers B.V., Amsterdam, Netherlands
22. Piehler, D., Craven D. (1994) 11.7 mW green InGaAs-laser-pumped erbium fibre laser, Electronics Letters Vol. 30, 21, p. 1759–1761
23. Zellmer, H., Riedel, P., Kempe, M., Tünnermann A. (2002) High power diode pumped upconversion fibre laser in the red and green spectral range. Electronics Letters, Vol. 38, No. 21, p. 1250–1251

Sachverzeichnis

Druck: Strauss GmbH, Mörlenbach
Verarbeitung: Schäffer, Grünstadt

MIX
Papier aus verantwortungsvollen Quellen
Paper from responsible sources
FSC® C105338

If you have any concerns about our products,
you can contact us on
ProductSafety@springernature.com

In case Publisher is established outside the EU,
the EU authorized representative is:
Springer Nature Customer Service Center GmbH
Europaplatz 3, 69115 Heidelberg, Germany

Printed by Libri Plureos GmbH
in Hamburg, Germany